UNA HISTORIA DE LA INTELIGENCIA

UNA HISTORIA
DE LA
INTELIGENCIA

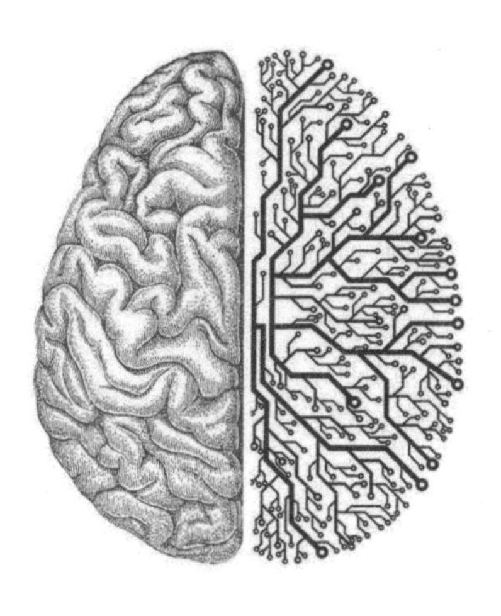

MAX S. BENNETT

Los cinco avances evolutivos de nuestro cerebro que determinan el futuro de la inteligencia artificial

Traducción de María Celina Rojas

TENDENCIAS

Argentina – Chile – Colombia – España
Estados Unidos – México – Perú – Uruguay

Título original: *A Brief History of Intelligence*
Editor original: Mariner Books
Traducción: María Celina Rojas

1.ª edición: noviembre 2024

Plaza de los Reyes Magos, 8, piso 1.º C y D – 28007 Madrid
www.reinventarelmundo.com

ISBN: 978-84-92917-30-3
E-ISBN: 978-84-10365-00-1
Depósito legal: M-18.194-2024

Fotocomposición: Urano World Spain, S.A.U.
Impreso por: Rodesa, S.A. – Polígono Industrial San Miguel
Parcelas E7-E8 – 31132 Villatuerta (Navarra)

Impreso en España – *Printed in Spain*

Para mi esposa, Sydney.

En el porvenir veo ancho campo para investigaciones mucho más interesantes. La psicología se basará seguramente sobre los cimientos de la necesaria adquisición gradual de cada una de las facultades y aptitudes mentales. Se proyectará mucha luz sobre el origen del hombre y sobre su historia.

—Charles Darwin, 1859.

Índice

Anatomía básica del cerebro humano

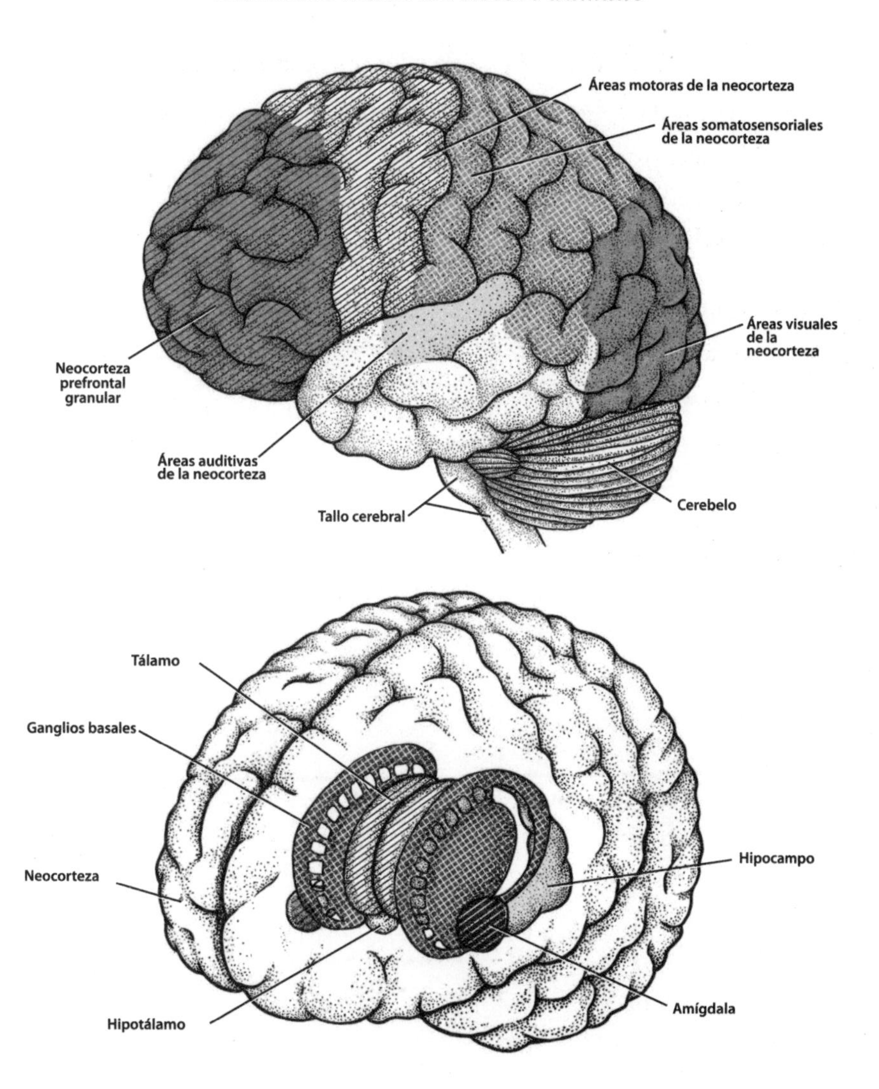

Nuestro linaje evolutivo

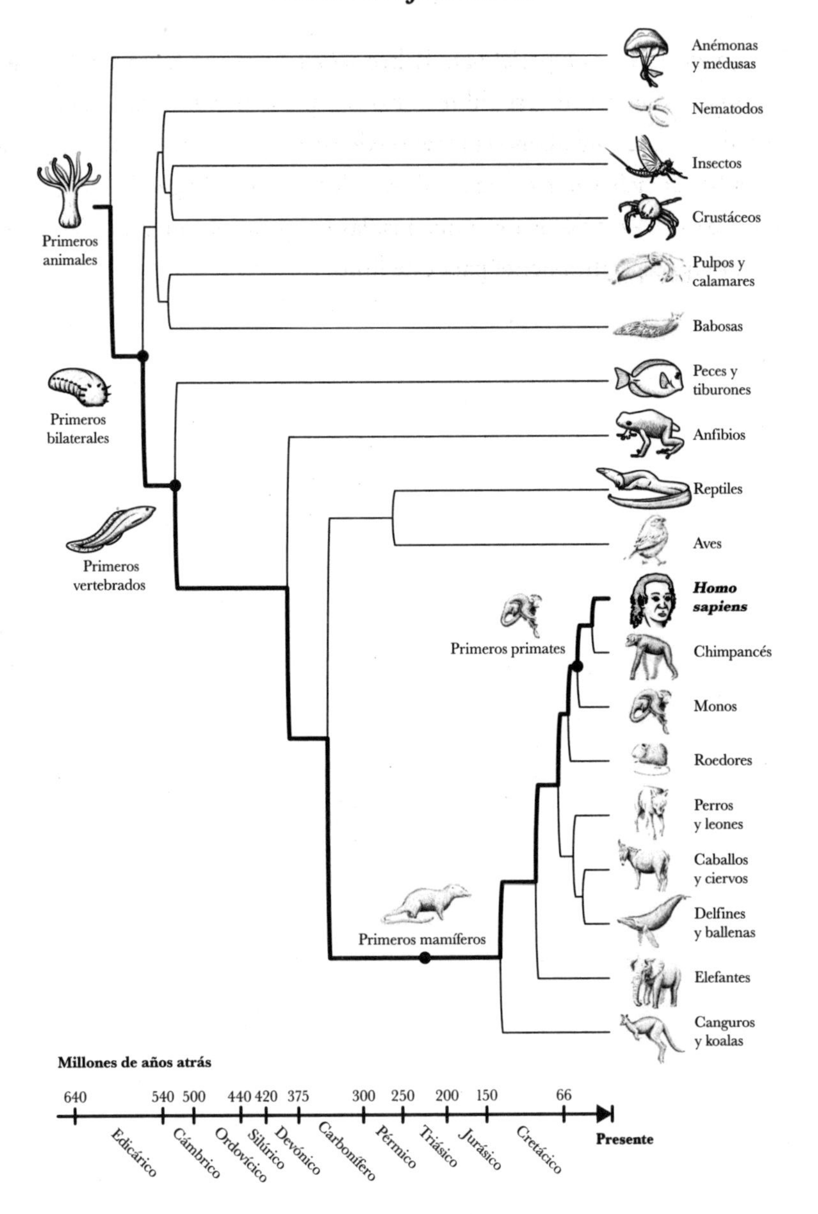

Un agradecimiento especial para Rebecca Gelernter por las increíbles ilustraciones originales de este libro; hizo las que dan comienzo a cada sección de «Avances» y diseñó la mayoría de las figuras. También agradezco a Mesa Schumacher por sus maravillosas ilustraciones originales de la anatomía de los cerebros de los humanos, las lampreas, los monos y las ratas, que dibujó específicamente para este libro.

Introducción

En septiembre de 1962, durante el tumulto global de la carrera espacial, la crisis de los misiles en Cuba y la recientemente actualizada vacuna contra la polio, ocurrió un hito menos difundido —pero quizás igual de crucial— en la historia de la humanidad: predijimos el futuro.

Proyectada en las nuevas pantallas a color de los televisores estadounidenses debutaba la serie *Los Supersónicos*, una caricatura sobre una familia que vivía adelantada cien años en el futuro. Disfrazada de comedia de situación, la serie era una predicción de cómo vivirían los seres humanos en el futuro, qué tecnologías guardarían en sus bolsillos y utilizarían para equipar sus hogares.

Los Supersónicos predijeron acertadamente las vídeollamadas, las pantallas planas de los televisores, los móviles, las impresiones 3D y los relojes inteligentes; todos ellos dispositivos tecnológicos que eran impensados en 1962 y que, sin embargo, se volverían ubicuos en 2022. No obstante, existe una tecnología que hemos fracasado en crear, un logro futurista que aún no se ha materializado: el robot autónomo llamado «Robotina».

Robotina era el ama de llaves de la familia, cuidaba a los niños y atendía el hogar. Cuando Cometín —de seis años— tenía dificultades en la escuela, era Robotina quien lo ayudaba con sus tareas escolares. Cuando su hija de quince años, Lucero, necesitaba ayuda para aprender a conducir, era Robotina quien le enseñaba. Robotina cocinaba, ponía la mesa y lavaba los platos; era leal, sensible y tenía un gran sentido del humor. Identificaba disputas y malentendidos familiares en proceso de gestación e intervenía para ayudar a la familia a considerar la perspectiva de los demás. En una ocasión, rompió en llanto por un poema que Cometín le escribió a su madre. En un episodio incluso llegó a enamorarse.

En otras palabras, Robotina poseía la inteligencia de un humano. No solo el razonamiento, el sentido común y las habilidades motoras necesarias para llevar a cabo tareas complejas en el mundo físico, sino que también era capaz de empatizar, de considerar diferentes posturas y exhibir habilidades sociales para navegar con éxito en nuestro mundo social. En palabras de Ultra Sónico, Robotina era «como un miembro más de la familia» [1].

Aunque *Los Supersónicos* predijeron correctamente los móviles y los relojes inteligentes, aún no contamos con algo parecido a Robotina. Hasta el momento de la impresión de este libro, incluso los comportamientos más básicos de Robotina aún están fuera de nuestro alcance. No es ningún secreto que la primera empresa que logre construir un robot que *cargue un lavavajillas* contará de inmediato con un producto sumamente exitoso en ventas. Todos los intentos de lograrlo han fallado. No se trata de un problema esencialmente *mecánico*; es una cuestión *intelectual*. La capacidad de identificar objetos en un fregadero, cogerlos de la manera apropiada y cargarlos en el lavavajillas sin romper nada es una actividad mucho más compleja de lo que se pensaba.

Por supuesto, aunque todavía no tengamos a Robotina, el progreso en el campo de la inteligencia artificial (IA) desde 1962 ha sido extraordinario. En la actualidad, la IA puede vencer a los mejores seres humanos del mundo en numerosos juegos de habilidad, como el ajedrez y el Go. La IA puede reconocer tumores en imágenes radiológicas con tanta destreza como los radiólogos humanos. La IA se encuentra muy cerca de conducir coches autónomos. Y en los últimos años, los nuevos avances en materia de modelos de lenguaje extenso permitieron que productos como ChatGPT, que se lanzó a fines del 2022, lograran componer poesía, traducir idiomas a voluntad e incluso escribir código. Muy a pesar de cada maestro de preparatoria del planeta Tierra, ChatGPT puede escribir de manera instantánea un ensayo original bastante bien escrito sobre casi cualquier tema que un estudiante intrépido decida solicitar. ChatGPT incluso puede aprobar un examen de ingreso de Abogacía y obtener un puntaje mejor que el 90 % de los abogados.

A lo largo de esta larga lista de logros de la IA, siempre ha resultado difícil calcular cuán cerca nos encontramos de crear una inteligencia al nivel de los seres humanos. Tras los primeros éxitos de los algoritmos de resolución de problemas en la década de 1960, el pionero de la IA, Marvin Minsky hizo la famosa declaración de que «en tres a ocho años tendremos una máquina que contará con la inteligencia general de un ser humano promedio». No sucedió. Justo después de los éxitos de los sistemas expertos en la década de 1980, la revista de negocios *BusinessWeek* proclamó: «IA: está aquí». El progreso se estancó un corto tiempo después. Y, en la actualidad, frente a los avances de los modelos de lenguaje extenso, muchos investigadores volvieron a declarar que «el juego ha terminado» porque estamos «al borde de alcanzar una IA de nivel humano»[2]. ¿Qué quiere decir esto? ¿Por fin nos encontramos en la antesala de crear inteligencia artificial con características humanas como Robotina o son solo los modelos de lenguaje extenso como ChatGPT el avance más reciente en un largo viaje que se alargará en las décadas venideras?

A lo largo de este viaje, a medida que la IA se vuelve más inteligente, se está tornando más difícil medir nuestro progreso hacia esa meta. Si un sistema de IA supera a los seres humanos en una tarea, ¿significa que su sistema captó cómo los seres humanos resuelven esa tarea? ¿Acaso una calculadora —capaz de procesar números de manera más rápida que un humano— comprende en verdad matemáticas? ¿Acaso ChatGPT —capaz de obtener un puntaje mayor que la mayoría de los abogados en un examen de ingreso de Abogacía— realmente comprende la ley? ¿Cómo podemos darnos cuenta de la diferencia y en qué circunstancias, si es que existen, importan esas diferencias?

En 2021, casi un año después del lanzamiento de ChatGPT —el *chatbot* que ahora está proliferando en cada rincón y recoveco de la sociedad—, yo utilizaba su precursor. Era un modelo de lenguaje extenso llamado «GPT-3» que estaba entrenado con grandes cantidades de texto (grandes como *el Internet entero*) y que luego utilizaba ese corpus para intentar encontrar patrones y generar la respuesta más adecuada para una solicitud. Cuando se le preguntaba: «¿Cuáles son dos razones por las que un perro puede estar de malhumor?», respondía: «Dos razones por las que un perro puede estar de malhumor son si tiene hambre o si tiene calor». Algo acerca de la nueva arquitectura de estos sistemas les permitió contestar preguntas con lo que al menos parecía un grado extraordinario de inteligencia. Estos modelos podían generalizar hechos que habían leído (como las páginas de Wikipedia sobre perros y otras páginas sobre las causas del malhumor) para responder preguntas nuevas que nunca habían visto antes. En 2021, me encontraba explorando posibles aplicaciones de estos nuevos modelos de lenguaje: ¿podrían utilizarse para proveer nuevos sistemas de apoyo para la salud mental o un servicio de atención al cliente más efectivo o un acceso más democrático a la información médica?

Cuanto más interactuaba con GPT-3, más maravillado me sentía tanto por sus aciertos como por sus errores. En cierta forma era brillante, pero en otras era extrañamente tonta. Solicítale a GPT-3 que escriba un ensayo sobre el cultivo de patatas en el siglo XVIII y su relación con la globalización y obtendrás un ensayo sorprendentemente coherente. Hazle una pregunta de sentido común sobre lo que una persona vería en un sótano y arrojará una respuesta sin sentido*. ¿Por qué GPT-3 responde de forma correcta algunas preguntas y otras no? ¿Qué aspectos de la inteligencia humana logra captar y de cuál carece? ¿Y por qué, mientras el desarrollo de la IA continúa su paso acelerado, algunas preguntas que eran difíciles de responder en un año se vuelven fáciles en los años subsiguientes? De hecho, cuando se publique este libro, la versión nueva y actualizada de GPT-3, llamada «GPT-4», lanzada a comienzos del 2023, podrá responder correctamente muchas preguntas que ponían en jaque a GPT-3. Y, sin embargo, como veremos en este libro, GPT-4 falla en capturar aspectos esenciales de la inteligencia humana; algunos aspectos que suceden en el cerebro humano.

Por otro lado, las discrepancias entre la inteligencia artificial y la inteligencia humana son desconcertantes hasta el extremo. ¿Por qué la IA puede aplastar a cualquier ser humano en un juego de ajedrez, pero no logra cargar un lavavajillas mejor que un niño de seis años?

---

* Le pedí a GPT-3 que completara la siguiente oración: «Estoy en mi sótano sin ventanas, miro hacia el cielo y veo...». GPT-3 respondió: «una luz, y sé que es una estrella, y soy feliz». En realidad, si miraras hacia arriba en el sótano, no verías las estrellas; verías el techo. Los nuevos modelos de lenguaje como GPT-4, lanzados en 2023, responden con éxito preguntas de sentido común como esta con mayor coherencia. No se pierdan el capítulo 22.

Luchamos por responder estas preguntas porque aún no comprendemos aquello que estamos intentando recrear. Todas estas preguntas, en esencia, no son preguntas sobre la IA, sino sobre la naturaleza de la inteligencia humana en sí misma; cómo funciona, por qué funciona de la manera en que lo hace y, como veremos muy pronto, y que es más importante, cómo llegó a ser lo que es.

La pista de la naturaleza

Cuando la humanidad quiso comprender la acción de volar, obtuvimos nuestra primera inspiración de las aves; cuando George de Mestral inventó el velcro, obtuvo la idea de los frutos de bardana; cuando Benjamin Franklin decidió explorar la electricidad, sus primeras chispas de entendimiento provinieron de los relámpagos. A través de la historia de la innovación humana, la naturaleza ha sido una guía maravillosa.

La naturaleza también nos ofrece pistas sobre cómo funciona la inteligencia y su exponente más evidente de esto es, por supuesto, el cerebro humano. Aun así, la IA se diferencia de estas otras innovaciones tecnológicas de esta manera; se ha demostrado que el cerebro es mucho más difícil de explorar y descifrar que las alas o los relámpagos. Los científicos han estado investigando cómo funciona el cerebro durante milenios y, si bien hemos progresado, aún no contamos con respuestas satisfactorias.

El problema es la complejidad.

El cerebro humano contiene ochenta y seis mil millones de neuronas y más de cien billones de conexiones. Cada una de esas conexiones es tan minúscula —menos de treinta nanómetros de ancho— que apenas se las puede distinguir incluso con los microscopios más poderosos. Estas conexiones se encuentran agrupadas en un caos enmarañado: dentro de un milímetro cúbico (del ancho de una sola *letra* en un céntimo) existen más de *mil millones* de conexiones[3].

No obstante, esta enorme cantidad de conexiones es tan solo un aspecto más que hace al cerebro tan complejo; aun si mapeáramos la conexión de cada neurona, todavía estaríamos lejos de comprender cómo funciona. A diferencia de las conexiones eléctricas de tu ordenador, donde todos los cables se comunican utilizando la misma señal —electrones—, a lo largo de cada una de estas conexiones neuronales, circulan cientos de químicos diferentes, y cada uno provoca efectos completamente distintos. El simple hecho de que dos neuronas se conecten no nos brinda mucha información sobre qué están comunicando. Y lo que es peor, estas conexiones en sí mismas están en constante cambio, ya que algunas neuronas se abren en rama y forman nuevas conexiones, mientras que otras se repliegan y remueven las conexiones antiguas. Teniendo en cuenta todo esto, aplicar la ingeniería inversa para comprender cómo funciona el cerebro resulta una tarea colosal.

Estudiar el cerebro es un cometido a la vez tentador y exasperante. A unos pocos centímetros de tus ojos se encuentra la maravilla más sorprendente del universo. Alberga los secretos de la naturaleza de la inteligencia, de cómo podríamos desarrollar una inteligencia artificial similar a la humana, de por qué los humanos nos comportamos y pensamos como lo hacemos. Se encuentra justo allí y se reconstruye millones de veces al año con cada humano recién nacido. Podemos tocarla, asirla, diseccionarla, estamos *literalmente hechos de ella* y, sin embargo, sus secretos permanecen fuera de nuestro alcance, escondidos a plena vista.

Si deseamos aplicar la ingeniería inversa para comprender el funcionamiento del cerebro, si deseamos construir a Robotina, si deseamos descubrir la naturaleza oculta de la inteligencia humana, quizás el cerebro humano no sea la mejor pista de la naturaleza. A pesar de que el lugar más intuitivo para investigar si buscamos comprender al cerebro humano es, naturalmente, el interior del cerebro humano, de manera contraintuitiva, quizás sea el último lugar en el que debemos poner nuestra mirada. Quizás el mejor lugar donde comenzar se encuentre en los fósiles polvorientos de las profundidades de la corteza terrestre, en los genes microscópicos escondidos en el interior de células por todo el reino animal y en los cerebros de muchos *otros* animales que habitan nuestro planeta.

En otras palabras, quizás no encontremos la respuesta en el presente, sino en los vestigios ocultos de un pasado muy lejano.

El museo perdido de los cerebros

Siempre tuve la convicción de que la única manera de lograr que funcione la inteligencia artificial es realizar los cálculos como lo haría el cerebro humano[4].

—Geoffrey Hinton (profesor de la Universidad de Toronto, considerado uno de los «padres de la IA»)

Los seres humanos vuelan naves espaciales, dividen átomos y modifican genes. Ningún otro animal ha inventado la rueda siquiera.

Teniendo en cuenta el gran historial de inventos de la humanidad, uno podría creer que tenemos muy poco que aprender de los cerebros de otros animales. Se podría pensar que el cerebro humano es único y que no se parece en nada a los cerebros de otros animales, que alguna clase de estructura cerebral especial revelaría el secreto de nuestra inteligencia. Sin embargo, eso no es lo que observamos.

Lo que resulta más sorprendente cuando examinamos los cerebros de otros animales es cuán increíblemente *similares* son al nuestro. La diferencia entre nuestro cerebro y el de un chimpancé, además de su tamaño, es apenas perceptible. La diferencia entre nuestro cerebro y el de una rata radica tan solo en un puñado de modificaciones cerebrales. El cerebro de un pez cuenta con casi las mismas estructuras que el nuestro.

Estas similitudes de los cerebros en el reino animal significan algo importante. Son pistas. Pistas sobre la naturaleza de la inteligencia. Pistas sobre nosotros mismos. Pistas sobre nuestro pasado.

Aunque hoy en día nuestros cerebros sean complejos, esto no siempre fue así. El cerebro surgió a partir del impensable proceso caótico de la evolución; pequeñas variaciones aleatorias en ciertos rasgos que fueron seleccionadas o eliminadas según si respaldaban la reproducción de la forma de vida.

En la evolución, los sistemas parten de lo simple y la complejidad se presenta solo con el tiempo*. El primer cerebro —el primer conjunto de

---

* Aunque los sistemas no se vuelven más complejos *necesariamente*, la posibilidad de complejidad aumenta con el tiempo.

neuronas en la cabeza de un animal— apareció seiscientos millones de años atrás en un gusano del tamaño de un grano de arroz. Este gusano fue el ancestro de todos los animales modernos dotados de cerebro. Durante cientos de millones de años de retoques evolutivos, a través de billones de pequeños ajustes en las conexiones, ese cerebro simple se transformó en el abanico diverso de los cerebros modernos. Un linaje de los descendientes de este antiguo gusano condujo al cerebro que tenemos en nuestras cabezas.

Sería maravilloso regresar en el tiempo e investigar este primer cerebro para comprender cómo funcionaba y qué habilidades facilitaba. Sería extraordinario poder rastrear la evolución en el linaje que condujo al cerebro humano a volverse más complejo, observar cada modificación física que ocurrió en las capacidades intelectuales que ese cerebro sustentaba. Si pudiéramos hacerlo, quizás tendríamos la capacidad de comprender la complejidad que finalmente emergió. De hecho, de acuerdo con la famosa frase del biólogo Theodosius Dobzhansky: «Nada tiene sentido en la biología si no es a la luz de la evolución».

Incluso Darwin fantaseó con la reconstrucción de tal historia. Termina *El origen de las especies* imaginando un futuro en el que la «psicología se basará en un nuevo fundamento, que es la necesaria adquisición de cada poder y capacidad mental en forma gradual». Quizás ahora, ciento cincuenta años después de Darwin, esto sea posible.

Aunque no tengamos máquinas del tiempo, podemos, en principio, viajar a través de él. Tan solo en la década pasada, algunos neurocientíficos evolutivos han experimentado un sorprendente progreso en la reconstrucción de los cerebros de nuestros ancestros. Una forma de realizar esto es a través de registros fósiles; los científicos pueden utilizar los cráneos fosilizados de criaturas ancestrales para aplicar la ingeniería inversa sobre la estructura de sus cerebros. Otra forma de reconstruir los cerebros de nuestros ancestros es examinando los de otros animales.

La razón por la cual los cerebros que encontramos en el reino animal son tan similares es que todos proceden de las raíces comunes de ancestros compartidos. Cada cerebro es una pequeña pista sobre cómo lucían los de nuestros ancestros; cada cerebro representa no solo una máquina, sino una cápsula del tiempo repleta de pistas ocultas acerca de los billones de mentes que nos precedieron. Y al investigar las hazañas intelectuales que estos otros animales comparten y aquellas que no, podemos comenzar no solo a reconstruir los cerebros de nuestros ancestros, sino a determinar qué habilidades intelectuales poseían esos cerebros ancestrales. En conjunto, podemos comenzar a rastrear la adquisición de cada capacidad mental por gradación.

Todo esto, por supuesto, es trabajo en progreso, pero la historia se está volviendo más clara de manera prometedora.

El mito de las capas

Soy consciente de que no soy el primero en proponer un marco evolutivo para comprender al cerebro humano. Existe una extensa tradición de tales marcos. El más famoso lo formuló el neurocientífico Paul MacLean en la década de 1960. MacLean propuso la hipótesis de que el cerebro humano estaba compuesto por tres capas (de ahí el término «triuno»), cada una situada sobre la anterior: la «neocorteza», que representa la evolución más reciente y se ubica sobre el «sistema límbico», que evolucionó con anterioridad. Este sistema a su vez se encuentra sobre el «cerebro reptiliano», que evolucionó en primer lugar.

Mac Lean argumentaba que el cerebro reptiliano era el centro de nuestros instintos básicos de supervivencia, como la agresión y la territorialidad. Se suponía que el sistema límbico era el centro de las emociones, como el miedo, el apego parental, el deseo sexual y el apetito. Y se suponía que la neocorteza era el centro del conocimiento, que nos brindó el lenguaje, la abstracción, la planificación y la percepción. El marco de MacLean indicaba que los reptiles contaban *solo* con un cerebro reptiliano, que los mamíferos como las ratas y los conejos tenían un cerebro reptiliano *y* un sistema límbico y que los humanos contaban con los tres sistemas. De hecho, según él, estas «tres formaciones evolutivas pueden imaginarse como tres ordenadores biológicos interconectados, cada uno con su propia inteligencia especial, su propia subjetividad, su propio sentido del tiempo y el espacio, y su propia memoria, funciones motoras y otras funciones»[5].

El problema es que la hipótesis del cerebro triuno de MacLean ha sido desacreditada de manera contundente, no porque sea inexacta (todos los marcos son inexactos), sino porque conduce a conclusiones erróneas sobre cómo evolucionó el cerebro y cómo es su funcionamiento[6]. La anatomía cerebral sugerida es errónea: los cerebros de los reptiles no solo están constituidos por las estructuras a las que MacLean se refería como «cerebro reptiliano»; los reptiles también cuentan con su propia versión del sistema límbico.

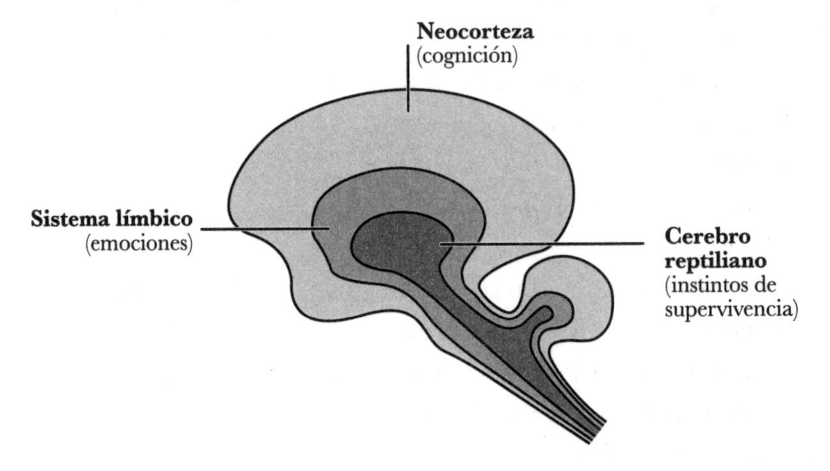

Figura 1: Cerebro triuno de MacLean

Las divisiones funcionales resultaron ser incorrectas: *los instintos de supervivencia, las emociones* y *la cognición* no están delineadas de manera precisa, sino que emergen de diversas redes de sistemas que abarcan a las tres supuestas capas. Y la historia evolutiva propuesta también resultó errónea. No tienes un cerebro de reptil en tu cabeza; la evolución no se dio al colocar simplemente una capa de un sistema sobre otro sin aplicar ninguna modificación a los sistemas existentes.

Aun así, incluso aunque el cerebro triuno de MacLean se hubiera acercado a la verdad, su mayor problema es que sus divisiones funcionales no son particularmente útiles para nuestros propósitos. Si nuestra meta es aplicar la ingeniería inversa al cerebro humano para comprender la naturaleza de su inteligencia, los tres sistemas de MacLean resultan demasiado amplios y las funciones que se les atribuyen son demasiado vagas para proveernos siquiera un punto de partida.

Necesitamos basar nuestro estudio sobre el funcionamiento del cerebro y su evolución en la comprensión de cómo funciona la inteligencia, lo que nos lleva a considerar de manera obligatoria el campo de la inteligencia artificial. La relación entre la IA y el cerebro funciona en ambas direcciones; si bien el cerebro con toda seguridad puede enseñarnos mucho sobre cómo crear inteligencia artificial al estilo humano, la IA también puede enseñarnos acerca del cerebro. Pensar que alguna parte del cerebro utiliza algún algoritmo específico, pero que ese algoritmo no funciona cuando lo implementamos en máquinas, nos ofrece indicios de que el cerebro quizás no funcione de esa manera. Por el contrario, si encontramos un algoritmo que funciona bien con los sistemas de IA, y descubrimos paralelismos entre las propiedades de esos algoritmos y las propiedades de los cerebros animales, eso nos ofrece indicios de que el cerebro quizás funcione de esa manera.

El físico Richard Feynman dejó escrita la siguiente frase en un pizarrón poco tiempo antes de su muerte: «Lo que no puedo crear no lo comprendo». El cerebro actúa como inspiración y guía para construir la IA, y la IA es nuestra prueba de fuego para demostrar lo bien que comprendemos al cerebro.

Necesitamos una nueva historia evolutiva sobre el cerebro, una historia fundada no solo en una comprensión moderna de cómo la anatomía del cerebro cambió con el tiempo, sino en una comprensión moderna de la inteligencia en sí misma.

Los cinco avances

Comencemos con la inteligencia artificial al nivel de las ratas (ARI, por sus siglas en inglés), luego continuemos con inteligencia artificial al nivel de los gatos (ACI, por sus siglas en inglés), y así sucesivamente hasta llegar a la inteligencia artificial al nivel de los seres humanos (AHI, por sus siglas en inglés)[7].

—YANN LECUN, director de IA en Meta

Tenemos una vasta historia evolutiva por cubrir, cuatro mil millones de años. En lugar de detallar cada ajuste menor, registraremos los principales avances evolutivos. De hecho, a modo de aproximación inicial —una primera plantilla de esta historia—, la totalidad de la evolución del cerebro humano puede resumirse, de manera razonable, como la culminación de solo *cinco* avances, desde los primeros cerebros hasta llegar a los cerebros humanos.

Estos cinco avances constituyen el mapa organizativo de nuestro libro y dibujan el itinerario de nuestra aventura en el tiempo. Cada avance surgió a partir de nuevos conjuntos de modificaciones cerebrales y dotó a los animales de una nueva colección de habilidades intelectuales. Este libro se divide en cinco partes, una por cada avance. En cada sección, describiré por qué esas habilidades evolucionaron, cómo funcionaban y cómo continúan manifestándose en los cerebros humanos hoy en día.

Cada avance subsiguiente se estableció sobre la base de aquellos que lo precedieron y sentó las bases para los avances futuros. Las innovaciones pasadas permitieron las innovaciones futuras. Es a través de este conjunto ordenado de modificaciones que la historia evolutiva del cerebro nos ayuda a comprender la complejidad que finalmente terminó emergiendo.

Sin embargo, no se puede hacer un relato fiel de esta historia teniendo en cuenta tan solo la biología de los cerebros de nuestros ancestros. Estos avances siempre surgieron de periodos en los que nuestros ancestros enfrentaron situaciones extremas o quedaron atrapados en poderosos bucles de retroalimentación. Fueron esas presiones las que condujeron a las vertiginosas reconfiguraciones del cerebro. No podemos comprender los avances de esta evolución sin tampoco comprender los desafíos y triunfos de nuestros ancestros: los depredadores que derrotaron, las catástrofes climáticas que padecieron y los nichos desesperados a los que recurrieron para sobrevivir.

Y, lo que es crucial, fundamentaremos estos avances en el conocimiento actual en el campo de la IA, ya que muchos de estos avances en la inteligencia biológica presentan paralelismos con lo que hemos aprendido de la inteligencia artificial. Algunos de estos avances representan estrategias intelectuales que comprendemos muy bien en la IA en tanto que otras estrategias permanecen fuera de nuestra comprensión. Y, de esta manera, quizás la historia evolutiva del cerebro es capaz de esclarecer qué avances pudimos haber pasado por alto en el desarrollo de la inteligencia artificial al estilo humano. Quizás revelará algunas pistas ocultas de la naturaleza.

Yo

Desearía poder afirmar que escribí este libro porque he pasado mi vida entera contemplando la evolución del cerebro e intentando construir robots inteligentes, pero no soy neurocientífico, experto en robótica y ni siquiera científico. Escribí este libro porque deseaba leerlo.

Me enfrenté a la discrepancia desconcertante entre la inteligencia humana y la artificial cuando intentaba aplicar sistemas de IA a los problemas del mundo real. Pasé la mayor parte de mi carrera en una empresa que cofundé llamada «Bluecore»; creábamos *software* y sistemas de IA para ayudar a algunas de las empresas más importantes del mundo a personalizar su *marketing*. Nuestro *software* ayudaba a predecir lo que los consumidores comprarían incluso antes de que ellos mismos supieran qué necesitaban. Éramos tan solo una partecita en un océano de innumerables empresas que comenzaban a utilizar los nuevos avances en los sistemas de IA. No obstante, estos innumerables proyectos, tanto grandes como pequeños, estaban modelados por las mismas preguntas desconcertantes.

Cuando se comercializan sistemas de IA, en algún momento tiene lugar una serie de reuniones entre equipos de negocios y equipos de aprendizaje automático. Los equipos de negocios buscan aplicaciones de nuevos sistemas de IA que sean «valiosos» mientras que solo los equipos de aprendizaje automático comprenden qué aplicaciones serían «factibles». Estas reuniones suelen dejar al descubierto nuestras preconcepciones erróneas sobre cuánto comprendemos acerca de la inteligencia. Los equipos de negocios investigan aplicaciones de sistemas de IA que les parecen claros, pero, con frecuencia, estas tareas parecen claras solo porque lo son para *nuestros cerebros*. Luego, los equipos de aprendizaje automático les explican con paciencia por qué la idea que parece simple es, en verdad, astronómicamente difícil. Y estos debates van y vienen con cada nuevo proyecto. Fue a partir de estas exploraciones sobre hasta dónde podíamos llevar a los sistemas modernos de IA y sobre los lugares sorprendentes en los que fallaban que desarrollé mi curiosidad original sobre el cerebro.

Por supuesto, yo también soy humano y, como tú, tengo cerebro humano. De modo que me resultó fácil quedar fascinado por el órgano que define tanto sobre la experiencia humana. El cerebro ofrece respuestas no solo sobre la naturaleza de la inteligencia, sino también sobre por qué nos comportamos como lo hacemos. ¿Por qué a menudo tomamos decisiones irracionales y autodestructivas? ¿Por qué nuestra especie cuenta con una historia recurrente de inspirar al mismo tiempo generosidad y una crueldad inconcebible?

Mi proyecto personal comenzó con nada más que leer libros para intentar responder mis propias preguntas. Eso escaló a mantener conversaciones extensas por correo electrónico con neurocientíficos que tuvieron la generosidad suficiente de satisfacer las curiosidades de alguien ajeno a la materia. Al final, esa investigación y esas conversaciones me condujeron a publicar numerosos trabajos de investigación que culminaron en la decisión de tomarme un descanso del trabajo para convertir esas ideas en gestación en un libro.

A lo largo de este proceso, cuanto más me adentraba, más me convencía de que existía una síntesis valiosa para contribuir, una que podía brindar una introducción accesible sobre cómo funciona el cerebro, por qué funciona como lo hace y por qué se superpone y difiere de los sistemas de IA; una que podía reunir numerosas ideas de la neurociencia y de la IA al amparo de una sola historia.

Una historia de la inteligencia es una síntesis del trabajo de muchas otras personas. En esencia, se trata solo de un intento por encastrar las piezas que ya se encontraban allí. Me he esforzado por otorgar el crédito correspondiente a lo largo del libro, ya que siempre intento reconocer a aquellos científicos que llevaron a cabo la investigación real.

Si he fallado en hacerlo, ha sido sin intención. Es cierto que no pude resistirme a añadir algunas especulaciones propias, pero intentaré ser muy claro cuando me adentre en tal territorio.

Me resulta oportuno que el origen de este libro, como el origen del cerebro en sí mismo, haya surgido no de una planificación previa, sino de un proceso caótico de intentos fallidos y decisiones erróneas, del azar, la iteración y las circunstancias afortunadas.

Un comentario final (sobre escaleras y chovinismo)

Debo hacer un comentario final antes de comenzar nuestro viaje en el tiempo. Existe una malinterpretación que acechará peligrosamente entre las líneas de toda esta historia.

Este libro establecerá muchas comparaciones entre las capacidades de los seres humanos y las de otros animales vivos en la actualidad, pero esto siempre se hará seleccionando en específico a aquellos animales que se consideran más similares a nuestros ancestros. Este libro entero —el marco de los cinco avances en sí mismo— es de forma exclusiva la historia del linaje *humano*, la historia de cómo se desarrollaron *nuestros* cerebros; uno también podría reconstruir con total facilidad una historia de cómo se desarrollaron los cerebros de los pulpos o de las abejas y tendría sus propias vicisitudes y sus propios avances.

Solo porque nuestros cerebros posean más capacidades intelectuales que los de nuestros ancestros no significa que el cerebro humano moderno sea estrictamente superior en materia intelectual frente a los cerebros de otros animales modernos.

La evolución converge de manera independiente en soluciones comunes en todo momento. La innovación de las alas evolucionó de forma independiente en los insectos, murciélagos y aves; el ancestro común de esas criaturas no poseía alas. También se cree que los ojos evolucionaron en muchas ocasiones de forma independiente. Por lo tanto, cuando afirmo que una habilidad intelectual, como la memoria episódica, se desarrolló en los primeros mamíferos, esto *no* significa que hoy en día *solo* los mamíferos posean memoria episódica. Al igual que las alas y los ojos, es posible que otros linajes de vida puedan haber desarrollado por sí mismos la memoria episódica. De hecho, muchas de las facultades intelectuales que relataremos en este libro no son específicas de nuestro linaje, sino que han surgido de forma independiente a lo largo de numerosas ramas del árbol evolutivo de la Tierra.

Desde los días de Aristóteles, los científicos y filósofos han construido lo que los biólogos modernos denominan una «escala de la naturaleza» (o, como a los científicos les agrada utilizar términos latinos, *scala naturae*). Aristóteles creó una jerarquía de todas las formas de vida en la que los seres humanos eran superiores a otros mamíferos, que a su vez eran superiores a los reptiles y peces, que al mismo tiempo superaban a los insectos, que eran superiores a las plantas.

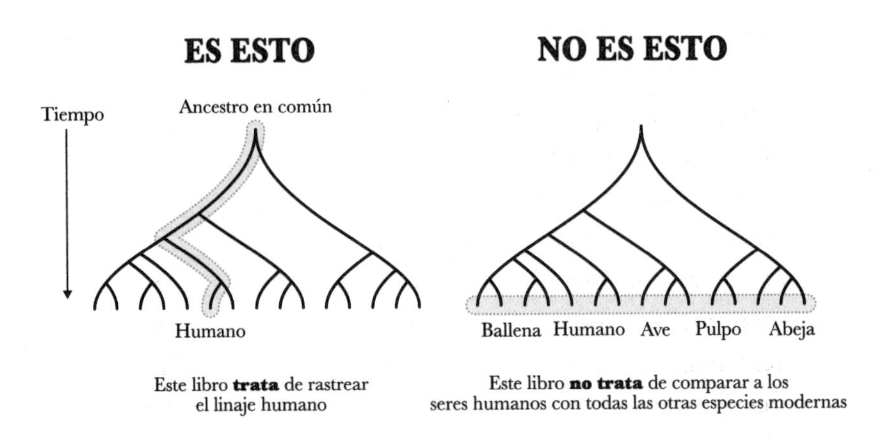

Figura 2

Incluso después del descubrimiento de la evolución, la idea de una escala de la naturaleza sigue vigente. Esta idea de que existe una jerarquía de las especies está equivocada por completo. Todas las especies vivas hoy en día están, bueno, *vivas*; sus ancestros sobrevivieron los últimos 3.5 mil millones de años de evolución. Y, por lo tanto, en ese sentido —el único que le importa a la evolución— todas las formas de vida del presente están en posición de empate por el primer lugar.

Las especies se ubican en diferentes nichos de supervivencia, cada uno de los cuales se optimiza para diferentes cuestiones. Muchos nichos —de hecho, la *mayoría* de ellos— se benefician más con cerebros *más pequeños* y *simples* (o sin cerebro alguno). Los simios de cerebros grandes son el resultado de una estrategia de supervivencia distinta que la de los gusanos, las bacterias o las mariposas. No obstante, ninguno de ellos es «mejor». Frente a los ojos de la evolución, la jerarquía posee solo dos peldaños: en uno se encuentran aquellos que sobrevivieron, y en el otro, los que no lo hicieron.

Quizás, en cambio, uno desee definir qué es mejor teniendo en cuenta alguna característica específica de la inteligencia. Pero, aun así, la calificación dependerá por completo de qué habilidad intelectual específica estamos midiendo. Un pulpo cuenta con un cerebro independiente en cada uno de sus tentáculos y puede superar a un humano a la hora de realizar múltiples tareas. Las palomas, las ardillas, los atunes e incluso las iguanas pueden procesar información visual con más rapidez que un ser humano[8]. Los peces cuentan con un procesamiento increíblemente preciso en tiempo real. ¿Alguna vez has visto con cuánta rapidez se desliza un pez entre un laberinto de rocas cuando intentas atraparlo? Un ser humano, con total seguridad, terminaría estrellándose contra ellas si intentara moverse con tanta velocidad por un circuito de obstáculos.

Mi argumento: mientras delineamos nuestra historia, debemos evitar pensar que la evolución desde el pasado hacia el futuro indica que los seres humanos modernos son estrictamente superiores a los animales modernos por su mayor complejidad cerebral. Debemos evitar la construcción accidental de una *scala naturae*. Todos los animales vivos en el presente han atravesado la evolución durante la misma cantidad de tiempo.

Sin embargo, existen, por supuesto, factores que hacen que los seres humanos sean excepcionales y, dado que *somos humanos*, tiene sentido que contemos con un interés especial en comprendernos a nosotros mismos y tiene sentido que deseemos crear una inteligencia artificial *al estilo humano*. De modo que deseo que podamos adentrarnos en una historia centrada en el humano sin caer en el chovinismo humano. Existe una historia igualmente válida y merecedora de ser relatada para cualquier otro animal, desde las abejas hasta los pericos hasta los pulpos, con los que compartimos nuestro planeta, pero no contaremos esas historias aquí. Este libro cuenta la historia de solo *una* de esas inteligencias: cuenta nuestra propia historia.

1

El mundo antes de los cerebros

La vida existió en la Tierra durante un largo tiempo —y me refiero de verdad a un *largo* tiempo, más de tres mil millones de años— antes de que el primer cerebro hiciera su aparición. Para el momento en el que evolucionaron los primeros cerebros, la vida ya había perseverado a través de innumerables ciclos evolutivos de desafíos y cambios. En el gran arco de la vida en la Tierra no encontraríamos la historia de los cerebros en los capítulos principales, sino en el epílogo; los cerebros aparecieron solo en el 15 % más reciente de la historia de la vida. La inteligencia también existió durante un largo tiempo antes que los cerebros; como veremos, la vida comenzó a exhibir una conducta inteligente en una etapa temprana de su historia. No podemos comprender por qué y cómo evolucionaron los cerebros sin primero reseñar la evolución de la inteligencia en sí misma.

Alrededor de cuatro mil millones de años atrás, en las profundidades de los océanos volcánicos de una Tierra sin vida, un conjunto preciso de moléculas rebotaba alrededor de las grietas y rendijas de una fuente hidrotermal normal y corriente[9]. Cuando el agua hirviente brotaba del fondo marino, estallaba contra nucleótidos que se encontraban juntos de forma natural y los transformaba en largas cadenas moleculares que se asemejaban estrechamente al ADN actual. Estas primeras moléculas semejantes al ADN tenían una vida de corta duración; la misma energía volcánica kinésica que las generaba también las destrozaba de manera inevitable. Esa es la consecuencia de la segunda ley de la termodinámica. Esa ley inquebrantable de la física que declara que la entropía —la cantidad de desorden en un sistema— siempre y sin excepción termina aumentando; el universo no puede evitar tender hacia el deterioro. Después de que innumerables y azarosas cadenas de nucleótidos se construyeran y destruyeran, apareció una cadena afortunada; una que marcó, al menos en la Tierra, la primera rebelión real contra la aparente e inexorable arremetida de la entropía. Esta molécula similar al ADN no se encontraba viva *per se*, sino que cumplía con el proceso más fundamental por el que más adelante emergería la vida: se duplicaba a sí misma[10].

Aunque estas moléculas semejantes al ADN se replicaban a sí mismas, también sucumbían a los efectos destructores de la entropía, no debían sobrevivir *individualmente* para sobrevivir *colectivamente*; siempre y cuando perduraran lo suficiente para crear sus propias copias, podrían, en esencia, persistir. Esta es la genialidad de la autorreplicación. Con estas primeras moléculas que se replicaban a sí mismas, comenzó una versión primitiva del proceso de evolución; cualquier nueva circunstancia favorable que facilitara una duplicación más exitosa conduciría, por supuesto, a más duplicados.

Hubo dos transformaciones evolutivas posteriores que condujeron hacia la vida. La primera sucedió cuando algunas burbujas protectoras de lípidos atraparon estas moléculas de ADN mediante el mismo mecanismo por el cual el jabón, también hecho de lípidos, produce burbujas de forma natural cuando te lavas las manos. Estas microscópicas burbujas de lípidos rellenas de ADN conformaron las primeras versiones de las células, la unidad fundamental de vida.

La segunda transformación evolutiva sucedió cuando una serie de moléculas conformadas por nucleótidos —los ribosomas— comenzaron a traducir secuencias específicas de ADN en secuencias específicas de aminoácidos que luego se plegaban en estructuras tridimensionales específicas que llamamos «proteínas». Una vez producidas, estas proteínas flotan en el interior de una célula o se adosan a la pared celular para cumplir con diferentes funciones. Es probable que hayas escuchado, al menos de pasada, que tu ADN se encuentra compuesto por genes. Bueno, un gen no es más que la sección del ADN que codifica la construcción de una proteína específica y singular. Esta fue la invención de la síntesis de proteínas y es en ese momento cuando las primeras chispas de inteligencia hicieron su aparición.

El ADN es relativamente inerte, efectivo para la autoduplicación, pero a la vez está limitado en su capacidad de manipular el mundo microscópico que lo rodea. Las proteínas, sin embargo, son mucho más flexibles y poderosas. De muchas maneras, son más máquina que molécula. Las proteínas pueden formarse y plegarse en muchas formas —pueden exhibir túneles, pestillos y otras partes móviles robóticas— y pueden, por ende, cumplir innumerables funciones celulares, incluida la «inteligencia».

Incluso los organismos unicelulares más simples —como las bacterias— cuentan con proteínas diseñadas para el movimiento, motores que convierten a la energía celular en propulsión, hélices giratorias que utilizan un mecanismo no menos complejo que el de un motor de un barco moderno[11]. Las bacterias también cuentan con proteínas diseñadas para la *percepción*, receptores que cambian de forma cuando detectan ciertos aspectos del entorno externo, como la temperatura, la luz o el tacto.

Al estar equipada con proteínas para el movimiento y la percepción, la vida temprana era capaz de analizar y responder al mundo externo. Las bacterias pueden alejarse de entornos que reducen la posibilidad de replicación exitosa, entornos cuyas temperaturas, por ejemplo, son demasiado calientes o frías, o que tienen químicos que son destructivos para el ADN o las membranas celulares. Las bacterias también pueden acercarse hacia entornos que les resulten amigables para la reproducción.

Y de esta manera, estas células antiguas ciertamente contaban con una versión primitiva de la inteligencia, implementada no en las neuronas sino en una red compleja de cascadas químicas y proteínas.

El desarrollo de la síntesis de proteínas no solo engendró las semillas de la inteligencia, sino que también transformó el ADN de ser solo *materia* a convertirse en un medio para almacenar *información*. En lugar de ser simplemente la sustancia autorreplicadora de la vida misma, el ADN se transformó en la base informativa de la cual se construye la materia de la vida misma. El ADN se había convertido de manera oficial en el plano de la vida; los ribosomas, en la fábrica, y las proteínas, en su producto.

Con estas bases sentadas, el proceso de evolución se inició con todo ímpetu: las variaciones en el ADN condujeron a variaciones en las proteínas, que a su vez condujeron a la exploración evolutiva de una nueva maquinaria celular, que, mediante la selección natural, se vio modificada y seleccionada en base a si respaldaba aún más la supervivencia. Para este momento en la historia de la vida, hemos concluido el extenso y misterioso proceso, aún pendiente de replicación, que los científicos denominan «abiogénesis»: el proceso por el cual la materia no biológica (*abio*) se convierte en vida (*génesis*).

La terraformación de la Tierra

Poco tiempo después, estas células evolucionaron para convertirse en lo que los científicos denominan el «último antepasado común universal» o LUCA, por sus siglas en inglés. LUCA era el antepasado sin género de toda la vida; cada hongo, planta, bacteria y animal vivo hoy en día, incluidos nosotros, desciende de LUCA. No resulta sorprendente, entonces, que toda la vida comparta las características principales de LUCA: ADN, síntesis de proteínas, lípidos y carbohidratos[12].

LUCA, que vivió 3.5 mil millones de años atrás, posiblemente se asemejaba a una versión más simple de una bacteria moderna. Y, de hecho, durante un largo tiempo después de esto toda la vida fue bacteriana. Y después de otros mil millones de años —tras atravesar billones y billones de iteraciones evolutivas—, los océanos de la Tierra rebosaban con muchas especies diversas de estos microbios, cada una con su propio conjunto de ADN y proteínas. Una forma en la que estos primeros microbios se diferenciaban entre sí era por sus sistemas de producción energética. La historia de la vida, en esencia, trata tanto de la energía como de la entropía.

Mantener una célula viva es costoso. El ADN requiere constante reparación; las proteínas requieren constante reabastecimiento y la duplicación celular requiere una reconstrucción de muchas estructuras internas. El hidrógeno, un elemento abundante en las cercanías de las fuentes hidrotermales, ha sido posiblemente el primer combustible utilizado para financiar estos numerosos procesos[13]. No obstante, este sistema basado en el hidrógeno era ineficiente y dejaba a la vida en un estado desesperado por obtener la energía suficiente para sobrevivir. Después de más de mil millones de años de vida, esta pobreza energética llegó a un punto final cuando una sola especie de bacterias —las cianobacterias, también llamadas «algas verdes azuladas»[14]— encontró un mecanismo mucho más rentable para extraer y almacenar energía: la fotosíntesis.

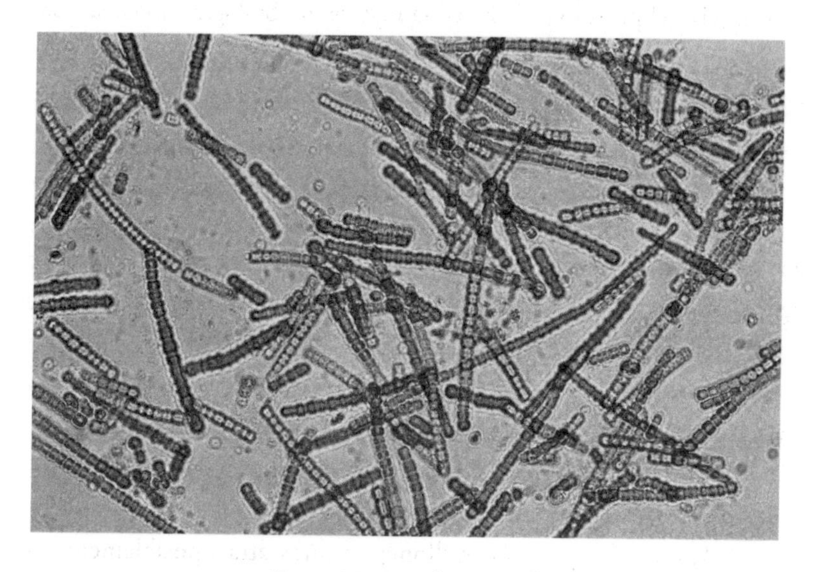

Figura 1.1: Cianobacterias[15]

El sistema biológico más sorprendente de estas primeras cianobacterias no eran sus fábricas de proteínas o sus productos, sino sus centrales eléctricas fotosintéticas: las estructuras que convertían la luz solar y el dióxido de carbono en azúcar, que luego podía almacenarse y convertirse en energía celular[16]. La fotosíntesis era más eficiente que los sistemas celulares previos para la extracción y el almacenamiento de energía. Les brindó a las cianobacterias una abundancia de energía con la que abastecer su duplicación. Muy pronto, vastas regiones del océano se cubrieron con espesas esteras microbianas verdosas; colonias de mil millones de cianobacterias que se exponían al sol, absorbían dióxido de carbono y se reproducían de manera indefinida[17].

Como la mayoría de los procesos de producción energética, desde la quema de combustibles fósiles hasta la utilización de combustibles nucleares, la fotosíntesis produjo un desperdicio contaminante[18]. En lugar de dióxido de carbono o desperdicios nucleares, el subproducto de la fotosíntesis fue el oxígeno. Antes de esta época, la Tierra no contaba con una capa de ozono. Fueron las cianobacterias, con su proceso de fotosíntesis recién descubierto, las que construyeron la atmósfera rica en oxígeno de la Tierra y comenzaron a terraformar el planeta y a convertirlo en el oasis que conocemos hoy en día desde una roca volcánica gris. Este cambio sucedió alrededor de 2.4 mil millones de años atrás y ocurrió de manera tan veloz, al menos en términos geológicos, que ha sido denominado «la Gran Oxidación». Durante el curso de cien millones de años, los niveles de oxígeno alcanzaron proporciones inusitadas[19]. Desafortunadamente, este suceso no representó una bendición para todas las formas de vida. Los científicos acuñaron un término mucho menos compasivo: «el Holocausto del Oxígeno»[20].

El oxígeno es un elemento increíblemente reactivo, lo que lo vuelve peligroso en las reacciones de una célula, coordinadas al detalle. A menos que se tomen medidas intracelulares protectoras especiales, los compuestos de oxígeno interferirán con los procesos celulares, incluidos el de mantenimiento del ADN. Es por esta razón que se cree que los antioxidantes —compuestos que eliminan las moléculas de oxígeno altamente reactivas del torrente sanguíneo— brindan protección frente al cáncer. Las formas de vida fotosintéticas se convirtieron en víctimas de su propio éxito, ya que se fueron sofocando con lentitud en una nube de sus propios desperdicios. El ascenso del oxígeno dio lugar a uno de los sucesos más mortales en materia de extinción de la historia de la Tierra[21].

Como sucede con muchas de las sustancias que son peligrosas (el uranio, la gasolina, el carbón), el oxígeno también puede volverse útil. Este nuevo material disponible presentó una oportunidad energética, y era solo una cuestión de tiempo antes de que la vida se topara con una forma de explotarla. Apareció una nueva bacteria que producía energía no a partir de la fotosíntesis, sino de la respiración celular: el proceso por el cual el oxígeno y el azúcar se convierten en energía para luego expulsar dióxido de carbono como subproducto[22]. Los microbios respiradores comenzaron a engullir el exceso de oxígeno del océano y a reponer el suministro agotado de dióxido de carbono. Lo que comenzó como un contaminante para una forma de vida se convirtió en el combustible de otra.

La vida en la Tierra entró en, quizás, una de las simbiosis más grandes alguna vez descubierta entre dos sistemas de vida competitivos y a la vez complementarios, una que perdura hasta el día de hoy. Una categoría de vida era fotosintética y convertía el agua y el dióxido de carbono en azúcar y oxígeno. La otra era respiratoria y volvía a convertir el azúcar y el oxígeno en dióxido de carbono. En ese momento, estas dos formas de vida eran similares, ambas bacterias unicelulares. Hoy en día, esta simbiosis está compuesta por formas muy diferentes de vida. Árboles, césped y otras plantas son algunos fotosintetizadores modernos, en tanto que los hongos y los animales son nuestros respiradores modernos.

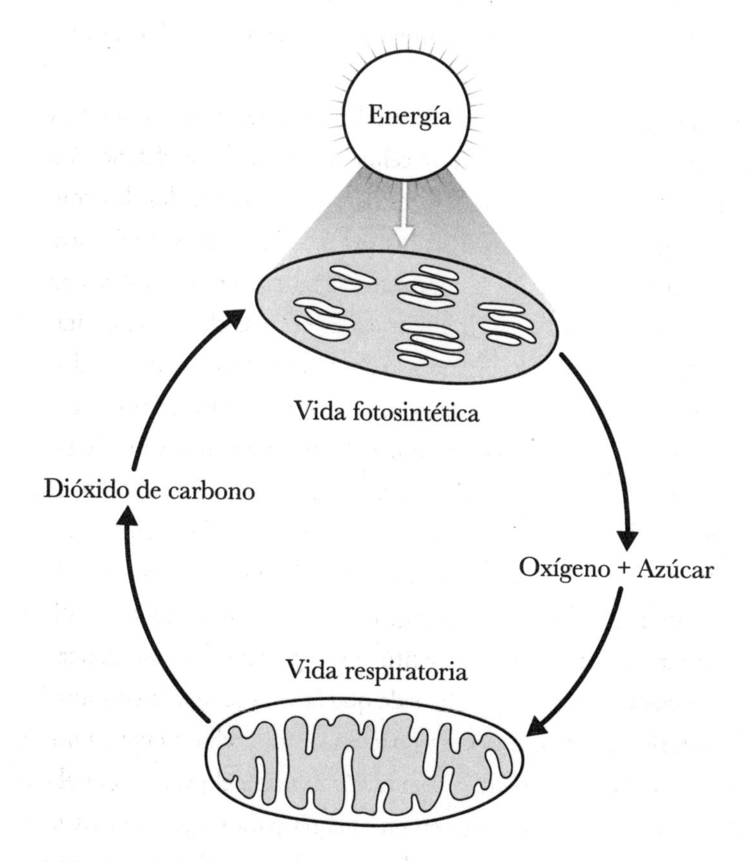

Figura 1.2: Simbiosis entre la vida fotosintética y la respiratoria

La respiración celular requiere azúcar para producir energía, y esta necesidad básica proporcionó la base energética para la eventual explosión de la inteligencia, que sucedió de manera exclusiva en los descendientes de la vida respiratoria. Si bien la mayoría de los microbios, si no todos, exhibieron niveles primitivos de inteligencia en esa época, fue solo en la vida respiratoria donde la inteligencia encontró un lugar para desarrollarse y expandirse. Los microbios respiradores se diferenciaban en un aspecto crucial de sus primos fotosintéticos: necesitaban cazar. Y cazar requería un nuevo nivel de habilidades.

Tres niveles

El ecosistema de dos mil millones de años atrás no era un mundo particularmente caracterizado por la guerra*. Una paz tentativa, forjada por la necesidad energética, sustentaba las múltiples interacciones de la vida. Aunque algunas bacterias quizás hayan devorado los restos de vecinos muertos en las cercanías, pocas veces merecía la pena intentar matar otras formas de vida de manera activa. El proceso de no utilización de oxígeno para convertir el azúcar en energía (respiración anaeróbica) es quince veces menos eficiente que el proceso basado en el oxígeno (respiración aeróbica)[23]. Como tal, antes de la aparición del oxígeno, la caza no era una estrategia viable de supervivencia. Resultaba más útil encontrar un buen lugar, quedarse quieto y disfrutar de la luz solar. La competencia más fuerte entre las primeras formas de vida posiblemente se haya parecido a personas que se agolpan en un Walmart para conseguir descuentos del Black Friday; es decir, luchando a codazos para obtener alguna de las gangas que las rodean, pero sin atacarse directamente entre sí. Incluso es probable que tales arremetidas a codazos no fueran algo común; la luz solar y el hidrógeno eran abundantes y había más que suficiente para asegurar la supervivencia.

No obstante, a diferencia de las células que las precedieron, las formas de vida respiratorias podían sobrevivir solo de robar la ganga energética —las entrañas azucaradas— de la vida fotosintética. Por lo tanto, la paz utópica del mundo terminó de manera un tanto abrupta con la llegada de

* Excepto por la batalla entre las bacterias y los virus, pero esa es una historia completamente diferente.

la respiración aeróbica. Fue entonces cuando los microbios comenzaron a devorar a otros microbios de forma activa. Esto actuó como el combustible para el motor del progreso evolutivo: por cada innovación defensiva que las presas debían desarrollar para evitar su muerte, los depredadores también evolucionaban y desarrollaban una innovación ofensiva para superar esa misma defensa. La vida quedó reducida a una carrera armamentista, un bucle de retroalimentación perpetuo: las innovaciones ofensivas conducían a innovaciones defensivas, que a su vez requerían más innovaciones ofensivas.

De este torbellino emergió una diversificación masiva de vida. Algunas especies continuaron siendo pequeños microbios unicelulares. Otras evolucionaron para conformar las primeras eucariotas, células que eran cien veces más grandes, producían mil veces más energía y tenían una complejidad interna mucho mayor[24]. Estas eucariotas eran las máquinas asesinas de microbios más avanzadas hasta el momento[25]. Las eucariotas fueron las primeras en desarrollar la «fagotrofia»: la estrategia de caza que consiste literalmente en ingerir a otras células y descomponerlas dentro de sus paredes celulares. Estas eucariotas, equipadas con más energía y una mayor complejidad, fueron más allá y se diversificaron en plantas, los primeros hongos y los precursores de los primeros animales. Los hongos y los animales descendientes de las eucariotas mantuvieron su necesidad de *cazar* (eran respiradores) mientras que el linaje de las plantas regresó a un estilo de vida fotosintético.

Lo que tenían en común estos linajes de eucariotas era que los tres niveles —las plantas, los hongos y los animales— desarrollaron de manera independiente la pluricelularidad. La mayoría de lo que vemos y consideramos como vida —humanos, árboles, hongos— son principalmente organismos *pluricelulares*, cacofonías de mil millones de células individuales que trabajan en conjunto para crear un único organismo. Un ser humano está compuesto por exactamente esa clase diversa de células especializadas: células de la piel, musculares, hepáticas, óseas, células del sistema inmunológico y células sanguíneas. Una planta también cuenta con células especializadas. Todas ellas cumplen *funciones* diferentes a la vez que ayudan a cumplir un *propósito* en común: contribuir a la supervivencia del organismo en sí mismo.

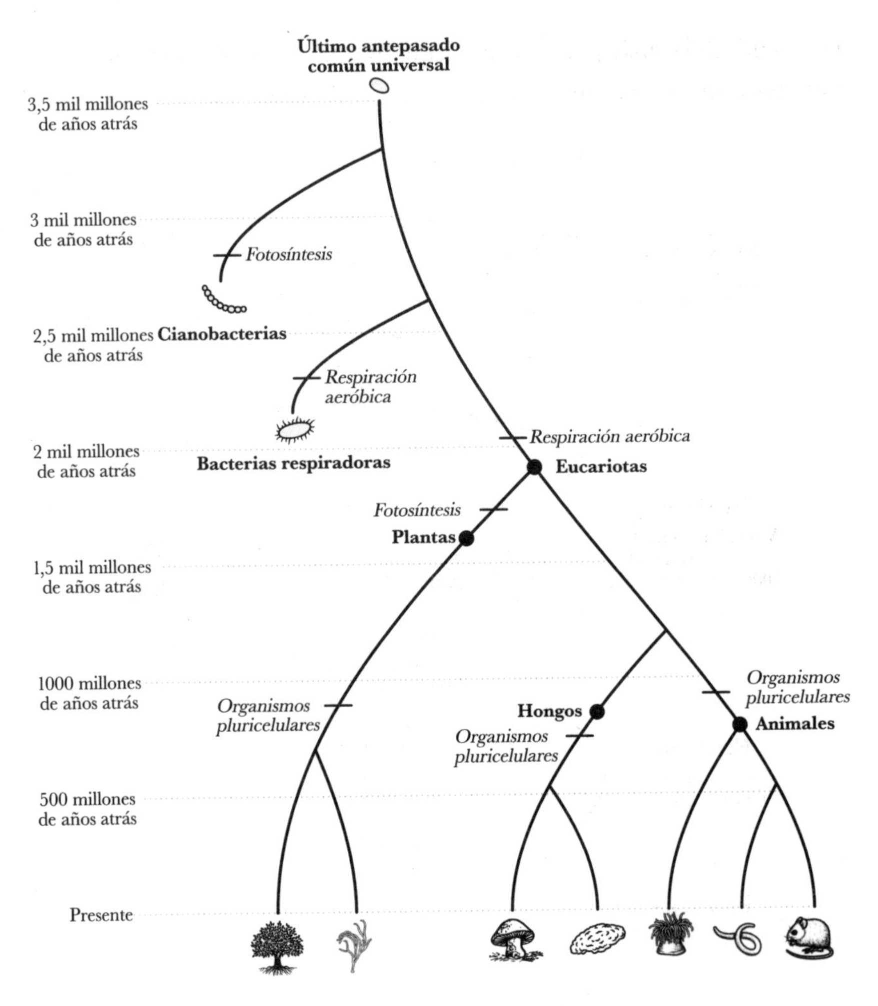

Figura 1.3: El árbol de la vida[26]

De esa manera, comenzaron a brotar plantas similares a las algas y hongos semejantes a las setas[27], y los animales primitivos empezaron poco a poco a circular a su alrededor. Unos ochocientos millones de años atrás, la vida se habría dividido en tres niveles amplios de complejidad. En el primer nivel, se encontraba la vida unicelular, compuesta por bacterias microscópicas y eucariotas unicelulares. En el segundo nivel, se hallaba la pequeña vida pluricelular, del tamaño suficiente para engullir organismos unicelulares, pero lo bastante pequeña como para trasladarse mediante propulsores celulares básicos. Y en el tercer nivel se ubicaba la vida pluricelular más *grande*, demasiado grande para trasladarse con propulsores celulares, por lo que formaba estructuras inmóviles.

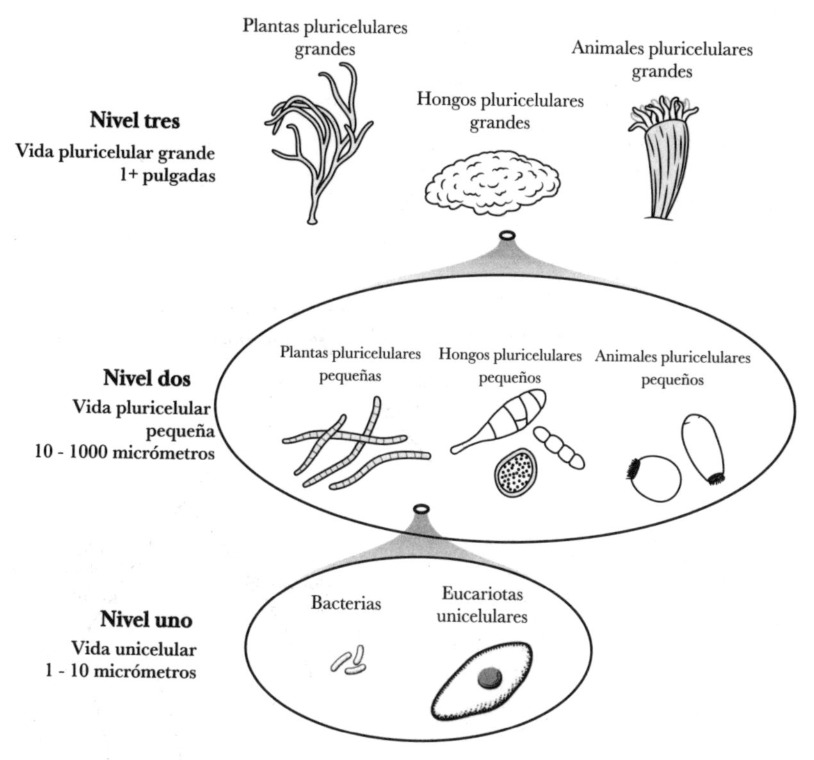

Figura 1.4: Tres niveles de complejidad en el antiguo océano antes de los cerebros

Es probable que estos primeros animales no se asemejen a lo que tú consideres como animales. Sin embargo, contenían algo que los diferenciaba de las otras formas de vida de ese momento: las neuronas.

La neurona

Lo que una neurona es y no es depende de a quién se lo preguntes. Si le preguntas a un biólogo, las neuronas son las células principales que componen el sistema nervioso. Si le preguntas a un investigador de aprendizaje automático, las neuronas son las unidades principales de las redes neuronales, pequeños acumuladores que desempeñan la tarea básica de calcular una suma ponderada de sus entradas. Si le preguntas a un psicofísico, las neuronas son los sensores que captan las características del mundo externo. Si le preguntas a un neurocientífico especializado en control motor, las neuronas son efectores, los controladores de los músculos y el movimiento. Si les preguntas a otras personas, quizás obtengas un rango variado de respuestas, desde «las neuronas son pequeños cables eléctricos en tu cabeza» hasta «las neuronas son algo relacionado con la conciencia». Todas estas respuestas son correctas y albergan parte de la esencia de toda la verdad, pero son incompletas por sí solas.

Los sistemas nerviosos de todos los animales —desde los gusanos hasta los marsupiales— están compuestos por estas células fibrosas de formas extrañas llamadas «neuronas». Existe una increíble diversidad de neuronas, pero a pesar de su variedad de formas y tamaños, todas funcionan de la misma manera. Esta es la observación más sorprendente cuando comparamos neuronas entre las especies: todas son, en su mayoría, prácticamente idénticas. Las neuronas del cerebro humano operan de la misma forma que las de una medusa. Lo que te separa de una lombriz no es la unidad de inteligencia en sí misma —las neuronas—, sino cómo esas unidades se encuentran conectadas.

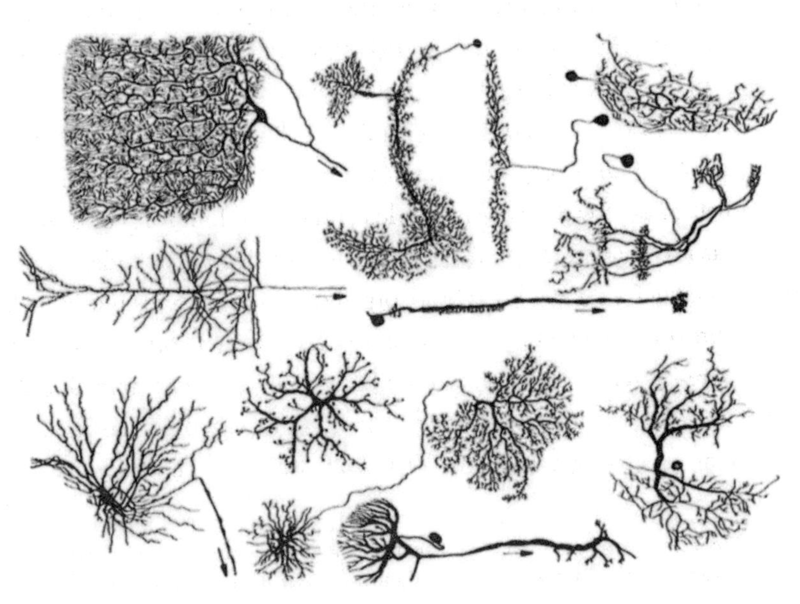

Figura 1.5: Neuronas[28]

Los animales que poseen neuronas comparten un ancestro en común, un organismo en el que se desarrollaron las primeras neuronas y del cual descienden todas las neuronas[29]. Al parecer, en este ancestro de los animales, las neuronas adquirieron su forma moderna; a partir de ese entonces, la evolución reconfiguró las neuronas, pero no introdujo ajustes significativos a la unidad básica en sí misma. Este es un ejemplo notorio de cómo las innovaciones previas imponen restricciones sobre las innovaciones futuras, ya que en general se dejan intactas las primeras estructuras; los componentes principales del cerebro han sido en esencia los mismos durante más de seiscientos millones de años.

Por qué los hongos no poseen neuronas, pero los animales sí

No somos tan diferentes del moho. A pesar de su apariencia, los hongos tienen más en común con los animales que con las plantas. Mientras las plantas sobreviven gracias a la fotosíntesis, los animales y los hongos lo hacen gracias a la respiración. Los animales y los hongos respiran oxígeno y consumen azúcar; ambos digieren su alimento, descomponen las células utilizando enzimas y absorben sus nutrientes internos, y ambos comparten un ancestro en común mucho más reciente que cualquiera de ellos con las plantas, las cuales divergieron mucho antes. En los inicios de la pluricelularidad, los hongos y la vida animal habían sido similares hasta el extremo. Y, sin embargo, un linaje (los animales) evolucionó para incorporar neuronas y cerebros, y el otro (los hongos) no lo hizo. ¿Por qué?

El azúcar solo puede producirse cuando hay vida y, por ende, existen solo dos maneras de que los grandes organismos respiratorios pluricelulares se alimenten. Una es esperar a que la vida muera y la otra es atrapar y matar seres vivientes. A comienzos de la divergencia hongo-animal, cada parte se dividió según estrategias de alimentación opuestas. Los hongos escogieron la estrategia de esperar y los animales escogieron la de matar*.

* Aunque, como sucede con todos los aspectos de la evolución, hay matices. Existe una tercera opción intermedia que sugiere que algunas especies tanto animales como fúngicas adoptaron la *estrategia parasitaria*. En lugar de cazar activamente presas para matarlas, los parásitos infectan a las presas y les roban azúcar o las matan desde el interior.

Los hongos se alimentan a través de la digestión *externa* (secretando enzimas para descomponer los alimentos fuera de su cuerpo) mientras que los animales se alimentan por medio de la digestión *interna* (atrapando los alimentos dentro del cuerpo y luego secretando las enzimas). La estrategia fúngica era, según ciertos indicadores, más exitosa que la de los animales; en términos de biomasa, existen seis veces más hongos en la Tierra que animales[30]. No obstante, como veremos en repetidas ocasiones, en general es a partir de la peor estrategia, la más difícil, que surge la innovación.

Los hongos producen billones de esporas unicelulares que flotan en estado durmiente. Si por azar una de ellas se encuentra cerca de vida en descomposición, se convertirá en una gran estructura fúngica, hará crecer filamentos vellosos en el tejido en descomposición, secretará enzimas y absorberá los nutrientes que se liberen. Es por ello que el moho siempre crece en los alimentos pasados de fecha. Las esporas fúngicas se encuentran por todos lados a nuestro alrededor y esperan con paciencia a que algo muera. En la actualidad, y posiblemente desde siempre, los hongos son los recolectores de basura de la Tierra.

Los primeros animales, por el contrario, adoptaron la estrategia de cazar e ingerir activamente presas pluricelulares del nivel dos (ver figura 1.4). La caza activa no era, por supuesto, algo nuevo; las primeras eucariotas habían inventado hace mucho tiempo una estrategia —la fagotrofia— para matar vida. Sin embargo, esto funcionaba solo en el nivel uno de vida (unicelular). Los organismos pluricelulares de nivel dos eran demasiado grandes para que una sola célula pudiera engullirlos. Por esta razón, los primeros animales experimentaron la evolución de la digestión interna como estrategia para alimentarse de vida del nivel dos. Los animales cuentan con la capacidad única de desarrollar pequeños estómagos donde atrapan presas, secretan enzimas y luego las digieren.

De hecho, la formación de una cavidad interna para la digestión quizás haya sido la característica distintiva de estos primeros animales. Prácticamente todos los animales vivos de la actualidad atraviesan los mismos tres pasos iniciales. A partir de un cigoto unicelular fertilizado, se forma una esfera hueca (una blástula); esta blástula luego se pliega hacia adentro para formar una cavidad, un pequeño «estómago» (una gástrula). El proceso es el mismo tanto para los embriones humanos como para los embriones de medusa[31]. Mientras que cada animal se desarrolla de esta manera, ningún otro reino de vida atraviesa este proceso. Esto nos brinda una pista notoria acerca de la plantilla evolutiva de la que derivan todos los animales: desarrollamos estómagos para ingerir alimento. Todos los animales que atraviesan el proceso de gastrulación también poseen neuronas y músculos y parecen derivar de un ancestro animal común dotado de neuronas[32]. La gastrulación, las neuronas y los músculos son tres aspectos inseparables que unen a todos los animales y a la vez los separan de otros reinos de vida.

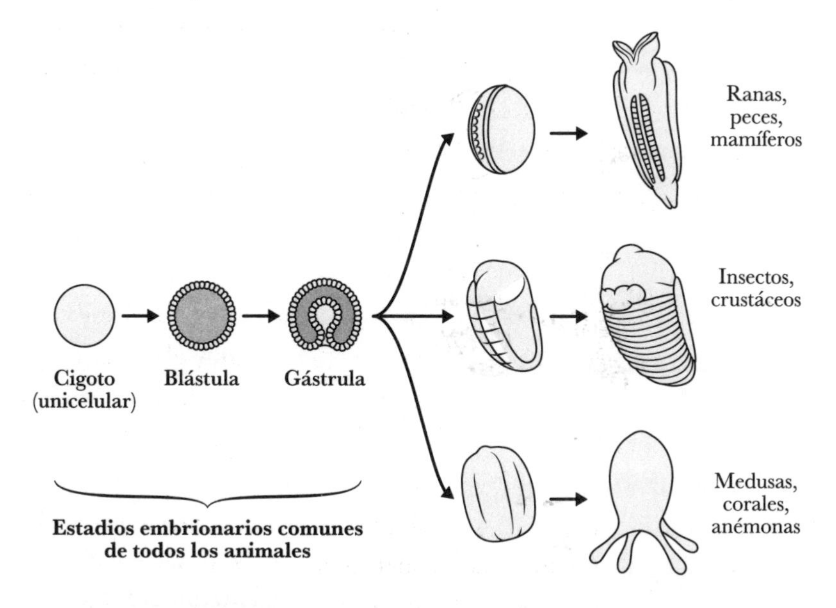

Figura 1.6: Etapas de desarrollo compartidas por todos los animales

Algunos han llegado a afirmar que el padre de los animales era literalmente una pequeña criatura con forma de gástrula que poseía neuronas[33], pero ese es un terreno científico repleto de controversias; solo porque los animales se desarrollen de esa manera no significa que alguna vez hayan vivido verdaderamente en esa forma.

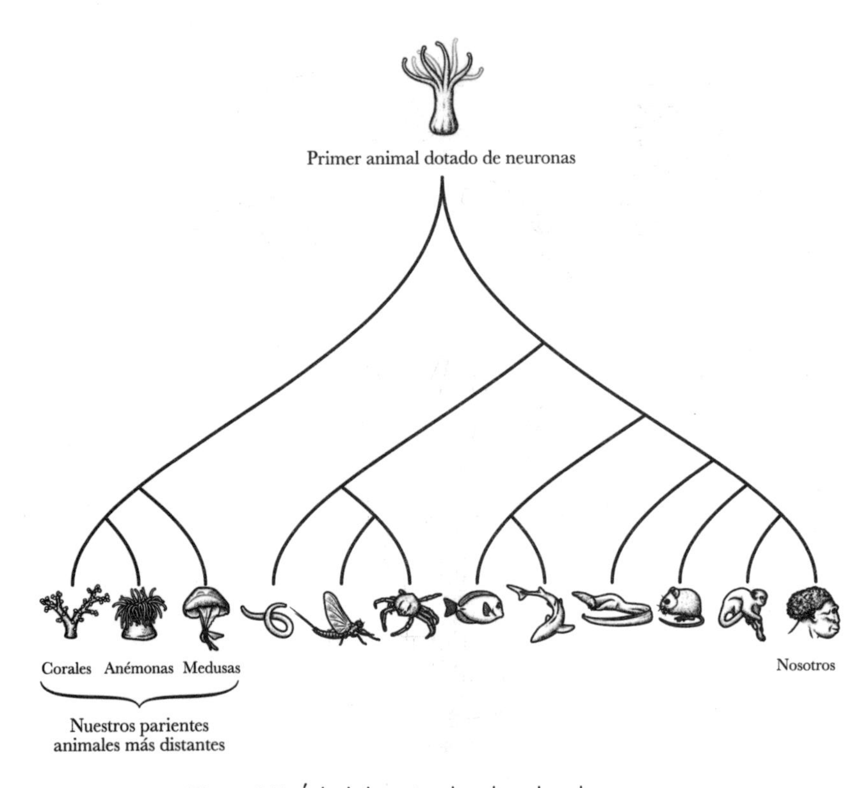

Figura 1.7: Árbol de animales dotados de neuronas

Otra interpretación, respaldada por los fósiles, indica que los primeros animales quizás fueran similares a los corales de hoy en día[34]. A primera vista, un coral es tan simple que no se diferencia tanto de un hongo o de una planta (figura 1.8). Solo cuando examinamos con atención su biología vemos la presencia de la plantilla animal: un estómago, músculos y neuronas. Un coral es en realidad una colonia de organismos independientes llamados «pólipos coralinos». Un pólipo coralino es, de alguna manera, *solo* un estómago con neuronas y músculos; poseen diminutos tentáculos que flotan en el agua y esperan a que pequeños organismos naden hacia ellos. Cuando el alimento toca la punta de estos tentáculos, se contraen a toda velocidad y jalan a la presa hacia la cavidad estomacal, donde realizan la digestión. Las neuronas situadas en las puntas de estos tentáculos detectan el alimento y desencadenan una cascada de señales a través de una red de otras neuronas, lo que a su vez genera una relajación o contracción coordinada de diferentes músculos.

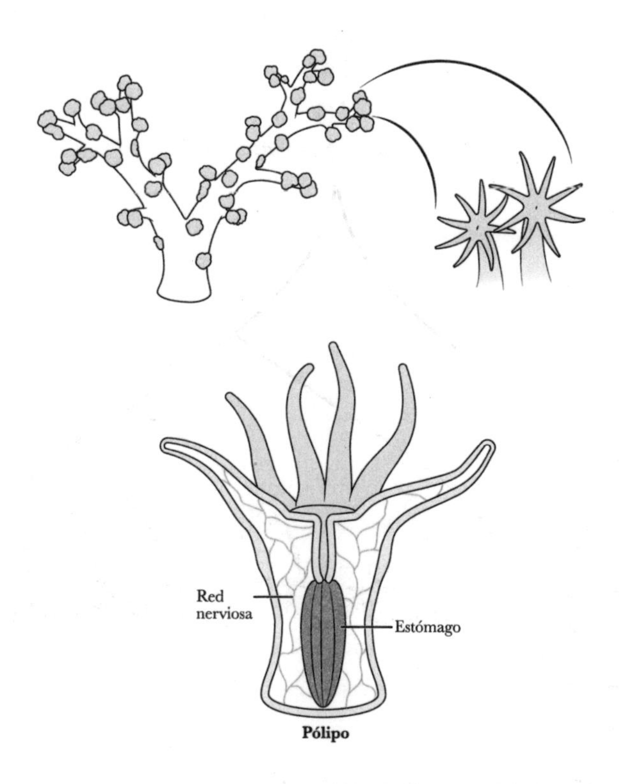

Figura 1.8: Coral blando como modelo de vida animal temprana

Este reflejo coralino no representó la primera ni la única forma con la que la vida pluricelular percibió o respondió al mundo. Las plantas y los hongos realizan el mismo proceso sin necesitar neuronas o músculos; las plantas pueden reorientar sus hojas hacia el sol y los hongos orientan su crecimiento en dirección al alimento. Aun así, en el océano antiguo en los inicios de la pluricelularidad, este reflejo habría sido revolucionario, no porque fuera la primera vez que la vida pluricelular percibía o se movía, sino porque era la primera vez que percibía y se movía con *velocidad* y *especificidad*. El movimiento de las plantas y de los hongos puede producirse en cuestión de horas o días; el movimiento de los corales toma segundos*. El movimiento de las plantas y de los hongos es torpe e inexacto; el movimiento de los corales, en comparación, resulta muy específico; los

* La atrapamoscas Venus es una excepción fascinante a este caso, ya que es un ejemplo de una planta que desarrolló de manera independiente la capacidad de capturar presas mediante movimientos rápidos.

movimientos de capturar la presa, abrir la boca, atraer hacia el estómago y cerrar la boca requieren una coordinación exacta y precisa de los procesos de relajar los músculos mientras otros se contraen. Y es por *esta* razón que los hongos no poseen neuronas y los animales sí. Aunque ambas formas de vida son grandes organismos pluricelulares que se alimentan de otras formas de vida, solo la estrategia de supervivencia animal de matar organismos pluricelulares del nivel dos requiere reflejos rápidos y específicos*. Es posible que el propósito original de las neuronas y los músculos haya sido la simple y poco elegante tarea de tragar.

Los tres descubrimientos de Edgar Adrian y las características universales de las neuronas

El trayecto científico gracias al que logramos comprender cómo funcionan las neuronas ha sido largo y repleto de pasos en falso y errores[35]. Desde hace mucho tiempo, ya desde la época del famoso médico griego Hipócrates, alrededor del 400 a. C., se ha sabido que los animales poseen un sistema de material fibroso que más adelante se llamaría «nervios» (proveniente de la palabra latina *nervus*, que significa «nervio»), que se extienden desde y hacia el cerebro, y que es el medio por el que se controlan los músculos y se perciben las sensaciones. Esto se descubrió tras unos horripilantes experimentos que consistían en seccionar médulas espinales y manipular nervios en cerdos y otros animales de ganado vivos. No obstante, los antiguos griegos concluyeron de manera errónea que lo que fluía por esos nervios eran los «espíritus animales». Pasarían muchos siglos antes de que se corrigiera ese error. Más de dos mil años más tarde, incluso el gran Isaac Newton especularía, de manera incorrecta, que los nervios se comunicaban a través de las vibraciones que circulaban por un fluido nervioso que él denominó «éter». No fue sino hasta finales de 1700 que los científicos descubrieron que lo que fluía por el sistema nervioso no era

---

* Se podría, por supuesto, afirmar lo opuesto: los hongos nunca lograron alimentarse de otras formas de vida *debido* a que no poseen neuronas. Sin embargo, no es cuestión de qué sucedió primero, sino de que las neuronas y la caza de vida pluricelular del nivel dos eran parte de la misma estrategia, una que los hongos nunca adoptaron.

el éter, sino *electricidad*[36]. La corriente eléctrica aplicada a un nervio fluye hacia los músculos inferiores y los hace contraerse.

Aun así, muchos errores se mantuvieron vigentes. En esa época, se creía que el sistema nervioso estaba compuesto por una sola red de nervios, análoga a la red homogénea de vasos sanguíneos del sistema circulatorio. No fue hasta el final del siglo XIX, gracias a los microscopios y técnicas de tinción más avanzados, que los científicos descubrieron que el sistema nervioso estaba compuesto por células independientes —las neuronas— que, aunque están conectadas entre sí, se encuentran separadas y generan sus propias señales[37]. Esto también reveló que las señales eléctricas fluyen solo en una dirección dentro de una neurona, desde el sector que recibe los estímulos, las «dendritas», hasta el sector que traslada los impulsos eléctricos, o «axón». Estos impulsos fluyen hacia otras neuronas u otras clases de células (como las células musculares) para activarlas.

A comienzos de la década de 1920, un joven neurólogo inglés llamado Edgar Adrian regresó a la Universidad de Cambridge después de un largo periodo de servicio médico durante la Primera Guerra Mundial. Adrian, al igual que muchos investigadores de la época, estaba interesado en registrar los impulsos eléctricos de las neuronas para descifrar cómo y qué información comunicaban. El problema siempre había sido que los dispositivos de registro eléctricos eran demasiado grandes y rudimentarios para registrar la actividad de una sola neurona y, por lo tanto, siempre emitían un caos ruidoso de señales proveniente de múltiples neuronas. Adrian y sus colaboradores fueron los primeros en encontrar una solución técnica a este problema, ya que inventaron el campo de la electrofisiología de neuronas individuales. Esto les brindó a los científicos, por primera vez, una ventana hacia el lenguaje de las neuronas individuales. Los tres descubrimientos posteriores le valieron el premio Nobel[38].

El primer descubrimiento consistió en que las neuronas no envían señales eléctricas en la forma de una corriente continua, sino que se trata de respuestas de todo o nada, también llamadas «picos» o «potenciales de acción»[39]. Una neurona puede estar activada o desactivada; no existe punto intermedio. En otras palabras, las neuronas no actúan tanto como una línea eléctrica con un flujo continuo de electricidad, sino que funcionan como un cable telegráfico eléctrico; es decir, con patrones de clics eléctricos y pausas. Fue el mismo Adrian quien detectó la similitud entre los picos neuronales y el código morse.

Este descubrimiento de potenciales de acción presentó un enigma para él. Nosotros podemos percibir con claridad la *intensidad de los estímulos* mediante los sentidos; podemos discriminar entre diferentes volúmenes de sonido, intensidad de la luz, potencia de los olores, gravedad del dolor. ¿Cómo puede una simple señal binaria que se encuentra activada o desactivada comunicar un valor numérico, como la variación en la intensidad de un estímulo? El descubrimiento de que el lenguaje de las neuronas era a través de potenciales de acción no brindó a los científicos mucha información sobre qué *significaba* una secuencia de potenciales de acción. El código morse es, bueno, un código: es un truco eficiente para almacenar y transmitir información a lo largo de un cable eléctrico. Adrian fue el primer científico en utilizar la palabra «información» para referirse a las señales de las neuronas[40], y diseñó un experimento simple para intentar decodificarlas.

Adrian tomó un músculo del cuello de una rana muerta y conectó un dispositivo de registro a una sola neurona sensorial, que registra el estiramiento de ese músculo del cuello. Tales neuronas cuentan con receptores que se activan cuando se estiran los músculos. Adrian luego colocó varios pesos al músculo. La pregunta era: ¿cómo cambiarían las respuestas de estas neuronas sensoriales del estiramiento teniendo en cuenta el *peso* colocado en el músculo?

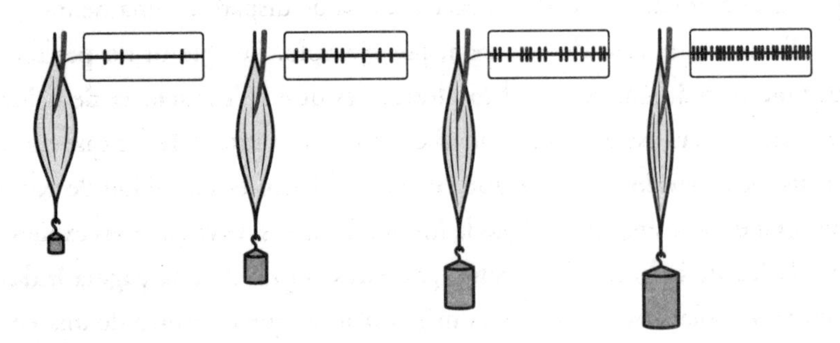

Figura 1.9: Adrian trazó la relación entre el peso y el número de picos por segundo (es decir, la tasa de picos o tasa de disparo) generada en estas neuronas sensoriales del estiramiento.

Resultó que los picos eran idénticos en todos los casos; la única diferencia era *cuántos* picos se disparaban. Cuanto mayor era el peso, más elevada era la frecuencia de picos (figura 1.9). Este fue el segundo descubrimiento de Adrian, lo que ahora se conoce como «tasa de codificación». La idea es que las neuronas codifican información en la frecuencia con la que disparan picos, no en la forma o magnitud del pico en sí mismo[41]. Partiendo desde el trabajo inicial de Adrian, esa tasa de codificación ha sido encontrada en neuronas por todo el reino animal, desde medusas hasta seres humanos[42]. Las neuronas sensibles al tacto codifican la *presión* en su tasa de disparo; las neuronas fotosensibles codifican el *contraste* en su tasa de disparo[43]; las neuronas sensibles al olfato codifican la *concentración* en su tasa de disparo[44]. La codificación neuronal que permite el movimiento también constituye una tasa de disparo: mientras más rápidos sean los picos de las neuronas que estimulan los músculos, mayor será su fuerza de contracción[45]. De esa manera, puedes acariciar con delicadeza a tu perro y también levantar pesas de veintidós kilos; si no pudieras modular la fuerza de las contracciones musculares, no sería agradable estar cerca de ti.

El tercer descubrimiento de Adrian fue el más sorprendente de todos. Tratar de traducir las variables naturales, como la presión del tacto o la intensidad de la luz, en este lenguaje de tasa de codificación presenta un problema: estas variables naturales poseen un rango *muchísimo más grande* que las que pueden ser codificadas en la tasa de disparo de una neurona.

Tomemos el caso de la visión, por ejemplo. Lo que tú no percibes (porque tu máquina sensorial lo abstrae) es que la luminancia de la luz varía de manera astronómica a tu alrededor. La cantidad de luz que entra en tus ojos cuando miras un trozo de papel blanco es un millón de veces más grande si te encuentras bajo la luz del día que si te encuentras expuesto a la luz de la luna*. De hecho, ¡las letras negras de una página leídas bajo la luz solar son treinta veces más brillantes que el blanco de una página a la luz de la luna![46]

---

* Más específicamente, la *luminancia* es un millón de veces más grande. La luminancia se mide en candelas por metro cuadrado, que es la tasa de generación de fotones por unidad de área de superficie ponderada por la sensibilidad de la longitud de onda humana.

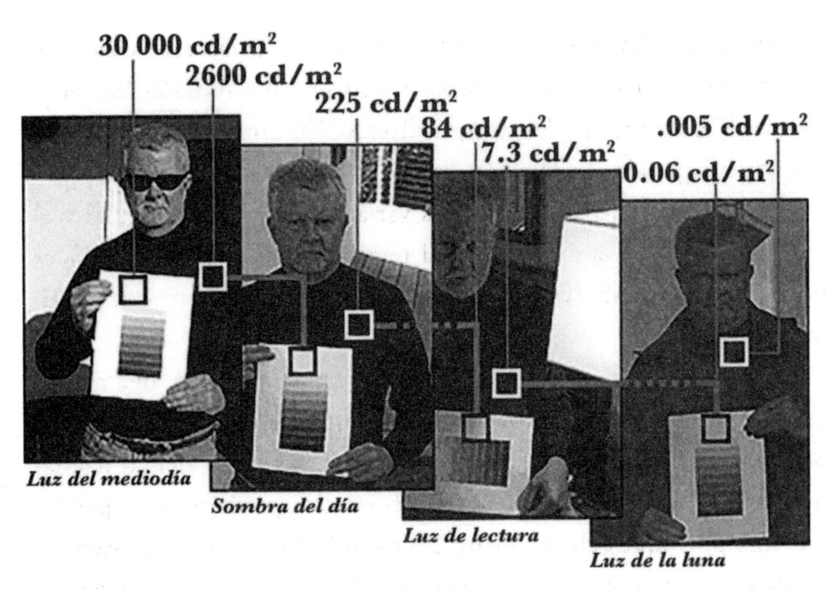

Figura 1.10: Espectro amplio de la intensidad de los estímulos[47]

Esta no es solo una característica de la luz; todas las modalidades sensoriales, desde el olfato hasta el tacto y el sonido, requieren la discriminación de las variables naturales, que son muy cambiantes. Esto no representaría necesariamente un problema si no fuera por una gran limitación de las neuronas; por una variedad de razones bioquímicas, resulta imposible que una neurona dispare más que unos quinientos picos por segundo. Esto significa que una neurona necesita codificar un rango de variables naturales que pueden variar por un factor de más de un millón dentro de una tasa de disparo que abarque solo de 0 a 500 picos por segundo[48]. Esto podría, de manera razonable, denominarse «el problema de la compresión»: las neuronas deben comprimir este enorme rango de variables naturales para obtener un rango de tasas de disparo minúsculo en comparación.

Esto hace que la codificación de tasas sea, por sí sola, insostenible. Las neuronas no pueden codificar de manera directa un rango tan amplio de variables naturales en un pequeño rango de tasas de disparo sin perder una cantidad gigantesca de precisión. La imprecisión resultante imposibilitaría leer detalles internos, detectar aromas sutiles o percibir un toque suave.

Al parecer, las neuronas cuentan con una solución astuta para resolver este problema. Las neuronas no tienen una relación fija entre las variables naturales y las tasas de disparo. En cambio, se encuentran siempre adaptando sus tasas de disparo al entorno y rediseñan de manera constante la relación entre las variables del mundo natural y el lenguaje de las tasas de disparo. El término que los neurocientíficos utilizan para describir esto es «adaptación»; este fue el tercer descubrimiento de Adrian.

En los experimentos musculares de la rana de Adrian, una neurona puede disparar cien picos como respuesta a un peso determinado, pero después de esa primera exposición la neurona se adapta rápidamente; si se aplica el mismo peso un corto tiempo después, es posible que solo provoque ochenta picos. Y a medida que repites el proceso, el número de picos continúa decreciendo. Esto aplica a muchas neuronas de los cerebros animales: cuanto más fuerte sea el estímulo, mayor será el cambio en el umbral neuronal de los picos. De cierta manera, las neuronas son más una medida de los cambios relativos en las intensidades de los estímulos, ya que señalan con cuánta intensidad cambia el estímulo en relación con su base en lugar de señalar el valor absoluto de ese estímulo.

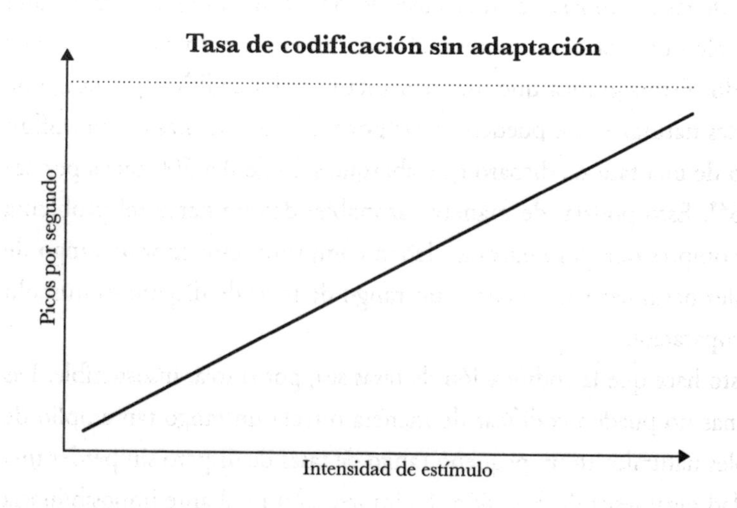

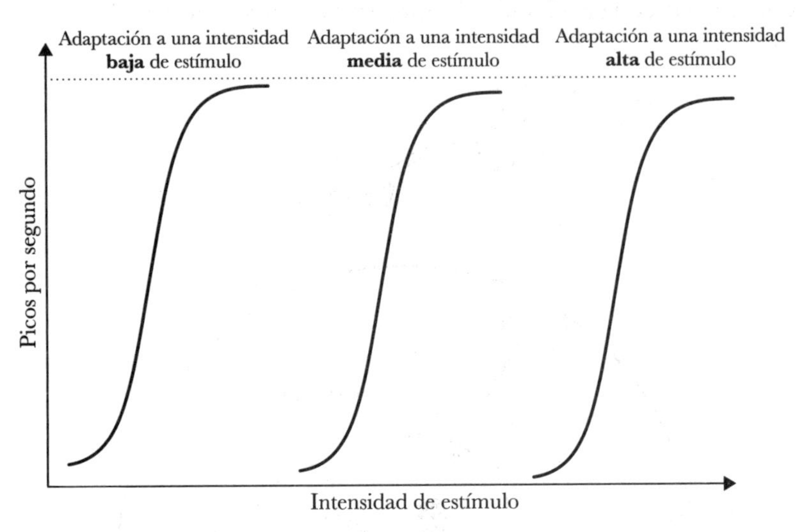

Figura 1.11

Aquí radica la belleza: la adaptación resuelve el problema de la compresión. La adaptación permite a las neuronas codificar con precisión un rango amplio de intensidades de estímulos a pesar de las tasas de disparo limitadas. Cuanto más intenso sea el estímulo, le requerirá más fuerza a la neurona responder de manera similar en la ocasión siguiente. Cuanto más débil sea el estímulo, más sensibles se vuelven las neuronas.

Los últimos años del siglo XIX y los inicios del siglo XX estuvieron plagados de descubrimientos importantes sobre el funcionamiento interno de las neuronas. Durante este periodo, apareció una larga lista de gigantes de la neurociencia que luego condujo a una serie de premios Nobel, no solo para Edgar Adrian, sino también para Santiago Ramón y Cajal, Charles Sherrington, Henry Dale, John Eccles y otros[49]. Un descubrimiento importante fue que los impulsos nerviosos pasan de una neurona a otra mediante las «sinapsis», que son huecos microscópicos entre las neuronas. Los picos en la neurona de entrada desencadenan la liberación de sustancias químicas llamadas «neurotransmisores», que viajan por la sinapsis durante el curso de nanosegundos, se adhieren a un grupo de receptores de proteínas, activan la entrada de iones en la neurona receptora y, de esa manera, modifican su carga. Si bien la comunicación neuronal *dentro* de una neurona es eléctrica, la comunicación *entre* las neuronas es química*.

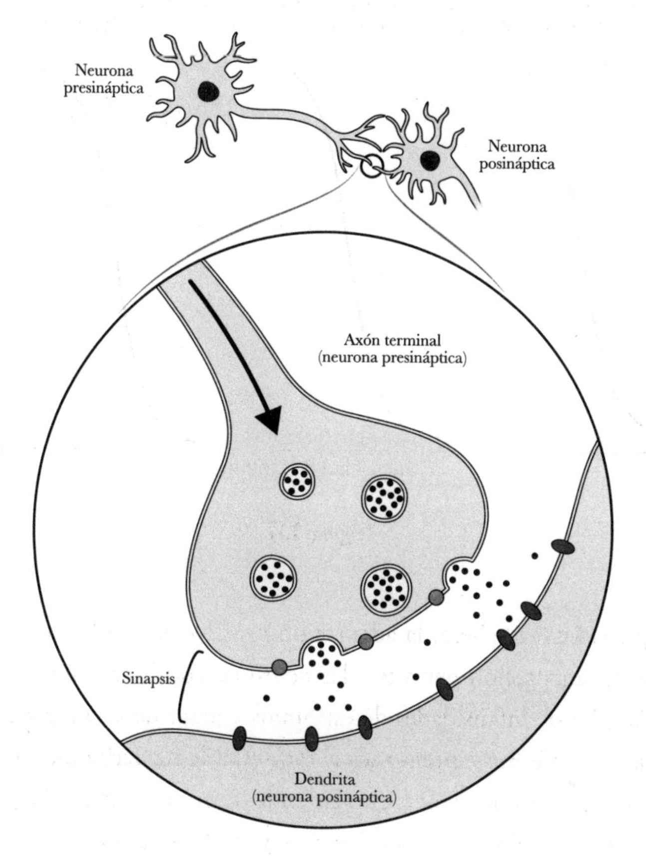

Figura 1.12

En la década de 1950, John Eccles descubrió que las neuronas se dividen en dos variedades principales: neuronas excitatorias y neuronas inhibitorias. Las neuronas excitatorias liberan neurotransmisores que *excitan* a las neuronas con las que se conectan, mientras que las neuronas inhibitorias liberan neurotransmisores que *inhiben* a las neuronas con las que se conectan. En otras palabras, las neuronas excitatorias *desencadenan* picos en otras neuronas, mientras que las inhibitorias *reprimen* los picos en otras neuronas.

* Por supuesto, esto sucede en la mayoría de los casos. Existen ocasiones en las que las neuronas se tocan entre sí y forman uniones en hendidura que permiten la transferencia de señales eléctricas directamente de una neurona a la otra.

Estas características de las neuronas —todo o nada, picos, tasa de codificación, adaptación y sinapsis química con neurotransmisores excitadores e inhibidores— son universales para todos los animales, incluso para aquellos que no poseen cerebro, como los pólipos coralinos y las medusas. ¿Por qué todas las neuronas comparten estas características? Si los primeros animales eran, de hecho, semejantes a los corales y anémonas de la actualidad, entonces estos aspectos de las neuronas les permitieron responder con éxito a su entorno con velocidad y especificidad, algo que se había vuelto necesario para cazar de manera activa y matar a formas de vida pluricelulares de nivel dos. Los picos eléctricos de todo o nada desencadenaban movimientos rápidos y coordinados para que los animales pudieran atrapar a sus presas como respuesta incluso a los olores o roces más sutiles. La tasa de codificación permitió a los animales modificar sus respuestas teniendo en cuenta la intensidad de un roce o aroma. La adaptación permitió a los animales ajustar el umbral sensorial para cuando se generan los picos, lo que les posibilitaba experimentar una sensibilidad alta incluso a los roces o aromas más sutiles, a la vez que evitaba la sobrestimulación frente a intensidades más fuertes provocadas por estímulos.

¿Y qué sucede con las neuronas inhibitorias? ¿Por qué evolucionaron? Consideremos la tarea simple de abrir y cerrar la boca de un pólipo coralino. Para que abra la boca, un conjunto de músculos debe contraerse y otro relajarse[50]. Lo contrario debe suceder para que cierre la boca. La existencia tanto de neuronas excitatorias como inhibitorias permitió que los primeros circuitos neuronales implementaran cierta lógica necesaria para el funcionamiento de los reflejos. Pueden implementar la ley de «haz esto, no aquello», que quizás fue el primer atisbo de intelecto que emergió de los circuitos neuronales. La lógica de «haz esto, no aquello» no era nueva; ya existía en las cascadas de proteínas de las células. Sin embargo, esta capacidad se replicó en el ámbito de las neuronas, que hizo posible que se presentara esa lógica en formas de vida pluricelulares de nivel tres. Las neuronas inhibitorias permitieron la lógica interna necesaria para que funcionaran los reflejos de caza y deglución[51].

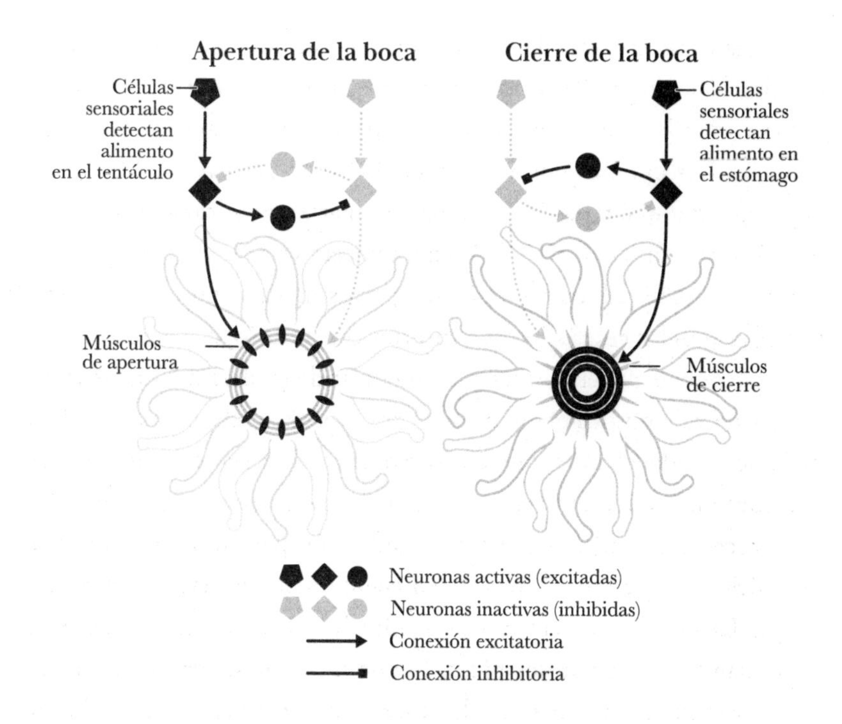

Figura 1.13: El primer circuito neuronal

Si bien los primeros animales, ya fueran criaturas semejantes a pólipos o gástrulas, poseían neuronas, no contaban con cerebro. Al igual que los pólipos coralinos y medusas de la actualidad, sus sistemas nerviosos eran lo que los científicos denominaban «red nerviosa»: una red de circuitos neuronales independientes que implementaban sus propios reflejos independientes.

Sin embargo, con el auge del bucle de retroalimentación de depredador-presa, el nicho animal de caza activa y los cimientos establecidos de las neuronas, era solo cuestión de tiempo antes de que la evolución se topara con el avance #1, que condujo a la reconfiguración de las redes nerviosas en los cerebros. Es aquí donde comienza nuestra historia en realidad, pero no lo hace de la forma que uno esperaría.

AVANCE #1

Direccionalidad y los primeros bilaterales

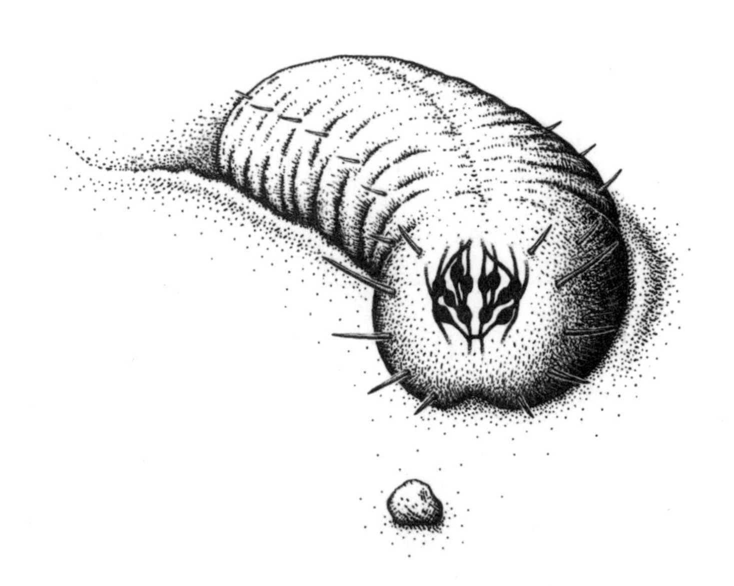

Tu cerebro 600 millones de años atrás

2

El nacimiento de lo bueno y lo malo

La naturaleza ha situado a la humanidad bajo el gobierno de dos amos soberanos, el dolor y el placer.

—JEREMY BENTHAM, *Introducción a los principios de la moral y la legislación.*

A primera vista, la diversidad del reino animal parece extraordinaria; desde las hormigas a los cocodrilos, desde las abejas a los babuinos y desde los crustáceos a los gatos, las variaciones de los animales parecen innumerables. No obstante, si investigáramos un poco más, también podríamos concluir fácilmente que lo que resulta extraordinario sobre el reino animal es cuán *poca* diversidad existe en realidad. Casi todos los animales de la Tierra poseen el mismo plan corporal. Todos cuentan con un frente donde se aloja la boca, el cerebro y los principales órganos sensoriales (como los ojos y orejas), y todos tienen una parte trasera por donde expulsan sus desechos.

Los biólogos evolutivos denominan a los animales que poseen ese plan corporal «bilaterales», ya que cuentan con una simetría bilateral. Esto contrasta con nuestros primos animales más lejanos —pólipos coralinos, anémonas y medusas—, que presentan un plan corporal de simetría *radial*; es decir, cuentan con partes similares que se disponen alrededor de un axis central, sin frente ni parte trasera. La diferencia más evidente entre estas dos categorías es cómo se alimentan. Los bilaterales introducen comida en sus bocas y luego defecan los desechos por sus traseros. Los animales radialmente simétricos solo tienen una apertura —una «boca-trasero», por llamarla de alguna manera— que lleva el alimento al estómago y luego lo escupe. Los bilaterales son, sin lugar a dudas, los más educados de los dos.

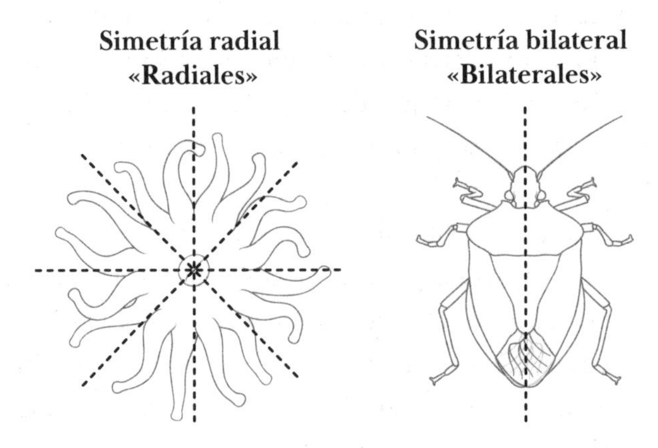

Figura 2.1

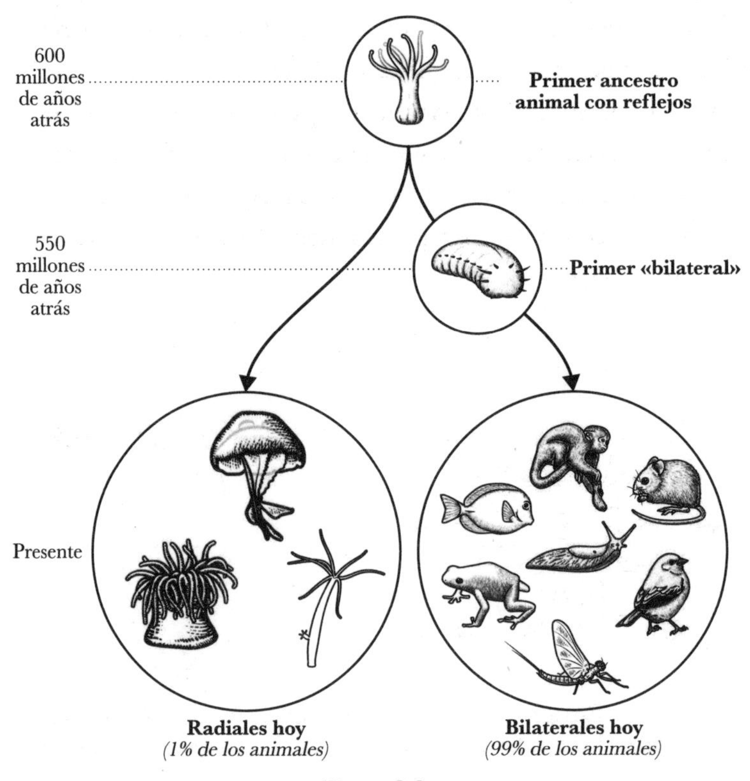

Figura 2.2

Se cree que los primeros animales han sido radialmente simétricos y, sin embargo, hoy en día la mayoría de las especies animales son bilateralmente simétricas. A pesar de la diversidad de los bilaterales modernos —desde los gusanos a los seres humanos—, todos descienden de un único ancestro bilateral en común que vivió alrededor de 550 millones de años atrás. ¿Por qué, dentro de este único linaje de animales antiguos, los planes corporales cambiaron de la simetría radial a la simetría bilateral?

Los planes corporales radialmente simétricos funcionan bien con la estrategia coralina de esperar por el alimento, pero funcionan de manera terrible con la estrategia de caza de desplazarse *hacia el alimento.* Los planes corporales radialmente simétricos, si se movieran, requerirían que el animal tuviera mecanismos sensoriales para detectar la ubicación del alimento en cualquier dirección, y que luego tuviera la maquinaria para trasladarse hacia él. En otras palabras, tendrían que tener la capacidad simultánea de detectar y moverse en *todas las direcciones.* Los cuerpos bilateralmente simétricos hacen que el movimiento sea mucho más simple. En lugar de necesitar un sistema motor para trasladarse en *cualquier* dirección, solo necesitan un sistema motor que se traslade hacia adelante y uno que gire. Los cuerpos bilateralmente simétricos no necesitan escoger la dirección exacta; deben escoger si ajustar el movimiento hacia la derecha o hacia la izquierda.

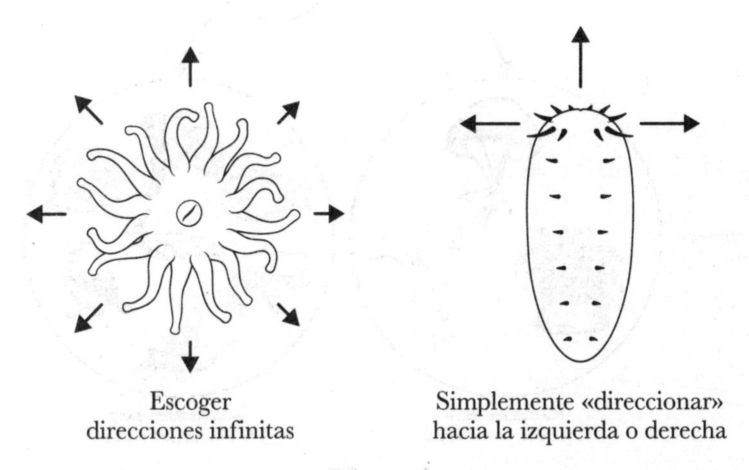

Figura 2.3: ¿Por qué la simetría bilateral es mejor para la navegación?

Ni siquiera los ingenieros modernos han encontrado aún una mejor estructura para el desplazamiento. Los coches, los aviones, los barcos, los submarinos y casi toda la maquinaria de desplazamiento construida por seres humanos son bilateralmente simétricos. Es, simplemente, el diseño más eficiente para un sistema de movimiento. La simetría bilateral permite que un aparato de movimiento esté optimizado para tomar una sola dirección (hacia adelante) mientras que resuelve el problema del desplazamiento con la añadidura de un mecanismo para girar.

Hay una observación adicional sobre los bilaterales, quizás la más importante: son los únicos animales que poseen cerebro. Esto no es una coincidencia. El primer cerebro y el primer cuerpo bilateral comparten el mismo propósito evolutivo inicial: permitir que los animales se desplacen con control de dirección. La direccionalidad fue el avance #1.

Desplazamiento por direccionalidad

Aunque no sabemos exactamente cómo lucían los primeros bilaterales, los fósiles indican que eran criaturas sin patas del tamaño de un grano de arroz[52]. Los restos indican que aparecieron por primera vez en algún punto del periodo Edicárdico, una era que tuvo lugar de 635 a 539 millones de años atrás. El fondo marino durante este periodo estaba repleto de esteras microbianas, verdes y viscosas, en sus áreas poco profundas, y formaban vastas colonias de cianobacterias que se exponían a la luz solar. Los animales pluricelulares capaces de percibir su entorno, como los corales, las esponjas de mar y las primeras plantas, habrían sido muy comunes.

Se cree que los nematodos modernos no han cambiado demasiado desde los primeros bilaterales; estas criaturas nos ofrecen una ventana al funcionamiento interno de nuestros ancestros semejantes a los gusanos. Los nematodos son, casi literalmente, solo una plantilla básica de un bilateral: no mucho más que una cabeza, una boca, un estómago, un trasero, algunos músculos y un cerebro.

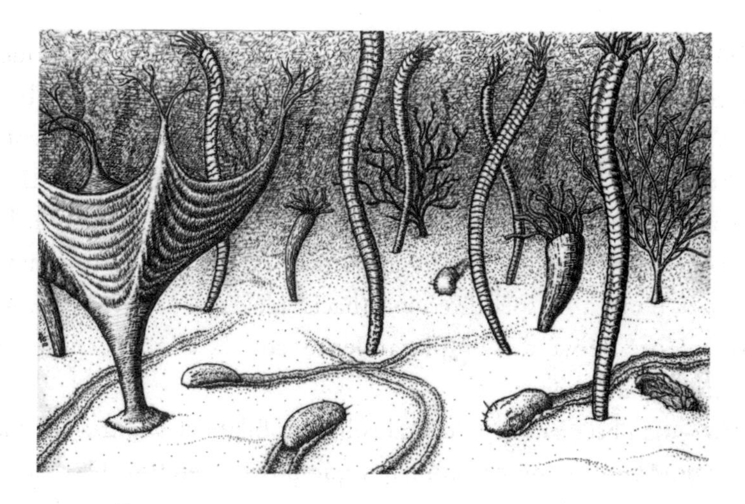

Figura 2.4: El mundo edicárdico

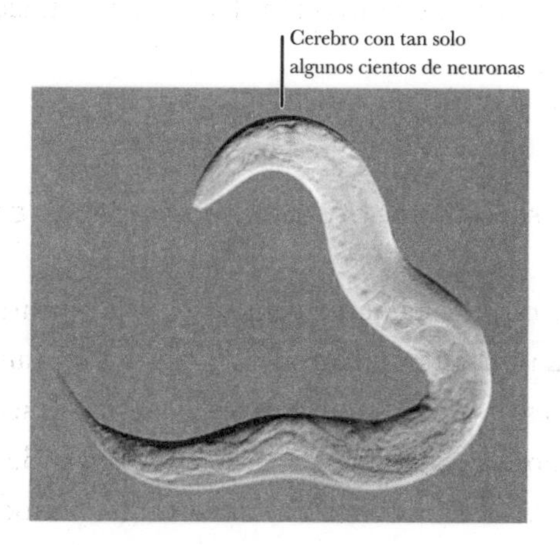

Figura 2.5: El nematodo *C. elegans*

Los primeros cerebros eran, al igual que los de los nematodos, casi con toda seguridad muy simples[53]. El nematodo más estudiado, el *Caenorhabditis elegans*, posee tan solo 302 neuronas, un número minúsculo en comparación con los 85 mil millones de los seres humanos[54]. No obstante, los nematodos exhiben un comportamiento increíblemente sofisticado, a pesar de su cerebro minúsculo. Lo que hace un nematodo con su irremediable cerebro simple nos brinda información sobre lo que los primeros bilaterales hacían con los suyos.

La diferencia más evidente del comportamiento entre los nematodos y animales más antiguos, como los corales, es que los nematodos pasaban mucho tiempo *moviéndose*. Propongo este experimento: dejen a un nematodo a un costado de una placa de Petri y coloquen un trozo diminuto de comida al otro lado. Observaríamos tres cuestiones: primero, que *siempre* encuentra la comida[55]. Segundo, que la encuentra con *mucha más rapidez* que si estuviera moviéndose al azar. Y tercero, que no se traslada directamente hacia el alimento, sino que lo hace con un movimiento circular[56].

El gusano no utiliza la visión; los nematodos no pueden ver. No tienen ojos para proyectar una imagen útil para desplazarse. En cambio, el gusano utiliza el *olfato*. Cuanto más se acerca a la fuente de un olor, mayor es la concentración de ese olor. Los gusanos se valen de esta estrategia para encontrar alimento. Lo único que debe hacer es girar hacia la dirección donde la concentración de partículas de alimento se encuentra en aumento y alejarse de la dirección en la que esa concentración está decreciendo. Resulta muy elegante lo simple y a la vez efectiva que es esta estrategia de desplazamiento. Puede resumirse con dos reglas:

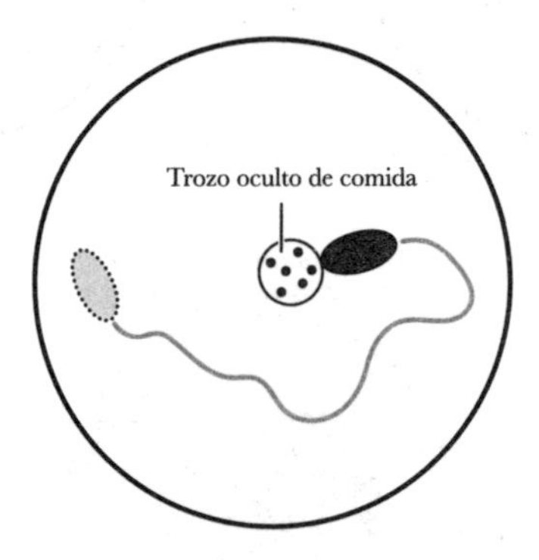

Figura 2.6: Nematodo desplazándose hacia la comida

1. Si el olor del alimento se intensifica, sigue hacia adelante.
2. Si el olor del alimento decrece, gira.

Este fue el avance de la «direccionalidad». Resulta que, para trasladarse con éxito en el mundo complejo del fondo del océano, no se necesita un entendimiento de ese mundo de dos dimensiones. No es necesario saber dónde te encuentras, dónde está el alimento, qué caminos deberías tomar, cuánto tiempo te llevaría hacerlo, o realmente nada significativo sobre el mundo. Lo único que necesitas es un cerebro que conduzca un cuerpo bilateral hacia olores más intensos y lo aleje de los menos intensos.

La direccionalidad puede utilizarse no solo para movilizarse *hacia* algo, sino también para *alejarse*. Los nematodos poseen células sensoriales que detectan la luz, la temperatura y el tacto. Se alejan de la luz, donde los depredadores pueden verlos con facilidad; se alejan del calor y el frío nocivos, donde las funciones corporales se vuelven más difíciles de llevar a cabo, y se alejan de superficies que son punzantes, donde sus cuerpos frágiles pueden resultar heridos[57].

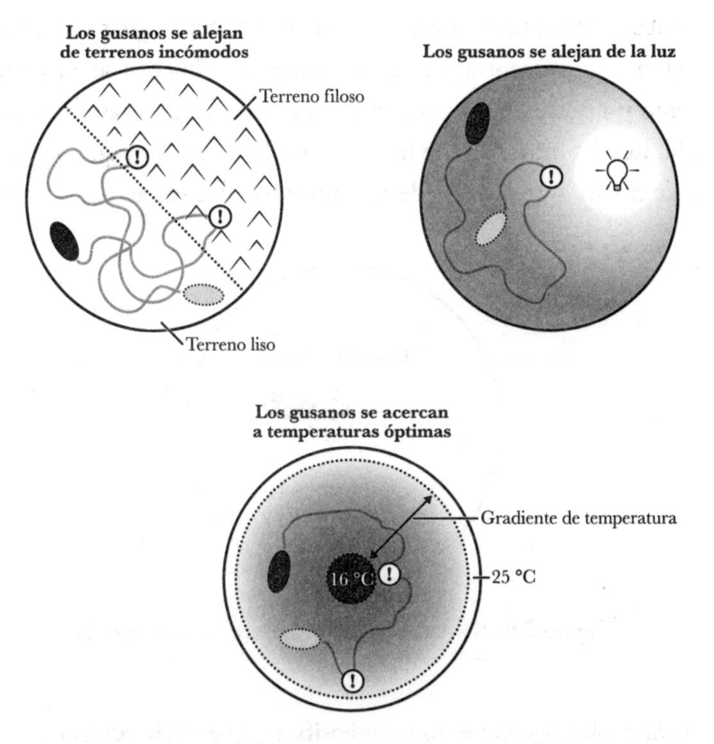

Figura 2.7: Ejemplos de decisiones de direccionalidad hechas por bilaterales simples como nematodos y gusanos planos

La estrategia de moverse con direccionalidad no era nueva. Los organismos unicelulares como las bacterias se mueven en sus entornos de una manera similar. Cuando un receptor de proteínas en la superficie de una bacteria detecta un estímulo como la luz, puede desencadenar un proceso químico dentro de la célula que cambie el movimiento de los propulsores de proteínas y, de ese modo, causará que cambie su dirección. Esta es la forma en que organismos unicelulares como las bacterias pueden acercarse a las fuentes de alimento o alejarse de químicos peligrosos. Sin embargo, ese mecanismo solo funciona en la escala de células individuales, donde los simples propulsores de proteínas pueden reorientar con éxito la forma de vida entera. Direccionar un organismo que contiene *millones* de células requiere una configuración completamente nueva, una en la que un estímulo active circuitos de neuronas y las neuronas activen células musculares, lo que al final provoca movimientos de giro específicos. Por lo tanto, el avance que trajo consigo el primer cerebro no era la direccionalidad *per se*, sino la direccionalidad en la escala de organismos pluricelulares.

El primer robot

En las décadas de 1980 y 1990 surgió una escisión en la comunidad de la inteligencia artificial. Por un lado, estaban aquellos situados en el campo de la IA simbólica, que se centraban en descomponer la inteligencia humana en sus partes constituyentes para intentar dotar a los sistemas de IA de nuestras habilidades más preciadas: el razonamiento, el lenguaje, la capacidad de resolución de problemas y la lógica. En oposición, se encontraban aquellos situados en el campo de la IA conductual, dirigidos por el experto en robótica Rodney Brooks del Instituto Tecnológico de Massachusetts, que creía que el enfoque simbólico estaba condenado al fracaso porque «nunca comprenderemos cómo descomponer el nivel de inteligencia humana hasta que no hayamos practicado mucho con niveles de inteligencia más simples».

El argumento de Brooks estaba basado en parte en la evolución: fueron necesarios mil millones de años solo para que la vida pudiera sentir y responder a su entorno; fueron necesarios otros quinientos mil millones de años de experimentación para que los cerebros se volvieran hábiles con las capacidades motoras y los movimientos. Y solo tras todo este arduo trabajo aparecieron el lenguaje y la lógica. Para él, en comparación con cuánto tiempo llevó desarrollar los sentidos y el movimiento, la lógica y el lenguaje aparecieron en un abrir y cerrar de ojos. Por lo tanto, concluyó que:

> El lenguaje... y el razonamiento son muy simples una vez que la esencia de ser y la reacción se encuentran disponibles. Esa esencia es la capacidad de moverse en un entorno dinámico, percibir el entorno hasta un grado suficiente como para lograr el mantenimiento necesario de la vida y su reproducción. Esta parte de la inteligencia es donde la evolución ha concentrado su tiempo; es mucho más difícil.

Para Brooks, si bien los humanos «nos brindaron una prueba existente [de inteligencia a nivel humano], debemos ser cautelosos con las lecciones que se pueden extraer de ella»[58]. Para ilustrar esto, ofreció una metáfora:

> Supongamos que es la década de 1890. El vuelo artificial es el tema preferido en los círculos científicos, de ingeniería y de capital de riesgo. Un grupo de investigadores [de vuelos artificiales] logran transportarse de forma milagrosa con una máquina del tiempo a la década de 1990 durante algunas horas. Pasan todo el tiempo en la cabina de pasajeros de un Boeing 747 comercial durante un vuelo de duración media. Ya de regreso a la década de 1890, se sienten animados porque saben que [el vuelo artificial] es posible a gran escala. De inmediato comienzan a trabajar para duplicar lo que han visto. Avanzan con éxito en el diseño de asientos reclinables, ventanas de doble panel, y saben que, si tan solo pueden descifrar esos «plásticos extraños», tendrán el Santo Grial en sus manos[59].

Al intentar *saltarse* los aviones simples y construir directamente un 747, se arriesgaron a no comprender por completo los principios de cómo funcionan los aviones (los asientos reclinables, los cristales de las ventanas y los plásticos no eran los elementos en los que debían fijarse). Brooks creía que el ejercicio de aplicar la ingeniería inversa para comprender el cerebro humano era víctima de ese mismo problema. Un mejor enfoque era «construir las capacidades de los sistemas de inteligencia de forma que se fueran incrementando y lograr sistemas completos en cada paso». En otras palabras, comenzar como lo hizo la evolución: partir de cerebros simples y agregar complejidad desde ese punto.

Muchos no están de acuerdo con el enfoque de Brooks, pero ya sea que estés de acuerdo con él o no, fue el primero en construir un robot doméstico comercialmente exitoso; Brooks dio el primer pequeño paso hacia Robotina. Y en ese primer paso en la evolución de los robots comerciales podemos observar un paralelismo con la evolución del cerebro. Brooks, también, comenzó con la direccionalidad.

En 1990, cofundó una empresa de robótica llamada iRobot y, en 2002, introdujo a «Roomba», la primera aspiradora robot. La Roomba era un robot que recorría de manera autónoma tu casa aspirando el suelo. Fue un éxito inmediato; hoy en día todavía se producen, y la compañía ha vendido más de cuarenta millones de unidades[60].

La primera Roomba y los primeros bilaterales comparten un número sorprendente de características. Ambos tenían sensores extremadamente simples; la primera Roomba podía detectar tan solo algunas pocas cosas, como cuando golpeaba una pared o se encontraba en las cercanías de su base de carga. Ambos poseían cerebros simples; ninguno utilizaba la escasa entrada sensorial que recibía para dibujar un mapa de su entorno y reconocer objetos[61]. Ambos eran bilateralmente simétricos. Las ruedas de la Roomba le permitían moverse solo hacia adelante y hacia atrás. Para cambiar de dirección, debía girar en su lugar y luego continuar con su avance hacia adelante.

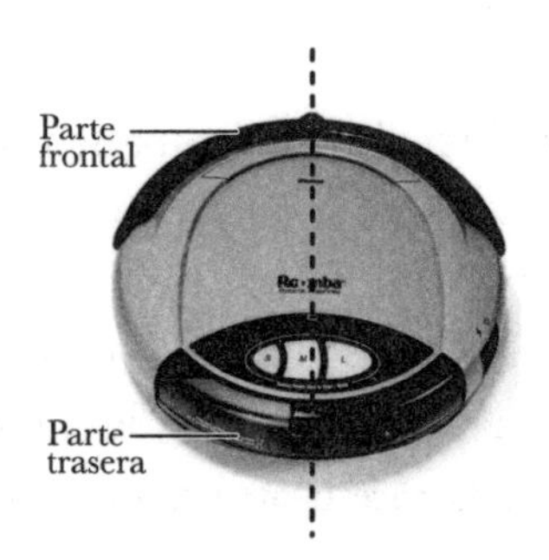

Figura 2.8: Roomba. Una aspiradora robot de limpieza que se trasladaba de manera similar a los primeros bilaterales[62]

La Roomba podía limpiar las rendijas y escondrijos de tu suelo solo con moverse de manera aleatoria, alejándose de objetos cuando se topaba contra ellos y acercándose a su base de carga cuando se le terminaba la batería. En cuanto chocaba contra una pared, daba un giro aleatorio y volvía a intentar moverse hacia adelante. Cuando tenía batería baja, buscaba una señal de su base de carga y, al detectarla simplemente giraba hacia donde la señal era más intensa y acababa regresando a su base de carga.

Las estrategias de desplazamiento de la Roomba y de los primeros bilaterales no eran idénticas, pero quizás no sea coincidencia que el primer robot doméstico exitoso se valiera de una inteligencia no tan diferente de la de los primeros cerebros. Ambos utilizaban estrategias que les permitían moverse en un mundo complejo sin comprender o modelar de verdad ese mundo.

Mientras que otros permanecían atrapados en el laboratorio trabajando en robots millonarios que tenían ojos, tacto y cerebros que intentaban calcular cuestiones complicadas como mapas y movimientos, Brooks construyó el robot más simple posible, uno que a duras penas tenía sensores y que no calculaba nada en absoluto. No obstante, el mercado, como la evolución, premia tres cosas por sobre todo lo demás: cosas que son *baratas*, cosas que *funcionan* y cosas que tienen la simpleza suficiente para ser descubiertas en primer lugar.

Si bien la direccionalidad quizás no inspire la misma admiración que otros logros intelectuales, sin dudas era energéticamente barata, funcionaba, y tenía la simpleza suficiente para que los experimentos evolutivos se toparan con ella. Desde ese lugar partieron los cerebros.

La valencia y el interior del cerebro de un nematodo

En la cabeza de un nematodo existen neuronas sensoriales, algunas de las cuales responden a la luz, otras al tacto, y otras a químicos específicos. Para que el control de dirección funcione, los primeros bilaterales debían considerar cada olor, cada roce u otro estímulo que detectaran y tomar una decisión: ¿me acerco, lo evito o lo ignoro?

El avance del control de dirección requirió que los bilaterales categorizaran el mundo en cosas a las que acercarse («cosas buenas») y cosas de las que alejarse («cosas malas»). Incluso la Roomba hace lo mismo: los obstáculos son malos; la base de carga cuando la batería es baja es buena. Antes, los animales radialmente simétricos no se movían, por lo que nunca tuvieron que categorizar al mundo de esta manera.

Cuando los animales categorizan los estímulos en buenos o malos, los psicólogos y neurocientíficos afirman que están dotando a los estímulos con *valencia*. «Valencia» es la bondad o maldad de un estímulo. No se trata de un juicio moral; es algo mucho más primitivo: se trata de si un animal responderá a un estímulo acercándose o alejándose de él. La valencia de un estímulo no es, por supuesto, objetiva; un químico, imagen o temperatura, en sí mismos, no poseen bondad o maldad. En cambio, la valencia de un estímulo es *subjetiva* y solo se define según la evaluación del cerebro sobre su bondad o su maldad.

¿Cómo establece un nematodo la valencia de algo que percibe? No realiza primero una observación cuidadosa y luego decide su valencia. En cambio, las neuronas sensoriales de su cabeza señalan *directamente* la valencia del estímulo. Un grupo de neuronas sensoriales son, en efecto, neuronas de valencia positiva; se activan directamente con cosas que los nematodos consideran buenas (como olores a comida). Otro grupo de neuronas sensoriales son, en efecto, neuronas de valencia negativa; se activan directamente con cosas que los nematodos consideran negativas (como altas temperaturas, olor a depredadores, luz intensa).

En los nematodos, las neuronas sensoriales no señalan características objetivas del mundo que los rodea; codifican «votos de dirección» sobre cuánto desea un nematodo acercarse o alejarse de algo. En bilaterales más complejos, como los seres humanos, no todo el mecanismo sensorial funciona de esta manera. Las neuronas de tus ojos detectan características de las imágenes; la valencia de la imagen se calcula en otro lugar. No obstante, al parecer, los primeros cerebros comenzaron con neuronas sensoriales que no se preocupaban por medir las características objetivas del mundo y, en cambio, interpretaban toda la percepción mediante el simple lente binario de la valencia.

La figura 2.9 enseña un diagrama simplificado de cómo funciona la direccionalidad en los nematodos. Las neuronas de valencia desencadenan diferentes decisiones de giro al conectarse con diferentes neuronas descendentes[63].

Consideremos cómo utiliza un nematodo este circuito para encontrar alimento. Los nematodos poseen neuronas de valencia positiva que desencadenan el movimiento hacia adelante cuando se *intensifica* la concentración del olor del alimento. Como ya vimos con las neuronas sensoriales en la red nerviosa de los primeros animales, estas neuronas se adaptan rápidamente a los niveles base de los olores. Esto les permite a estas neuronas de valencia señalar los *cambios* en un rango amplio de concentración de olores. Estas neuronas generarán un número similar de picos tanto si la concentración del olor sube de dos a cuatro partes o de cien a doscientas partes. Esto hace que las neuronas de valencia puedan seguir empujando al nematodo en la dirección correcta. Es la señal de «¡sí, sigue avanzando!» del primer olfateo de un alimento lejano hasta la fuente del alimento en sí mismo.

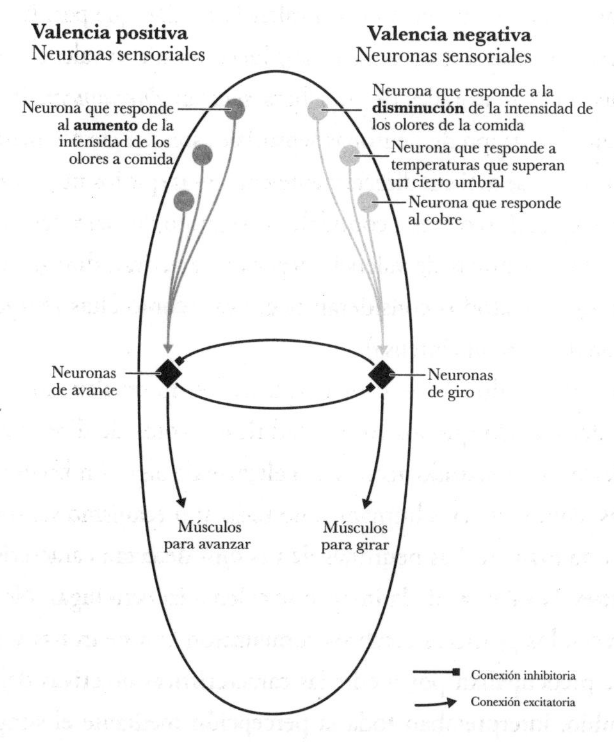

Figura 2.9: Esquema simplificado de la conexión del primer cerebro

Este uso de la adaptación es un ejemplo de cómo las innovaciones evolutivas permiten innovaciones futuras. La capacidad de acercarse a la comida de los primeros bilaterales fue posible solo porque la adaptación ya había evolucionado en los primeros animales radialmente simétricos. Sin la adaptación, las neuronas de valencia serían muy sensibles (y se activarían de forma continua cuando los olores estuvieran demasiado cerca) o no tendrían la sensibilidad suficiente (serían incapaces de detectar olores lejanos).

En este punto, podrían aparecer nuevos comportamientos de dirección con solo modificar las condiciones por las cuales se excitan las diferentes neuronas de valencia. Por ejemplo, consideremos cómo se acercan los nematodos hacia temperaturas óptimas.

El movimiento con respecto a la temperatura requiere una astucia adicional con respecto al simple movimiento hacia los olores: la concentración menor de un alimento *siempre* es mala, pero el decrecimiento de la temperatura de un entorno *solo* es malo si el nematodo ya siente demasiado frío. Si un nematodo siente calor, entonces la disminución de la temperatura es buena. Un baño caliente resulta insoportable en un verano abrasador; sin embargo, se convierte en una bendición en un invierno helado. ¿Cómo lograron los primeros cerebros gestionar las fluctuaciones de temperatura de manera diferente dependiendo del contexto?

Los nematodos cuentan con una neurona de valencia negativa que provoca el giro cuando las temperaturas aumentan, pero solo si la temperatura ya se encuentra sobre un umbral determinado; es una neurona de «¡demasiado caliente!». Los nematodos también tienen una neurona de «¡demasiado frío!»; activa el giro cuando las temperaturas bajan, pero solo cuando ya se encuentran por debajo de cierto umbral. Juntas, estas dos neuronas de valencia negativa permiten que los nematodos se alejen rápidamente del calor cuando sienten demasiado calor y se alejen del frío cuando sienten demasiado frío[64]. En las profundidades del cerebro humano hay una estructura antigua llamada «hipotálamo», hogar de las neuronas sensibles a la temperatura, que funciona de la misma manera.

El problema de realizar concesiones

La direccionalidad en presencia de múltiples estímulos presentaba un problema: ¿qué sucede si diferentes células sensoriales optan por moverse en direcciones *opuestas*? ¿Qué sucede si un nematodo siente el aroma de algo delicioso y algo peligroso al mismo tiempo?

Los científicos han puesto a prueba a los nematodos justo en esa clase de situaciones. Reúne a un grupo de nematodos a un lado de una placa de Petri y coloca un alimento delicioso en el lado opuesto de la placa; luego coloca una peligrosa barrera de cobre (los nematodos odian el cobre) en el medio. Los nematodos se enfrentan a un problema: ¿están dispuestos a atravesar la barrera para obtener la comida? De manera sorprendente, la respuesta es —tal como cabría esperar de un animal con siquiera un mínimo de inteligencia— que depende. Depende de la concentración relativa del alimento en contraposición al aroma del cobre.

Si el nivel del cobre es bajo, la mayoría de los nematodos cruzan la barrera; si el nivel de cobre es intermedio, solo algunos deciden cruzar. Frente a un nivel alto de cobre, ningún nematodo está dispuesto a cruzar la barrera[65].

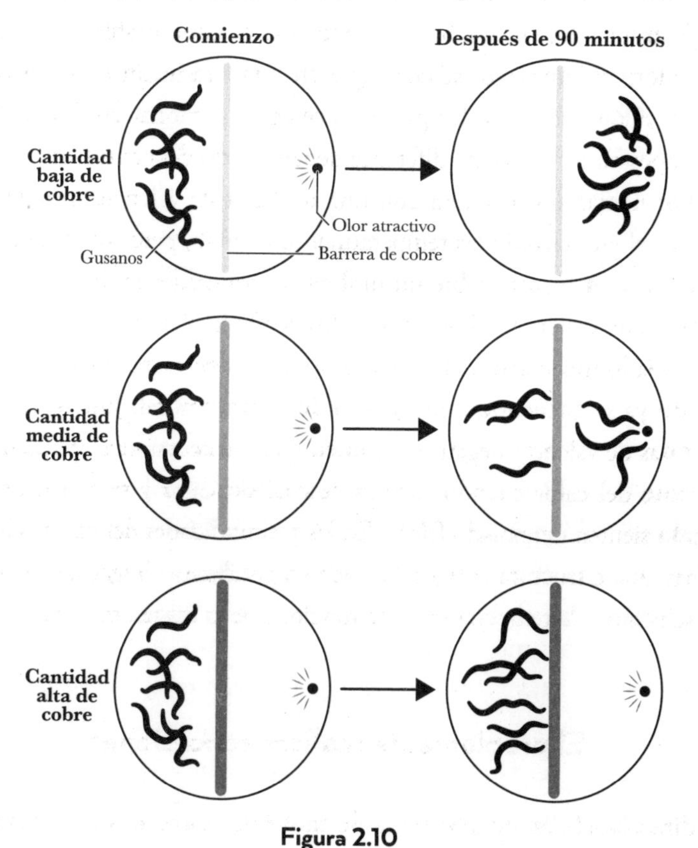

Figura 2.10

Esta capacidad de establecer concesiones en el proceso de toma de decisiones ha sido evaluada en diferentes especies de bilaterales de la familia de los gusanos y teniendo en cuenta diferentes modalidades sensoriales[66]. Los resultados indican de manera constante que incluso los cerebros más simples, aquellos con menos de mil neuronas, pueden realizar concesiones.

Es posible que este requerimiento de integrar la entrada de datos a lo largo de las modalidades sensoriales haya sido una razón por la cual la direccionalidad necesitó de un cerebro y no podría haber sido implementada en una red distribuida de reflejos como la de los pólipos coralinos. Todas estas entradas sensoriales que votaban para moverse en diferentes direcciones *debían ser integradas* en conjunto en un único lugar para tomar una única decisión; solo puedes ir en una sola dirección a la vez. El primer cerebro era un centro de megaintegración, un gran circuito neuronal en donde se seleccionaban las direcciones de movimiento.

Puedes intuir cómo funciona esto a partir de la figura 2.9, que enseña una versión simplificada del circuito de dirección de los nematodos. Las neuronas de valencia positiva se conectan a una neurona que desencadena el movimiento hacia adelante (lo que se podría denominar «neurona de avance»). Las neuronas de valencia negativa se conectan a una neurona que desencadena el giro (lo que se podría denominar «neurona de giro»). La neurona de avance acumula votos de «¡sigue avanzando!» y la neurona de giro acumula votos de «¡cambia de dirección!». Las neuronas de avance y giro se inhiben la una a la otra, lo que permite que esta red incorpore concesiones y tome una sola decisión; la neurona que acumule más votos gana y determina si el animal cruzará la barrera de cobre[67].

Este es otro ejemplo de cómo las innovaciones pasadas permitieron innovaciones futuras. Al igual que un bilateral no puede avanzar y girar al mismo tiempo, un pólipo coralino no puede abrir y cerrar la boca en un mismo movimiento. Las neuronas inhibitorias evolucionaron en los primeros animales coralinos para permitir que estos reflejos mutuamente exclusivos compitieran entre sí para que solo un reflejo pudiera ser seleccionado a la vez; este mismo mecanismo fue reutilizado por los primeros bilaterales para permitirles realizar concesiones en sus decisiones de direccionalidad. En lugar de decidir si abrir o cerrar la boca, los bilaterales utilizaron a las neuronas inhibitorias para decidir si avanzar o girar.

¿Tienes hambre?

La valencia de algo depende del estado interno del animal. La decisión de un nematodo de cruzar una barrera de cobre para obtener alimento no depende solo del nivel relativo de intensidad del olor a comida y cobre, sino también de lo hambriento que se encuentre el nematodo[68]. No cruzará la barrera para obtener comida si está satisfecho, pero lo hará si tiene hambre. Además, los nematodos pueden trastocar por completo sus preferencias según el hambre que tengan[69]. Si un nematodo está bien alimentado, se *alejará* del dióxido de carbono; si tiene hambre, se *acercará* a él. ¿Por qué? El dióxido de carbono es un químico que liberan *tanto* la comida *como* los depredadores, de modo que, cuando un nematodo está satisfecho, dirigirse hacia el dióxido de carbono para obtener alimento no compensa el riesgo de enfrentarse a un depredador. No obstante, cuando tiene hambre, la posibilidad de que el dióxido de carbono esté indicando la presencia de comida y no de depredadores hace que valga la pena arriesgarse.

La capacidad del cerebro de cambiar a toda velocidad la valencia de un estímulo dependiendo de los estados internos es ubicua. Comparemos el éxtasis salival del primer bocado de tu cena favorita después de un largo día en el que te saltaste comidas con la sensación de náuseas e hinchazón tras el último bocado y de haber engullido hasta el cansancio. En cuestión de minutos, tu comida favorita puede pasar de ser un regalo de Dios a la humanidad a algo que no quieres ni siquiera oler.

Los mecanismos por lo que esto sucede son relativamente simples y se presentan en todos los bilaterales. Las células animales liberan químicos específicos —«señales de saciedad»; por ejemplo, la insulina— como respuesta a haber alcanzado una cantidad saludable de energía[70]. Y las células animales liberan un conjunto diferente de químicos —«señales de hambre»— como respuesta a una cantidad *insuficiente* de energía. Ambas señales se esparcen por el cuerpo del animal y proveen una señal global persistente que indica su nivel de hambre. Las neuronas sensoriales de los nematodos cuentan con receptores que detectan la presencia de esas señales y cambian sus respuestas en consecuencia. Las neuronas de valencia positiva con respecto al olor de la comida en los *C. elegans* se vuelven más receptivas en presencia de señales de hambre y menos receptivas en presencia de señales de saciedad.

Los estados internos también se encuentran presentes en la Roomba, ya que ignorará la señal de su base de carga cuando su batería esté completa. En este caso, se podría afirmar que la señal de la base de carga es de valencia neutral. Cuando su estado interno cambia a un estado de batería baja, la señal de la base de carga cambia y adquiere valencia positiva: la Roomba ya no ignorará la señal de su base de carga y se acercará a ella para cargar su batería.

La direccionalidad requiere al menos cuatro aspectos: un plan corporal bilateral para girar, neuronas de valencia para detectar y categorizar estímulos en buenos o malos, un cerebro para integrar las entradas de información y tomar una sola decisión de dirección, y la capacidad de modular la valencia teniendo en cuenta los estados internos. Pero, aun así, la evolución continuó experimentando. Existe otra estrategia que surgió en los primeros cerebros bilaterales, una estrategia que fortaleció aún más la eficacia del control direccional. Esta estrategia fue el origen de lo que ahora denominamos «emoción».

3

El origen de la emoción

La furia cegadora que sientes cuando escuchas a un amigo defender el error más reciente del partido político contrario, si bien resulta difícil de describir en términos emocionales —quizás una mezcla compleja de enfado, decepción, traición y sorpresa—, es claramente un estado de ánimo negativo. La serenidad cosquilleante que sientes en tu cuerpo cuando te encuentras recostado en una calurosa playa soleada, también difícil de describir con exactitud, es claramente un estado de ánimo positivo. La valencia no solo existe en nuestra evaluación de estímulos externos, sino también en nuestros estados internos.

Nuestros estados internos no solo se encuentran teñidos con un nivel de valencia, sino también con un nivel de excitación. La furia cegadora no solo es un estado de ánimo negativo, sino un estado de ánimo negativo «excitado». Es diferente del estado de ánimo negativo «no excitado», como la depresión o el aburrimiento. De manera similar, la serenidad cosquilleante que sientes en una playa calurosa no solo es un estado de ánimo positivo, sino un estado positivo de *baja excitación*. Es diferente del estado de ánimo de gran excitación que sientes cuando te aceptan en la universidad o cuando te subes a una montaña rusa (si te agrada esa clase de cosas).

Las emociones son complejas. Definir y categorizar emociones específicas es una tarea peligrosa, embebida de sesgos culturales. En alemán, hay una palabra, *sehnsucht*, cuya traducción aproximada sería «querer una vida diferente»; no existe una traducción exacta al español. En persa, la palabra *ænduh* expresa en simultáneo los conceptos de «arrepentimiento» y de «duelo»; en dargwa, la palabra *dard* expresa en simultáneo los conceptos de «ansiedad» y «duelo». En español, existen dos palabras separadas para cada término[71]. ¿Qué idioma diferencia mejor las categorías objetivas de los estados emocionales producidos por el cerebro? Muchas profesiones se han dedicado a buscar estas categorías objetivas en los cerebros humanos; hoy en día, la mayoría de los neurocientíficos cree que tales categorizaciones objetivas no existen, al menos no al nivel de palabras como *sehnsucht* o «duelo». En cambio, se cree que tales categorías emocionales se aprenden, sobre todo, en la cultura. Descubriremos más sobre cómo funciona esto en los avances posteriores. Por el momento, nos concentraremos en preguntarnos sobre los orígenes más simples de las emociones. La plantilla básica de las emociones se desarrolló como una estrategia intelectual para resolver un conjunto de problemas específicos a los que se enfrentaron los primeros cerebros. Por lo tanto, comenzaremos con los dos aspectos más simples de las emociones, aquellos que son universales no solo para las culturas humanas sino para el reino animal, aquellos aspectos de las emociones que heredamos de los primeros cerebros: la valencia y la excitación.

Los neurocientíficos y los psicólogos utilizan la palabra «afecto» para referirse a estos dos atributos de las emociones[72]; en cualquier momento, los seres humanos se encuentran en un estado afectivo representado por un punto ubicado entre las dimensiones de valencia y excitación. Si bien las definiciones exactas de las categorías de las emociones humanas eluden a filósofos, psicólogos y neurocientíficos por igual, el término «afecto» es la base relativamente aceptada y unificada de la emoción.

La universalidad del afecto puede verse en nuestras intuiciones; resulta fácil tomar conjuntos de palabras emocionales matizadas —«calmado», «eufórico», «tenso», «molesto», «deprimido», «aburrido»— y asignarles los estados afectivos de los cuales derivan (ver figura 3.1). La universalidad del afecto también puede detectarse en nuestra biología. Existen señales neurofisiológicas claras que diferencian los niveles de excitación, como la frecuencia cardíaca, la sudoración, el tamaño de las pupilas, la adrenalina y la presión arterial[73]. Y existen señales neurofisiológicas claras que señalan los diferentes niveles de valencia, como los niveles hormonales del estrés, los niveles de dopamina y la activación de ciertas áreas cerebrales[74]. Y, si bien las culturas alrededor del mundo difieren en sus clasificaciones de las categorías emocionales específicas, como el enfado o el temor, las clasificaciones de los estados afectivos son prácticamente universales.

Todas las culturas cuentan con palabras para comunicar los conceptos de valencia y excitación, y los bebés recién nacidos de todas las culturas poseen expresiones faciales y movimientos corporales para indicar valencia y excitación[75] (por ejemplo, el llanto y la sonrisa)[76].

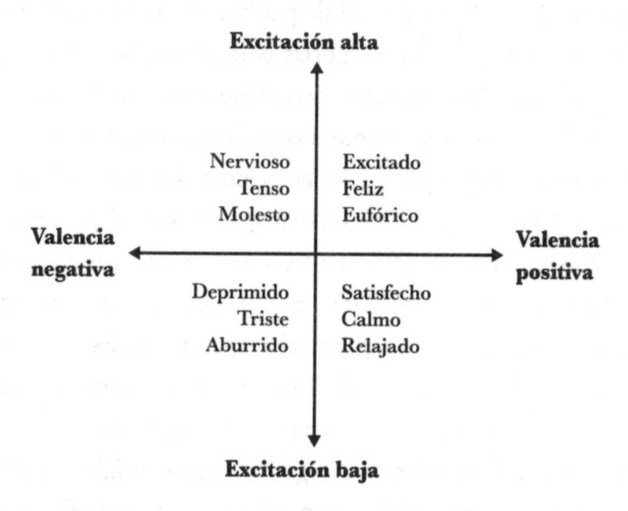

Figura 3.1: Estados afectivos de los seres humanos

La universalidad del afecto se extiende más allá de los límites de la humanidad; también se hace presente a lo largo del reino animal. El afecto es la semilla antigua de la cual nacieron las emociones modernas. Pero ¿por qué se desarrolló el afecto?

Desplazarse en la oscuridad

Incluso los nematodos, con sus sistemas nerviosos minúsculos, poseen estados afectivos, aunque son increíblemente simples. Los nematodos expresan niveles diferentes de excitación: cuando están bien alimentados, estresados o enfermos apenas se mueven en absoluto y no emiten respuesta frente a estímulos externos (excitación baja); cuando están hambrientos, detectan alimento u olfatean a los depredadores, se mueven de manera continua (excitación alta). Los estados afectivos de los nematodos también expresan niveles diferentes de valencia. Los estímulos de valencia positiva facilitan la alimentación, la digestión y las actividades reproductivas (un estado de ánimo positivo primitivo), en tanto que los estímulos de valencia negativa inhiben todas las actividades mencionadas (un estado de ánimo negativo primitivo).

Estos diferentes niveles de excitación y valencia en conjunto dan como resultado una plantilla primitiva del afecto. Los estímulos de valencia negativa desencadenan un repertorio conductual de movimientos rápidos y giros poco frecuentes que puede considerarse como la versión más primitiva de un estado de ánimo negativo (que a menudo se denomina «estado de escape»), mientras que la detección de alimento desencadena un repertorio de movimientos lentos y giros frecuentes, que puede considerarse la versión más primitiva de un estado de ánimo positivo (que a menudo se denomina «estado de explotación»). El estado de escape hace que los gusanos cambien de ubicación con rapidez; el estado de explotación hace que los gusanos investiguen su entorno (en busca de comida). Aunque los nematodos no tienen la misma complejidad emocional que los seres humanos —no conocen la euforia del amor de juventud o las lágrimas agridulces de enviar a un hijo a la universidad—, manifiestan con claridad una plantilla básica de afecto. Estos estados afectivos simples de los nematodos ofrecen una pista de *por qué* el afecto tuvo la necesidad de desarrollarse en primer lugar.

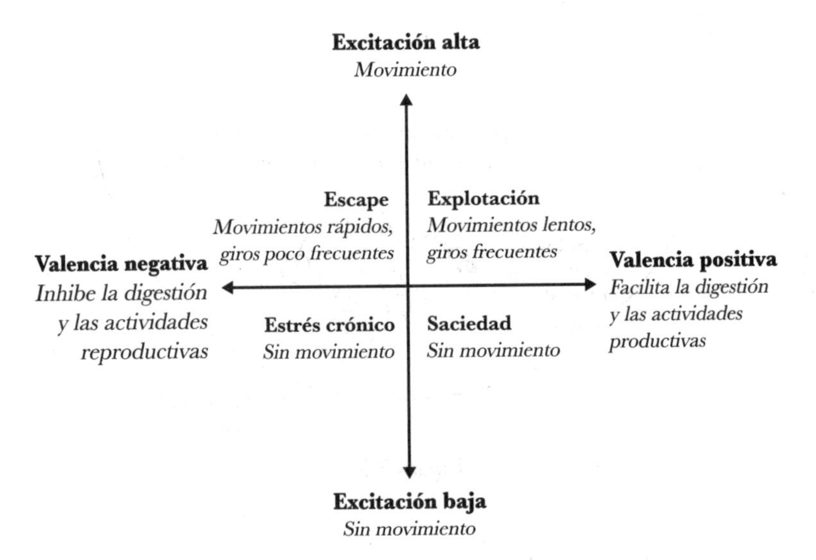

Figura 3.2: Estados afectivos de los nematodos

Imagínate que colocas a un nematodo hambriento en una placa de Petri grande donde también hay un trozo de comida escondido. Incluso aunque inhibas cualquier olor a comida para evitar que el nematodo se acerque, este no se quedará simplemente esperando de manera pasiva a que aparezca un indicio de comida. El nematodo se moverá con rapidez y se ubicará en otro lugar; en otras palabras, escapará. Actúa de esa manera porque una sensación que desencadena el escape es el *hambre*. Cuando el nematodo se tope con la comida escondida, se moverá de manera más lenta y comenzará a girar con rapidez y permanecerá en la misma ubicación general en la que encontró el alimento; pasará de escapar a explotar. En algún momento, después de haber ingerido la comida suficiente, el gusano dejará de moverse y permanecerá inmóvil, sin respuesta. Pasará al estado de *saciedad*.

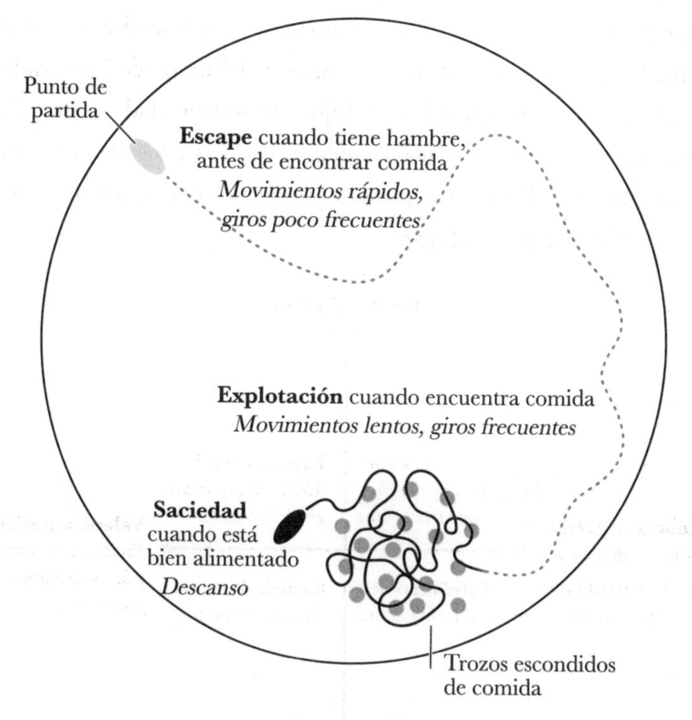

Figura 3.3

Los científicos tienden a esquivar el término «estados afectivos» para referirse a los bilaterales simples, como los nematodos, y en su lugar utilizan el término menos arriesgado de «estados conductuales»; esto evita sugerir que los nematodos estén, de hecho, sintiendo algo. La experiencia consciente es un embrollo filosófico que abordaremos solo de manera breve más adelante. Aquí, al menos, podemos saltar esa cuestión por completo. Posiblemente, la experiencia consciente de afecto —sea lo que fuere y como fuere que funcione—, se desarrolló de manera posterior a los mecanismos subyacentes básicos del afecto. Esto incluso puede observarse en los seres humanos; las partes del cerebro humano que generan la experiencia de estados afectivos negativos o positivos son más nuevas en términos evolutivos y se diferencian de las partes del cerebro que generan las respuestas reflejas de evitación y aproximación.

La característica distintiva de estos estados afectivos es que, aunque por lo general los desencadenan los estímulos externos, persisten un largo tiempo después de que los estímulos desaparezcan. Esta característica se presenta tanto en los nematodos como en los humanos; al igual que el nematodo permanece en un estado de temor durante varios minutos después de olfatear a un depredador, el estado de ánimo de un ser humano puede verse afectado durante horas después de una única interacción social desagradable. El beneficio de esta persistencia, al menos en un principio, no resulta claro. En todo caso parece un poco tonto; los nematodos continúan intentando escapar incluso después de que los depredadores ya se hayan esfumado y continúan intentando explotar el área en busca de alimento incluso cuando la comida ya ha desaparecido[77]. La idea de que la función del primer cerebro era controlar la dirección proporciona una pista sobre por qué los nematodos exhiben —y por qué es probable que los primeros bilaterales también los exhibieran— estos estados: tal persistencia es necesaria para que el control de dirección funcione.

Los estímulos sensoriales, en especial aquellos que son simples y que son detectados por los nematodos, ofrecen indicios pasajeros, no verdades constantes, sobre lo que existe en el mundo real. En la naturaleza, por fuera de la placa de Petri de un científico, el alimento no genera gradientes de olor distribuidos de mantera uniforme; las corrientes de agua pueden distorsionar o incluso eliminar los olores por completo, lo que altera la capacidad del gusano de acercarse a la comida o alejarse de los depredadores. Estos estados afectivos persistentes constituyen una estrategia para superar este desafío: si detecto un olor pasajero a comida que desaparece rápido, es probable que haya alimento en mis cercanías, aunque yo ya no lo huela. Por lo tanto, resulta más efectivo investigar de manera persistente lo que me rodea tras detectar comida en lugar de responder a los olores en el momento en el que son detectados. De igual manera, un gusano que atraviesa un área repleta de depredadores no experimentará un olor constante a depredadores, sino que captará el olor pasajero de un depredador en las cercanías; si un gusano desea escapar, es una buena idea alejarse de manera persistente incluso después de que el olor se haya desvanecido.

Es como un piloto que intenta volar un avión mientras mira a través de un cristal opaco u oscurecido; no le queda otra opción que aprender a volar en la oscuridad y utilizar solo las pistas que le ofrecen los destellos del mundo exterior. De igual manera, los gusanos tuvieron que desarrollar una manera de «desplazarse en la oscuridad»: tomar decisiones de dirección frente a la ausencia de estímulos sensoriales. La primera solución evolutiva fue el afecto, los repertorios de comportamiento que pueden ser desencadenados por estímulos externos pero que persisten mucho tiempo después de que los estímulos desaparezcan.

Esta característica de la direccionalidad se presenta incluso en la Roomba. De hecho, esta fue diseñada para contar con diferentes estados de comportamiento por la misma razón. Por lo general, explora las habitaciones moviéndose de manera aleatoria. Sin embargo, si encuentra un sector sucio, activa el detector de suciedad, que cambia su comportamiento; comienza a girar en círculos en ese lugar en particular. Este comportamiento nuevo es desencadenado por la detección de suciedad, pero persiste durante un tiempo, incluso cuando ya no se detecta más suciedad. ¿Por qué diseñaron a la Roomba de esta manera? Porque funciona: detectar un sector sucio en una ubicación predice sectores sucios en las cercanías. Por lo tanto, una regla simple para mejorar la velocidad de limpieza es adoptar un comportamiento de búsqueda local durante un tiempo tras detectar suciedad. Esta es exactamente la misma razón por la que los nematodos evolucionaron para cambiar su estado conductual de la exploración a la explotación después de encontrar alimento y de buscar en sus alrededores.

Dopamina y serotonina

El cerebro de un nematodo genera estos estados afectivos valiéndose de químicos llamados «neuromoduladores». Dos de los neuromoduladores más famosos son la dopamina y la serotonina. Los antidepresivos, antipsicóticos, estimulantes y psicodélicos manipulan estos neuromoduladores. Se cree que muchas enfermedades psiquiátricas, incluidas la depresión, el trastorno obsesivo-compulsivo, la ansiedad, el trastorno de estrés postraumático y la esquizofrenia son causadas, al menos en parte, por desequilibrios en los neuromoduladores. Los neuromoduladores se desarrollaron mucho antes de que aparecieran los humanos; su conexión con el afecto comenzó hace mucho tiempo, con los primeros bilaterales.

A diferencia de las neuronas excitatorias e inhibitorias, que ejercen efectos específicos y de corto plazo solo sobre las neuronas con las que se conectan, las neuronas neuromoduladoras ejercen efectos sutiles, de larga duración y de gran alcance sobre muchas neuronas. Las diferentes neuronas neuromoduladoras liberan distintos neuromoduladores: las neuronas dopaminérgicas liberan dopamina, las neuronas serotoninérgicas liberan serotonina. Y las neuronas del cerebro animal poseen diferentes clases de receptores para diferentes clases de neuromoduladores; los neuromoduladores pueden inhibir un tanto algunas neuronas a la vez que activan otras; pueden hacer que sea más probable que algunas neuronas marquen picos y otras no lo hagan; pueden hacer que algunas neuronas sean más sensibles a la activación mientras adormecen las respuestas de otras. Incluso pueden acelerar o retrasar el proceso de adaptación. Si combinamos todos estos efectos, nos damos cuenta de que los neuromoduladores pueden ajustar la actividad neuronal del cerebro entero. Es el equilibrio entre estos diferentes neuromoduladores lo que determina el estado afectivo de un nematodo.

Las neuronas dopaminérgicas de los nematodos extienden pequeñas extremidades de su cabeza y poseen receptores diseñados específicamente para detectar alimento. Cuando estas neuronas detectan la presencia de comida, inundan el cerebro con dopamina[78]. Esto incita a los circuitos a generar el estado de explotación[79]. Este efecto puede durar cinco minutos antes de que los niveles de dopamina vuelvan a decrecer y el nematodo regrese al estado de escape. Las neuronas serotoninérgicas en los nematodos cuentan con receptores que detectan la presencia de alimento en sus gargantas[80] y, si se libera la serotonina suficiente, se desencadena el estado de saciedad[81].

El cerebro simple del nematodo nos ofrece una ventana hacia la primera función, o al menos las funciones iniciales, de la dopamina y la serotonina. En el nematodo, la dopamina se libera cuando se detecta alimento *alrededor* del gusano, mientras que la serotonina lo hace cuando se detecta alimento *dentro* del gusano. Si la dopamina es el químico de «hay algo bueno cerca», entonces la serotonina es el químico de «algo bueno realmente está sucediendo». La dopamina impulsa la búsqueda de alimento; la serotonina impulsa el placer una vez que el alimento está siendo engullido.

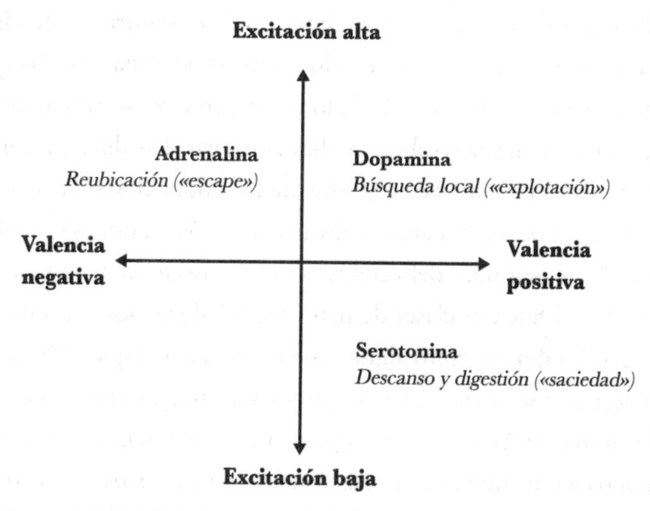

Figura 3.4: Rol de los neuromoduladores en los estados afectivos de los primeros bilaterales

Si bien las funciones exactas de la dopamina y la serotonina se han desarrollado a lo largo de diferentes líneas evolutivas, la dicotomía básica entre la dopamina y la serotonina se ha conservado de manera extraordinaria desde los primeros bilaterales. En especies tan divergentes como los nematodos, las babosas, los peces, las ratas y los seres humanos, la dopamina se libera por recompensas cercanas y activa el estado afectivo de excitación y búsqueda (explotación), y la serotonina se libera por el consumo de recompensas y activa un estado de excitación baja, que inhibe la búsqueda de recompensas (saciedad)[82]. ¿Qué sucede cuando detectas algo que deseas, como comida cuando sientes hambre, una persona atractiva, la meta al final de una maratón? En todos esos casos, tu cerebro libera un estallido de dopamina. ¿Qué sucede cuando *consigues* algo que deseas, como cuando llegas al orgasmo, saboreas comida deliciosa o simplemente terminas una tarea de tu lista de pendientes? Tu cerebro libera serotonina[83].

Si elevas los niveles de dopamina en el cerebro de una rata, comienza a explotar cualquier recompensa cercana que encuentre: se atiborra de comida e intenta aparearse con quien sea que se tope[84]. Si por el contrario elevas sus niveles de serotonina, deja de comer y se vuelve menos impulsiva y más dispuesta a retrasar la gratificación[85]. La serotonina cambia la conducta de una búsqueda intensa de recompensas a un estado de saciedad y satisfacción, y lo logra desactivando las respuestas de dopamina y adormeciendo las respuestas de las neuronas de valencia[86].

Y, lo que resulta crucial, todas estas neuronas neuromoduladoras —como las neuronas de valencia— también son sensibles a los estados internos. Es mucho más probable que las neuronas dopaminérgicas respondan frente a estímulos de comida cuando el animal está hambriento.

Esta conexión entre la dopamina y las recompensas ha causado que la dopamina fuera denominada —de manera incorrecta— como el «químico del placer». Kent Berridge, neurocientífico de la Universidad de Míchigan, ideó un paradigma experimental para explorar la relación entre la dopamina y el placer. Las ratas, al igual que los humanos, exhiben diferentes expresiones faciales cuando están saboreando sustancias que les agradan, como caramelos azucarados, y cosas que les desagradan, como líquidos amargos. Un bebé sonreirá si bebe leche cálida y escupirá cuando bebe agua amarga; las ratas se relamerán cuando saboreen comida deliciosa y quedarán boquiabiertas y sacudirán la cabeza cuando prueben comida desagradable. Berridge descubrió que podía utilizar la frecuencia de esas diferentes reacciones faciales como indicador para identificar el placer en las ratas.

Reacciones de placer/agrado (dulce)

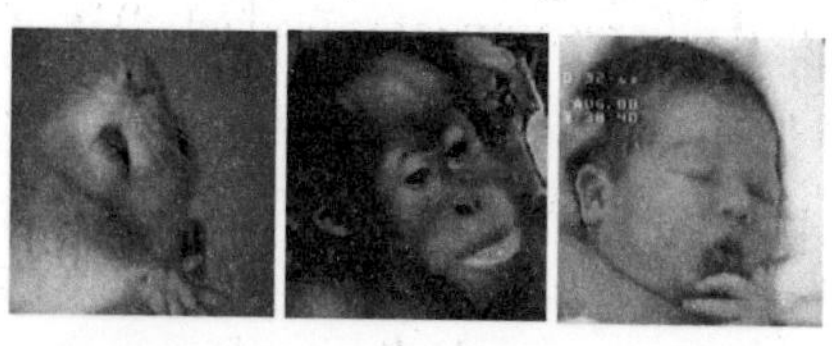

Reacciones de desagrado (amargo)

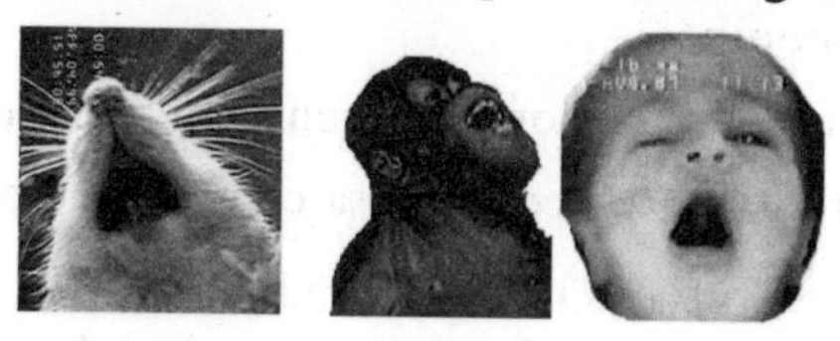

Figura 3.5: Utilización de expresiones faciales para deducir placer (agrado) y desagrado (aversión)[87]

Para sorpresa de muchos, Berridge descubrió que el incremento de los niveles de dopamina en los cerebros de las ratas no ejercía impacto en el grado y la frecuencia de sus expresiones faciales placenteras frente a la comida. Si bien la dopamina provocará que las ratas consuman cantidades excesivas de comida, las ratas no reflejarán que lo están haciendo porque les *agrade* más la comida; no se relamerán más de placer. En todo caso, exhiben más señales de disgusto hacia la comida, a pesar de que siguen comiéndosela. Es como si las ratas no pudieran dejar de comer incluso aunque ya no disfruten de la comida.

En otro experimento, Berridge eliminó las neuronas de dopamina de varias ratas, lo que terminó haciendo desaparecer casi toda la dopamina de sus cerebros. Las ratas se sentaban junto a una gran cantidad de comida y se morían de hambre[88]. Sin embargo, la eliminación de la dopamina no ejerció ningún impacto en el placer; si Berridge colocaba comida en las bocas de estas ratas hambrientas, exhibían todas las expresiones faciales que indicaban la clase de euforia que uno sentiría al comer estando hambriento; se relamían incluso más que antes. Las ratas experimentaban placer sin problemas incluso cuando carecían de dopamina; simplemente no se sentían motivadas para perseguirla.

Este descubrimiento también se ha confirmado en seres humanos. En una serie de experimentos controvertidos en la década de 1960, el psiquiatra

Robert Heath implantó electrodos en los cerebros de los seres humanos para que los pacientes presionaran un botón y así estimularan a sus propias neuronas dopaminérgicas. Los pacientes comenzaron a presionar el botón de manera repetida, en muchas ocasiones cientos de veces por hora[89]. Uno podría asumir que lo hacían porque les «agradaba», pero en palabras de Heath:

> El paciente, al explicar por qué presionaba el botón con tanta frecuencia, declaró que el sentimiento era... como si estuviera alcanzando un orgasmo sexual. Sin embargo, reportó que fue incapaz de lograr el clímax orgásmico, y explicó que presionaba el botón de manera frecuente, algunas veces de forma frenética, para lograr llegar al clímax[90].

La dopamina no es una señal de placer en sí misma; es una señal que indica la anticipación del placer futuro. Los pacientes de Heath no experimentaban placer; al contrario, en general se sentían extremadamente frustrados por su incapacidad de satisfacer los increíbles deseos que el botón les provocaba.

Berridge demostró que la dopamina no se trata tanto de *disfrutar*, sino de *desear*. Este descubrimiento cobra sentido al tener en cuenta el origen evolutivo de la dopamina. En los nematodos, la dopamina se libera cuando los gusanos se encuentran cerca del alimento, pero no cuando lo están consumiendo. El estado conductual de explotación de los nematodos, desencadenado por la dopamina —en el cual ralentizan sus movimientos y buscan comida a su alrededor—, es de muchas maneras la versión más primitiva del deseo. Ya desde los primeros bilaterales, la dopamina era una señal de *expectación* hacia algo positivo en el futuro, no la señal de algo positivo en sí mismo.

Mientras que la dopamina no ejerce impacto en las reacciones de disfrute, la serotonina disminuye tanto las reacciones de disfrute como las de aversión[91]. Cuando se les da a las ratas drogas que incrementan sus niveles de serotonina, se relamen con menor frecuencia frente a alimentos deliciosos y sacuden menos la cabeza frente a alimentos amargos. Esto también es lo que esperaríamos al tener en cuenta el origen evolutivo de la serotonina: la serotonina es la saciedad; representa que «las cosas están bien en el momento». Es la satisfacción química, diseñada para desactivar las respuestas de valencia.

La dopamina y la serotonina exploran principalmente el aspecto feliz de los estados afectivos y los diferentes matices del afecto positivo. Existen otros neuromoduladores, también antiguos, que exploran los mecanismos del afecto *negativo,* como el estrés, la ansiedad y la depresión.

Cuando los gusanos se estresan

La humanidad está sufriendo de enfermedades relacionadas con el estrés como nunca antes. Cada año, mueren más personas por suicido que por crímenes violentos y guerras juntos. Aproximadamente 800 000 personas se quitan la vida cada año y los intentos de suicidio escalan a más de 15 millones al año[92]. Más de 300 millones de personas en el mundo sufren de depresión, que les quita la capacidad de sentir placer y de disfrutar la vida[93]. Más de 250 millones de personas en el mundo padecen trastornos de ansiedad, que las hace sentir terror irracional hacia el mundo que las rodea. Los Centros para el Control y la Prevención de Enfermedades (CDC, por sus siglas en inglés) incluso han acuñado un término para esto: «muertes por desesperación». La tasa de muertes por desesperación ha aumentado más del doble en los últimos veinte años.

A estas personas no se las están comiendo los leones, no se están muriendo de hambre o congelando hasta morir. Estas personas están muriendo porque sus *cerebros las están matando.* Escoger quitarse la vida, consumir drogas mortales de manera consciente o darse atracones de comida hasta alcanzar la obesidad son, por supuesto, conductas generadas por nuestros cerebros. Cualquier intento de comprender la conducta animal, los cerebros y la inteligencia en sí misma resulta incompleto si no se aborda este enigma: ¿por qué la evolución ha creado cerebros que padecen de una debilidad tan catastrófica y aparentemente ridícula? La función de los cerebros, así como con todas las adaptaciones evolutivas, es la de *mejorar la supervivencia.* ¿Por qué, entonces, los cerebros generan comportamientos tan evidentemente autodestructivos?

El estado afectivo de *escape,* según el cual los nematodos intentan encontrar una nueva ubicación a toda velocidad, se desencadena en parte por una clase diferente de neuromoduladores: la norepinefrina, la octopamina y la epinefrina (también conocida como «adrenalina»). Entre los bilaterales, incluidas especies tan divergentes como los nematodos, las lombrices, las babosas, los peces y los ratones, estos químicos se liberan frente a estímulos de valencia negativa y desencadenan la famosa respuesta de lucha o huida: aumenta la frecuencia cardíaca, se contraen los vasos sanguíneos, se dilatan las pupilas y se suprimen diversas actividades consideradas de lujo, como el sueño, la reproducción y la digestión[94]. Estos neuromoduladores funcionan en parte contrarrestando directamente la efectividad de la serotonina; reducen la capacidad de que un animal descanse y se sienta satisfecho[95].

Habitar en el mundo, incluso para los nematodos, consume una gran cantidad de energía. La respuesta de escape provocada por la adrenalina es una de las elecciones conductuales más costosas que un animal puede tomar. La respuesta de escape implica un gasto considerable de energía para poder moverse con rapidez, de modo que la evolución desarrolló una estrategia para ahorrar energía y de esa manera permitir que la respuesta de escape dure más tiempo. La adrenalina no solo desencadena el repertorio conductual del escape; también desactiva una serie de actividades que consumen energía para redirigir recursos energéticos hacia los músculos[96]. Se expulsa el azúcar de las células de todo el cuerpo, los procesos de crecimiento celular se detienen, los procesos reproductivos se desactivan y se reprime el sistema inmunológico. Esto es lo que se denomina «respuesta aguda al estrés»; cómo reaccionan los cuerpos de manera inmediata a estímulos de valencia negativa.

No obstante, al igual que un gobierno que entra en un déficit presupuestario para financiar una guerra, la postergación de las funciones corporales esenciales provocada por la respuesta aguda al estrés no puede mantenerse de manera indefinida[97]. Por lo tanto, nuestro ancestro bilateral desarrolló una respuesta regulatoria contra el estrés: un conjunto de químicos antiestrés que preparan al cuerpo para el final de la guerra. Uno de estos químicos antiestrés son los opioides.

Las amapolas no son la única fuente de opioides; los cerebros fabrican sus propios opioides y los liberan como respuesta a los factores estresantes[98]. Cuando el factor estresante desaparece y bajan los niveles de adrenalina, los nematodos no regresan a su estado base. En cambio, los químicos antiestrés restantes dan comienzo a un conjunto de procesos relacionados con la recuperación: se vuelven a activar las respuestas inmunes, el apetito y la digestión.

Estos químicos de alivio y recuperación como los opioides llevan a cabo estos procesos, en parte, aumentando las señales de serotonina y dopamina (que se ven inhibidas por los estresores agudos)[99]. Los opioides también inhiben las neuronas de valencia negativa, lo que ayuda a un animal a recuperarse y descansar, a pesar de sufrir alguna clase de herida. Es por esta razón, por supuesto, que los opioides son analgésicos tan potentes para todos los bilaterales. Los opioides también mantienen desactivadas determinadas funciones de lujo, como las actividades reproductivas, hasta que el proceso de alivio y recuperación se haya completado; es por ese motivo que los opioides disminuyen el deseo sexual. No resulta sorprendente, entonces, que los nematodos, otros invertebrados y los seres humanos respondan de manera similar frente a los opioides: episodios prolongados de alimentación[100], respuestas inhibidas frente al dolor[101] e inhibición en la conducta reproductiva[102].

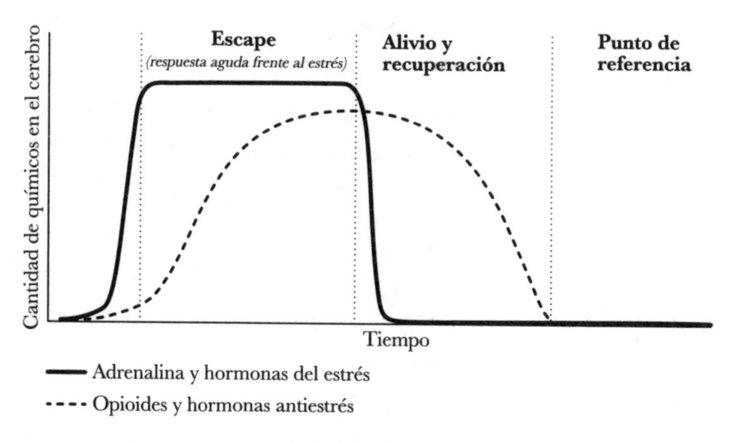

Figura 3.6: Curso temporal de las hormonas del estrés y del antiestrés

Este estado de alivio y recuperación no reactiva únicamente el apetito; un nematodo privado de alimento comerá en solo doce horas treinta veces más comida que sus compañeros de hambre normal[103]. En otras palabras, el estrés hace que los nematodos consuman alimentos de manera compulsiva. Después de los atracones, estos nematodos «se desvanecen» y pasan diez veces más tiempo en estado inmóvil que los gusanos bien alimentados. Los nematodos actúan de esta manera porque el estrés es una señal de que las circunstancias son extremas y es posible que la comida escasee o muy pronto pueda escasear. Por lo tanto, los nematodos acumulan tanta comida como pueden para prepararse para la próxima experiencia de hambruna. Ya desde los primeros cerebros, hace seis millones de años, se había instalado el sistema de atracones tras una experiencia estresante.

Estas hormonas antiestrés como los opioides se diferenciaban de la dopamina y la serotonina en los experimentos de expresiones faciales de las ratas de Kent Berridge. Mientras que la dopamina no ejercía ningún impacto en las reacciones de agrado, darle opioides a una rata, de hecho, incrementaba de forma significativa sus reacciones de agrado frente a la comida. Esto cobra sentido ahora que conocemos sobre el origen evolutivo de los opioides. Los opioides son químicos de alivio y recuperación que se presentan después de experimentar estrés: las hormonas del estrés desactivan las respuestas de valencia positiva (disminuyendo la sensación de agrado), pero cuando el estresor desaparece, los opioides restantes vuelven a activar esas respuestas de valencia (aumentando el agrado). Los opioides hacen que todo sea mejor: incrementan las reacciones de agrado y disminuyen las de desagrado; incrementan el placer e inhiben el dolor.

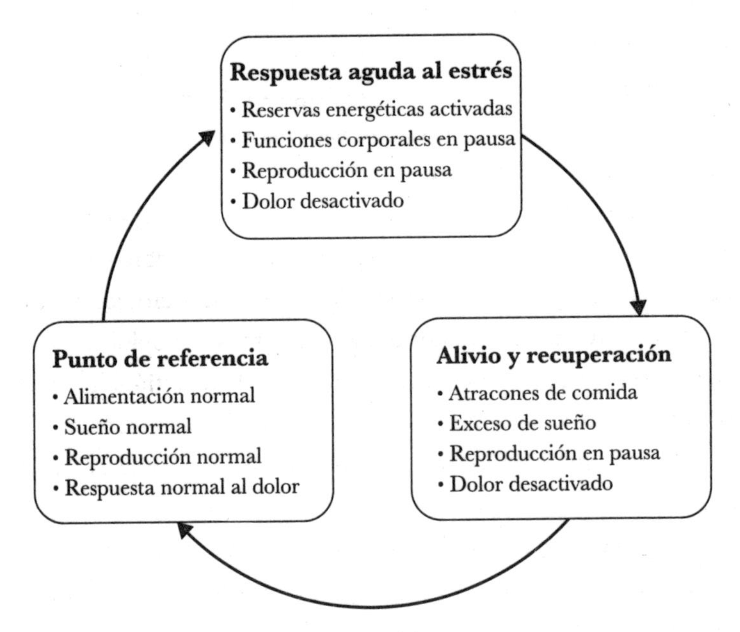

Figura 3.7: El antiguo ciclo del estrés, que se originó en los primeros bilaterales

La apatía y la tristeza

Todo esto describe cómo reaccionan los cuerpos frente a estresores a corto plazo: con la respuesta aguda frente al estrés. Sin embargo, la mayoría de las formas con las que el estrés afecta a la humanidad moderna proviene de lo que les sucede a los cuerpos como respuesta a estresores prolongados: la respuesta *crónica* al estrés. Esta respuesta también se origina en los primeros bilaterales. Si se expone a un nematodo a treinta minutos de un estímulo negativo (temperaturas peligrosas tales como el calor o el frío extremos o químicos tóxicos), en un principio exhibirá los pilares de la respuesta aguda al estrés: intentará escapar y las hormonas del estrés pausarán las funciones corporales[104]. Pero tras solo dos minutos de no lograr el alivio frente a ese estresor inevitable, los nematodos hacen algo sorprendente: se rinden[105]. El gusano deja de moverse; deja de intentar escapar y permanece inmóvil. Esta conducta sorprendente es, de hecho, bastante astuta: gastar energía para escapar solo vale la pena si es *posible* escapar del estímulo. De lo contrario, es más probable que el gusano sobreviva si conserva la energía y se mantiene en estado de espera. La evolución incorporó un mecanismo bioquímico ancestral de seguridad para cerciorarse de que un organismo no malgastara su energía intentando escapar de algo que era inevitable; este mecanismo de seguridad fue el punto de partida del estrés crónico y la depresión.

Cualquier estímulo negativo constante, inevitable y repetitivo, como el dolor continuo o el hambre prolongada, forzará al cerebro del nematodo a entrar en un estado de estrés crónico[106]. El estrés crónico no es tan diferente del estrés agudo; las hormonas del estrés y los opioides se mantienen elevados, lo que inhibe de manera crónica la digestión, la respuesta inmune, el apetito y la reproducción[107]. Aun así, el estrés crónico se diferencia del estrés agudo en un rasgo importante: disminuye la excitación y la motivación.

Los mecanismos bioquímicos exactos del estrés crónico, incluso en los nematodos, son complejos y aún no se comprenden por completo; no obstante, una cuestión que parece diferente entre el estado de estrés agudo y el estado de estrés crónico es que el estrés crónico comienza con la activación de la serotonina[108]. A primera vista, esto no tiene sentido: se supone que la serotonina es el químico de la saciedad y de las sensaciones buenas. Pero consideremos el principal efecto de la serotonina: desactiva las respuestas de valencia negativa y disminuye la excitación. Si le agregamos esto a las hormonas del estrés, obtienes un extraño y desafortunado estado familiar: el adormecimiento. Esta es, quizás, la forma más primitiva de la depresión. Por supuesto, los nematodos no atraviesan periodos artísticos azules como lo hizo Picasso ni tampoco «experimentan» nada de manera consciente, pero aun así los nematodos comparten la característica principal de los episodios depresivos de cualquier bilateral, desde los insectos hasta los peces, ratones, humanos: el adormecimiento de las respuestas de valencia. Esto adormece el dolor y convierte al estímulo más excitante en algo completamente desmotivador. Los psicólogos llaman «anhedonia» —la falta (*an*) de placer (*hedonia*)— a este canónico síntoma de depresión.

La anhedonia en animales como los nematodos parece ser una estrategia para preservar energía en presencia de estresores inevitables[109]. Los animales ya no responderán a estresores, olores deliciosos a comida o compañeros que se encuentren a su alrededor. En los seres humanos, este antiguo sistema les quita la capacidad de expresar placer y motivación. Se trata de la apatía y la tristeza de la depresión. Y, al igual que todos los estados afectivos, el estrés crónico persiste después de que los estímulos negativos hayan desaparecido[110]. Esa desesperanza aprendida, que hace que los animales dejen de intentar escapar de estímulos de valencia negativa, se puede observar incluso en muchos bilaterales, incluidas las cucarachas, las babosas y las moscas de la fruta[111].

Hemos inventado drogas que engañan a estos sistemas antiguos. Se supone que reservemos la euforia que proporcionan los opioides naturales para ese breve periodo tras atravesar una experiencia cercana a la muerte. Sin embargo, en la actualidad, los seres humanos pueden desencadenar ese estado de manera indiscriminada con tan solo una pastilla. Esto representa un problema. Inundar al cerebro repetidamente con opioides crea un estado de estrés crónico cuando el efecto de la droga desaparece: la adaptación es inevitable. Esto atrapa a los consumidores de opioides en un ciclo vicioso de alivio, adaptación y estrés crónico que requiere más drogas para volver al estado base, lo que provoca más adaptación y, por lo tanto, más estrés crónico. Las limitaciones evolutivas proyectan una gran sombra sobre la humanidad moderna.

* * *

Estos estados afectivos primitivos se han ido transmitiendo y desarrollando a lo largo de la evolución, y los remanentes todavía son —nos guste o no— piedras angulares del comportamiento humano. Con el tiempo, los neuromoduladores han adoptado funciones diferentes, y han ido surgiendo nuevas variantes de cada estado afectivo. Y, si bien los estados emocionales modernos de los seres humanos son indudablemente más complejos y plagados de matices que una grilla de dos por dos de valencia y excitación, también mantienen los pilares de la plantilla básica de la que evolucionaron.

Aunque estos estados afectivos son compartidos por todos los bilaterales, nuestros ancestros animales más distantes —las anémonas, los corales y las medusas— no evidencian tales estados. Muchos de esos animales ni siquiera poseen neuronas serotoninérgicas en absoluto[112].

Esto nos deja en el umbral de una hipótesis sorprendente: el afecto, a pesar de todo su color moderno, se desarrolló en los primeros bilaterales 550 millones de años atrás sin otro propósito que el control mundano de la dirección. La plantilla básica del afecto parece haber surgido a partir de dos preguntas fundamentales de la direccionalidad. La primera era la pregunta sobre la excitación: «¿Quiero gastar energía en moverme o no?». La segunda era la pregunta de la valencia: «¿Quiero permanecer o abandonar esta ubicación?». La liberación de neuromoduladores específicos forzaba respuestas específicas para cada una de estas preguntas. Y estas señales globales de permanecer en un lugar o retirarse podían utilizarse para modular conjuntos de reflejos, como si es seguro poner huevos, aparearse y gastar energía digiriendo comida.

Sin embargo, estos estados afectivos y sus neuromoduladores avanzarían para cumplir un papel incluso más fundacional en la evolución de los primeros cerebros.

4

Asociar, predecir y el amanecer del aprendizaje

La memoria es todo. Sin ella no somos nada[113].

—ERIC KANDEL

El 12 de diciembre de 1904, un científico ruso llamado Ivan Pavlov se dirigió a un grupo de investigadores en el Instituto Karolinska en Suecia. Dos días antes, Pavlov se había convertido en el primer ruso en ganar el premio Nobel. Ocho años antes de esto, Alfred Nobel —el ingeniero sueco y hombre de negocios que se hizo rico gracias a su invención de la dinamita— había fallecido y dejado su fortuna a la Fundación Nobel. Nobel había estipulado que los ganadores debían dar una conferencia sobre el tema por el que habían sido galardonados y, entonces, en ese día en Estocolmo, Pavlov brindó su conferencia.

Aunque en la actualidad se lo conoce por sus contribuciones al campo de la psicología, no fue su trabajo en esa área lo que le valió el premio Nobel. Pavlov no era psicólogo, sino *fisiólogo*; había pasado toda su carrera de investigación hasta ese momento estudiando los mecanismos biológicos subyacentes —la «fisiología»— del sistema digestivo.

Antes de Pavlov, la única manera de estudiar el sistema digestivo era extirpar quirúrgicamente los órganos de los animales —el esófago, el estómago o el páncreas— y realizar los experimentos antes de que los órganos murieran. Pavlov fue el pionero de numerosas técnicas relativamente no invasivas, que le permitieron medir aspectos del sistema digestivo en perros sanos. La técnica más famosa fue la introducción de una pequeña fístula salival que desviaba la saliva de una glándula salival hacia un pequeño tubo que colgaba de la boca del perro; esto le posibilitó determinar la cantidad y el contenido de la saliva producida por diferentes estímulos. Pavlov llevó a cabo experimentos similares con el esófago, el estómago y el páncreas.

Gracias a esas técnicas nuevas, él y sus colegas realizaron numerosos descubrimientos. Aprendieron qué clases de químicos digestivos se liberaban como respuesta a diferentes alimentos y también descubrieron que los órganos digestivos se encontraban bajo el control del sistema nervioso. Estas contribuciones le merecieron el premio.

Sin embargo, hacia el final de su discurso, alejó el foco del trabajo que le había valido el premio. Como era un científico entusiasta, no pudo resistirse a presentar investigaciones que, en ese momento, eran especulativas, pero que él creía que se convertirían en su trabajo más importante; su investigación sobre lo que él denominó «reflejos condicionados».

Siempre había existido un molesto factor de confusión que se interponía en sus meticulosas mediciones de las respuestas digestivas; los órganos digestivos en general se estimulaban *antes de que los animales probaran la comida*. Sus perros salivaban y se escuchaba el rugir de sus estómagos cuando se daban cuenta de que un experimento con comida estaba a punto de comenzar. Esto era un problema. Si quieres medir cómo responden las glándulas salivales cuando las papilas gustativas detectan carne grasosa o fruta azucarada, no quieres encontrar un factor confuso de lo que sea que los sujetos hayan liberado con tan solo *observar* esas sustancias.

Esta «estimulación psíquica», como se la denominó, era un fastidio particular en la investigación de Pavlov, lo que él llamó «fuente de error» [114]. Desarrolló varias técnicas para eliminar este factor de confusión; por ejemplo, los investigadores trabajaban en salas aisladas por separado para «evitar cuidadosamente todo lo que pudiera generar pensamientos de comida en el perro» [115].

Fue mucho más adelante, tras incorporar psicólogos a su laboratorio, que Pavlov comenzó a considerar la estimulación psíquica no como un factor de confusión que debiera eliminarse, sino como una variable digna de estudio. De manera irónica, fue un fisiólogo digestivo cuya meta era *eliminar* la estimulación psíquica quien logró ser el primero en comprenderla.

El laboratorio de Pavlov descubrió que la estimulación psíquica no era un factor tan aleatorio como parecía. Los perros salivaban como respuesta a *cualquier* estímulo —metrónomos, luces, campanas— que hubieran sido asociados con la comida de forma previa. Si un investigador hacía sonar una campana y luego ofrecía comida, el perro comenzaba a salivar como respuesta. El perro había desarrollado un «reflejo condicionado»: el reflejo de la salivación como respuesta a la campana era *condicional* a la asociación previa entre la campana y la comida. Pavlov estableció un contraste entre estos reflejos condicionados y lo que él denominó «reflejos incondicionados»; es decir, aquellos que eran innatos y no requerían asociación. La respuesta refleja de un perro hambriento de salivar ante la presencia del azúcar en su boca ocurría independientemente de cualquier asociación previa.

Poco tiempo después de los experimentos de Pavlov, otros científicos comenzaron a probar estas técnicas con otros reflejos. Descubrieron que la mayoría, si no todos, los reflejos establecían esas asociaciones. Si asociamos un sonido arbitrario con un electrochoque en la mano, muy pronto esa mano comenzará a retraerse solo con escuchar el sonido. Si asociamos un sonido arbitrario con un soplido de aire contra los ojos de una persona, en algún momento él o ella comenzará a parpadear de manera involuntaria en cuanto escuche el sonido[116]. Si asociamos un sonido arbitrario con el golpeteo de un martillo de reflejos contra la rodilla de una persona, en algún momento la pierna pateará tan solo como respuesta al sonido.

La característica distintiva de los reflejos condicionados de Pavlov es que son asociaciones *involuntarias*; las personas no pueden evitar pestañear, patear o retirar la mano. Al igual que un soldado que regresa de la guerra no puede evitar sobresaltarse cuando escucha un ruido fuerte o una persona que sufre de fobia de hablar en público no puede evitar sentir tensión antes de subir al escenario, los perros de Pavlov tampoco podían evitar salivar como respuesta a la campana. La naturaleza involuntaria de los reflejos condicionados de Pavlov, el hecho de que el aprendizaje asociativo ocurre de manera automática sin participación consciente, fue la primera pista de que el aprendizaje y la memoria quizás sean más antiguos de lo que previamente se creía. El aprendizaje tal vez no necesite todas las estructuras cerebrales que aparecieron más adelante con la evolución. De hecho, incluso una rata a la que se le extirpa el cerebro entero cuenta con reflejos condicionados. Si asocias un golpeteo contra su pata (que hace que la retraiga) con un golpeteo contra su cola (que hace que la retraiga), entonces la rata aprenderá a retraer la cola como respuesta al golpeteo, todo esto sin poseer cerebro. Las ratas aprenden esta asociación nada más que con circuitos simples en su médula espinal[117].

Si el aprendizaje asociativo es una propiedad de los circuitos simples de las neuronas, incluso aquellos presentes por fuera del cerebro, entonces podría considerarse una estrategia muy antigua de la evolución. De hecho, Pavlov se topó por accidente con el origen evolutivo del aprendizaje en sí mismo.

Experimentando con lo bueno y lo malo

Supongamos que tomas cien nematodos, colocas la mitad de ellos en una placa con *agua corriente* y la otra mitad en una placa con *agua salada*. Tras varias horas, estos nematodos comenzarán a sentir hambre, ya que ninguna placa contiene comida. En ese momento, coloca a ambos grupos de nematodos en otra placa que contiene una pizca de sal en un extremo. ¿Qué sucede?

Los nematodos que sintieron hambre en la placa de agua corriente se comportarán como lo hacen los nematodos normales: se acercarán a la sal (en general, los nematodos consideran que la sal es de valencia positiva). No obstante, los nematodos que sintieron hambre en la placa de agua salada harán exactamente lo opuesto: se *alejarán* de la sal[118].

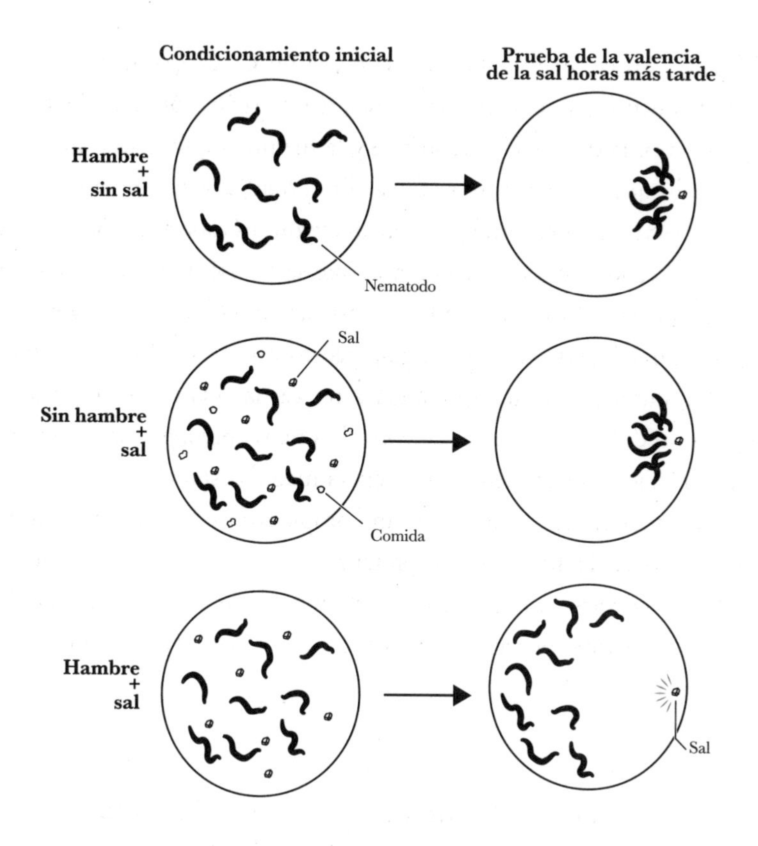

Figura 4.1: Los nematodos aprenden a alejarse de la sal cuando la sal se asocia al hambre

La sal pasó de ser un estímulo de valencia positiva a un estímulo de valencia negativa debido a su asociación con la valencia negativa del estado de hambre*.

Resulta que el aprendizaje asociativo de Pavlov es una capacidad intelectual de todos los bilaterales, incluso de los más simples. Si expones de

* En este experimento, los investigadores confirmaron que ese efecto no era solo causado por la sobreexposición a la sal, sino por la asociación entre un estímulo (sal) y el afecto negativo del estado de hambre. Los investigadores tomaron a un tercer grupo y le hicieron pasar la misma cantidad de horas en agua salada, pero también agregaron comida a la placa para que los nematodos no sintieran hambre. Este tercer grupo, que estuvo sujeto a la misma exposición a la sal, todavía se acercaba felizmente hacia ella. Esto indica que la actitud evasiva hacia la sal no era causada por la sobreexposición a la sal, sino por la asociación entre la sal y el hambre (ver ejemplo del medio en la figura 4.1).

manera simultánea a los nematodos a un alimento delicioso y a un químico nocivo que les hace daño, los nematodos posteriormente se *alejarán* del olor de ese alimento[119]. Si alimentas a los nematodos a una temperatura específica, cambiarán sus preferencias hacia esa temperatura[120]. Si asocias un toque suave al costado de una babosa con un pequeño electrochoque, el cual desencadena el reflejo de retracción, la babosa aprenderá a retraerse *tan solo con el toque*, una asociación que se mantendrá durante días[121].

Y, sin embargo, si bien el aprendizaje asociativo se puede encontrar en todos los bilaterales, nuestros ancestros más distantes —los radialmente simétricos, como las medusas, las anémonas y los corales— no son capaces de aprender asociaciones*[122]. A pesar de establecer numerosas asociaciones de una luz con un electrochoque, una anémona nunca aprenderá a retraerse frente a la luz. Se retraen solo frente al electrochoque en sí mismo. La presencia ubicua del aprendizaje asociativo *en* los bilaterales y su notable ausencia *fuera* de los bilaterales indica que el aprendizaje asociativo surgió en los cerebros de los primeros bilaterales. Al parecer, al mismo tiempo que apareció la valencia —la categorización de las cosas del mundo en buenas y malas—, también lo hizo la capacidad de utilizar la experiencia para cambiar lo que se considera bueno y malo en primer lugar.

¿Por qué los animales no bilaterales, como los corales y las anémonas, incluso tras seiscientos millones de años de evolución, no adquirieron la capacidad de aprender asociaciones? Simplemente su estrategia de supervivencia no lo requiere.

Un pólipo coralino que tuviera la capacidad de formar asociaciones no sobreviviría de una mejor manera que uno que no la tuviera. Un pólipo coralino se queda en el lugar, inmóvil, esperando que el alimento llegue a sus tentáculos. La estrategia innata de tragar cualquier cosa que toque sus tentáculos y de retraerse frente a cualquier dolor funciona muy bien sin necesidad de ningún aprendizaje asociativo. Por contraste, un cerebro diseñado para la direccionalidad habría enfrentado una presión

* Estos animales más distantes participan de lo que se denomina «aprendizaje no asociativo», como la adaptación (como descubrió Edgar Adrian), y otra clase similar de aprendizaje llamada «sensibilización», que sucede cuando los reflejos se fortalecen como respuesta a un estímulo previamente excitante.

evolutiva única para perfeccionar sus decisiones de direccionalidad teniendo en cuenta la experiencia. Un primer bilateral que pudiera recordar evitar un químico que había encontrado de forma previa cerca de depredadores sobreviviría mucho mejor que un bilateral que no pudiera hacerlo.

Una vez que los animales comenzaron a acercarse a cosas específicas y a evitar otras, la capacidad de discernir lo que era considerado bueno y malo se volvió una cuestión de vida o muerte.

El problema del aprendizaje continuo

Tu coche de conducción autónoma no mejora automáticamente a medida que tú conduces; la tecnología de reconocimiento facial de tu teléfono no mejora automáticamente cada vez que tú lo desbloqueas. En 2023, la mayoría de los sistemas de IA atraviesan un periodo de entrenamiento y, una vez entrenados, salen al mundo, pero *no siguen aprendiendo*. Esto siempre ha presentado un problema para los sistemas de IA; si las contingencias del mundo cambian de una manera que los datos de entrenamiento no pueden capturar, entonces estos sistemas de IA deben ser reentrenados, ya que de lo contario cometerían errores catastróficos. Si una nueva legislación obligara a las personas a conducir del lado izquierdo de la carretera y los sistemas de IA estuvieran entrenados para conducir solo del lado derecho, no podrían ajustarse con flexibilidad al nuevo entorno sin ser reentrenados de manera explícita.

Mientras que el aprendizaje de los sistemas de IA modernos no es continuo, el aprendizaje de los cerebros biológicos *siempre* lo ha sido. Incluso nuestro ancestro nematodo no tenía otra opción que aprender de manera continua. Las asociaciones entre las cosas siempre han sufrido modificaciones. En algunos entornos, la sal se encontraba en la comida; en otros, en rocas áridas sin la presencia de alimento. En algunos entornos, la comida crecía en temperaturas frías; en otros, en temperaturas cálidas. En algunos entornos, el alimento podía encontrarse en áreas luminosas; en otros, las áreas luminosas eran el hogar de los depredadores. Los primeros cerebros necesitaron un mecanismo no solo para adquirir asociaciones, sino para cambiar y ajustar esas asociaciones a las reglas cambiantes del mundo rápidamente. Fue Pavlov el primero en descubrir pistas de estos antiguos mecanismos.

Al medir la cantidad de saliva producida como respuesta a los estímulos que habían sido asociados con la comida, Pavlov no solo pudo observar la *presencia* de asociaciones, sino también medir cuantitativamente la *intensidad* de esas asociaciones; cuanta más saliva se liberaba como respuesta a un estímulo, más fuerte era la asociación. Pavlov había descubierto una manera de medir la memoria y, al registrar cómo cambiaba la memoria con el tiempo, pudo observar el proceso de aprendizaje continuo.

De hecho, las asociaciones de los reflejos condicionados de Pavlov se encuentran siempre fortaleciéndose o debilitándose con cada experiencia nueva. En sus experimentos, las asociaciones se fortalecían con cada emparejamiento subsiguiente: cada vez que la campana sonaba antes de que apareciera la comida, más saliva producía el perro la próxima vez que sonaba la campana. Este proceso se denomina «adquisición» (la asociación estaba siendo *adquirida*).

Si después de aprender esta asociación, la campana suena durante la *ausencia* de comida, la fortaleza de la asociación se desvanece con cada prueba; un proceso que se denomina «extinción»[123].

Hay dos aspectos interesantes de la extinción. Supongamos que rompes una asociación aprendida previamente; haces sonar la campana numerosas veces seguidas, pero *no* entregas comida. Como es de esperarse, en algún momento los perros dejarán de salivar frente a la campana. No obstante, si esperas algunos días y luego vuelves a hacer sonar la campana, sucederá algo extraño: los perros volverán a salivar como respuesta a ella. Esto se denomina «recuperación espontánea»: las asociaciones rotas son eliminadas con rapidez, pero en realidad no se desaprenden; con el tiempo suficiente, vuelven a emerger. Lo que es más, si tras un largo periodo de pruebas con una asociación rota (campana sin comida), reincorporas la asociación (haces sonar la campana y provees comida de nuevo), la antigua asociación será reaprendida de manera mucho más rápida que la primera vez. Esto se denomina «readquisición»: las antiguas asociaciones extinguidas se readquieren más rápido que asociaciones completamente nuevas.

¿Por qué las asociaciones cuentan con recuperación espontánea y readquisición? Consideremos el entorno antiguo en el que se desarrolló el aprendizaje asociativo. Supongamos que un gusano cuenta con muchas experiencias de encontrar comida junto a la sal y luego un día detecta sal, se acerca a ella y no encuentra comida. Después de que el gusano pase una hora olfateando sin encontrar comida, la asociación se extingue y él comienza a acercarse a otros estímulos, ya que la sal deja de atraerle. Si dos días más tarde vuelve a detectar sal, ¿sería más inteligente acercarse o alejarse de ella? En todas las experiencias pasadas del gusano, excepto la más reciente, cuando olfateó sal, también encontró comida, por lo que la decisión más inteligente sería volver a acercarse a la sal, ya que la experiencia más reciente podría haber sido un error casual. Este es el beneficio de la recuperación espontánea: permite que persista una forma primitiva de memoria a largo plazo a través de cambios tumultuosos a corto plazo en las contingencias del mundo. Por supuesto, si en las próximas *veinte* ocasiones el gusano detecta sal y falla en encontrar comida, es posible que la asociación termine extinguiéndose de manera permanente.

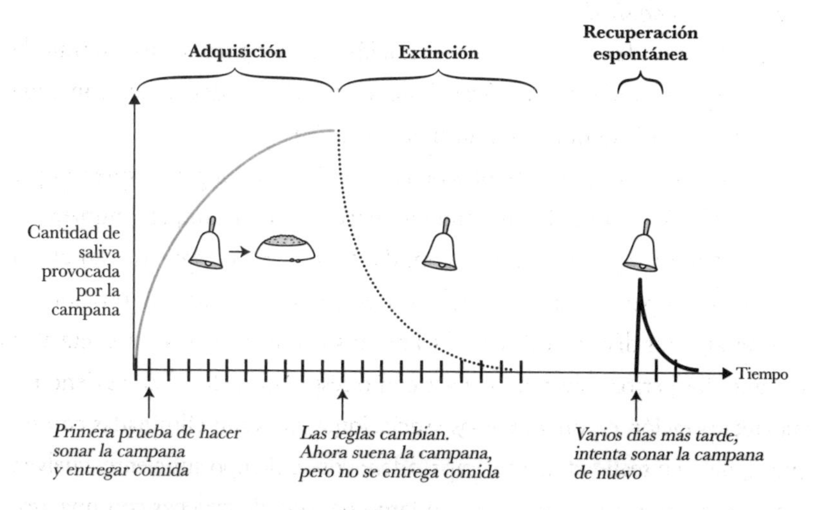

Figura 4.2: Curso temporal del aprendizaje asociativo

El efecto de la readquisición —el reaprendizaje acelerado de asociaciones rotas en el pasado— se desarrolló en los antiguos gusanos por razones similares. Supongamos que este mismo gusano encuentra sal junto a la comida después de que la asociación ya se hubiera extinguido hace mucho tiempo. ¿Con cuánta rapidez debería el gusano reforzar la asociación entre la sal y la comida? Tendría sentido que reaprendiera esa asociación rápido, teniendo en cuenta la memoria a largo plazo que posee el gusano: «En algunos casos, la sal conduce a la comida, ¡y parece que ahora mismo es una de esas situaciones!». Por lo tanto, las asociaciones antiguas están preparadas para reaparecer cada vez que el mundo brinde indicios de que las antiguas contingencias se reestablecen.

La recuperación espontánea y la readquisición permitieron que cerebros simples con control de dirección se enfrentaran a asociaciones cambiantes, que suprimieran de manera temporal asociaciones antiguas que en el presente les resultaban inadecuadas y que recordaran y reaprendieran asociaciones rotas que volvían a ser efectivas.

Los primeros bilaterales utilizaron estas estrategias de adquisición, extinción, recuperación espontánea y readquisición para lidiar con las circunstancias cambiantes en su mundo. Estas soluciones para el aprendizaje continuo se encuentran presentes en muchos de los reflejos de numerosos animales, incluso en los animales más primitivos como los nematodos. Están integradas en los circuitos neuronales más simples, heredados del primer cerebro, diseñado originalmente para hacer que la direccionalidad funcionara en el mundo siempre cambiante del antiguo mar Edicárdico[124].

El problema de asignación de crédito

El aprendizaje asociativo trae consigo otro problema: cuando un animal obtiene comida, nunca hay un solo estímulo predictivo de antemano, sino un conjunto completo de señales. Si asocias un toque en el costado de una babosa con un electrochoque, ¿cómo sabe el cerebro de la babosa que debe asociar únicamente ese toque con el electrochoque y no con los numerosos estímulos sensoriales presentes, como la temperatura ambiente, la textura del suelo o los diversos químicos que flotan en el agua marina? En el aprendizaje automático, esto se denomina «problema de asignación de crédito»: cuando sucede algo, ¿a qué señal previa le atribuyes el crédito por predecirla? El antiguo cerebro bilateral, que era capaz de lograr las formas más simples de aprendizaje, empleaba cuatro estrategias para resolver el problema de asignación de crédito. Estas estrategias eran tanto toscas como astutas y se convirtieron en los mecanismos fundacionales de cómo las neuronas realizan asociaciones en todos sus descendientes bilaterales.

La primera estrategia utilizaba lo que denominamos «trazas de elegibilidad». Una babosa asociará un toque con un electrochoque posterior solo si el toque ocurre un segundo antes del electrochoque. Si el toque sucede dos o más segundos antes del electrochoque, no se establecerá la asociación. Un estímulo como un toque crea una traza de elegibilidad corta que dura alrededor de un segundo. Solo dentro de este corto periodo de tiempo pueden establecerse asociaciones. Esto es astuto, ya que apela a una regla de oro razonable: los estímulos que son útiles para predecir deberán ocurrir *justo antes* de aquello que estás intentando predecir.

La segunda estrategia era el «ensombrecimiento». Cuando los animales tienen múltiples estímulos predictivos que utilizar, sus cerebros tienden a escoger los estímulos más fuertes; los estímulos más fuertes *ensombrecen* los débiles. Si una luz brillante y un olor débil se encuentran presentes antes de un suceso, la luz brillante, y no el olor débil, será utilizada como un estímulo predictivo.

La tercera estrategia era la «inhibición latente»; los estímulos que los animales experimentaron de manera regular en el pasado quedan inhibidos de futuras asociaciones. En otras palabras, se cataloga a los estímulos frecuentes como ruido de fondo irrelevante. La inhibición latente es una forma astuta de preguntar: «¿Qué es diferente esta vez?». Si una babosa ha experimentado la textura y la temperatura actuales del suelo en mil ocasiones, pero nunca ha experimentado un toque antes, es mucho más probable que el toque se utilice como estímulo predictivo.

La cuarta y última estrategia para abordar el problema de asignación de crédito era el «bloqueo»[125]. Una vez que un animal ha establecido una asociación entre un estímulo predictivo y una respuesta, todos los demás estímulos que se superponen con el estímulo predictivo quedan bloqueados de ser asociados con esa respuesta. Si una babosa ha aprendido que un toque conduce a un electrochoque, entonces una textura, temperatura o químico nuevo será bloqueado de ser asociado con el electrochoque. El bloqueo es una forma de atenerse a un estímulo predictivo y evitar las asociaciones redundantes.

Las cuatro estrategias originales para abordar el problema de asignación de crédito

TRAZAS DE ELEGIBILIDAD	ENSOMBRECIMIENTO	INHIBICIÓN LATENTE	BLOQUEO
Toma el estímulo predictivo que sucedió entre 0 y 1 segundo antes del suceso.	Toma el estímulo más intenso.	Toma el estímulo predictivo que no has visto antes.	Mantiene los estímulos predictivos una vez que los tienes e ignora a otros.

Las trazas de elegibilidad, el ensombrecimiento, la inhibición latente y el bloqueo son ubicuos en todos los bilaterales. Pavlov identificó estas estrategias en los reflejos condicionados en los experimentos con la saliva de sus perros; también se pueden encontrar en los reflejos involuntarios de los seres humanos y se observan en el aprendizaje asociativo de los gusanos planos, los nematodos, las babosas, los peces, los lagartos, las aves, las ratas y en la mayoría de los bilaterales del reino animal[126]. Estas estrategias para abordar el problema de asignación de crédito se desarrollaron ya desde los primeros cerebros que lograron hacer funcionar el aprendizaje asociativo.

Estas estrategias no son perfectas. En algunas circunstancias, el mejor estímulo predictivo puede suceder un minuto antes del suceso en lugar de un segundo antes. En otras circunstancias, el mejor estímulo predictivo quizás sea el estímulo débil, no el más intenso. Con el tiempo, los cerebros desarrollaron estrategias más sofisticadas para resolver el problema de asignación de crédito (retomaremos esto en los avances #2 y #3). No obstante, los remanentes de las primeras soluciones —trazas de elegibilidad, ensombrecimiento, inhibición latente y bloqueo— aún se presentan en los cerebros modernos. Los podemos observar en nuestros reflejos involuntarios y en nuestros circuitos cerebrales más antiguos. De hecho, se ha demostrado que las ratas, tras extirparles el cerebro y dejarles solo los circuitos neuronales en su médula espinal, siguen manifestando inhibición latente, bloqueo y ensombrecimiento[127]. Junto con la adquisición, la extinción, la recuperación espontánea y la readquisición, este conjunto de estrategias constituye la base de los mecanismos neuronales del aprendizaje asociativo, que se encuentran profundamente integrados en el funcionamiento interno de las neuronas y de los cerebros en sí mismos.

Los antiguos mecanismos de aprendizaje

Durante miles de años, dos grupos de filósofos han estado debatiendo la relación entre el cerebro y la mente. Un grupo, los dualistas, como Platón, Tomás de Aquino y Descartes, alegan que la mente existe separada del cerebro. Es posible que interactúen entre sí, pero son diferentes; la mente es algo que va más allá de lo físico. Los materialistas, como Kanada, Demócrito, Epicúreo y Hobbes, argumentaban que, sea lo que fuere la mente, se encuentra ubicada enteramente en la estructura física del cerebro. No hay nada más allá de lo físico. Este debate aún se encuentra vivo en los departamentos de filosofía de todo el mundo. Si has leído hasta aquí, asumiré que te inclinas hacia el materialismo, que tú —como yo— tiendes a rechazar las explicaciones no físicas de las cosas, incluso de la mente. No obstante, al tomar partido por los materialistas, introducimos numerosos temas que, en un principio, son difíciles de explicar físicamente, y el más evidente es la cuestión del aprendizaje.

Puedes leer una oración una sola vez y repetirla en voz alta de inmediato. Si nos atenemos a una visión materialista, esto significa que leer esa oración de forma instantánea *ha cambiado algo físico en tu cerebro*. Cualquier cosa que conduce al aprendizaje provoca una reorganización física de *algo* en las 85 mil millones de neuronas de cada una de nuestras cabezas. Mantener una conversación, ver una película y aprender a atarte las agujetas deben cambiar algún aspecto físico de nuestros cerebros.

Las personas han estado especulando sobre los mecanismos físicos del aprendizaje durante miles de años, e incluso los dualistas pontificaron las explicaciones de los materialistas sobre el aprendizaje. Platón creía que el cerebro era como una tabla de cera en la que las percepciones dejaban grabadas impresiones duraderas; creía que los recuerdos eran estas impresiones[128]. Descartes afirmaba que los recuerdos se formaban mediante la creación de nuevos «pliegues» en el cerebro, que no eran «tan diferentes de los pliegues que permanecen en este papel una vez ha sido doblado»[129]. Otros especulaban que los recuerdos eran «vibraciones» persistentes[130]. Estas ideas eran todas erróneas, aunque no era culpa de sus creadores. En ese momento, nadie comprendía ni siquiera los cimientos del sistema nervioso, de modo que no podían ni comenzar a concebir cómo funcionaba el aprendizaje[131].

La ráfaga de descubrimientos sobre las neuronas a comienzos del siglo XX proporcionó un nuevo conjunto de cimientos. El descubrimiento de las conexiones entre las neuronas —«sinapsis»— fue el aspecto más evidente que, al parecer, podía cambiar en el cerebro durante el aprendizaje. De hecho, resulta que el aprendizaje se manifiesta no a partir de impresiones, pliegues o vibraciones, sino en los cambios de esas conexiones sinápticas.

El aprendizaje ocurre cuando la sinapsis cambia su intensidad o cuando se forman nuevas sinapsis o se eliminan antiguas. Si la conexión entre dos neuronas es débil, la neurona de entrada deberá disparar numerosos picos para lograr que la neurona de salida logre disparar picos. Si la conexión es fuerte, la neurona de entrada deberá disparar tan solo algunos para lograr que la neurona de salida dispare los suyos. Las sinapsis pueden incrementar su intensidad haciendo que la neurona de entrada libere más neurotransmisores como respuesta a un pico o que la neurona posináptica aumente el número de receptores de proteínas (por lo tanto, será más receptiva a la misma cantidad de neurotransmisores).

La sinapsis cuenta con numerosos mecanismos para escoger cuándo fortalecerse o debilitarse. Estos mecanismos son innovaciones evolutivas muy antiguas que se originaron con el aprendizaje asociativo de los primeros bilaterales. Por ejemplo, existe una astuta maquinaria de proteínas en las sinapsis de las neuronas bilaterales que detecta si la neurona de entrada disparó dentro de una ventana de tiempo similar a la de la neurona de salida. En otras palabras, las conexiones individuales pueden detectar si una entrada de información (como la neurona sensorial que se activa tras un golpeteo) se activa al mismo tiempo que la salida (como la neurona motora que se activa con un electrochoque). Y, si estas neuronas se activan a la vez, la maquinaria de proteínas desencadena un proceso que intensifica la sinapsis*. Por lo tanto, la próxima vez que se active la neurona

* La maquinaria de proteínas es muy interesante, pero queda fuera del alcance de este libro. Si resultara de interés, se puede buscar la detección de coincidencias utilizando receptores NMDA.

del golpeteo, activará por sí sola a la neurona motora (porque la conexión entre las neuronas se ha fortalecido) y se obtendrá un reflejo condicionado. Este mecanismo de aprendizaje se denomina «teoría del aprendizaje de Hebb», en honor al psicólogo Donald Hebb, que formuló la hipótesis elocuente de la existencia de ese mecanismo en la década de 1940, varias décadas antes de que se descubriera el mecanismo. Con frecuencia, el aprendizaje de Hebb se describe como la regla de que las «neuronas que se activan juntas permanecerán conectadas».

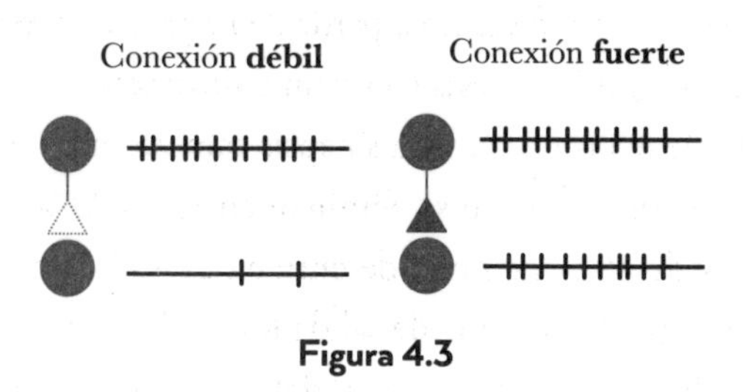

Figura 4.3

No obstante, la lógica de cambiar la intensidad sináptica se vuelve más compleja que esto. Existen mecanismos moleculares en las sinapsis que miden el *momento oportuno* y mediante los cuales solo se establecen asociaciones si la neurona de entrada se activa *justo antes* de la neurona de salida; de ese modo, se permite la estrategia de la traza de elegibilidad. Los neuromoduladores como la serotonina y la dopamina pueden modificar las reglas de aprendizaje de las sinapsis. Algunas sinapsis experimentan el aprendizaje de Hebb solo cuando los receptores de dopamina o serotonina se encuentran *también* activados, lo que permite que los neuromoduladores controlen la capacidad de las sinapsis para crear asociaciones nuevas. Un gusano que olfatea un químico y luego encuentra comida tiene el cerebro inundado de dopamina, que luego puede desencadenar el fortalecimiento de sinapsis específicas.

Aunque todavía no comprendemos por completo los mecanismos por los cuales se reconectan las neuronas, estos mecanismos son increíblemente similares entre los bilaterales; las neuronas del cerebro de un nematodo cambian su sinapsis de manera bastante similar a las neuronas de tu cerebro. Por el contrario, cuando examinamos las neuronas y las sinapsis de los animales no bilaterales, como los pólipos coralinos, no encontramos la misma maquinaria;

por ejemplo, carecen de ciertas proteínas que están involucradas en el aprendizaje de Hebb[132]. Sin embargo, teniendo en cuenta nuestro pasado evolutivo, esto es de esperarse: si nuestro ancestro en común con los pólipos coralinos no poseía aprendizaje asociativo, entonces deberíamos esperar que carezca de los mecanismos que sustentan esa clase de aprendizaje.

* * *

El aprendizaje tuvo comienzos humildes. Si bien los primeros bilaterales fueron los primeros en aprender asociaciones, eran incapaces de aprender la mayoría de las cosas. No podían aprender a asociar sucesos separados por solo unos pocos segundos; no podían aprender a predecir el tiempo exacto de las cosas; no podían aprender a reconocer objetos; no podían reconocer patrones en el mundo y no podían aprender a reconocer ubicaciones o direcciones.

Pero, aun así, la capacidad del cerebro humano de reconfigurarse a sí mismo, de establecer asociaciones entre las cosas, no es un superpoder exclusivo de los seres humanos, sino que lo heredamos de este ancestro bilateral que vivió 550 millones de años atrás. Todas las hazañas del aprendizaje subsiguientes (la capacidad de aprender mapas espaciales, lenguaje, reconocimiento de objetos, música y todo lo demás) se construyeron sobre estos mismos mecanismos. Del cerebro bilateral en adelante, la evolución del aprendizaje fue principalmente un proceso de encontrar nuevas aplicaciones a los mecanismos de aprendizaje sinápticos preexistentes, sin cambiar los mecanismos en sí mismos.

El aprendizaje no era la función principal del primer cerebro; era solo una característica, una estrategia para optimizar decisiones de control de dirección. La asociación, la predicción y el aprendizaje emergieron para experimentar con la bondad y la maldad de las cosas. En cierto sentido, la historia evolutiva que seguirá a continuación es una en la que el aprendizaje pasa de ser una característica agradable del cerebro a ser su función esencial. De hecho, el siguiente avance en la evolución del cerebro se trató de una brillante forma nueva de aprendizaje, una que fue posible solo porque estaba construido sobre las bases de la valencia, el afecto y el aprendizaje asociativo.

Resumen del avance #1: Direccionalidad

Nuestros ancestros de hace 550 millones de años experimentaron la transición de ser un animal radialmente simétrico y carente de cerebro, como un pólipo coralino, a ser un animal de simetría bilateral dotado de cerebro, como un nematodo. Y mientras que sucedieron numerosos cambios neurológicos durante esta transición, un conjunto sorprendentemente amplio de ellos puede comprenderse a través del prisma del desarrollo de un avance en particular: el de «control de dirección». Estos incluyen:

- Un plan corporal bilateral que reduce las decisiones de dirección a dos simples opciones: ir hacia adelante o realizar un giro.
- Una arquitectura neuronal para la valencia, según la cual los estímulos se encuentran codificados como buenos o malos.
- Mecanismos para modular respuestas de valencia teniendo en cuenta los estados internos.
- Circuitos mediante los cuales pueden integrarse diferentes neuronas de valencia en una única decisión de dirección (de ahí que identifiquemos a un gran conjunto de neuronas como un cerebro).
- Estados afectivos para tomar decisiones persistentes sobre si retirarse o permanecer en una ubicación.
- La respuesta frente al estrés para la gestión de la energía de los movimientos en presencia de dificultades.
- Aprendizaje asociativo para cambiar las decisiones de direccionalidad teniendo en cuenta la experiencia previa.
- Recuperación espontánea y readquisición para lidiar con las contingencias cambiantes del mundo (lo que hace que el aprendizaje continuo sea posible, incluso aunque sea imperfecto).
- Trazas de elegibilidad, ensombrecimiento, inhibición latente y bloqueo para abordar (de manera imperfecta) el problema de asignación de crédito.

Todos estos cambios hicieron que el control de dirección fuera posible y solidificaron el lugar que ocupan nuestros ancestros como los primeros grandes animales pluricelulares que sobrevivieron *trasladándose*; no con propulsores celulares microscópicos, sino con músculos y neuronas. Y todos estos cambios, junto con el ecosistema depredador que engendraron, sentaron las bases para el avance #2, cuando el aprendizaje asumió por fin su papel central en el funcionamiento de nuestro cerebro.

AVANCE# 2

El refuerzo y los primeros vertebrados

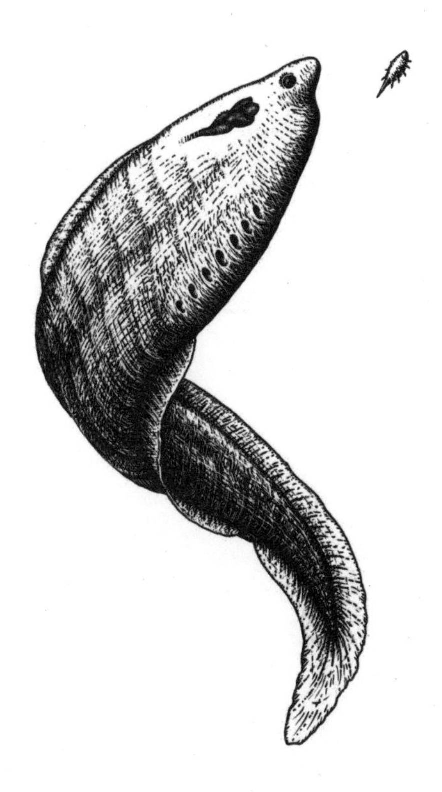

Tu cerebro 500 millones de años atrás

5

La explosión del Cámbrico

Para llegar al siguiente hito en la evolución del cerebro, debemos dejar atrás la era en la que los primeros bilaterales se contoneaban y saltar cincuenta millones de años. El mundo antiguo al que nos remonta es el periodo Cámbrico, una era que se extendió desde 540 hasta 485 millones de años atrás.

Si echáramos un vistazo al Cámbrico, veríamos un mundo muy diferente del antiguo Edicárdico. Las esteras viscosas del Edicárdico, que pintaban de verde el lecho marino, ya habrían desaparecido hace mucho tiempo para dar paso a una base de arena más familiar. Las criaturas sintientes, lentas y pequeñas del Edicárdico habrían sido reemplazadas por un zoológico bullicioso de grandes animales móviles tan variados en forma como en tamaño. Este zoológico no sería uno que disfrutaríamos, ya que era un mundo dominado por los *artrópodos*, los ancestros de los insectos, arañas y crustáceos. Estos artrópodos eran mucho más aterradores que sus descendientes modernos; eran gigantescos y estaban armados con garras increíblemente grandes y con caparazones sólidos. Algunos alcanzaban una longitud de hasta un metro cincuenta.

El descubrimiento de la direccionalidad en nuestro ancestro similar al nematodo aceleró la carrera armamentista evolutiva de la depredación. Esto desencadenó lo que se conoce como «la explosión del Cámbrico», la expansión más drástica de la diversidad de la vida animal que la Tierra alguna vez haya presenciado. Los fósiles del Edicárdico son raros y muy buscados, pero los fósiles del Cámbrico, si excavas lo suficiente, se encuentran por todas partes y abarcan una diversidad asombrosa de criaturas. Durante el periodo Edicárdico, los animales que poseían cerebro eran simples habitantes del fondo del mar, y eran más pequeños y menos numerosos que sus parientes animales sin cerebro, como las anémonas y los corales. Durante el periodo Cámbrico, sin embargo, los animales dotados de cerebro comenzaron a dominar el reino animal.

Figura 5.1: El mundo cámbrico

Un linaje antiguo de los gusanos permaneció relativamente inalterado y disminuyó en tamaño para convertirse en los nematodos que conocemos hoy en día. Otro linaje se convirtió en los dueños de esta era, los artrópodos. Los linajes de estos artrópodos desarrollaron de manera independiente sus propias estructuras cerebrales y sus propias capacidades intelectuales. Algunos, como las hormigas y las abejas, se volvieron muy inteligentes. No obstante, ni el linaje de los artrópodos ni el de los nematodos es el nuestro. Es probable que nuestros ancestros no llamaran demasiado la atención en aquella cacofonía cámbrica de criaturas aterradoras; apenas eran un poco más grandes que los primeros bilaterales, solo medían algunos centímetros de largo y no eran particularmente numerosos. Aun así, si los hubiéramos detectado, nos habrían resultado increíblemente familiares; se habrían asemejado a un pez moderno.

Los registros fósiles de estos antiguos peces exhiben numerosas características familiares. Tenían aletas, branquias, una médula espinal, dos ojos, orificios nasales y un corazón. La característica más fácil de identificar en los fósiles de estas criaturas es la *columna vertebral*, los gruesos huesos entrelazados que revestían y protegían la médula espinal. De hecho, los taxónomos se refieren a los descendientes de este ancestro semejante al pez como «vertebrados», pero, de todos los cambios familiares que emergieron en estos primeros vertebrados, el más extraordinario sin dudas fue el cerebro.

La estructura del cerebro de los vertebrados

El cerebro de los invertebrados (nematodos, hormigas, abejas, lombrices) no cuenta con estructuras reconocibles similares a las del cerebro humano. La distancia evolutiva entre los humanos y los invertebrados es demasiado grande; nuestro cerebro deriva de una plantilla demasiado básica de nuestro ancestro bilateral como para exhibir estructuras comunes. Sin embargo, cuando echamos un vistazo al cerebro de incluso los vertebrados más distantes, como el pez lamprea —con el cual nuestro ancestro común más reciente fue el primer vertebrado de hace más de quinientos millones de años—, vemos un cerebro que comparte no solo algunas de las mismas estructuras, sino la *mayoría* de ellas.

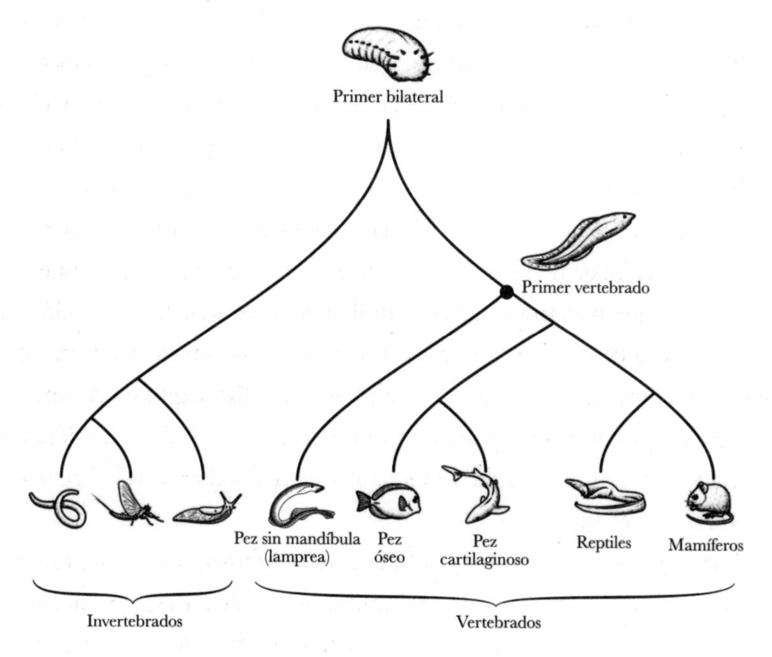

Figura 5.2: Nuestros ancestros cámbricos

Del epicentro de la explosión cámbrica se forjó la plantilla cerebral de los vertebrados, una que, incluso hoy en día, es compartida por todos los descendientes de estas primeras criaturas similares a los peces. Si deseas tomar un curso rápido sobre cómo funciona el cerebro *humano*, aprender cómo funciona el cerebro de un *pez* te ahorrará la mitad del trabajo.

El cerebro de todos los embriones vertebrados, desde los peces hasta los humanos, se desarrolla siguiendo los mismos pasos iniciales. En primer lugar, el cerebro se diferencia en tres vesículas que conforman las estructuras primarias y funcionan como los cimientos de los cerebros de todos los vertebrados: un prosencéfalo (anterior), un mesencéfalo (medio) y un rombencéfalo (posterior). En segundo lugar, el prosencéfalo se despliega en dos subsistemas. Uno de ellos se convierte en la «corteza» y los «ganglios basales» y el otro se convierte en el «tálamo» y el «hipotálamo».

Esto resulta en las seis estructuras principales que se encuentran en el cerebro de todos los vertebrados: la corteza, los ganglios basales, el tálamo, el hipotálamo, el mesencéfalo y el rombencéfalo. Estas estructuras son similares en todos los vertebrados modernos (excepto por la corteza, que posee modificaciones singulares en algunos vertebrados, como los mamíferos; retomaremos este tema en el avance #3), lo que revela su ancestro común. El sistema de circuitos de los ganglios basales, el tálamo, el hipotálamo, el mesencéfalo y el rombencéfalo de un humano y el de un pez son increíblemente similares[133].

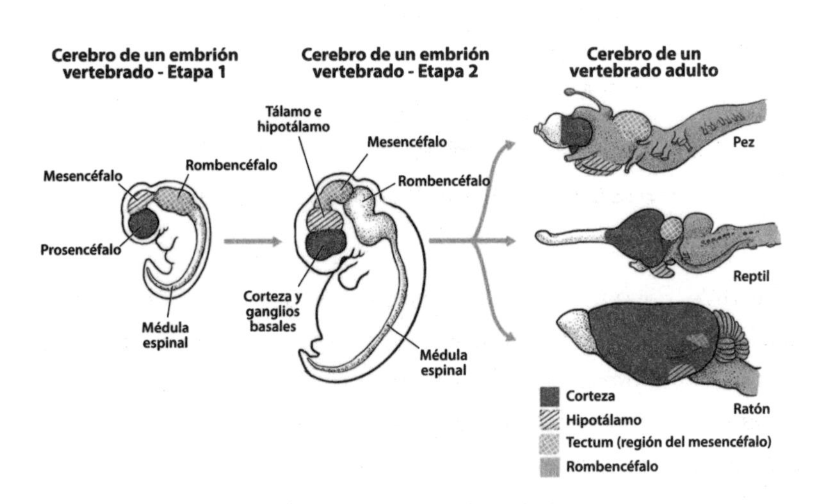

Figura 5.3: Desarrollo embrionario en común de los vertebrados

Los primeros animales nos brindaron las neuronas. Los primeros bilaterales nos regalaron el cerebro, tras reunir esas neuronas en circuitos centralizados y establecer el primer sistema de valencia, afecto y asociación. Aunque fueron los primeros vertebrados los que transformaron el cerebro simple de los primeros bilaterales en una verdadera máquina, una con subunidades, capas y sistemas de procesamiento.

La pregunta es, por supuesto, ¿qué lograba *hacer* este primer cerebro de los vertebrados?

Los polluelos de Thorndike

Más o menos al mismo tiempo que Iván Pavlov descifraba el funcionamiento interno de los reflejos condicionados en Rusia, un psicólogo estadounidense llamado Edward Thorndike investigaba el aprendizaje animal desde una perspectiva diferente.

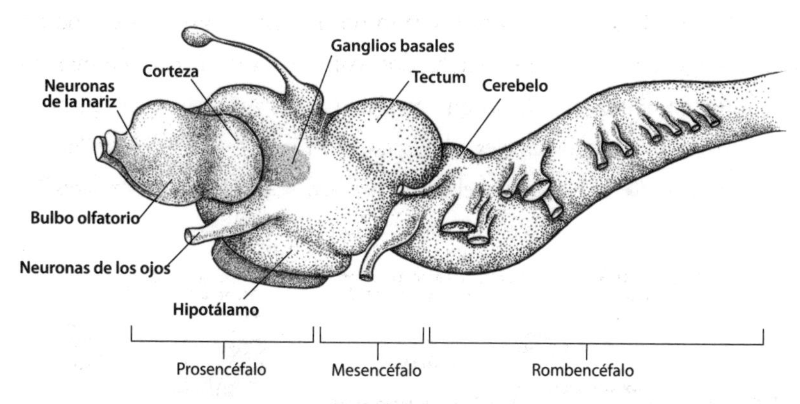

Figura 5.4: El cerebro de los primeros vertebrados

En 1896, Edward Thorndike se encontró en una habitación repleta de polluelos. Se había inscrito de manera reciente a un máster de psicología en Harvard. Su interés principal era estudiar cómo aprendían los niños: ¿cuál es la mejor manera de enseñarles cosas nuevas a los niños? Había ideado numerosos experimentos, pero, para su disgusto, Harvard no le permitió experimentar con niños. De modo que no tuvo otra opción que concentrarse en sujetos fáciles de obtener: polluelos, gatos y perros.

Para Thorndike, esto no era del todo malo. Al ser un darwinista acérrimo, albergaba la creencia inquebrantable de que debían existir principios en común en el aprendizaje de los polluelos, los gatos, los perros y los seres humanos. Si estos animales compartían un ancestro en común, entonces todos deberían haber heredado mecanismos de aprendizaje similares. Al examinar cómo aprendían estos otros animales, creía poder esclarecer los principios de cómo aprendían los seres humanos.

Thorndike era tímido e inteligente hasta el extremo, por lo que quizás era la persona perfecta para involucrarse en los estudios animales solitarios, meticulosamente repetitivos e indudablemente ingeniosos de los que fue pionero. Pavlov llevó a cabo su revolucionario trabajo psicológico una vez alcanzada la mediana edad, después de una carrera ya famosa como fisiólogo, pero el trabajo más famoso de Thorndike fue también el primero de su trayectoria. Es reconocido por su tesis doctoral, publicada en 1898, cuando tenía veintitrés años. Su tesis se tituló *Inteligencia animal: un estudio experimental de los procesos asociativos de los animales.*

La genialidad de Thorndike, al igual que la de Pavlov, residió en cómo redujo problemas teóricos muy complejos a simples experimentos medibles. Pavlov investigó el aprendizaje midiendo la cantidad de saliva liberada como respuesta a una campana. Thorndike exploró el aprendizaje midiendo la velocidad con la que los animales aprendían a escapar de lo que él denominaba «cajas-problema».

Thorndike construyó una multitud de cajas, cada una con un problema diferente que, si era resuelto de manera correcta, abría una puerta de escape. Estos problemas no eran particularmente difíciles; algunos contaban con pestillos que, al empujarlos, abrían la puerta, otros tenían botones ocultos, y otros, aros para jalar. Algunas veces el problema no incluía un artilugio físico y él mismo abría la puerta de forma manual cuando el animal realizaba alguna acción específica, como lamerse a sí mismo. Metía a varios animales en estas cajas, colocaba comida fuera para motivarlos a salir de ellas, y medía el tiempo exacto que les llevaba resolver el problema.

Una vez que el animal escapaba, lo cronometraba y luego repetía el proceso, una y otra vez. Calculaba el tiempo promedio que les llevaba a los animales resolver un problema determinado en su primer intento, lo comparaba con el tiempo del segundo intento, y así seguía hasta saber la velocidad con la que lo lograban resolver después de hasta incluso cien intentos.

Thorndike originalmente buscaba explorar la dinámica de la «imitación», una característica del aprendizaje que él creía que existía en numerosas especies animales[134]. Hizo que unos gatos no entrenados observaran cómo otros gatos que sí lo estaban escapaban de varias cajas-problema para observar si eso ejercía algún efecto en su propio aprendizaje. En otras palabras, ¿podían los gatos aprender por medio de la imitación? Al parecer, en ese momento la respuesta era «no»; no lograban mejorar al observar a otros gatos (aunque algunos animales pueden hacerlo; estén atentos al avance #4). No obstante, gracias a ese fracaso, descubrió algo sorprendente. Estos animales compartían de verdad un mecanismo de aprendizaje, solo que no era el que él esperaba en un principio.

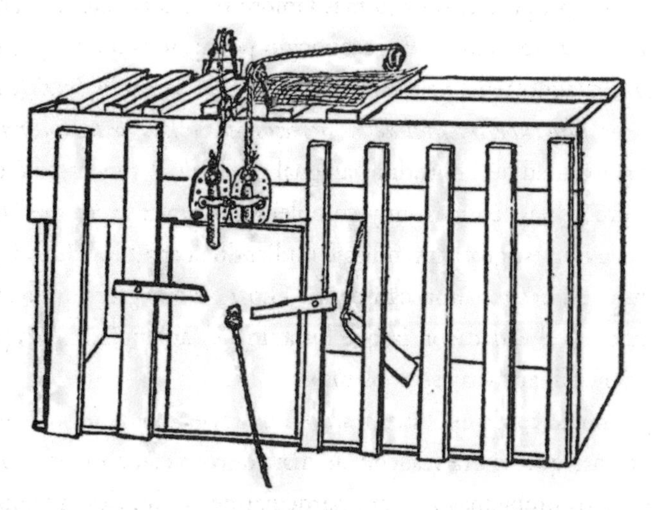

Figura 5.5: Una de las cajas-problema de Thorndike[135]

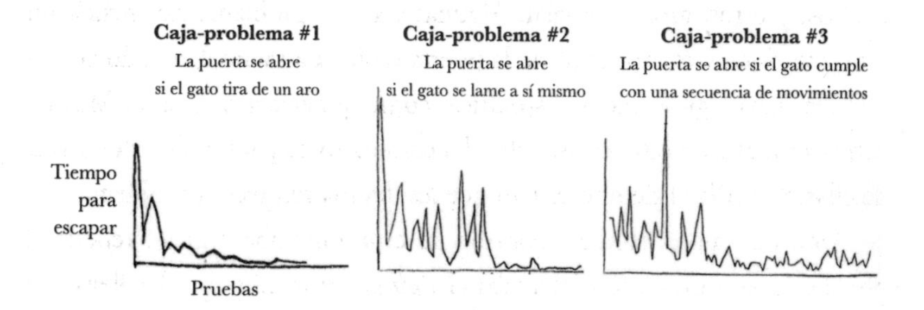

Figura 5.6: Aprendizaje animal mediante ensayo y error

Cuando en un principio se ubicaba al gato en la caja, el animal intentaba un conjunto de comportamientos: arañar los barrotes, empujar el techo, intentar cavar bajo la puerta, aullar, intentar escurrirse entre los barrotes y pasearse por la caja. En algún momento, el gato presionaba el botón por accidente o tiraba del aro y la puerta se abría; el gato salía y se comía su premio con alegría. Los animales se volvieron cada vez más veloces a la hora de repetir los comportamientos que los habían hecho salir de la caja. Tras muchos intentos, abandonaban su comportamiento original y llevaban a cabo de inmediato lo necesario para escapar. Estos gatos estaban aprendiendo a través de *ensayo y error*. Thorndike logró cuantificar este aprendizaje mediante el ensayo y error con la disminución gradual en el tiempo que les llevaba escapar a los animales (figura 5.6).

Lo que resultó más sorprendente es la cantidad de comportamientos inteligentes que surgieron de algo tan simple como el aprendizaje por ensayo y error. Después de suficientes intentos, estos animales podían completar sin esfuerzo increíbles secuencias de acciones complejas. Al inicio se creía que la única manera de explicar un comportamiento tan inteligente en animales era a través de alguna clase de percepción, imitación o planificación, pero Thorndike demostró que el simple método de ensayo y error era todo lo que un animal en verdad necesitaba. Thorndike resumió sus resultados en su actualmente famosa «ley del efecto»:

> Las respuestas que producen un efecto satisfactorio en una situación determinada se vuelven más propensas a efectuarse de nuevo en esa situación, y las respuestas que producen un efecto insatisfactorio se vuelven menos propensas a efectuarse de nuevo en esa situación[136].

En un principio, los animales aprenden mediante acciones aleatorias de exploración y luego al modificar acciones futuras, teniendo en cuenta los resultados de valencia; la valencia positiva refuerza las acciones realizadas de manera reciente y la valencia negativa deshace el refuerzo de acciones previas. Los términos «satisfactorio» e «insatisfactorio» cayeron en desuso durante las décadas posteriores a la investigación original de Thorndike; albergaban una alusión incómoda a una sensación o sentimiento interno.

Los psicólogos, Thorndike incluido, acabaron reemplazando los términos «satisfactorio» e «insatisfactorio» por «reforzante» y «punitivo».

Uno de los sucesores intelectuales de Thorndike, B. F. Skinner, llegó a sugerir que *todas* las conductas animales, incluso en seres humanos, eran consecuencia de nada más que del ensayo y error. Como veremos en los avances #3, #4 y #5 en este libro, B. F. Skinner estaba equivocado, pero, si bien el ensayo y error no explica todo el aprendizaje animal, sustenta una parte sorprendentemente grande.

La investigación original de Thorndike se había realizado con gatos, perros y aves; es decir, animales que comparten un ancestro común de hace unos trescientos cincuenta millones de años. Sin embargo, ¿qué sucede con los parientes vertebrados más distantes, aquellos con los que compartimos un ancestro de hasta quinientos millones de años? ¿Aprenden mediante el ensayo y error?

Un año después de su tesis de 1898, Thorndike publicó una nota adicional que enseñaba los resultados de estos mismos estudios llevados a cabo con un animal diferente: el pez.

La sorprendente inteligencia de los peces

Si existe un miembro del grupo de los vertebrados contra el que los humanos albergan más prejuicios, son los peces. La idea de que los peces son, bueno, *tontos* está arraigada en muchas culturas. Todos hemos escuchado la frase hecha de que los peces no pueden mantener recuerdos durante más de tres segundos. Quizás todos estos prejuicios sean de esperarse; los peces son los vertebrados que menos se parecen a nosotros, pero esos prejuicios carecen de fundamento; los peces son mucho más inteligentes de lo que pensamos.

En el experimento original, Thorndike colocó un pez en una pecera con una serie de paredes transparentes y huecos ocultos. Ubicó al pez en un extremo de la pecera (bajo una luz brillante, que les desagrada), y en el otro extremo se encontraba una ubicación deseable (la oscuridad, que la prefieren). En un principio, el pez intentó realizar numerosas acciones aleatorias para cruzar la pecera y chocó con frecuencia contra las paredes transparentes. En un momento dado, encontró uno de los huecos y logró llegar a la próxima pared. Luego repitió el proceso hasta que encontró el siguiente hueco. Una vez que logró atravesar todas las paredes y llegar al otro extremo, Thorndike lo tomó, lo hizo regresar al principio y empezar de nuevo. Le midió cada vez el tiempo para descubrir cuánto le llevaba llegar al otro extremo. Tal como los gatos de Thorndike aprendieron a escapar de las cajas-problema por medio del ensayo y error, los peces también aprendieron a deslizarse rápidamente a través de cada uno de los huecos ocultos para escapar del extremo brillante de la pecera.

Esta habilidad de los peces de aprender secuencias arbitrarias de acciones mediante el ensayo y error ha sido replicada numerosas veces. Los peces pueden aprender a encontrar y presionar un botón específico para obtener comida[137], pueden aprender a nadar a través de una pequeña trampilla para evitar que una red los atrape[138] e incluso pueden aprender a saltar a través de aros para obtener comida. Los peces pueden recordar cómo cumplir con estas tareas durante meses o incluso *años* tras haber sido entrenados. El proceso de aprendizaje es el mismo en todas estas pruebas: los peces intentan algunas acciones relativamente aleatorias y luego ajustan su comportamiento de manera progresiva, dependiendo de qué es lo que se está reforzando. De hecho, el aprendizaje por ensayo y error de Thorndike en general adopta otro nombre: «aprendizaje por refuerzo».

Si intentáramos enseñarle a un simple bilateral, como un nematodo, un gusano plano o una babosa, a cumplir cualquiera de estas tareas, sería un fracaso. No se puede entrenar a un nematodo a cumplir con secuencias arbitrarias de acciones; nunca aprenderá a atravesar aros para conseguir comida.

En los próximos capítulos exploraremos los desafíos del aprendizaje por refuerzo y aprenderemos por qué los bilaterales ancestrales, al igual que los nematodos modernos, eran incapaces de aprender de esta manera. Aprenderemos cómo funcionaban los cerebros de los primeros vertebrados, cómo superaron esos primeros desafíos y cómo esos cerebros se transformaron en máquinas generales de aprendizaje por refuerzo.

El segundo avance fue el aprendizaje por refuerzo: la capacidad de aprender secuencias arbitrarias de acciones a través del ensayo y error. La idea del aprendizaje por ensayo y error de Thorndike suena demasiado simple: refuerza comportamientos que conducen a cosas buenas y castiga comportamientos que conducen a cosas malas. No obstante, aquí tenemos un ejemplo de cómo falla nuestra intuición acerca de lo que es intelectualmente fácil y difícil. Solo cuando los científicos intentaron lograr que los sistemas de IA aprendieran mediante el refuerzo se dieron cuenta de que no era tan sencillo como Thorndike había creído.

6

La evolución del aprendizaje por diferencia temporal

El primer algoritmo informático de aprendizaje por refuerzo fue creado en 1951 por un estudiante de doctorado en Princeton llamado Marvin Minsky. Este suceso marcó el comienzo de la primera oleada de entusiasmo en torno a la inteligencia artificial. La década anterior había visto el desarrollo de los cimientos principales de la IA: Alan Turing había publicado su formulación matemática sobre las máquinas de resolución de problemas de propósito general; los recursos bélicos globales de la década de 1940 condujeron al desarrollo de los ordenadores modernos; una mayor comprensión de cómo funcionaban las neuronas comenzaba a brindar pistas de cómo funcionaban los cerebros biológicos en un nivel *micro* y el estudio de la psicología animal al estilo de la ley del efecto de Thorndike había esclarecido los principios generales sobre cómo funcionaba la inteligencia animal en un nivel *macro*.

Marvin Minsky se abocó a la tarea de idear un algoritmo que aprendiera como un animal de Thorndike. Llamó a su algoritmo *Stochastic Neural-Analog Reinforcement Calculator* («Ordenador estocástico de refuerzo de similitud neural»), o SNARC, por sus siglas en inglés. Creó una red neuronal artificial con cuarenta conexiones y la entrenó para resolver diferentes laberintos. El proceso de entrenamiento era simple: cuando su sistema salía exitoso del laberinto, él reforzaba la sinapsis recientemente activada. Así como Thorndike entrenaba a un gato a escapar de una caja-problema con refuerzos de *comida*, Minsky estaba entrenando a una IA a escapar de laberintos con refuerzos *numéricos*.

El SNARC de Minsky no funcionaba del todo bien. Con el tiempo, el algoritmo logró atravesar laberintos simples, pero cuando se enfrentaba a situaciones un poco más complejas, terminaba fallando. Minsky fue uno de los primeros en darse cuenta de que entrenar a los algoritmos como Thorndike creía que aprendían los animales —reforzando directamente los resultados positivos y castigando los negativos— no funcionaría[139].

Aquí presentamos la razón. Supongamos que le enseñamos a una IA a jugar a las damas mediante la versión del aprendizaje por ensayo y error de Thorndike. Esto comenzaría con la IA realizando movimientos aleatorios y nosotros le entregaríamos una recompensa cuando ganara y un castigo cuando perdiera. De acuerdo con esa teoría, si el sistema jugara suficientes partidas de damas, se volvería mejor en el juego. No obstante, aquí radica el problema: los refuerzos y castigos en una partida de damas —el resultado de ganar o perder— solo suceden al final del juego. Una partida puede implicar cientos de movimientos. Supongamos que ganas, ¿qué movimientos deberían obtener el crédito de ser buenos? Si pierdes, ¿qué movimientos deberían ser catalogados como malos?

Esta, por supuesto, es tan solo otra versión del problema de asignación de crédito que vimos en el capítulo 4. Cuando se presentan una luz y un sonido junto a la aparición de comida, ¿qué estímulo debería asociarse con la comida? Ya exploramos las estrategias que utilizan los bilaterales simples para resolver estas cuestiones: el ensombrecimiento (escoger el estímulo más intenso), la inhibición latente (escoger el estímulo más reciente) y el bloqueo (escoger lo que ya se ha asociado de manera previa). Si bien estas soluciones resultan útiles cuando se asigna crédito entre estímulos que se *superponen* en el tiempo, se vuelven ineficaces cuando se asigna crédito entre estímulos que se encuentran *separados* en el tiempo. Minsky se dio cuenta de que el aprendizaje por refuerzo no funcionaría sin una estrategia razonable para asignar crédito a lo largo del tiempo; esto se denomina «problema de asignación de crédito temporal».

Una solución es reforzar o castigar las acciones que sucedieron *justo* antes de ganar o perder. Cuanto más tiempo transcurra entre una acción y una recompensa, menos se refuerza. Así es como funcionaba el SNARC de Minsky, pero esto solo funciona en situaciones de plazos cortos de tiempo. Incluso en un juego de damas, esta es una solución insostenible. Si una IA que juega a las damas asignara crédito de esta manera, entonces los movimientos cercanos al final de la partida siempre obtendrían más crédito que los del inicio. Esto sería estúpido; se podría haber ganado la partida con un solo movimiento astuto al principio, mucho antes de que el juego terminara en una victoria o una derrota.

Una solución alternativa es reforzar todos los movimientos previos al final de una partida ganada (o, por el contrario, *castigar* todos los movimientos previos al final de una partida *perdida*). Tanto tu error inicial como tu jugada decisiva del medio y el desenlace inevitable serán reforzados o castigados por igual, dependiendo de si ganaste o perdiste la partida. El argumento sería el siguiente: si la IA participa en las partidas suficientes, en algún momento será capaz de diferenciar entre los movimientos específicos que fueron buenos y aquellos que fueron malos.

Pero esta solución tampoco funciona. Existen demasiadas variantes de partidas como para aprender qué movimientos son buenos en un tiempo razonable. Hay más de quinientos trillones de partidas de damas posibles. Hay 10120 posibles partidas de ajedrez (más que la cantidad de átomos en el universo). Tal método requeriría que la IA jugase tantas partidas que todos estaríamos muertos mucho antes de que se convirtiera siquiera en un jugador decente.

Esto nos deja atrapados. Cuando estamos entrenando a un sistema de IA a jugar a las damas, a salir de un laberinto o a cumplir con cualquier otra tarea mediante el aprendizaje por refuerzo, no podemos reforzar solo los movimientos *recientes* ni tampoco podemos reforzar *todos* los movimientos. ¿Cómo, entonces, puede la IA aprender mediante el refuerzo?

Minsky identificó el problema de asignación de crédito allá por el año 1961, pero permaneció sin resolverse durante décadas. El problema era tan severo que volvió impotentes a los algoritmos de aprendizaje por refuerzo para resolver problemas del mundo real, y mucho menos jugar una simple partida de damas.

Y, sin embargo, hoy en día los algoritmos artificiales de aprendizaje por refuerzo funcionan mucho mejor. Los modelos de aprendizaje por refuerzo se están volviendo progresivamente más comunes en las tecnologías que nos rodean; los coches autónomos, la publicidad personalizada y los robots de fábrica a menudo son impulsados por ellos.

¿Cómo pasamos de sentir una completa desesperanza en el aprendizaje por refuerzo en la década de 1960 a experimentar el auge de la actualidad?

Un impulso mágico

En 1984, décadas después de Minsky, un hombre llamado Richard Sutton presentó su tesis final para su doctorado. Sutton propuso una estrategia nueva para resolver el problema de asignación de crédito temporal. Había pasado los seis años anteriores como estudiante de posgrado en la Universidad de Massachusetts Amherst bajo la supervisión del investigador posdoctoral Andrew Barto. Sutton y Barto desenterraron ideas antiguas sobre el aprendizaje por refuerzo e intentaron darle otro enfoque. Seis años de trabajo culminaron en la tesis de Sutton, en la que sentó una de las bases intelectuales para la revolución del aprendizaje por refuerzo. Su tesis se tituló: *Asignación de crédito temporal en el aprendizaje por refuerzo.*

Sutton —que había estudiado psicología, no ciencias de la informática, como estudiante de grado— abordó el problema desde una perspectiva exclusivamente biológica. Él no buscaba comprender la *mejor* manera de abordar el problema de asignación de crédito temporal; quería comprender la manera *real* con la que los animales lo resolvían. La tesis de Sutton para finalizar sus estudios de grado se tituló: *Una teoría unificada sobre la expectativa.* Y albergaba una corazonada de que era la expectativa lo que faltaba en los intentos previos para lograr que funcionara el aprendizaje por refuerzo.

Sutton propuso una idea simple pero radical. En lugar de reforzar comportamientos mediante recompensas *reales*, ¿qué sucedería si se reforzaban comportamientos mediante recompensas *anticipadas*?[140] Dicho de otra manera: en lugar de recompensar a un sistema de IA cuando gana, ¿qué sucede si lo recompensas cuando *cree* que está ganando?

Sutton descompuso el aprendizaje por refuerzo en dos componentes separados: un actor y un crítico. El crítico predice la probabilidad de ganar en todo momento durante la partida; predice qué disposiciones de tablero son buenas y cuáles son malas. El actor, por otro lado, escoge qué acción tomar y recibe recompensas *no* al final de la partida, *sino* cada vez que el crítico piense que el movimiento del actor *ha aumentado las probabilidades de ganar.* La señal con la que el actor *aprende* no son las recompensas *per se*, sino la diferencia temporal de la recompensa anticipada de un momento en el tiempo a otro. De ahí que este método se llame: «aprendizaje por diferencia temporal».

Imagina que estás jugando a las damas. Durante los primeros nueve movimientos, la partida se encuentra muy reñida entre tu oponente y tú. Y luego, en el décimo movimiento, ejecutas una jugada astuta que cambia por completo el rumbo de la partida; de pronto te das cuenta de que te encuentras en una posición mucho más favorable que la de tu oponente. Es en *ese* momento cuando una señal de aprendizaje por diferencia temporal refuerza tu acción.

Esa solución, propuso Sutton, podría resolver el problema de asignación de crédito temporal. Le permitiría a un sistema de IA aprender sobre la marcha en lugar de tener que esperar hasta el final de cada partida. Un sistema de IA puede reforzar algunos movimientos y castigar otros durante una larga partida de damas, ya sea que finalmente gane o pierda la partida. De hecho, algunas veces un jugador realiza varios movimientos buenos durante una partida que termina perdiendo y algunas veces realiza numerosos movimientos malos en una partida que termina ganando.

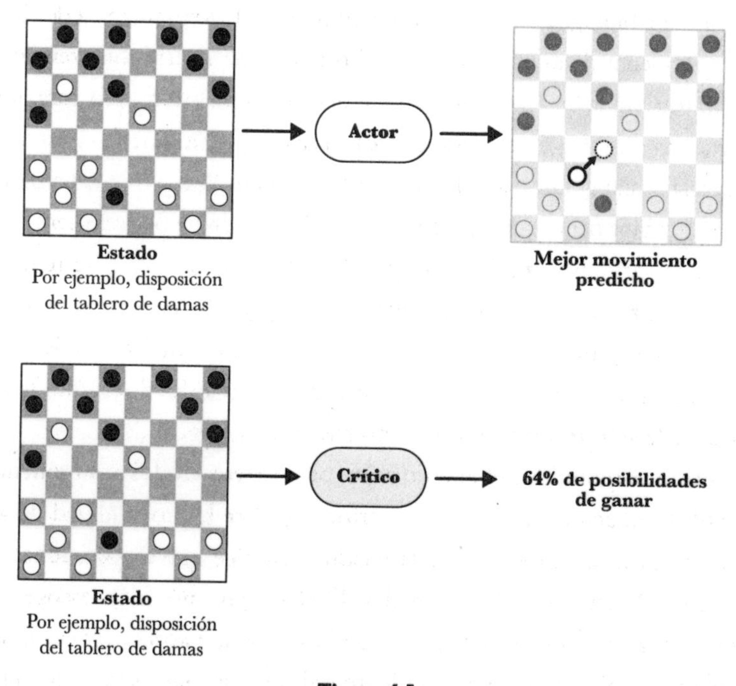

Figura 6.1

A pesar del encanto intuitivo del enfoque de Sutton, no deberíamos esperar que funcionase. Su lógica es circular. La predicción del crítico de cuántas posibilidades tienes de ganar teniendo en cuenta una posición en el tablero depende de qué acciones futuras decida tomar el actor (una buena posición en el tablero no es buena si el actor no sabe cómo sacar provecho de ella). De manera similar, la decisión del actor sobre qué acción tomar depende de cuán precisas hayan sido las señales de refuerzo de diferencia temporal del crítico al reforzar y castigar las acciones pasadas. En otras palabras, el crítico depende del actor y el actor depende del crítico. Esta estrategia parece condenada al fracaso desde un inicio.

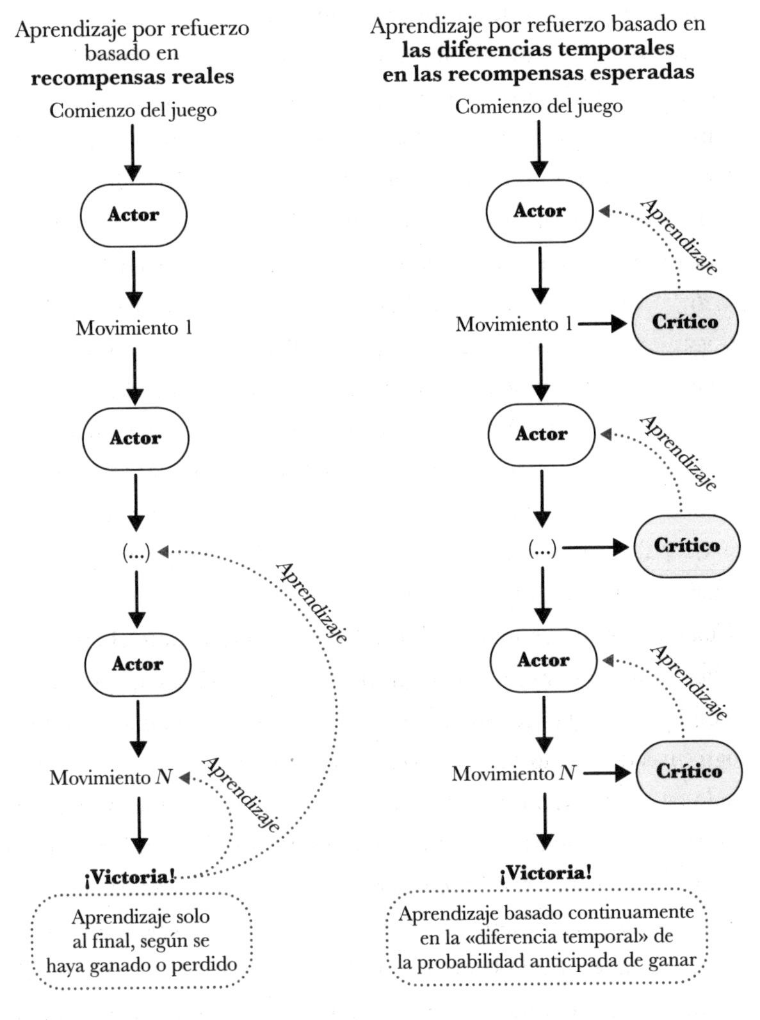

Figura 6.2

En sus simulaciones, sin embargo, Sutton descubrió que, entrenando a un actor y a un crítico de manera simultánea, se produce un impulso mágico entre ellos. Con frecuencia, el crítico premia las acciones equivocadas al comienzo y el actor a menudo falla cuando toma las acciones necesarias para cumplir con las predicciones del crítico. No obstante, con el tiempo, tras las partidas suficientes, cada uno se ajusta al otro hasta que convergen para producir un sistema de IA capaz de tomar decisiones increíblemente inteligentes. Al menos eso es lo que sucedió en sus simulaciones; no resultaba claro si sucedería lo mismo en la práctica.

Al mismo tiempo que Sutton trabajaba en el aprendizaje por diferencia temporal (TD, por sus siglas en inglés), un joven físico llamado Gerald Tesauro trabajaba en lograr que los sistemas de IA jugaran al backgammon. Tesauro se encontraba en la división de investigación IBM Research, el mismo grupo que más adelante construiría Deep Blue (el programa que lograría la famosa derrota a Garry Kasparov en ajedrez) y Watson (el programa que lograría la famosa derrota a Ken Jennings en *Jeopardy!*). Pero antes de Deep Blue o Watson, existió Neurogammon. Neurogammon era un sistema IA que jugaba al backgammon y estaba entrenado con transcripciones de cientos de partidas jugadas de manera experta. No aprendía mediante ensayo y error, sino que intentaba replicar lo que creía que haría un humano experto. Para el año 1989, podía derrotar a cualquier programa informático que jugara al backgammon; no obstante, quedaba opacado frente a los seres humanos, ya que era incapaz de derrotar siquiera a un jugador de nivel intermedio.

Cuando Tesauro se topó con el trabajo de Sutton sobre el aprendizaje por diferencia temporal, ya había probado durante años cualquier técnica concebible para lograr que su ordenador jugara tan bien como un humano. Su logro más destacado fue Neurogammon, que era ingenioso, pero estaba atascado en un nivel intermedio. Por lo tanto, Tesauro se encontraba abierto a nuevas ideas, incluso a la idea radical de Sutton de permitirle a un sistema que se enseñara a sí mismo a partir de sus propias predicciones.

Fue Tesauro el primero en someter la idea de Sutton a una prueba práctica. A comienzos de la década de 1990, comenzó a trabajar en TD-Gammon, un sistema que aprendía a jugar a backgammon utilizando el aprendizaje por diferencia temporal[141].

Tesauro se mostraba escéptico. A Neurogammon le habían enseñado jugadores humanos expertos con ejemplos —se le presentaban los mejores movimientos— mientras que TD-Gammon aprendía exclusivamente a partir de ensayo y error, lo que requería que descubriera los mejores movimientos por sí solo. Y, sin embargo, para el año 1994, TD-Gammon había logrado, en palabras de Tesauro, un «nivel verdaderamente impactante en su desempeño»[142]. No solo había superado a Neurogammon de lejos, sino que se había convertido en un jugador tan bueno como los mejores jugadores del mundo. Si bien Sutton había demostrado que el aprendizaje por diferencia temporal funcionaba en teoría, fue Tesauro quien demostró que funcionaba en la práctica. En las décadas posteriores, el aprendizaje por diferencia temporal sería utilizado para entrenar sistemas de IA para realizar múltiples tareas que requerían habilidades de nivel humano, desde jugar juegos de Atari hasta cambiar de carril en coches autónomos.

Aun así, la pregunta real era si el aprendizaje por diferencia temporal era solo una técnica ingeniosa que funcionaba bien o una técnica que capturaba algo esencial sobre la naturaleza de la inteligencia. ¿Era el aprendizaje por diferencia temporal una invención tecnológica o era, como Sutton había deseado, una técnica antigua que la evolución había descubierto y tejido hace mucho tiempo en los cerebros de los animales para hacer funcionar el aprendizaje por refuerzo?

La gran redefinición de la dopamina

Si bien Sutton deseaba que hubiera una conexión entre su idea y el cerebro, fue uno de sus colegas, Peter Dayan, quien terminó descubriéndola. En el Instituto Salk de San Diego, Dayan y su compañero posdoctoral Read Montague estaban convencidos de que los cerebros implementaban alguna forma de aprendizaje por diferencia temporal. En la década de 1990, envalentonados por el éxito del TD-Gammon de Tesauro, decidieron lanzarse a la búsqueda de indicios en la siempre creciente montaña de datos neurocientíficos.

Sabían por dónde comenzar. Cualquier intento de comprender cómo funciona el aprendizaje por refuerzo en el cerebro de los vertebrados seguramente debía comenzar con un pequeño neuromodulador que ya hemos mencionado: la dopamina.

En las profundidades del mesencéfalo de todos los vertebrados se encuentra un pequeño conjunto de neuronas dopaminérgicas. Estas neuronas, aunque escasas en número, envían sus señales a muchas regiones del cerebro. En la década de 1950, los investigadores descubrieron que, si colocas un electrodo en el cerebro de una rata y estimulas estas neuronas dopaminérgicas, puedes lograr que la rata haga casi cualquier cosa. Si estimulas estas neuronas en algunas ocasiones cada vez que una rata mueve una palanca, la rata moverá la palanca más de quinientas veces por hora durante veinticuatro horas seguidas[143]. De hecho, si les diéramos la opción entre una palanca que libera dopamina y alimentarse, las ratas *escogerían la palanca*; ignorarían el alimento y se morirían de hambre en favor de la estimulación con dopamina[144].

Encontramos el mismo efecto en los peces. Un pez regresará a un lugar donde le brindan dopamina y continuará haciéndolo incluso en aquellas áreas que están asociadas con cosas desagradables que suele evitar (como cuando lo sacan del agua repetidamente)[145].

De hecho, la mayoría de las drogas de abuso —el alcohol, la cocaína y la nicotina— funcionan provocando la liberación de dopamina. Todos los vertebrados, desde los peces hasta las ratas, los monos y los seres humanos, son propensos a volverse adictos a tales químicos potenciadores de dopamina[146].

Sin dudas, la dopamina se encontraba ligada al refuerzo, pero no resultaba claro de qué manera. La interpretación original era que la dopamina era la señal de placer del cerebro; los animales repetían comportamientos que activaban las neuronas dopaminérgicas porque eso les hacía *sentir bien*. Esto tenía sentido según el concepto original de Thorndike de aprendizaje por ensayo y error, que era el proceso de repetir comportamientos que conducían a resultados satisfactorios. No obstante, ya vimos en el capítulo 3 que la dopamina *no produce placer*. No se encuentra tan relacionada con el placer, sino con el deseo. Entonces, ¿por qué la dopamina era tan reforzante?

La única manera de saber qué está señalando la dopamina es, bueno, medir la señal. No fue sino hasta la década de 1980 que la tecnología avanzó lo suficiente para que los científicos pudieran lograrlo. Un neurocientífico alemán llamado Wolfram Schultz fue el primero en medir la actividad de neuronas dopaminérgicas individuales.

Schultz diseñó un experimento simple para investigar la relación entre la dopamina y el refuerzo. Les enseñó a algunos monos diferentes estímulos (como imágenes de una forma geométrica) y luego, algunos segundos más tarde, les colocó agua azucarada en las bocas.

Como era de esperarse, incluso en esta tarea simple de predicción de recompensas, resultó inmediatamente evidente que la dopamina *no* era una señal de los resultados satisfactorios de Thorndike; no era una señal de placer ni valencia. En un comienzo, las neuronas dopaminérgicas respondieron como una señal de valencia, ya que se excitaban mucho cuando un mono hambriento recibía agua azucarada, pero, después de algunos intentos, dejaban de responder a la recompensa en sí misma y en su lugar respondían *solo al estímulo predictivo*.

Cuando aparecía una imagen que los monos sabían que conduciría al azúcar, sus neuronas dopaminérgicas se excitaban; sin embargo, cuando obtenían el agua azucarada algunos instantes después, sus neuronas dopaminérgicas no se desviaban del nivel inicial de actividad. ¿Quizás, entonces, en realidad la dopamina estaba señalando la *sorpresa*? ¿Quizás la dopamina solo se excitaba cuando los sucesos se desviaban de las expectativas, como cuando aparecía una imagen sorprendente o cuando les entregaban agua azucarada por sorpresa?

En cuanto Schultz realizó varios experimentos adicionales, se volvió evidente que la idea de «dopamina como sorpresa» era errónea. Una vez que uno de sus monos aprendió a esperar agua azucarada después de que se le presentara una imagen específica, le enseñó de nuevo la misma imagen, pero no le entregó nada de azúcar. En este caso, a pesar de evidenciar una cantidad igual de sorpresa, la actividad de dopamina *disminuyó de forma drástica*. Mientras que la presentación de una recompensa inesperada *incrementa* la actividad de dopamina, la omisión de una recompensa esperada *disminuye* la actividad de dopamina*.

---

* Las neuronas dopaminérgicas siempre poseen una estática de fondo que dispara alrededor de uno a dos picos por segundo. Durante estas omisiones, las neuronas se mantienen en silencio (ver figura 6.3).

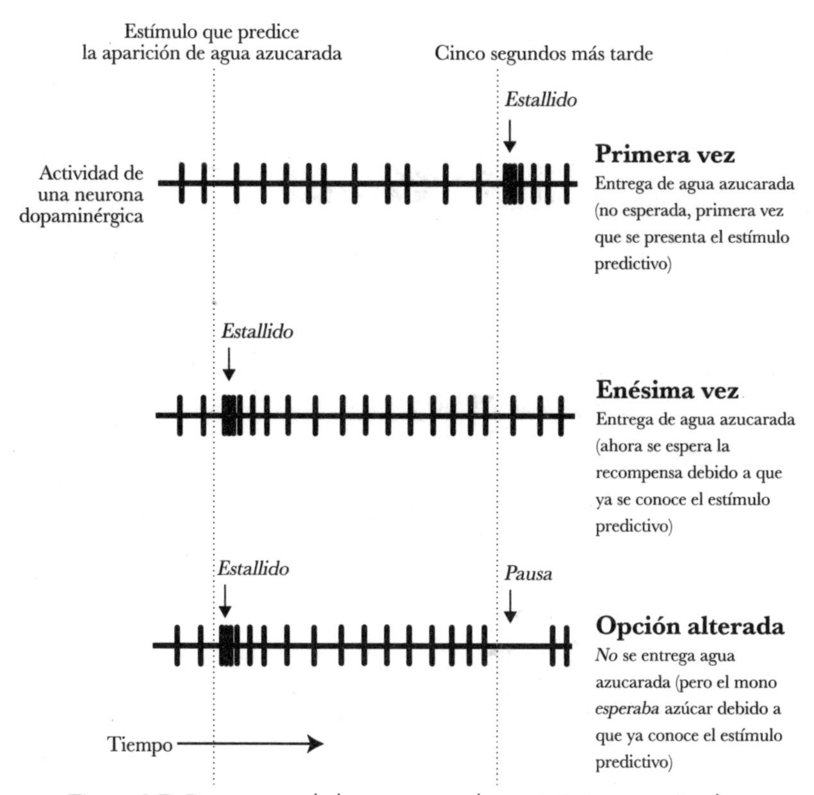

Figura 6.3: Respuestas de las neuronas dopaminérgicas a estímulos predictivos, recompensas y omisiones

Schultz quedó perplejo frente a estos resultados. ¿Qué era lo que señalaba la dopamina? Si no era señal de valencia, placer o sorpresa, entonces, ¿de qué? ¿Por qué la actividad de dopamina deja de señalar las recompensas para pasar a señalar los estímulos predictivos de recompensas? ¿Por qué la actividad de dopamina decrece cuando se omiten las recompensas esperadas?

Durante muchos años, la comunidad neurocientífica no estaba segura de cómo interpretar los datos de Schultz, una rareza expuesta en los clics y pausas de una antigua clase de neurona.

No fue hasta una década más tarde que esta problemática se resolvió. De hecho, fue entonces cuando Dayan y Montague comenzaron a explorar la bibliografía en busca de pistas de que los cerebros implementaban alguna clase de aprendizaje por diferencia temporal. Cuando finalmente se toparon con los datos de Schultz, supieron de inmediato lo que estaban viendo. Las respuestas de dopamina que él había descubierto en los monos se alineaban *exactamente* con la señal de aprendizaje por diferencia temporal de Sutton[147]. Las neuronas dopaminérgicas de los monos de Schultz se excitaban por estímulos predictivos porque esos estímulos conducían a un aumento de recompensas anticipadas en el futuro (una diferencia temporal *positiva*); las neuronas dopaminérgicas se veían inalteradas por la entrega de una recompensa esperada porque no había cambios en la recompensa anticipada futura (no había diferencia temporal) y la actividad de las neuronas dopaminérgicas decrecía cuando se omitían las recompensas esperadas porque había un decrecimiento en las recompensas anticipadas futuras (una diferencia temporal *negativa*).

Incluso las sutilezas de las respuestas dopaminérgicas se alineaban de forma exacta con una señal de diferencia temporal. Por ejemplo, Schultz descubrió que un estímulo que predice comida en cuatro segundos libera más dopamina que un estímulo que predice comida en dieciséis segundos[148]. Esto se denomina «descuento», algo que Sutton también incorporó en su señal de aprendizaje por diferencia temporal; el descuento impulsa a los sistemas de IA (o animales) a escoger acciones que conducen a recompensas más tempranas que tardías.

Incluso la manera con la que la dopamina responde a las probabilidades estaba en concordancia con una señal de aprendizaje por diferencia temporal; un estímulo que predice comida con un 75 % de probabilidades libera más dopamina que un estímulo que predice comida con un 25 % de probabilidades.

La dopamina no es una señal de recompensa, sino de refuerzo. Tal y como descubrió Sutton, el refuerzo y la recompensa deben desacoplarse para que funcione el aprendizaje por refuerzo. Para resolver el problema de asignación de crédito temporal, los cerebros deben reforzar comportamientos basados en los cambios en las recompensas futuras *anticipadas*, no en las recompensas *reales*. Es por ello que los animales se vuelven adictos a comportamientos que liberan dopamina, incluso cuando esos comportamientos no son placenteros, y es por ello que las respuestas de dopamina cambian rápido su activación a los momentos en los que los animales *predicen* la llegada de una recompensa futura en lugar de que resida en las recompensas en sí mismas.

En 1997, Dayan y Montague publicaron una investigación trascendental, coescrita con Schultz, que se tituló *Un sustrato neuronal de la predicción y la recompensa*[149]. Hasta el día de hoy, este descubrimiento representa una de las asociaciones más famosas y bellas de la IA y la neurociencia. Una estrategia inspirada por la forma en que Sutton creía que funcionaba el cerebro logró ser exitosa y superar desafíos prácticos en la IA, y esto a su vez nos ayudó a interpretar datos confusos sobre el cerebro. Era un caso en el que la neurociencia ayudaba a la IA y en el que la IA ayudaba a la neurociencia.

La mayoría de los estudios que registran la actividad de las neuronas dopaminérgicas se han llevado a cabo en mamíferos, pero todas las razones apuntan a que esas propiedades de la dopamina también se extienden a los peces. El circuito del sistema de dopamina es en gran parte similar tanto en los cerebros de los peces como en el de los mamíferos, y las mismas señales de aprendizaje por diferencia temporal se han encontrado en las estructuras cerebrales de los peces, las ratas, los monos y los seres humanos[150]. Por el contrario, no se han descubierto señales de aprendizaje de diferencia temporal en las neuronas dopaminérgicas de los nematodos o de otros bilaterales simples*.

En los primeros bilaterales, la dopamina era una señal de que había cosas buenas alrededor, una versión primitiva del deseo**. Sin embargo,

* Es importante destacar que *algunos* invertebrados, específicamente los artrópodos, evidencian tales errores de recompensa-predicción, pero se cree que esto se desarrolló de manera independiente, ya que esos errores no se encuentran en otros bilaterales simples. Y también lo evidencian en el hecho de que las estructuras cerebrales que albergan estas respuestas son estructuras cerebrales exclusivas de los artrópodos.

** De hecho, estudios recientes demuestran lo elegante que fue la evolución, que modificó la función de la dopamina a la vez que mantenía su antiguo rol de generar un estado de deseo. La *cantidad* de dopamina presente en los núcleos de entrada de los ganglios basales (también llamado «cuerpo estriado») parece medir la recompensa anticipada futura descontada, lo que desencadena un estado de deseo que tiene en cuenta lo buenas que pueden ser las cosas y hace que los animales se concentren y persigan las recompensas cercanas. Cuando un animal se aproxima a una recompensa, la dopamina crece de manera repentina y alcanza su pico cuando el animal espera que se le entregue una recompensa. Durante este proceso de incremento, si las recompensas anticipadas *cambian* (alguna omisión o algún estímulo nuevo varía la probabilidad de obtener una recompensa), los niveles de dopamina aumentan o decrecen para reflejar el nivel nuevo de recompensa anticipada futura. Estas rápidas fluctuaciones en los niveles de dopamina, según Schultz, se producen mediante el estallido y las pausas de las neuronas dopaminérgicas; estas fluctuaciones bruscas en los niveles de dopamina conforman la señal de aprendizaje por diferencia temporal. La *cantidad* de dopamina que flota alrededor del estriado modifica el nivel de excitación de las neuronas, que cambian su comportamiento hacia la explotación y el deseo. Sin embargo, los *cambios bruscos* en los niveles de dopamina desencadenan modificaciones en la intensidad de diversas conexiones, lo que provoca el refuerzo o el castigo de comportamientos. En otras palabras, la dopamina en los vertebrados es tanto una señal de deseo como una señal de refuerzo.

en la transición hacia los vertebrados, esta señal de «hay cosas buenas cerca» se desarrolló no solo para provocar un estado de deseo, sino para comunicar una señal calculada con precisión de aprendizaje de diferencia temporal. De hecho, tiene sentido que la dopamina haya sido el neuromodulador que la evolución reconfiguró en una señal de aprendizaje de diferencia temporal, ya que la señal para recompensas cercanas era lo más parecido a una medida de recompensa anticipada futura. Por lo tanto, la dopamina pasó de ser una señal de «hay cosas buenas cerca» a «hay un 35 % de probabilidades de que algo asombroso suceda en exactamente diez segundos». Pasó de arrojar un promedio difuso de alimentos detectados de manera reciente a marcar una señal de recompensa anticipada futura, siempre fluctuante pero medida y calculada con precisión y meticulosidad.

El surgimiento del alivio, la decepción y la percepción del tiempo

De la antigua semilla del aprendizaje por diferencia temporal emergieron numerosas características de la inteligencia. Dos de ellas —la decepción y el alivio— son tan familiares que casi pasan desapercibidas, ya que son tan ubicuas que resulta fácil pasar por alto el hecho inevitable de que no siempre existieron. Tanto la decepción como el alivio son propiedades que nacieron de un cerebro diseñado para aprender mediante la predicción de recompensas futuras. De hecho, sin una precisa predicción de una recompensa futura, no puede emerger la decepción cuando esa recompensa no se presenta. Y sin una predicción precisa de un dolor futuro, no puede manifestarse el alivio cuando ese dolor no se manifiesta.

Consideremos el caso de un pez que está aprendiendo mediante ensayo y error. Si enciendes una luz y tras cinco segundos el pez recibe una descarga suave si no nada al extremo opuesto de la pecera, aprenderá a nadar automáticamente al extremo opuesto de la pecera cuando enciendas la luz. Parece un caso simple de aprendizaje por ensayo y error, ¿no es así? Desafortunadamente no lo es. La capacidad de los vertebrados de realizar esta clase de tareas —llamadas «pruebas de evasión»— ha sido objeto de debate entre psicólogos animales durante mucho tiempo.

¿Cómo habría explicado Thorndike la capacidad que tiene un pez de hacer esto? Cuando uno de los gatos de Thorndike salía por fin de la caja-problema, era la *presencia* de recompensas de comida lo que reforzaba sus acciones. Sin embargo, cuando nuestro pez nadaba hacia un lugar seguro, era la *omisión* de una descarga lo que reforzaba sus acciones. ¿Cómo puede ser reforzante la ausencia de una acción?

La respuesta es que la omisión de un castigo esperado actúa en sí misma como refuerzo; resulta en una sensación de *alivio*. Y la omisión de una recompensa esperada es un castigo en sí misma; resulta en una sensación de *decepción*. Es por esta razón que la actividad de las neuronas dopaminérgicas de Schultz decrecía cuando se omitía la comida. Él estaba observando la manifestación biológica de la decepción: la señal de castigo del cerebro por la predicción fallida de una recompensa futura[151].

De hecho, puedes entrenar a vertebrados, incluso a peces, para que realicen acciones arbitrarias no solo con recompensas y castigos, sino también con la *omisión* de recompensas o castigos esperados[152]. Para algunos, un postre sorpresa (una recompensa) es tan reforzante como un día libre inesperado de la escuela (la omisión de algo esperado pero desagradable).

Un nematodo, por el contrario, no puede aprender a realizar comportamientos arbitrarios a través de la omisión de recompensas. Ni siquiera los cangrejos y las abejas, que desarrollaron de manera independiente muchas facultades intelectuales, son capaces de aprender mediante la omisión*.

---

* Es necesario algo de ingenio experimental para distinguir entre una asociación que solo se está desvaneciendo debido a que una contingencia ya no aplica al caso (por ejemplo, una luz ya no conduce a una descarga) y el aprendizaje mediante la omisión de algún factor. En un estudio realizado con peces, la distinción se demostró al agregar un nuevo estímulo específico en las pruebas donde se omitían recompensas. Si una asociación solo estaba desvaneciéndose, entonces ese nuevo estímulo no se volvería gratificante (nada se reforzó en la prueba de omisión), pero si, en cambio, el cerebro de un animal considera que la descarga omitida es gratificante en sí misma, entonces este nuevo estímulo (que apareció exclusivamente cuando se omitieron las descargas) debería considerarse como igual de gratificante. Los investigadores han demostrado que, en esos experimentos, los peces, de hecho, consideran ese nuevo estímulo como gratificante y se acercarán a él en el futuro. Por el contrario, sabemos que un nematodo no puede hacer lo mismo porque ni siquiera puede asociar sucesos separados en el tiempo, y existe evidencia (aunque no del todo concluyente) de que incluso invertebrados inteligentes como las abejas y los cangrejos no aprenden mediante la omisión de esta misma manera.

En esta división intelectual entre vertebrados e invertebrados podemos encontrar otra característica familiar de la inteligencia, una que también emerge del aprendizaje por diferencia temporal y sus contrapartes de decepción y alivio. Si observáramos con atención a nuestro pez, que está aprendiendo a nadar hacia ubicaciones específicas para evitar una descarga, veríamos algo extraordinario. Cuando se enciende la luz, no nada de inmediato hacia la zona segura. En cambio, ignora con calma la luz hasta *justo antes* de que el intervalo de cinco segundos termine para salir disparado hacia la zona segura. En esta simple tarea, el pez aprende no solo *qué* debe hacer, sino *cuándo* hacerlo; sabe que la descarga sucede justo cinco segundos después de la luz[153].

Muchas formas de vida poseen mecanismos que rastrean el paso del tiempo. Las bacterias, los animales y las plantas cuentan con relojes circadianos que rastrean el ciclo del día[154]. No obstante, los vertebrados pueden medir el tiempo con una precisión única. Un vertebrado puede recordar que un suceso ocurre justo cinco segundos antes que otro suceso. Por el contrario, los bilaterales simples como las babosas y los gusanos planos son completamente incapaces de aprender a calcular los intervalos de tiempo entre sucesos[155]. Más aún, los bilaterales simples como las babosas ni siquiera pueden aprender a *asociar* sucesos separados por más de dos segundos, y mucho menos aprender que una cosa sucede cinco segundos exactos después de otra. Tampoco los invertebrados avanzados como los cangrejos y las abejas son capaces de aprender a calcular intervalos de tiempo entre diferentes sucesos.

El aprendizaje por diferencia temporal, la decepción, el alivio y la percepción del tiempo se encuentran interconectados. Una percepción del tiempo precisa es un ingrediente necesario para aprender por omisión, para saber cuándo desencadenar la decepción o el alivio y, por lo tanto, hacer que el aprendizaje por diferencia temporal funcione. Sin la percepción temporal, el cerebro no sabe si se omitió algo o si simplemente ese suceso no ha ocurrido todavía; nuestro pez podría saber que la luz está *asociada* con una descarga, pero no *cuándo* debería ocurrir, y se encogería de miedo frente a la presencia de la luz mucho tiempo después de que el riesgo de descarga hubiera pasado, ignorante de su propia seguridad. Solo mediante un reloj interno el pez puede predecir el momento exacto en el que ocurrirá la descarga y, por lo tanto, si se la omite, el momento exacto en que merece un liberador estallido de dopamina.

Los ganglios basales

Mi parte favorita del cerebro son los ganglios basales.

Como sucede con la mayoría de las estructuras cerebrales, cuanto más aprende uno sobre ellas, menos las comprende; los enfoques simplificados se desmoronan bajo el peso de la complejidad caótica, el sello distintivo de los sistemas biológicos. Sin embargo, los ganglios basales son diferentes. Su estructura interna revela un diseño hipnotizante y hermoso que exhibe una función y un procesamiento ordenados. Al igual que podemos sentir fascinación por cómo la evolución logró construir un ojo con tal simetría y elegancia, podríamos sentirnos fascinados por el hecho de que la evolución logró desarrollar los ganglios basales, también dotados de su propia simetría y elegancia.

Los ganglios basales se encuentran ubicados entre la corteza y el tálamo (ver la figura de las primeras páginas del libro). La información que llega a los ganglios basales proviene de la corteza, el tálamo y el mesencéfalo, lo que les permite controlar las acciones del animal y el entorno externo. Después, la información fluye a través de un laberinto de subestructuras en el interior de los ganglios basales, se ramifica y luego se vuelve a fusionar, transformándose y permutando hasta que alcanza el núcleo de salida de los ganglios basales, que contiene miles de millones de neuronas inhibitorias que envían conexiones cuantiosas y potentes a los centros motores del tallo cerebral. Este núcleo de salida de los ganglios basales se encuentra activado por defecto. Los circuitos motores del tallo cerebral siempre se ven suprimidos y controlados por los ganglios basales. Solo cuando se desactivan determinadas neuronas de los ganglios basales es que se *libera* la activación de esos circuitos motores específicos del tallo cerebral. Los ganglios basales se encuentran, por lo tanto, en un estado perpetuo de regular y liberar acciones determinadas, lo que hace que actúen como un marionetista del comportamiento del animal.

El funcionamiento de los ganglios basales es esencial en nuestras vidas. El síntoma característico de la enfermedad de Parkinson es la incapacidad de iniciar el movimiento. Los pacientes se sientan en una silla durante varios minutos antes de que puedan reunir la voluntad para siquiera sentarse. Este síntoma de la enfermedad emerge principalmente debido a una disrupción en los ganglios basales, que los deja en un estado de prohibición de todas las acciones que termina privando a los pacientes de la capacidad de iniciar siquiera el más simple de los movimientos.

¿Cómo es el procesamiento de los ganglios basales? ¿Cómo utiliza la información de entrada sobre las acciones de los animales y el entorno externo para decidir qué acciones censurar (evitar que ocurran) y qué acciones liberar (permitir que ocurran)?

Además de recibir la información sobre la acción de los animales y el entorno externo, los ganglios basales también reciben información de un conjunto de neuronas dopaminérgicas. Cuando esas neuronas dopaminérgicas se excitan, los ganglios basales se ven inundados con dopamina; cuando esas neuronas dopaminérgicas se encuentran inhibidas, los ganglios basales se ven rápidamente privados de dopamina. Las sinapsis dentro de los ganglios basales cuentan con diferentes receptores de dopamina y cada uno responde de manera única; estos niveles fluctuantes de dopamina fortalecen y debilitan sinapsis específicas, lo que modifica cómo los ganglios basales procesan la información de entrada.

Cuando los neurocientíficos rastrearon el sistema de circuitos de los ganglios basales, su función se volvió muy clara. Los ganglios basales aprenden a repetir acciones que maximicen la liberación de dopamina[156]. Por medio de ellos, las acciones que conducen a una liberación de dopamina comienzan a ocurrir con mayor frecuencia (los ganglios basales *liberan* esas acciones) y las acciones que conducen a una inhibición de dopamina comienzan a ocurrir con menor frecuencia (los ganglios basales *censuran* esas acciones). ¿Os suena familiar? Los ganglios basales actúan, en parte, como el «actor» de Sutton: un sistema diseñado para repetir comportamientos que condujeron a refuerzos e inhibir comportamientos que condujeron a castigos.

De manera extraordinaria, el sistema de circuitos de los ganglios basales es casi idéntico en el cerebro humano y en el de un pez lamprea, dos especies cuyos antepasados en común fueron los primeros vertebrados hace más de quinientos millones de años. Los numerosos subconjuntos, las clases de neuronas y la función general parecen ser los mismos. En el cerebro de los vertebrados primitivos surgieron los ganglios basales, el lugar biológico del aprendizaje por refuerzo.

El aprendizaje por refuerzo nació no solo por el accionamiento individual de los ganglios basales, sino a partir de una interacción ancestral entre los ganglios basales y otra estructura exclusiva de los vertebrados llamada «hipotálamo», que es una estructura pequeña ubicada en la base del prosencéfalo.

En el cerebro de los vertebrados, la liberación de la dopamina es controlada en principio por él. El hipotálamo alberga a las neuronas de valencia heredadas del aparato sensorial de valencia de los bilaterales primitivos. Cuando sientes frío, es tu hipotálamo el que te provoca tiritar y hace que disfrutes de los lugares cálidos; cuando sientes calor, es el hipotálamo el que desencadena la sudoración y hace que disfrutes de los lugares frescos. Cuando tu cuerpo necesita calorías, es tu hipotálamo el que detecta señales de hambre en tu torrente sanguíneo y te hace sentir hambriento. Las neuronas de valencia positiva sensibles al alimento en los bilaterales primitivos funcionaban de la misma manera que las que se encuentran en tu hipotálamo y se vuelven muy receptivas a los alimentos cuando tienes hambre y menos receptivas cuando estás satisfecho. Esto explica por qué en un instante te encuentras salivando por una pizza, pero diez minutos más tarde, tras engullirla, no quieres *saber absolutamente nada* de ella.

En otras palabras, el hipotálamo es, en principio, una versión más sofisticada del cerebro con control de dirección de los primeros bilaterales; cataloga los estímulos externos como buenos y malos y desencadena respuestas mediante reflejos frente a cada clase de estímulo. Las neuronas de valencia del hipotálamo se conectan al mismo conjunto de neuronas dopaminérgicas que propagan la dopamina por los ganglios basales[157]. Cuando el hipotálamo se siente feliz, inunda los ganglios basales con dopamina, y cuando se encuentra triste, priva a los ganglios basales de ella. Por lo tanto, de cierto modo, los ganglios basales actúan como un estudiante, ya que siempre están intentando satisfacer al hipotálamo, su juez difuso pero estricto.

El hipotálamo no se excita con estímulos *predictivos*; se excita solo cuando realmente obtiene lo que quiere: comida cuando está hambriento y calor cuando siente frío. El hipotálamo es quien decide las recompensas *reales*; en nuestra metáfora de la IA que juega al backgammon, el hipotálamo le indica al cerebro si ha ganado o perdido la partida, aunque no le informa de si le está yendo bien cuando se encuentra en desarrollo.

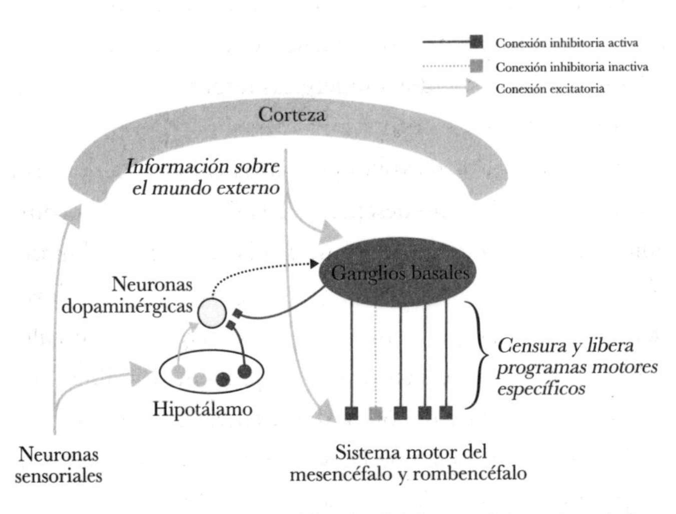

Figura 6.4: Esquema simplificado del diseño del cerebro de los primeros vertebrados

Pero tal como Minsky descubrió en sus intentos de convertir el aprendizaje por refuerzo en algoritmos en la década de 1950, si los cerebros aprendieran solo a partir de recompensas *reales*, nunca serían capaces de hacer algo tan inteligente. Sufrirían del problema de asignación de crédito temporal. Entonces, ¿cómo se transforma la dopamina de una señal de valencia para *recompensas reales* en una señal de diferencia temporal para los *cambios en las recompensas anticipadas futuras*?

En todos los vertebrados existe un complejo mosaico de circuitos paralelos dentro de los ganglios basales, uno que desciende hasta los circuitos motores y controla el movimiento, y otro que regresa directo a las neuronas dopaminérgicas[158]. Una teoría predominante sobre la función de los ganglios basales es que estos circuitos paralelos son literalmente el sistema de actor-crítico de Sutton para implementar el aprendizaje por diferencia temporal. Un circuito es el «actor», que aprende a repetir los comportamientos que generan la liberación de dopamina; el otro es el «crítico», que aprende a predecir recompensas futuras y desencadena su propia activación de dopamina.

En nuestra metáfora, el estudiante, los ganglios basales, aprende de manera inicial únicamente gracias al juez, el hipotálamo, pero con el tiempo aprende a juzgar por sí mismo y sabe cuándo comete un error *antes* de que el hipotálamo le brinde cualquier clase de retroalimentación. Es por ello que las neuronas dopaminérgicas responden cuando se reciben recompensas; sin embargo, luego cambian su activación hacia los estímulos predictivos. Esto también explica por qué la entrega de una recompensa que sabías que recibirías no desencadena la liberación de dopamina; las predicciones de los ganglios basales cancelan la excitación del hipotálamo.

Este sistema de circuitos de los ganglios basales maravillosamente conservado, que emergió por primera vez en el cerebro minúsculo de los vertebrados primitivos y se mantuvo por quinientos millones de años, parece ser la manifestación biológica del sistema de actor-crítico de Sutton; descubrió una estrategia que la evolución ya había descubierto hace más de quinientos millones de años.

El aprendizaje por diferencia temporal, la estructura de los ganglios basales de los vertebrados, las propiedades de las respuestas dopaminérgicas, la capacidad de aprender intervalos temporales precisos y la capacidad de aprender a partir de omisiones se encuentran interconectados en los mismos mecanismos para lograr que funcione el aprendizaje por ensayo y error.

7

Los problemas del reconocimiento de patrones

Hace quinientos millones de años, el ancestro semejante al pez de cada vertebrado vivo de la actualidad —el ancestro de dos centímetros y medio de largo de cada ave, tiburón, ratón, perro y, sí, ser humano— nadaba hacia el peligro con toda su inocencia. Se deslizaba a través de las plantas submarinas traslúcidas del periodo Cámbrico y se enlazaba entre sus tallos gruesos similares a las algas. Estaba cazando larvas de coral, las crías más ricas en proteínas de los animales sin cerebro que poblaban el océano. Sin saberlo, él también estaba siendo cazado.

Un *Anomalocaris* —un artrópodo de treinta centímetros que tenía dos garras puntiagudas que emergían de su cabeza— yacía oculto en la arena. El *Anomalocaris* era el superdepredador del Cámbrico y se encontraba esperando pacientemente a que una criatura desafortunada se aproximara a su zona de ataque.

Nuestro ancestro vertebrado habría detectado el aroma desconocido y el irregular montículo de arena en la distancia, pero siempre había aromas desconocidos en el océano cámbrico; era un zoológico de microbios, plantas, hongos y animales, y cada uno de ellos liberaba una serie de aromas particulares. Siempre había un trasfondo de formas desconocidas, un paisaje de innumerables objetos que se movían, tanto vivos como inanimados. Por lo tanto, nuestro ancestro no les dio mucha importancia a esas señales.

Cuando emergió de la seguridad de las plantas cámbricas, el artrópodo lo divisó y se abalanzó sobre él. En cuestión de milisegundos, el reflejo de escape se activó en nuestro vertebrado. Sus ojos de pez detectaron un objeto que se movía a toda velocidad en su periferia, lo que desencadenó un reflejo de giro y un rápido cambio de dirección. La activación de esta respuesta de escape inundó su cerebro con norepinefrina, lo que desencadenó un estado de gran alerta, que volvió más sensibles las respuestas sensoriales, detuvo todas las funciones restaurativas y redistribuyó la energía hacia sus músculos. Justo a tiempo, logró escapar de sus garras y se alejó nadando.

Este proceso se ha desarrollado mil millones de veces, un ciclo sin fin de caza y escape, de anticipación y miedo. Sin embargo, esta vez era diferente: nuestro ancestro vertebrado *recordaría el olor* de ese peligroso artrópodo; *recordaría la imagen* de sus ojos, que lo espiaban entre la arena. No volvería a cometer el mismo error. En algún momento alrededor de ese periodo, quinientos millones de años atrás, nuestro ancestro desarrollaría el reconocimiento de patrones.

El problema «más complicado de lo que crees» de reconocer un olor

Los bilaterales primitivos no podían percibir lo que los seres humanos experimentan como el olfato. A pesar del poco esfuerzo que te lleva diferenciar el aroma de un girasol del de un salmón, ese proceso es, de hecho, una hazaña intelectual extraordinariamente compleja, y la heredaron los primeros vertebrados.

Al igual que en tu nariz hoy en día, dentro de los orificios nasales de los primeros vertebrados existían miles de neuronas olfativas. En el pez lamprea existen alrededor de cincuenta clases de neuronas olfativas y cada una contiene un receptor olfativo único que responde a una clase específica de moléculas[159]. La mayoría de los olores están compuestos no por una sola molécula, sino por moléculas diversas. Cuando regresas a tu hogar y reconoces el aroma del mejor cerdo desmechado de tu familia, tu cerebro no está reconociendo la molécula del cerdo desmechado (no existe tal cosa); en cambio, está reconociendo un conjunto determinado de muchas moléculas que activan una sinfonía de neuronas olfativas. Cualquier olor específico está representado por un patrón de neuronas olfativas activadas. En resumen, el reconocimiento de los olores no es nada más que el reconocimiento de patrones.

La capacidad de reconocer el mundo que poseía nuestro ancestro semejante al nematodo estaba limitada a tan solo la máquina sensorial de neuronas individuales. Podía reconocer la presencia de la luz mediante la activación de una sola neurona fotosensible o la presencia del tacto a través de la activación de una sola neurona mecanosensorial. Aunque esa capacidad le resultaba útil para el control de dirección, pintaba una imagen dolorosamente opaca del mundo exterior. De hecho, fue la maravilla de la direccionalidad lo que permitió que los primeros bilaterales encontraran alimento y evitaran a los depredadores sin percibir demasiado lo que sucedía en el mundo exterior.

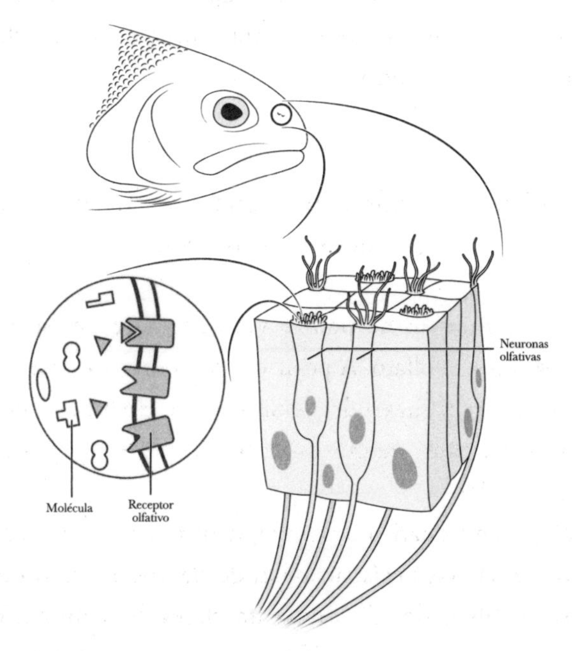

Figura 7.1: Interior de la nariz de un vertebrado

Sin embargo, la mayor parte de la información sobre el mundo que te rodea no puede encontrarse en una sola neurona activada, sino solo en el patrón de varias neuronas activadas. Puedes diferenciar un coche de una casa al tener en cuenta el patrón de fotones que llega a tu retina. Puedes diferenciar el balbuceo de una persona del rugido de una pantera según el patrón de ondas sonoras que llega a tu oído interno. Y, sí, puedes diferenciar el aroma de una rosa del olor del pollo teniendo en cuenta el patrón de neuronas olfativas activadas de tu nariz. Durante cientos de millones de años, los animales carecieron de esta capacidad y permanecieron atrapados en una prisión perceptiva.

Cuando reconoces que un plato está demasiado caliente o una aguja demasiado afilada, estás reconociendo atributos del mundo al igual que lo hacían los primeros bilaterales con la activación de neuronas individuales. No obstante, al reconocer un olor, un rostro o un sonido, estás reconociendo cosas del mundo de una manera que excedía a los primeros bilaterales; estás utilizando una capacidad que surgió más adelante en los primeros vertebrados.

Los primeros vertebrados podían reconocer cosas utilizando estructuras cerebrales que decodificaban *patrones* de neuronas. Esto expandió de manera drástica el alcance de lo que los animales podían percibir. Dentro del pequeño mosaico de tan solo cincuenta tipos de neuronas olfativas vivía un universo de patrones diferentes que podían reconocerse. Cincuenta células pueden representar más de *cien billones de patrones**.

CÓMO LOS PRIMEROS BILATERALES RECONOCÍAN COSAS EN EL MUNDO	CÓMO LOS PRIMEROS VERTEBRADOS RECONOCÍAN COSAS EN EL MUNDO
Una sola neurona detecta una cosa específica	El cerebro decodifica el patrón de neuronas activadas para reconocer una cosa específica
Se puede reconocer un número pequeño de cosas	Se pueden reconocer una gran cantidad de cosas
Se pueden reconocer cosas nuevas solo mediante la exploración evolutiva (se necesita una nueva maquinaria sensorial)	Se pueden reconocer cosas nuevas sin la exploración evolutiva, pero mediante el aprendizaje para reconocer un patrón nuevo (no se necesita una maquinaria sensorial nueva)

El reconocimiento de patrones es difícil. Muchos animales vivos en la actualidad, incluso después de otros quinientos millones de años de evolución, no han adquirido nunca esta capacidad; los nematodos y los gusanos planos de la actualidad no demuestran indicios del reconocimiento de patrones.

* Hay 250 posibles combinaciones de 50 elementos que pueden estar activados o desactivados: 250 = ~1.1 x 1015.

Existían dos desafíos computacionales que el cerebro de los vertebrados debía resolver para reconocer patrones. En la figura 7.2, puedes ver un ejemplo de tres pequeños patrones de aromas ficticios: uno de un depredador peligroso, uno de comida deliciosa y uno de una pareja atractiva. Quizás puedas distinguir, a partir de este diagrama, la razón por la que el reconocimiento de patrones no será fácil; estos patrones se superponen entre sí a pesar de tener diferentes significados. Uno debería desencadenar el escape, y los otros, el acercamiento. Este fue el primer problema del reconocimiento de patrones: la *discriminación*; es decir, cómo reconocer patrones superpuestos como diferentes.

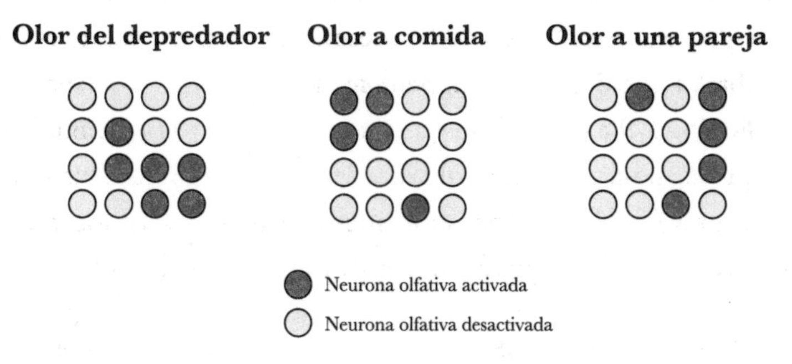

Figura 7.2: Problema de la discriminación

La primera vez que un pez experimente temor en presencia del olor de un depredador nuevo recordará ese patrón olfativo específico, pero la próxima vez que se tope con ese mismo olor a depredador no activará ese mismo patrón de neuronas olfativas. El balance de moléculas no será idéntico; la edad del nuevo artrópodo o su sexo o su dieta, o muchas otras cosas podrían ser diferentes y alterar un poco su olor. Incluso los olores del entorno circundante podrían ser diferentes e interferir de distintas maneras. El resultado de todas estas alteraciones menores es que el próximo encuentro será *similar* al anterior, aunque no *exactamente igual.* En la figura 7.3 puedes ver tres ejemplos de patrones olfativos que se podrían activar en el próximo encuentro con el olor del depredador. Este es el segundo desafío del reconocimiento de patrones: cómo *generalizar* un patrón previo para reconocer patrones nuevos que son similares pero no idénticos[160].

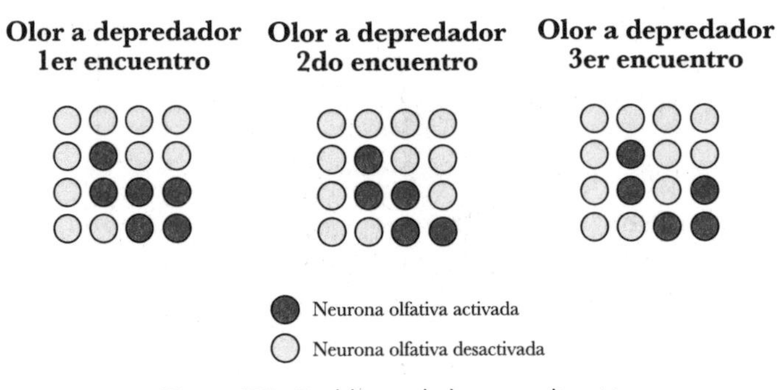

Figura 7.3: Problema de la generalización

Cómo reconocen patrones los ordenadores

Puedes desbloquear tu iPhone con tu rostro. Esto requiere que tu móvil resuelva problemas de generalización y discriminación. Tu iPhone debe tener la capacidad de distinguir la diferencia entre tu rostro y el rostro de otras personas, a pesar de que los rostros poseen características superpuestas (discriminación). Y debe identificar tu rostro, a pesar de los cambios en las sombras, ángulos, vello facial y más (generalización). Sin dudas, los sistemas de IA modernos resuelven con éxito estos dos desafíos del reconocimiento de patrones. ¿Cómo lo hacen?

El enfoque estándar es el siguiente: crea una red de neuronas como la de la figura 7.4, donde proporcionas un patrón de entrada en un extremo que fluye a través de las capas de neuronas hasta que se transforma en una capa de salida en el otro extremo. Al ajustar los pesos de las conexiones entre las neuronas puedes hacer que la red ejecute una variedad de operaciones sobre su entrada. Si modificas los pesos *con precisión*, puedes obtener un algoritmo que tome un patrón de entrada y lo reconozca de manera correcta al final de la red. Si modificas los pesos de una manera determinada, la red puede reconocer rostros. Si los modificas de una manera diferente, puede reconocer aromas.

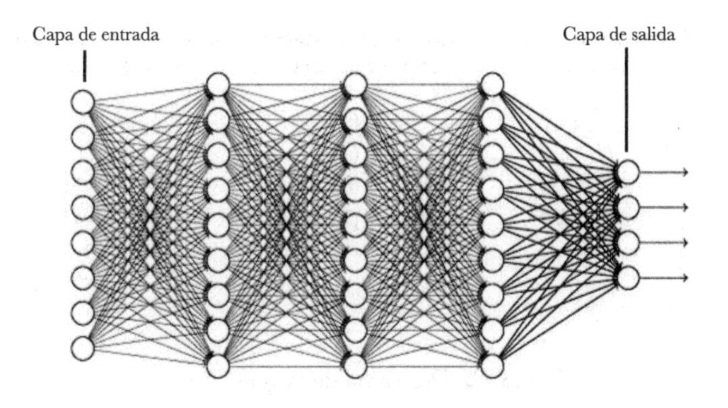

Figura 7.4: Red neuronal artificial[161]

La parte complicada es enseñar a la red cómo aprender a ajustar los pesos correctos. El mecanismo de última generación para hacer esto fue popularizado por Geoffrey Hinton, David Rumelhart y Ronald Williams en la década de 1980. Su método es el siguiente: si estuvieras entrenando a una red neuronal para categorizar patrones olfativos en «aroma a huevo» o «aroma floral», le presentarías un conjunto de patones olfativos y, de manera simultánea, informarías a la red de si cada patrón proviene de un huevo o una flor (según la medición de la activación de una neurona específica al final de la red). En otras palabras, tú le *indicas* a la red la respuesta correcta. Luego comparas la salida real con la salida esperada y ajustas los pesos de toda la red para que la salida real se acerque más a la esperada. Si realizas este proceso muchas veces (*millones* de veces), en algún momento la red aprende a reconocer patrones de manera precisa; puede identificar el aroma a huevo y flores. Este mecanismo de aprendizaje se denomina «retropropagación»: se propaga el error de la salida de regreso por la red entera, luego se calcula la contribución de error exacta de cada sinapsis y, al final, se ajusta una sinapsis determinada de manera correspondiente.

La clase de aprendizaje recién mencionada, en la que se entrena a una red al brindarle ejemplos junto con la respuesta correcta, se denomina «aprendizaje supervisado» (un humano *supervisa* el proceso de aprendizaje y suministra a la red las respuestas correctas). Muchos métodos de aprendizaje supervisado son más complejos que este, pero el principio es el mismo: se suministran las respuestas correctas y las redes se ajustan utilizando la retropropagación para actualizar los pesos hasta que la categorización de los patrones de entrada sea lo suficientemente precisa. Se ha demostrado que este diseño funciona de manera tan general que se aplica en la actualidad para el reconocimiento de imágenes, el procesamiento de lenguaje natural, el reconocimiento de voz y los coches autónomos.

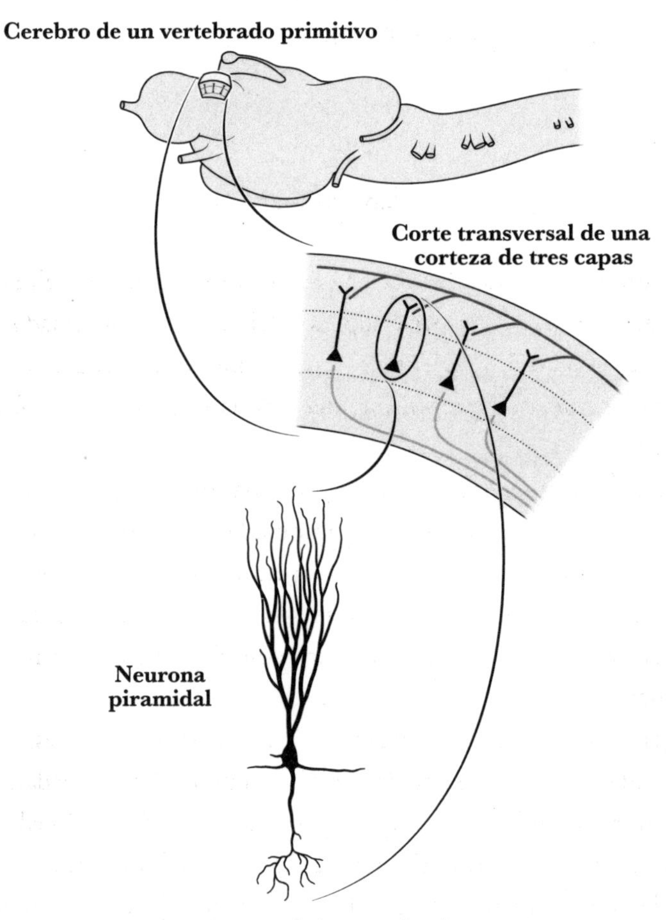

Figura 7.5: Corteza de los vertebrados primitivos

Pero incluso uno de los inventores de la retropropagación, Geoffrey Hinton, reconoció que su creación, a pesar de ser efectiva, era una imitación pobre de cómo funciona realmente el cerebro. Primero, el cerebro no funciona con aprendizaje supervisado; no se te suministran datos etiquetados cuando aprendes que un aroma corresponde a un huevo y otro, a una fresa. Incluso antes de que los niños aprenden las palabas «huevo» y «fresa», pueden reconocer con claridad que son dos aromas diferentes. Segundo, la retropropagación es biológicamente inviable. La retropropagación trabaja ajustando mágicamente millones de sinapsis de manera simultánea y en el número exacto para conducir a la salida de la red en la dirección correcta. No existe una manera concebible con la que el cerebro pueda lograr esto. Entonces, ¿cómo reconoce patrones el cerebro?

La corteza

Las neuronas olfativas del pez envían su información de salida a una estructura ubicada en la parte superior del cerebro denominada «corteza». La corteza de los vertebrados más simples, como el pez lamprea y los reptiles, está compuesta por una lámina delgada de tres capas de neuronas[162].

En la primera corteza se desarrolló una nueva morfología de neuronas, la neurona «piramidal», denominada de esa manera por su forma de pirámide. Estas neuronas piramidales poseen *cientos* de dendritas y reciben estímulos a través de *miles* de sinapsis. Estas fueron las primeras neuronas diseñadas con el propósito de reconocer patrones.

Las neuronas olfativas envían sus señales a las piramidales. Esta red de entrada olfativa que se envía a la corteza posee dos propiedades interesantes. En primer lugar, hay una gran expansión dimensional: un pequeño número de neuronas olfativas se conecta a un número mucho más elevado de neuronas corticales. En segundo lugar, se conectan de manera *dispersa*; una célula olfativa determinada se conectará solo con un subconjunto de estas células corticales. Estos dos aspectos de conexión, en apariencia inocuos, podrían resolver el problema de la discriminación.

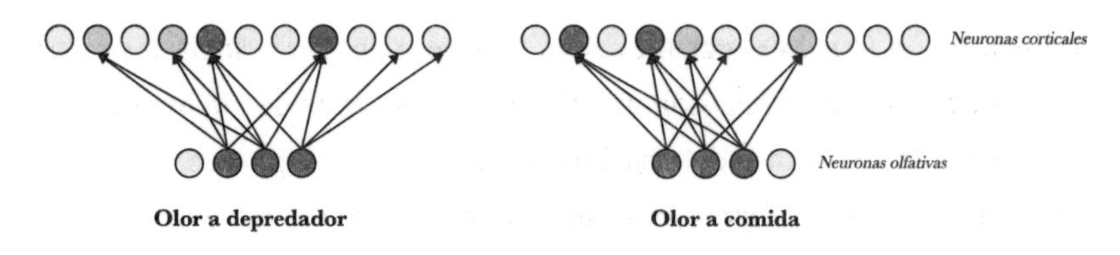

Figura 7.6: Expansión y dispersión (también denominada «recodificación por expansión») pueden resolver el problema de la discriminación

Si observas la figura 7.6 puedes intuir por qué la expansión y la dispersión logran esto. A pesar de que el olor a depredador y a comida se superponen, las neuronas corticales que reciben la entrada de *todas* las neuronas activadas serán diferentes. Como tal, el patrón que se activa en la corteza será diferente, aunque los datos de entrada se superpongan. A menudo se denomina esta operación «separación de patrones», «decorrelación» o «ortogonalización».

Los neurocientíficos también han descubierto pistas sobre cómo la corteza podría resolver el problema de la generalización. Las células piramidales de la corteza envían sus axones de *regreso a sí mismos* para realizar sinapsis en cientos de miles de otras células piramidales cercanas. Esto significa que, cuando un patrón de olor activa un patrón de neuronas piramidales, este conjunto de células se conecta de forma automática mediante la plasticidad de Hebb*. La próxima vez que aparezca un patrón, incluso aunque esté incompleto, el patrón completo podrá ser reactivado en la corteza. Esta estrategia se denomina «autoasociación»; las neuronas en la corteza aprenden de forma automática asociaciones con ellas mismas. Esto ofrece una solución al problema de la generalización; la corteza puede reconocer un patrón que es similar, aunque no idéntico.

La autoasociación revela un aspecto importante que diferencia la memoria de los vertebrados de la memoria informática; sugiere que los cerebros de los vertebrados utilizan la «memoria de contenido direccionable»: los recuerdos se recuperan mediante subconjuntos de la experiencia

* Es la misma estrategia que vimos en el capítulo 4, resumida como «las neuronas que se disparan juntas permanecerán conectadas».

original, que reactivan el patrón original. Si te cuento el principio de una historia que has escuchado con anterioridad, eres capaz de recordar el resto; si te enseño la mitad de una imagen de un coche, puedes dibujar la parte que falta. Sin embargo, los ordenadores utilizan la «memoria de registro direccionable»: memorias que se recuperan solo si cuentas con una única *dirección de memoria* para ellas. Si pierdes la dirección, pierdes la memoria.

La memoria autoasociativa no enfrenta este desafío de perder direcciones de memoria, pero sufre una forma diferente de olvido. La memoria de registro direccionable permite a los ordenadores separar dónde se almacena la información, y así se asegura que la información nueva no sobrescriba la información vieja. Por el contrario, la información autoasociativa se almacena en un conjunto de neuronas compartidas, lo que la expone al riesgo de sobrescribir viejos recuerdos por accidente. De hecho, como veremos más adelante, este es un desafío esencial en el reconocimiento de patrones y su utilización de redes neuronales.

Olvido catastrófico (o el problema del aprendizaje continuo, parte 2)

En 1989, Neal Cohen y Michael McCloskey intentaban enseñar matemáticas a las redes neuronales artificiales[163]. Nada complejo, solo a sumar. Eran neurocientíficos en el hospital Johns Hopkins y ambos estaban interesados en saber cómo las redes neuronales almacenaban y mantenían memorias. Esto sucedió antes de que las redes neuronales artificiales se volvieran populares, antes de que se hubieran demostrado sus múltiples usos prácticos; las redes neuronales todavía eran algo experimental que debía investigarse en relación a las capacidades faltantes y las limitaciones no descubiertas.

Cohen y McCloskey convirtieron números en patrones de neuronas, luego entrenaron a una red neuronal a realizar sumas transformando dos números de entrada (por ejemplo, 1 y 3) en un número de salida correcto (en este caso, 4). En un principio, le enseñaron a la red a sumar unos (1+2, 1+3, 1+4, y así sucesivamente) hasta que lo hizo de forma correcta.

Luego le enseñaron a la misma red a sumar dos (2+1, 2+2, 2+3, y así sucesivamente) hasta que también lo hizo correctamente.

No obstante, luego descubrieron un problema. Tras haberle enseñado a sumar números dos, *se le olvidó cómo sumar unos*. Cuando propagaron los errores de regreso a la red y ajustaron los pesos para enseñarle a sumar números dos, sobrescribió la memoria de cómo sumar unos. Había aprendido con éxito la nueva tarea a expensas de la anterior.

Cohen y McCloskey se refirieron a esta propiedad de las redes neuronales artificiales como «el problema del olvido catastrófico». Este no fue un descubrimiento esotérico, sino una limitación ubicua y devastadora de las redes neuronales: cuando entrenas a una red neuronal para reconocer un patrón nuevo o para realizar una tarea nueva, corres el riesgo de interferir con los patrones previamente aprendidos por la red.

¿Cómo solucionan este problema los sistemas modernos de IA? Bueno, todavía no lo han logrado. Los programadores evitan el problema congelando sus sistemas de IA tras haberlos entrenado. No permitimos que los sistemas de IA aprendan de manera secuencial; aprenden todo de una sola vez y luego dejan de hacerlo.

Las redes neuronales artificiales que reconocen rostros, conducen coches o detectan cáncer en imágenes radiológicas no aprenden continuamente de experiencias nuevas. Ni siquiera ChatGPT, el famoso *chatbot* lanzado por OpenAI, estará aprendiendo de manera continua de los millones de personas que dialogan con él en el momento en el que se imprima este libro. Este *chatbot* también dejó de aprender en el mismo instante en el que fue lanzado al mundo. A estos sistemas no se les permite aprender nada nuevo debido al riesgo de que olviden conocimientos antiguos (o aprendan cosas erróneas). De modo que los sistemas de IA se encuentran congelados en el tiempo, sus parámetros bloqueados; se les permite actualizarse solo cuando se los rentrena desde cero bajo la supervisión meticulosa de seres humanos que controlan su desempeño en todas las tareas relevantes.

La inteligencia artificial semejante a la humana que deseamos crear, por supuesto, no funcionaría de esta manera. Robotina, de *Los Supersónicos*, aprendía a medida que conversabas con ella; podías enseñarle cómo jugar un juego y luego ella podía jugarlo sin olvidar cómo jugar a otros.

Si bien tan solo estamos comenzando a explorar cómo lograr que funcione el aprendizaje continuo, los cerebros animales lo han estado poniendo en práctica durante un largo tiempo.

Ya vimos en el capítulo 4 que incluso los bilaterales primitivos aprendían de manera continua; sus conexiones neuronales se fortalecían y debilitaban con cada experiencia nueva, pero ellos nunca enfrentaron el problema del olvido catastrófico porque nunca aprendieron patrones en primer lugar. Si se reconocen las cosas del mundo utilizando solo las neuronas sensoriales individuales, entonces la conexión entre estas neuronas sensoriales y las motoras puede fortalecerse y debilitarse sin interferir entre sí. Solo cuando el conocimiento se representa en un *patrón de neuronas*, como en las redes neuronales artificiales o en la corteza de los vertebrados, es que el aprendizaje de cosas nuevas corre el riesgo de interferir con la memoria de las viejas.

A medida que evolucionó el reconocimiento de patrones se fue desarrollando también una solución al problema del olvido catastrófico. De hecho, incluso los peces evitan el olvido catastrófico de una manera extraordinariamente exitosa. Entrena a un pez a escapar de una red a través de una pequeña abertura, deja al pez solo durante un año entero, y luego vuelve a realizar la prueba. Durante este largo periodo de tiempo, su cerebro habrá recibido una corriente de patrones constante y habrá aprendido de manera continua a reconocer nuevos olores, imágenes y sonidos. Y, sin embargo, cuando colocas al pez de regreso en la misma red un *año entero* más tarde, recordará cómo escapar casi con la misma velocidad y exactitud con la que lo hizo el año anterior[164].

Existen numerosas teorías sobre cómo los cerebros vertebrados son capaces de lograr esto. Una teoría es que la capacidad para realizar la separación de patrones que tiene la corteza la protege del problema del olvido catastrófico; al separar los patrones de entrada en la corteza, esos patrones no cuentan con la capacidad inherente de interferir entre sí.

Otra teoría es que el aprendizaje en la corteza sucede de manera selectiva solo durante momentos de sorpresa; solo cuando se divisa un patrón en la corteza que supera un umbral de novedad es que los pesos de las sinapsis tienen permitido cambiar. Esto permite que los patrones aprendidos permanezcan estables durante largos periodos de tiempo, a medida que el aprendizaje ocurre solo de manera selectiva. Existe evidencia de que la conexión entre la corteza y el tálamo —ambas estructuras que emergieron en simultáneo en los primeros vertebrados— se encuentra siempre midiendo el nivel de novedad entre los datos sensoriales que ingresan a través del tálamo y los patrones representados en la corteza. Si existe una coincidencia, no se permite ningún aprendizaje, y de ahí que los estímulos ruidosos no interfieran con los patrones existentes ya aprendidos. Aun así, si no existe una coincidencia —si un patrón entrante cuenta con la novedad suficiente—, entonces esto desencadena un proceso de liberación de un neuromodulador, que a su vez provoca cambios en las conexiones sinápticas en la corteza y ahora le permite aprender este nuevo patrón[165].

Aún no comprendemos exactamente cómo los cerebros de vertebrados simples, como los de los peces, reptiles y anfibios, son capaces de sobrepasar los desafíos del olvido catastrófico, pero la próxima vez que veas a un pez, estarás en presencia de la respuesta, oculta en su pequeña cabeza cartilaginosa.

El problema de la invariabilidad

Observa los dos objetos de la página siguiente.

Cuando observas cada uno de ellos, se enciende un patrón específico de neuronas en tus ojos. La diminuta membrana de medio milímetro de espesor en la parte posterior del ojo —la retina— contiene más de cien millones de neuronas de cinco clases diferentes. Cada región de la retina recibe un estímulo desde una ubicación diferente del campo visual y cada clase de neurona es sensible a diferentes colores y contrastes. Cuando observas cada objeto, un patrón único de neuronas activa una sinfonía de picos. Al igual que las neuronas olfativas que componen un patrón olfativo, las neuronas de la retina componen un patrón visual; tu capacidad de ver existe solo gracias a tu habilidad para reconocer estos patrones visuales.

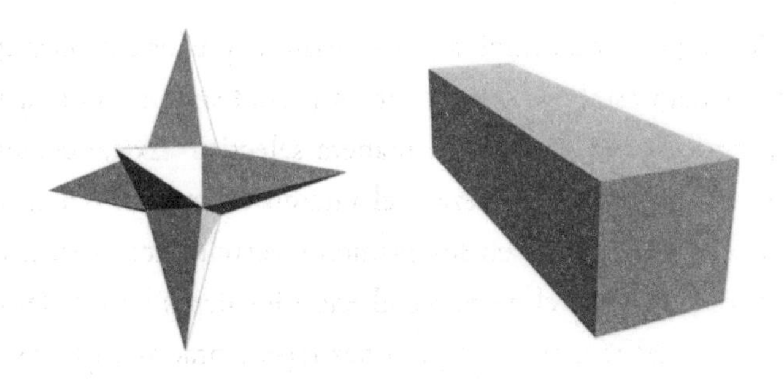

Figura 7.7

Las neuronas activadas en la retina envían sus señales al tálamo, que a su vez envía esas señales al sector de la corteza que procesa los estímulos visuales (la corteza visual). La corteza visual decodifica y memoriza el patrón visual de la misma manera en la que la corteza olfativa decodifica y memoriza patrones olfativos. No obstante, aquí es donde termina la similitud entre la vista y el olfato.

Observemos los siguientes objetos. ¿Puedes identificar qué formas son idénticas a las de la primera imagen?

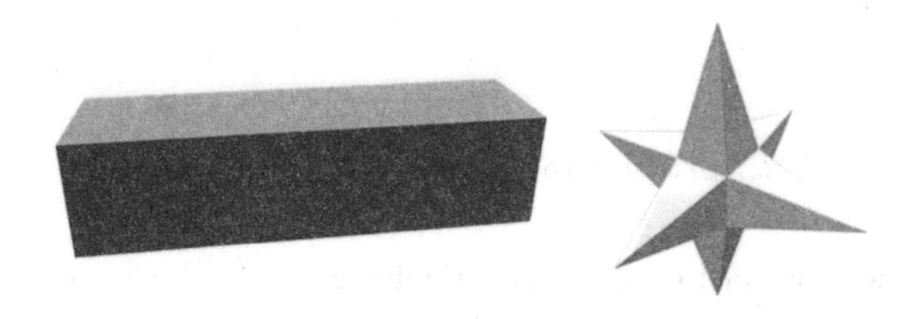

Figura 7.8

El hecho de que sea tan evidente para ti que los objetos de la figura 7.8 son los mismos que los de la figura 7.7 es extraordinario. Dependiendo de en qué partes de la figura te fijes, las neuronas activadas de tu retina podrían no superponerse en absoluto y no compartir ni siquiera una neurona y, sin embargo, aun así podrías identificar las figuras como el mismo objeto.

El patrón de neuronas olfativas activadas por el olor de un huevo es el mismo, no importa la rotación, la distancia ni la ubicación del huevo. Las mismas moléculas se dispersan en el aire y activan las mismas neuronas olfativas, pero este no es el caso de otros sentidos como la visión.

El mismo objeto visual puede activar diferentes patrones según su rotación, distancia o ubicación en tu campo visual. Esto crea lo que se denomina «el problema de invariabilidad»: cómo reconocer un patrón como idéntico, a pesar de las grandes variaciones en sus datos de entrada.

Nada de lo que ya hemos explicado sobre la autoasociación en la corteza brinda una explicación satisfactoria de cómo el cerebro logra esto sin ningún esfuerzo. Las redes autoasociativas que hemos descrito no pueden identificar un objeto que nunca antes has visto desde ángulos completamente diferentes. Una red autoasociativa los consideraría como objetos diferentes porque las neuronas de entrada son diferentes por completo.

Este no es solo un problema de la visión. Cuando reconoces el mismo conjunto de palabras emitidas por la voz aguda de un niño y por la voz grave de un adulto, estás resolviendo el problema de la invariabilidad. Las neuronas activadas en tu oído interno son diferentes debido a que el tono del sonido es completamente diferente y, sin embargo, aún puedes reconocer que son las mismas palabras. De alguna manera, tu cerebro reconoce un patrón común pese a las enormes variaciones en la entrada sensorial.

* * *

En 1958, décadas antes de que Cohen y McCloskey descubrieran el problema del olvido catastrófico, un equipo diferente de neurocientíficos, también del hospital Johns Hopkins, exploraban un aspecto diferente del reconocimiento de patrones.

David Hubel y Torsten Wiesel anestesiaron gatos, les colocaron electrodos en la corteza y registraron su actividad neuronal cuando les presentaban diferentes estímulos visuales[166]. Les presentaron puntos, líneas y varias formas en diferentes ubicaciones del campo visual del gato. Querían descubrir cómo la corteza codificaba el estímulo visual.

En el cerebro de los mamíferos (gatos, ratas, monos, humanos, etcétera), la parte de la corteza que primero recibe el estímulo del ojo se denomina «V1» (la primera vía visual). Hubel y Wiesel descubrieron que las neuronas individuales en la V1 eran increíblemente selectivas con aquello a lo que respondían. Algunas neuronas se activaban solo con líneas verticales en una ubicación específica del campo visual del gato; otras se activaban solo con líneas horizontales en alguna otra ubicación y otras se activaban con líneas a 45° en una ubicación diferente. El área de superficie completa de la V1 conforma un mapa del campo visual completo del gato, donde las neuronas individuales seleccionan líneas de orientaciones específicas en cada ubicación.

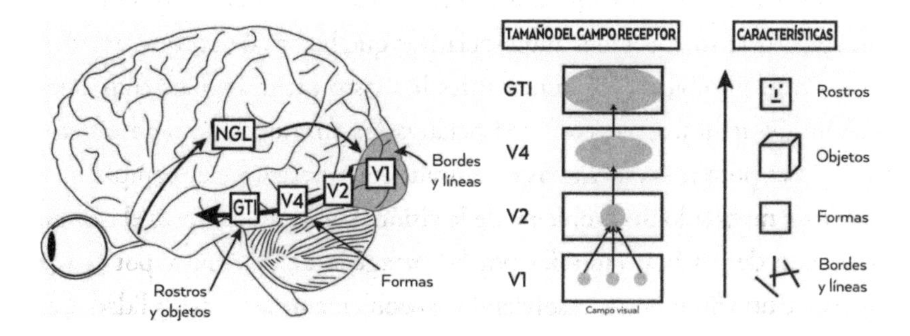

Figura 7.9[167]

La V1 descompone los patrones complejos de la entrada visual en aspectos más simples, como líneas y bordes. Desde ese punto, el sistema visual crea una jerarquía: la V1 envía su salida a una región cercana de la corteza llamada «V2», que a su vez envía la información a un área denominada «V4», que termina enviando la información a un área denominada «GTI», giro temporal inferior.

Las neuronas que se encuentran en niveles cada vez más altos de esta jerarquía cortical se tornan sensibles a aspectos cada vez más sofisticados de estímulos visuales; las neuronas de la V1 se activan principalmente por bordes y líneas básicos, las neuronas de la V2 y V4 son sensibles a formas y objetos más complejos, y las neuronas del GTI son sensibles a complejos objetos enteros, como rostros específicos. Una neurona de la V1 solo responde a la entrada de una región específica del campo visual; por el contrario, una neurona del GTI puede detectar objetos en cualquier región del ojo. En tanto que la V1 descompone imágenes en rasgos simples, y a medida que la información visual viaja hacia arriba por la jerarquía, esta información se recompone para formar objetos completos.

A finales de la década de 1970, más de veinte años después del trabajo inicial de Hubel y Wiesel, un científico informático llamado Kunihiko Fukushima intentaba lograr que los ordenadores reconocieran objetos en imágenes. A pesar de sus esfuerzos, no conseguía que las redes neuronales estándares, como aquellas mencionadas con anterioridad en el capítulo, lo lograran; incluso un pequeño cambio en la ubicación, la rotación o el tamaño de un objeto activaba un conjunto entero de neuronas diferentes, lo que impedía que las redes generalizaran patrones diferentes para el mismo objeto; un cuadrado en un lugar determinado sería percibido de manera incorrecta como distinto al mismo cuadrado en otra ubicación. Se había topado con el problema de la invariabilidad. Y sabía que, de alguna manera, los cerebros lo resolvían.

Fukushima había pasado los cuatro años anteriores trabajando en un grupo de investigación que incluía a varios neurofisiólogos y, por lo tanto, estaba familiarizado con el trabajo de Hubel y Wiesel. Hubel y Wiesel habían realizado dos descubrimientos. En primer lugar, que el procesamiento visual en los mamíferos era *jerárquico*, ya que los niveles más bajos poseían campos receptivos más pequeños y reconocían aspectos más simples, y los niveles más altos poseían campos receptivos más grandes y reconocían objetos más complejos. En segundo lugar, que, en un nivel dado de la jerarquía, las neuronas eran todas sensibles a aspectos similares, solo que lo eran en diferentes ubicaciones. Por ejemplo, un área de la V1 buscaría líneas en una ubicación determinada y otra área buscaría líneas en otra ubicación, pero *todas buscarían líneas*.

Fukushima intuyó que estos dos descubrimientos conducían a indicios sobre cómo los cerebros resolvían el problema de la invariabilidad, así que inventó una nueva arquitectura de redes neuronales artificiales, diseñada para capturar estas dos ideas descubiertas por Hubel y Wiesel[168]. Su arquitectura partía del enfoque estándar de capturar una imagen y arrojarla en una red neuronal conectada al completo. Su arquitectura primero descomponía las imágenes de entrada en múltiples mapas de características, tal como parecía hacerlo la V1. Cada mapa de características era una grilla que señalaba la ubicación de un rasgo concreto —como líneas verticales u horizontales— dentro de la imagen de entrada. Este proceso se denomina «convolución», y de ahí proviene el nombre asignado a la clase de red que Fukushima había inventado: «redes neuronales convolucionales*».

Una vez que estos mapas de características identificaban ciertos rasgos, su información de salida se comprimía y pasaba a otro conjunto de mapas de características que podían combinarse entre sí para formar características de un nivel alto en un área más amplia de la imagen, y lo hacían transformando líneas y bordes en objetos más complejos. Todo esto estaba diseñado para ser análogo al procesamiento visual de la corteza de los mamíferos. Y, sorprendentemente, *funcionaba*.

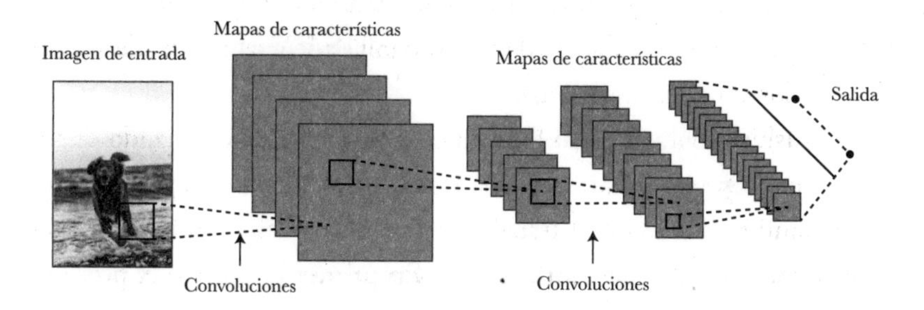

Figura 7.10: Red neuronal convolucional

La mayoría de los sistemas de IA modernos que utilizan la visión artificial, desde un coche autónomo hasta los algoritmos que detectan tumores en imágenes radiológicas, utilizan las redes neuronales convolucionales de Fukushima. La IA era ciega, pero ahora podía ver, un don que comenzó a desarrollarse desde que se experimentó con neuronas de gatos más de cincuenta años atrás.

Lo maravilloso de la red neuronal convolucional de Fukushima es que impone un ingenioso «sesgo inductivo». Un sesgo inductivo es una suposición que realiza el sistema de IA en virtud de cómo está diseñado. Las redes neuronales convolucionales están diseñadas conforme a la *suposición* de la invariabilidad traslacional, que indica que una característica

* Es necesario destacar que él no utilizó la palabra «convolución», pero se le adjudica el crédito de idear el enfoque y la arquitectura. También hay que señalar que fue Yann LeCunn quien actualizó la arquitectura para utilizar la retropropagación, que fue lo que catalizó la adopción generalizada de las redes neuronales convolucionales en aplicaciones prácticas.

determinada en una cierta ubicación debe ser considerada como idéntica a la misma característica situada en una ubicación diferente. Este es un hecho propio de nuestro mundo visual: el mismo objeto puede existir en diferentes lugares sin que ese objeto sea diferente. Entonces, en lugar de intentar lograr que una red neuronal arbitraria aprenda esta característica del mundo visual, lo que requeriría mucho tiempo y datos, Fukushima se limitó a codificar esta regla directamente en la arquitectura de la red.

A pesar de estar inspiradas en el cerebro, las redes neuronales convolucionales (CNN, por sus siglas en inglés), son, de hecho, una aproximación pobre de cómo los cerebros reconocen los patrones visuales. En primer lugar, el procesamiento visual no es tan jerárquico como se creía originalmente; los datos de entrada a menudo se saltan niveles y ramas para llegar a múltiples niveles de manera simultánea. En segundo lugar, las CNN imponen la restricción de la *traslación*, pero no comprenden de manera inherente las rotaciones de objetos 3D y, por lo tanto, no se les da demasiado bien reconocer objetos cuando rotan*. En tercer lugar, las CNN modernas aún se basan en la supervisión y retropropagación —y sus mágicas actualizaciones simultáneas de numerosas conexiones— mientras que la corteza parece reconocer objetos sin supervisión ni retropropagación.

Y, en cuarto lugar, y quizás lo más importante, las CNN están inspiradas en la corteza visual de los *mamíferos*, que es mucho más compleja que la simple corteza visual de los peces. Y aun así, el cerebro del pez —que carece de cualquier jerarquía evidente y de características importantes de la corteza de los mamíferos— es capaz de resolver con solvencia el problema de la invariabilidad.

En 2022, la psicóloga comparativa Caroline DeLong del Instituto de Tecnología de Rochester entrenó a varios peces dorados a tocar imágenes para obtener comida[169]. Les presentó dos imágenes. Cuando tocaban la imagen de una rana, ella les entregaba alimento. Los peces aprendieron rápido a dirigirse de manera directa a la imagen de la rana cada vez que la veían. Luego, DeLong cambió el experimento. Les presentó la imagen de

* La manera con la que las CNN modernas abordan este problema de rotación es aumentando los datos de entrenamiento para incluir enormes cantidades de ejemplos del mismo objeto rotado.

la misma rana, pero desde ángulos que nunca antes habían visto. Si los peces eran incapaces de reconocer el mismo objeto desde ángulos distintos, habrían considerado a esa imagen como cualquier otra. Y, sin embargo, sorprendentemente, nadaron directos a la nueva imagen de la rana, lo que indicó que, sin duda, habían reconocido de inmediato a la rana a pesar del nuevo ángulo de la misma forma con la que tú reconociste los objetos 3D algunas páginas atrás.

No existe una explicación sobre cómo el cerebro del pez logra esa identificación. Si bien la autoasociación explica algunos principios sobre cómo funciona el reconocimiento de patrones en la corteza, es obvio que incluso la corteza de los peces hace algo mucho más sofisticado. Algunos teorizan que la capacidad del cerebro vertebrado para resolver el problema de la invariabilidad deriva no de las estructuras corticales únicas de los mamíferos, sino de las interacciones complejas entre la corteza y el tálamo, interacciones que han estado presentes desde los primeros vertebrados. Quizás el tálamo —una estructura esférica ubicada en el centro del cerebro— funcione como una pizarra de tres dimensiones en la que la corteza provee la información sensorial inicial y el tálamo la conduce de manera astuta hacia otras áreas de la corteza, y juntos proyectan objetos 3D completos a partir de información de objetos 2D. Por lo tanto, son capaces, de manera flexible, de reconocer objetos rotados y en diferentes ubicaciones[170].

Quizás la mejor lección de las CNN no sea el éxito de las suposiciones específicas que intentan emular —como la invariabilidad traslacional—, sino el éxito de las suposiciones en sí mismas. De hecho, mientras las CNN pueden no capturar con exactitud la manera en la que funciona el cerebro, exhiben el poder de un buen sesgo inductivo. En el reconocimiento de patrones, son las buenas suposiciones las que hacen que el aprendizaje sea rápido y eficiente. Es probable que la corteza de los vertebrados cuente con un sesgo inductivo, solo que no sabemos de qué se trata.

En ciertos aspectos el diminuto cerebro de los peces supera algunos de nuestros mejores sistemas de visión artificial. Las CNN requieren una cantidad de datos increíble para comprender los cambios en las rotaciones y objetos 3D, pero un pez parece reconocer los ángulos nuevos de un objeto 3D de manera inmediata.

* * *

En la carrera armamentista de los depredadores del Cámbrico, la evolución pasó de equipar a los animales con nuevas neuronas sensoriales para detectar cosas específicas a equiparlos con mecanismos generales que reconocieran cualquier cosa.

Con esta nueva habilidad de reconocimiento de patrones, los órganos sensoriales de los vertebrados rebosaron de complejidad y no tardaron en adoptar su forma moderna. Las narices evolucionaron para detectar químicos; los oídos internos evolucionaron para detectar frecuencias de sonido; los ojos evolucionaron para detectar imágenes. La coevolución de los conocidos órganos sensoriales y el cerebro de los vertebrados no es una coincidencia: cada uno facilitó el crecimiento y la complejidad del otro. Cada mejora incremental del patrón de reconocimiento del cerebro expandió los futuros beneficios al contar con órganos sensoriales más detallados, y cada mejora incremental en el detalle de los órganos sensoriales expandió los beneficios futuros al contar con un patrón de reconocimiento más sofisticado.

En el cerebro, el resultado fue la corteza de los vertebrados, que de alguna manera reconoce patrones sin supervisión, discrimina de manera exacta los patrones superpuestos, generaliza patrones frente a nuevas experiencias, aprende de forma continua nuevos patrones sin sufrir el olvido catastrófico y reconoce patrones a pesar de las grandes variaciones en la información de entrada.

A su vez, el desarrollo del reconocimiento de patrones y los órganos sensoriales se encontraron también en un bucle de retroalimentación con el aprendizaje por refuerzo en sí mismo. Tampoco es una coincidencia que el reconocimiento de patrones y el aprendizaje por refuerzo hayan evolucionado de manera simultánea. Cuanto mayor sea la capacidad del cerebro para aprender acciones arbitrarias como respuesta a los objetos del mundo, mayor será el beneficio obtenido de *reconocer más objetos en el mundo*. Cuantos más objetos y lugares únicos pueda reconocer el cerebro, más acciones únicas podrá aprender. Así, la corteza, los ganglios basales y los órganos sensoriales evolucionaron en conjunto, todos partiendo de los mismos mecanismos de aprendizaje por refuerzo.

8

¿Por qué la vida sintió curiosidad?

Un tiempo después del éxito del TD-Gammon, los investigadores comenzaron a aplicar el aprendizaje por diferencia temporal de Sutton para toda clase de juegos diferentes. Y uno por uno, los juegos que antes habían resultado «insuperables» fueron derrotados por estos algoritmos; los algoritmos de aprendizaje por diferencia temporal en algún momento sobrepasaron el desempeño de nivel humano en vídeojuegos como Pinball, StarGunner, Robotank, Road Runner, Pong y Space Invaders. Y, sin embargo, existía un juego de Atari que permanecía, de manera sorprendente, fuera del alcance: Montezuma's Revenge[171].

En Montezuma's Revenge, comienzas en una sala repleta de obstáculos. En cada dirección hay una nueva sala, cada una con sus propios desafíos. Ninguna señal o pista indica cuál es la dirección correcta. La primera recompensa se obtiene cuando encuentras una puerta oculta en una lejana sala escondida. Esto hace que el juego sea especialmente difícil para los sistemas de aprendizaje por refuerzo: la primera recompensa se obtiene en una etapa tan avanzada del juego que no existe ningún indicio temprano de qué comportamiento debería ser reforzado o castigado. No obstante, de alguna manera, los humanos logran ganar este juego.

No fue sino hasta el año 2018 que se desarrolló un algoritmo que finalmente completó el nivel uno de Montezuma's Revenge. Este nuevo algoritmo, desarrollado por DeepMind de Google, logró esta hazaña tras agregar algo común de lo que carecía el algoritmo original de aprendizaje por diferencia temporal de Sutton: la curiosidad.

Sutton siempre había sabido que uno de los problemas de cualquier sistema de aprendizaje por refuerzo es algo denominado «el dilema de explotación-exploración». Para que funcione el aprendizaje por ensayo y error, los agentes necesitan, bueno, tener muchas experiencias de ensayo y error de las cuales aprender. Esto significa que el aprendizaje por refuerzo no puede funcionar solo *al explotar* comportamientos que predicen que conducirán a las recompensas; también deben *explorar* nuevos comportamientos.

En otras palabras, el aprendizaje por refuerzo requiere de dos procesos opuestos: uno para los comportamientos que fueron reforzados previamente (explotación) y otro para los comportamientos que son nuevos (exploración). Estas decisiones son, por definición, opuestas. La explotación siempre conducirá el comportamiento hacia las recompensas conocidas y la exploración siempre lo conducirá hacia lo desconocido.

En los primeros algoritmos de aprendizaje por diferencia temporal, este intercambio se implementaba de forma rudimentaria: estos sistemas de IA, de manera espontánea —digamos que el 5 % de las veces—, hacían algo totalmente aleatorio. Esto funcionaba bien si estabas jugando un juego que restringía los movimientos posibles, pero funcionaba muy mal en uno como Montezuma's Revenge, donde había prácticamente un número infinito de direcciones y lugares a los que podías dirigirte.

Existe un enfoque alternativo para abordar el dilema de la explotación-exploración, uno que es tanto hermosamente sencillo como reconfortantemente familiar. Este enfoque consiste en hacer que los sistemas de IA sean *curiosos* de manera explícita y recompensarlos por explorar lugares nuevos y hacer cosas nuevas; es decir, convertir la *sorpresa en una recompensa en sí misma.* Cuanto mayor sea la novedad, mayor será el incentivo para explorarla. Cuando a los sistemas de IA que jugaban al Montezuma's Revenge se les brindó esta motivación intrínseca para explorar nuevas acciones, se comportaron de manera muy diferente; una, en realidad, más similar a cómo se comportaría un jugador humano. Se vieron más motivados para explorar áreas, visitar nuevas salas y expandirse por todo el mapa, pero, en lugar de explorar mediante acciones aleatorias, lo hicieron de forma deliberada; en concreto, deseaban visitar nuevos lugares y realizar nuevas acciones.

A pesar de que no hay recompensas explícitas hasta que no superas todas las salas del nivel uno, estos sistemas de IA no necesitaron ninguna recompensa externa para explorar. Tenían su propia motivación. Simplemente encontrar su camino hacia una nueva sala era una acción valiosa en sí misma. Equipados con la curiosidad, estos modelos comenzaron, de pronto, a progresar y, en algún momento, superaron el nivel uno.

La importancia de la curiosidad en los algoritmos de aprendizaje por refuerzo indica que un cerebro diseñado para aprender mediante el refuerzo, como el cerebro de los primeros vertebrados, también debería exhibir curiosidad. Y, de hecho, los estudios indican que fueron los primeros vertebrados los primeros en mostrar curiosidad. La curiosidad se presenta en todos los vertebrados, desde los peces hasta los ratones, los monos y los infantes humanos[172]. En los vertebrados, la sorpresa en sí misma desencadena la liberación de dopamina, incluso aunque no haya una recompensa «real»[173]. Y, sin embargo, la mayoría de los invertebrados no manifiestan curiosidad; solo los más avanzados, como los insectos y los cefalópodos, la exhiben[174]. Es una estrategia que evolucionó de manera independiente y que no estaba presente en los bilaterales primitivos[175].

El surgimiento de la curiosidad y sus mecanismos ayudan a explicar el fenómeno del juego, que es una rareza irracional del comportamiento vertebrado. Los que apuestan violan la ley del efecto de Thorndike; continúan dilapidando su dinero a pesar de que la recompensa esperada es negativa.

B. F. Skinner fue el primero en descubrir que las ratas apuestan. La mejor manera de lograr que una rata empuje de manera obsesiva una palanca para obtener alimento *no* es hacer que la palanca le brinde alimento cada vez que la empuje; en cambio, es hacer que la palanca le brinde alimento de manera *aleatoria*. Tal refuerzo de razón variable hace que las ratas enloquezcan; empujan la palanca de manera continua, al parecer obsesionadas con descubrir si tan solo *un toque más* será el que libere el alimento. Incluso cuando el número total de granos de alimento liberados es el mismo en todo el proceso, tal refuerzo de razón variable conduce a más toques de la palanca que el refuerzo de razón fija. Los peces también exhiben este comportamiento[176].

Una explicación reside en que los vertebrados obtienen un impulso adicional de refuerzo cuando algo es *sorprendente*. Para despertar la curiosidad animal, evolucionamos para descubrir que las cosas sorprendentes y nuevas son reforzantes, lo que nos conduce a perseguirlas y explorarlas. Esto significa que, aunque la recompensa de una actividad sea negativa, si es nueva la deseamos de todas maneras.

Los juegos de apuestas están diseñados con meticulosidad para explotar esta característica. En las apuestas, no tienes un 0 % de posibilidades de ganar (lo que conduciría a no jugar); tienes un 48 %, un número lo bastante alto como para que sea posible pero lo bastante incierto como para que resulte sorprendente cuando ganes (lo que implica un estallido de dopamina) y lo bastante bajo como para que el casino, a largo plazo, te deje sin un céntimo.

Nuestros *feeds* de Facebook e Instagram también explotan esta característica. Al deslizar la pantalla, aparece una nueva publicación y, de manera aleatoria, tras hacerlo varias veces, encontramos algo interesante. Aunque quizás no desees utilizar Instagram, de la misma manera en la que los apostadores no desean jugar o los adictos a las drogas no desean consumir más, el comportamiento se refuerza de manera subconsciente, lo que hace que sea más difícil detenerse.

Las apuestas y las redes sociales funcionan porque apelan a nuestra preferencia por la sorpresa, que se remonta quinientos millones de años atrás, lo que produce un caso límite de maladaptación para el que la evolución no ha tenido el tiempo de solucionar.

La curiosidad y el aprendizaje por refuerzo coevolucionaron porque la curiosidad es un requisito para que funcione el aprendizaje por refuerzo. Con esta recién descubierta habilidad de reconocer patrones, recordar lugares y cambiar el comportamiento con flexibilidad según las recompensas y los castigos pasados, los primeros vertebrados se encontraron con una oportunidad nueva: por primera vez, el *aprendizaje* se convirtió en una actividad extremadamente valiosa en sí misma. Cuantos más patrones reconociera un vertebrado y más lugares recordara, mejor sería su supervivencia. Y cuantas más cosas intentara, más probable sería que aprendiera las contingencias correctas entre sus acciones y los resultados correspondientes. Y así, quinientos millones de años atrás, en el cerebro diminuto de un ancestro similar a un pez, nació la curiosidad.

9

El primer modelo del mundo

¿Alguna vez has intentado caminar a oscuras por tu casa? Supongo que no lo has hecho a propósito, pero quizás durante un corte de luz o una caminata nocturna hacia el baño. Si alguna vez lo has intentado, es posible que te hayas dado cuenta (de manera no tan sorprendente) de que es una tarea ardua. Cuando sales de tu habitación y te diriges hacia el final del pasillo, existe la posibilidad de que calcules mal su longitud o la ubicación exacta de la puerta del baño. Quizás termines golpeándote un dedo del pie.

Sin embargo, también te percatarías de que, a pesar de tu incapacidad de ver con claridad, posees una idea razonable de dónde está el final del pasillo y de que cuentas con algo de *intuición* acerca de dónde te encuentras en el laberinto de tu hogar. Tal vez calcules mal un paso o dos, pero tu intuición sigue siendo una guía efectiva, a pesar de todo. Lo que resulta sorprendente de esto no es que sea difícil, sino que se puede lograr.

La razón por la que puedes hacerlo es porque tu cerebro ha construido un mapa espacial de tu hogar. Tu cerebro posee un *modelo* interno de tu hogar y, por lo tanto, cuando te mueves, tu cerebro es capaz de actualizar tu posición en su propio mapa. Esta estrategia, la capacidad de construir un modelo interno del mundo externo, la heredó del cerebro de los primeros vertebrados.

El mapa de los peces

Esta misma prueba de encontrar tu camino hacia el baño en la oscuridad puede realizarse con los peces. Bueno, no la parte del baño, sino la prueba general de recordar una ubicación sin contar con una guía visual. Coloca un pez en una pecera vacía donde hay una grilla de veinticinco contenedores idénticos. Esconde alimento en uno de ellos. El pez explorará la pecera e inspeccionará al azar cada contenedor hasta que se tope con la comida. Ahora sácalo de la pecera, vuelve a colocar el alimento en el mismo contenedor y vuelve a meterlo dentro de la pecera. Repite este proceso algunas veces, y el pez aprenderá a dirigirse rápidamente hacia el contendor que esconde el alimento[177].

Los peces no aprenden la regla fija de «siempre gira a la izquierda cuando encuentres este objeto»; se dirigen hacia la ubicación correcta sin importar dónde se los ubique en un inicio. Y tampoco aprenden la regla fija de «nada hacia esta imagen u olor a comida»; los peces se dirigirán al contenedor correcto incluso aunque no coloques *nada* de comida en el contenedor. En otras palabras, incluso cuando cada contenedor es exactamente idéntico porque ninguno de ellos esconde comida, los peces identificarán cuál está ubicado en el lugar que previamente contenía comida.

El único indicio de qué contenedor la guardaba eran las paredes de la pecera, que tenían marcas para designar lados específicos. Por lo tanto, el pez de alguna manera identificaba el correcto basándose solo en la ubicación del contenedor en relación a las marcas de las paredes. La única forma con la que puede haber logrado eso es mediante la construcción de un mapa espacial —un modelo interno del mundo— en su mente.

La capacidad de crear un mapa espacial se presenta en todos los vertebrados. Los peces, reptiles, ratones, monos y seres humanos pueden hacerlo. Y, sin embargo, los bilaterales simples como los nematodos son incapaces de hacerlo; no pueden recordar la ubicación de una cosa en relación con otra[178].

Incluso muchos invertebrados avanzados como las abejas y las hormigas son incapaces de resolver tareas espaciales. Consideremos el siguiente estudio sobre las hormigas. Las hormigas forman un camino desde el nido hasta el alimento y otro camino desde la fuente de alimento hasta su nido. Regresan al nido con el alimento recolectado y luego vuelven a salir con las manos vacías para conseguir más alimento.

Supongamos que levantas a una en su camino de regreso y la ubicas en el camino de las que están *saliendo* del nido. Esta hormiga claramente desea regresar al nido, pero ahora está en un lugar desde el cual solo se ha *alejado*. Si contara con un modelo interno del espacio, se daría cuenta de que encontraría la ruta más rápida de regreso a su nido si girara y avanzara en la dirección opuesta. Eso es lo que haría un pez, pero si, en su lugar, la hormiga aprendiera solo una serie de movimientos («gira hacia la derecha en la X», «gira hacia la izquierda en la Y»), entonces comenzaría el ciclo desde el principio una y otra vez. De hecho, las hormigas regresan al inicio del ciclo completo[179]; se desplazan siguiendo un conjunto de reglas de cuándo girar en qué lugar, no mediante la construcción de un mapa espacial.

Tu compás interno

Puedes realizar esta otra prueba: siéntate en una de esas sillas giratorias, cierra los ojos, pídele a alguien que gire la silla y luego adivina en qué dirección de la habitación te encuentras antes de abrir los ojos. Lo harás con una precisión increíble. ¿Cómo logra esto tu cerebro?

En las profundidades de tu oído interno se encuentran unos canales semicirculares, unos pequeños tubos llenos de un fluido, que están revestidos por neuronas sensoriales que flotan en este fluido y se activan cuando detectan movimiento. Los canales semicirculares están organizados en tres aros: uno para mirar hacia adelante, otro hacia los lados y otro hacia arriba. El fluido de cada uno de estos canales se mueve solo cuando tú te desplazas en esa dirección específica. Por lo tanto, el conjunto de neuronas sensoriales activadas señala la dirección del movimiento de la cabeza. Esto crea un sentido único; el sentido «vestibular». Es por esta razón por la que te mareas si te giran en la silla de manera continua; en algún momento, esto sobreactiva a las células sensoriales y, al dejar de girar, todavía se encuentran activas, por lo que continúan señalando de manera incorrecta que hay un movimiento de rotación incluso cuando tú ya no estás girando.

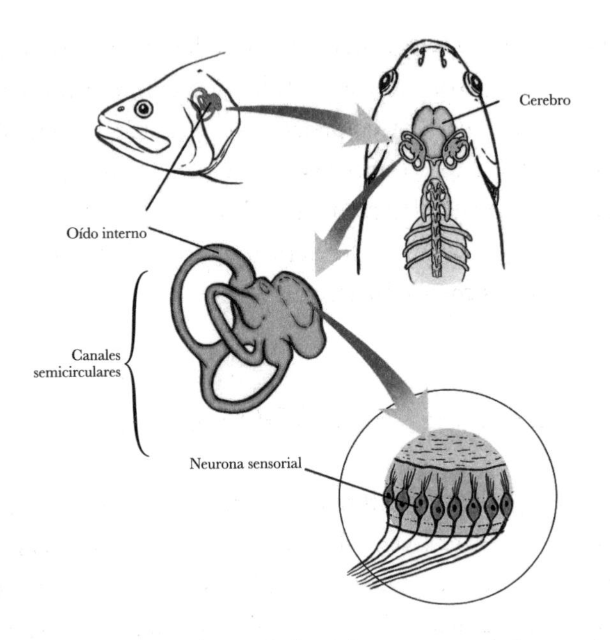

Figura 9.1: El sentido vestibular del pez emerge de los canales semicirculares, que son exclusivos de los vertebrados[180]

El origen evolutivo de los canales semicirculares emergió en los primeros vertebrados y surgió al mismo tiempo que el aprendizaje por refuerzo y la capacidad de construir mapas espaciales. Los peces modernos poseen la misma estructura en sus oídos internos, lo que les permite identificar cuándo y hasta qué punto se están moviendo.

El sentido vestibular es un aspecto necesario para construir un mapa espacial. Un animal necesita tener la capacidad de diferenciar cuándo algo se acerca nadando hacia él y cuándo él se está acercando a algo. En cada caso, los estímulos visuales son los mismos (ambos reparan en que un objeto se aproxima), pero cada uno significa cosas *muy* diferentes en términos de movimiento a través del espacio. El sistema vestibular ayuda al pez a darse cuenta de la diferencia: si comienza a nadar hacia un objeto, el sistema vestibular detectará esa aceleración. Por el contrario, si un objeto comienza a nadar hacia el *pez*, no sucederá tal activación.

En el rombencéfalo de los vertebrados, en especies tan diversas como los peces y ratas, se encuentran las llamadas «neuronas de direccionalidad de la cabeza», que se activan solo cuando un animal se dirige a una dirección determinada[181]. Estas células integran información visual y vestibular para crear un compás neuronal. El cerebro de los vertebrados evolucionó, desde sus comienzos, para modelar y desplazarse por el espacio tridimensional.

No obstante, si el rombencéfalo del pez crea un compás de la dirección propia del animal, ¿dónde se crea el modelo del espacio externo? ¿Dónde almacena el cerebro de los vertebrados la información acerca de las ubicaciones de las cosas relativas a otras?

La corteza medial (el hipocampo)

La corteza de los primeros vertebrados[182] estaba dividida en tres subáreas: la corteza lateral, la corteza ventral y la corteza medial[183]. La corteza lateral es el área donde los vertebrados primitivos reconocían los olores, aunque más adelante evolucionó y formó la corteza olfativa en los primeros mamíferos. La corteza ventral es el área donde los vertebrados primitivos aprendían patrones de imágenes y sonidos, que más adelante formaron la amígdala en los primeros mamíferos. Y, por último, plegada en el medio del cerebro, se encontraba la tercera área, la corteza medial.

La corteza de los primeros vertebrados

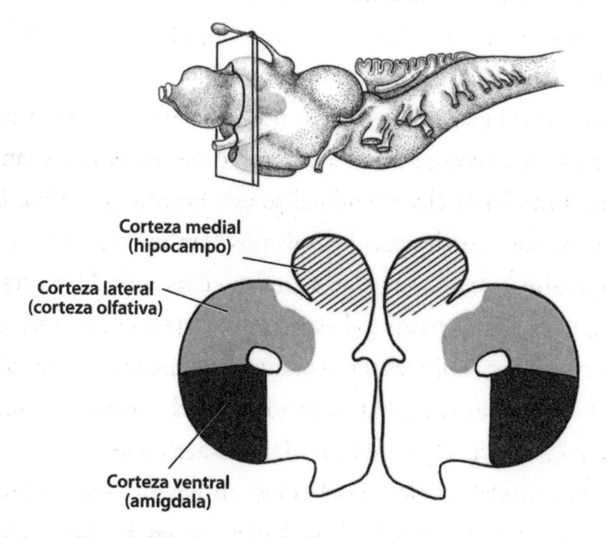

Figura 9.2: Corteza de los primeros vertebrados

La corteza medial es la parte de la corteza que más adelante se convertiría en el hipocampo en los mamíferos. Si registráramos las neuronas en el hipocampo de los peces mientras nadan, encontraríamos algunas neuronas que se activan solo cuando los peces se encuentran en una ubicación específica en el espacio, otras cuando se encuentran en un extremo de la pecera, y otras solo cuando enfilan hacia direcciones específicas[184]. Las señales visuales, vestibulares y de dirección de la cabeza se propagan hacia la corteza medial, donde se mezclan y se transforman en un mapa espacial[185].

De hecho, si dañas el hipocampo de un pez, puede aprender a acercarse o alejarse de estímulos, pero pierde su capacidad de recordar ubicaciones[186]. Este pez no podrá utilizar puntos de referencia distantes para determinar la dirección correcta en la cual girar en un laberinto[187], no podrá utilizar puntos de referencia específicos en un espacio abierto para obtener comida[188] y no podrá descubrir cómo escapar de un lugar simple cuando lo ubiquen en diferentes puntos de partida[189].

La función y la estructura del hipocampo han sido conservadas en muchos linajes de los vertebrados. En los humanos y ratas, el hipocampo contiene células de lugar, que son neuronas que se activan únicamente cuando un animal se encuentra en una ubicación específica en un laberinto abierto. El daño del hipocampo en lagartos, ratas y seres humanos afecta de manera similar a la navegación espacial[190].

Sin duda, la corteza de tres capas que tenían los primeros vertebrados realizaba cálculos que iban mucho más allá de simples autoasociaciones. No solo parecía capaz de reconocer objetos, a pesar de los grandes cambios en rotación y escala (lo que resolvía el problema de la invariabilidad), sino que al parecer también era capaz de construir un modelo interno del espacio. Para especular: quizás la capacidad de la corteza de reconocer objetos incluso con los grandes cambios en la rotación y su capacidad para modelar el espacio se encuentren relacionadas. Quizás la corteza esté preparada para modelar *cosas* en 3D, ya sean objetos o mapas espaciales.

La evolución de los mapas espaciales en las mentes de los vertebrados primitivos marcó numerosos hitos. Fue la primera vez en la historia de mil millones de años de vida que un organismo podía reconocer *dónde* se encontraba. No resulta difícil divisar la ventaja que esto ofrecía. Mientras la mayoría de los invertebrados se desplazaban por allí y ejecutaban respuestas motoras reflejas, los primeros vertebrados podían recordar los lugares donde los artrópodos tendían a esconderse, cómo regresar a un lugar seguro y las ubicaciones de los escondites y rincones que guardaban alimento.

También era la primera vez que un cerebro diferenciaba el sentido del yo del mundo. Para rastrear la ubicación de uno mismo en el espacio, un animal necesita tener la capacidad de distinguir entre «algo está nadando hacia mí» y «yo estoy nadando hacia algo».

Y, lo que es más importante, era la primera vez que un cerebro construía un *modelo interno*; una representación del mundo externo. El uso inicial de ese modelo era, muy probablemente, poco refinado: permitió a los cerebros reconocer ubicaciones arbitrarias en el espacio y calcular la dirección correcta hacia un lugar concreto desde cualquier punto de partida. Sin embargo, la construcción de este modelo interno sentó las bases para el próximo avance en la evolución del cerebro. Lo que comenzó como una estrategia para recordar ubicaciones se convirtió en algo mucho más sorprendente.

Resumen del avance #2: Refuerzo

Nuestros ancestros de hace quinientos millones de años pasaron de ser bilaterales simples semejantes a gusanos a vertebrados semejantes a los peces. En los cerebros de estos primeros vertebrados se desarrollaron numerosas estructuras y habilidades nuevas, la mayoría de las cuales permitieron y facilitaron el gran avance #2: el aprendizaje por refuerzo. Estas incluyen:

- La dopamina se transformó en una señal de aprendizaje por diferencia temporal, que ayudó a resolver el problema de la asignación de crédito temporal y permitió a los animales aprender mediante ensayo y error.
- Los ganglios basales actuaron como un sistema de actor-crítico, lo que permitió a los animales generar esta señal dopaminérgica al predecir recompensas futuras y utilizar esa señal de dopamina para reforzar y castigar comportamientos.
- La curiosidad surgió como una parte necesaria para lograr que funcionara el aprendizaje por refuerzo (lo que resolvió el dilema de exploración-explotación).
- La corteza surgió como una red autoasociativa, que posibilitó el reconocimiento de patrones.
- También surgió la percepción del cálculo preciso del tiempo, que permitió a los animales aprender, mediante ensayo y error, no solo *qué* hacer, sino *cuándo* hacerlo.
- Emergió (en el hipocampo y en otras estructuras) la percepción del espacio tridimensional, lo que permitió a los animales reconocer dónde se encontraban y recordar la ubicación de las cosas en relación a otras.

El aprendizaje por refuerzo en los vertebrados primitivos fue posible solo porque los mecanismos de valencia y de aprendizaje asociativo ya se habían desarrollado en los primeros bilaterales. El aprendizaje por refuerzo está construido en base a señales de valencia más simples de lo bueno y lo malo. Conceptualmente, el cerebro de los vertebrados se construye sobre el sistema más antiguo de control de dirección de los bilaterales. Sin el control de dirección, no existiría punto de partida que permitiera ensayo y error y no habría base sobre la cual medir qué reforzar o desalentar.

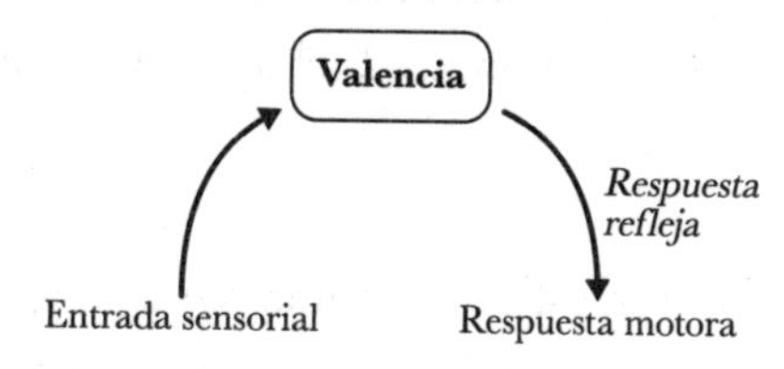

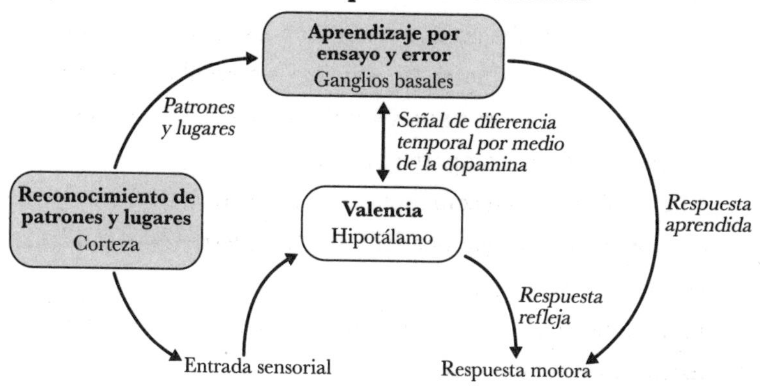

Figura 9.3

Los bilaterales con control de dirección hicieron que más adelante los vertebrados pudieran aprender por medio de ensayo y error. A su vez, el aprendizaje por ensayo y error de los vertebrados hizo posible el desarrollo del avance que tendría lugar a continuación, que fue incluso más sorprendente y monumental. Fueron los primeros mamíferos quienes descubrieron cómo participar de una clase diferente de aprendizaje por ensayo y error: aprender ya no con *acciones*, sino con la *imaginación*.

AVANCE #3

La simulación y los primeros mamíferos

Tu cerebro 200 millones de años atrás

10

La Edad Oscura neuronal

Desde hace 420 a 375 millones de años, los océanos se fueron poblando de peces depredadores cada vez más diversos en formas y tamaños. Resultaba muy común ver animales que se hubieran parecido a los tiburones y a las rayas de la actualidad. Los placodermos, que eran peces de seis metros de largo equipados con cabezas acorazadas y gruesos dientes capaces de destruir huesos, se encontraban en la cima de la cadena trófica.

Los artrópodos y otros invertebrados quedaron relegados a diversos nichos. Algunos se volvieron más pequeños. Otros desarrollaron caparazones más fuertes. Algunos incluso tomaron el ejemplo de los primeros vertebrados y sobrevivieron al volverse más astutos; fue durante este periodo que aparecieron los cefalópodos, los ancestros de los pulpos y calamares de hoy en día. Frente a una fuerte presión para sobrevivir a la caza masiva por parte de los peces, los cefalópodos se volvieron increíblemente inteligentes en una línea evolutiva independiente, y poseían un cerebro que funcionaba de manera muy distinta al nuestro.

La estrategia más radical de supervivencia de los invertebrados fue escapar del océano en conjunto. Los artrópodos, alejados de sus hogares por la depredación constante, fueron los primeros animales en salir del océano y poblar la tierra. Encontraron su refugio entre las pequeñas plantas terrestres sin hojas que habían crecido de manera escasa a lo largo de la costa.

El periodo entre esos 420 y 375 millones de años atrás se denomina «periodo Devónico»; en él, las plantas terrestres desarrollaron *hojas* para lograr una mejor absorción de la luz solar y *semillas* para expandirse, que fueron dos estrategias que les permitieron propagarse en áreas previamente inhóspitas[191]. Las primeras plantas que se desarrollaron fueron aquellas que se asemejan a los árboles actuales, ya que extendieron gruesas raíces y crearon suelos estables para que pudieran vivir los artrópodos de las cercanías.

A comienzos del periodo Devónico, las plantas terrestres no medían más de treinta centímetros, pero, para el final de la época, habían alcanzado los treinta *metros* de alto[192]. Fue en este momento cuando nuestro planeta comenzó a verse verde desde arriba, cuando las plantas terrestres se expandieron por toda la superficie de la Tierra.

Si bien la vida para los artrópodos era horrible en el océano, se convirtió en un paraíso celestial en la tierra. Los artrópodos desarrollaron nuevas estrategias para lidiar con las necesidades de la vida en la tierra y se diversificaron para asemejarse a las arañas e insectos de la actualidad. Por desgracia, como vemos en el presente con el problema del cambio climático, la biosfera de la Tierra es implacable con aquellos que se reproducen de forma rápida e insostenible. Lo que comenzó como un pequeño oasis para los artrópodos refugiados se terminó convirtiendo en un exceso descontrolado de vida vegetal, lo que desencadenó una extinción global que eliminaría cerca de la mitad de toda la vida.

Una historia de dos grandes muertes

La historia se repite.

Hace mil quinientos millones de años, la explosión de las cianobacterias sofocó a la Tierra con dióxido de carbono y la contaminó con oxígeno. Más de mil millones de años más tarde, la explosión de las plantas sobre la tierra parece haber cometido un crimen similar.

La marcha terrestre de las plantas avanzó de manera muy veloz para que la evolución se acomodara y equilibrara los niveles de dióxido de carbono por medio de la expansión de más animales productores de CO_2. Los niveles de dióxido de carbono se desplomaron, lo que causó que las temperaturas bajaran. Los océanos se congelaron y poco a poco se volvieron inhabitables para la vida. Se trató de la extinción del Devónico[193], la primera aniquilación masiva de esta era. Existen numerosas teorías que compiten por explicar sus causas; algunas afirman que no fue la sobreproliferación de plantas, sino algún otro desastre natural. En cualquier caso, fue a partir de las tumbas gélidas de esta tragedia que nuestros ancestros emergieron del océano.

Las extinciones masivas crean oportunidades para que los nichos pequeños se transformen en estrategias dominantes. Antes de la extinción masiva del Devónico, nuestros ancestros habían encontrado tal nicho. La mayoría de los peces se mantenían alejados de la costa para evitar una situación de «varado mortal», en la que se quedan atascados en la tierra cuando la marea retrocede. Sin embargo, aunque el riesgo de quedar varados era muy alto, también había una gran recompensa nutritiva cerca de la costa: los cálidos charcos terrestres estaban repletos de insectos pequeños y vegetación.

Nuestros ancestros fueron los primeros peces en desarrollar la capacidad de sobrevivir fuera del agua. Desarrollaron un par de pulmones que aumentaron sus branquias, lo que les permitió extraer oxígeno tanto del agua como del aire. Por lo tanto, nuestros ancestros utilizaron sus aletas tanto para nadar en el agua como para avanzar cortas distancias por la tierra y, así, viajar de charco en charco en busca de insectos.

Cuando la gran extinción masiva del Devónico tardío comenzó a congelar los océanos, nuestros ancestros, que ya respiraban aire y caminaban por la tierra, fueron uno de los pocos peces de aguas cálidas que lograron sobrevivir. Como el suministro de alimento en el agua cálida comenzó a escasear, vivieron más tiempo en los charcos terrestres. Perdieron sus branquias (y por ende su capacidad de respirar bajo el agua), y sus aletas palmeadas dieron paso a manos y patas con dedos. Se convirtieron en los primeros *tetrápodos* (*tetra*: «cuatro» y *podo*: «pies») y ya se asemejaban a un anfibio moderno, como una salamandra.

Un linaje evolutivo de los tetrápodos, que tuvieron la fortuna suficiente de vivir en partes de la Tierra que aún formaban charcos más cálidos, mantuvo su estilo de vida durante cientos de millones de años; se convirtieron en los anfibios de la actualidad. Otro linaje abandonó las costas moribundas y se aventuró más hacia el interior en busca de alimento. Este fue el linaje de los amniotas: las criaturas que desarrollaron la capacidad de poner huevos de cáscaras coriáceas que podían sobrevivir fuera del agua.

Probablemente, los primeros amniotas se parecían a un lagarto actual. Y encontraron un ecosistema terrestre que abundaba en alimento; los insectos y la vegetación se encontraban disponibles por todas partes, listos para ser devorados. Al final, la era del hielo del Devónico se desvaneció y los amniotas se expandieron y diversificaron por todos los rincones de la Tierra. Las eras del Carbonífero y del Pérmico, que en conjunto duraron desde hace 350 millones a 250 millones de años, presenciaron una explosión de amniotas sobre la tierra.

Para ellos, vivir en la tierra presentaba desafíos únicos que sus parientes los peces nunca habían enfrentado. Uno de estos desafíos fueron las fluctuaciones en las temperaturas. Los ciclos del día y las estaciones solo causan cambios de temperatura atenuados en las profundidades del océano. Por el contrario, las temperaturas pueden fluctuar de forma drástica en la superficie. Los amniotas, al igual que los peces, poseían sangre fría y su única estrategia para regular la temperatura corporal era reubicarse en lugares más cálidos.

Un linaje de amniotas fueron los reptiles, que acabaron diversificándose en dinosaurios, lagartos, serpientes y tortugas. La mayoría de estos reptiles lidiaban con las fluctuaciones diarias de temperatura manteniéndose inmóviles durante la noche. Las temperaturas eran demasiado bajas para que sus músculos y metabolismos funcionaran de manera adecuada, de modo que simplemente se apagaban. El hecho de que los reptiles estuvieran apagados durante un tercio de sus vidas presentó una oportunidad: las criaturas que podían cazar de noche se darían un increíble festín de lagartos inmóviles.

El otro linaje de amniotas fueron nuestros ancestros: los terápsidos. Los terápsidos se diferenciaban de los reptiles de la época en un aspecto importante: desarrollaron *sangre caliente*. Los terápsidos fueron los primeros vertebrados en desarrollar la capacidad de utilizar energía para generar su propio calor interno*. Esta era una apuesta de riesgo. Requerirían mucho más alimento para sobrevivir, pero, a cambio, contaban con la capacidad de cazar en cualquier momento, incluidas las noches frías cuando

---

* Se cree que algunos dinosaurios desarrollaron sangre caliente más adelante en su historia evolutiva, como evidencian los análisis químicos de sus fósiles y el hecho de que las aves posean sangre caliente.

sus primos reptiles permanecían inmóviles, un festín fácil ofrecido en una bandeja del Pérmico.

En el periodo Pérmico, cuando la tierra rebosaba de reptiles y artrópodos comestibles, la apuesta dio sus frutos. Durante el periodo desde hace 300 a 250 millones de años, los terápsidos se convirtieron en los animales terrestres más exitosos. Crecieron hasta alcanzar el tamaño de un tigre moderno y comenzaron a desarrollar pelo para mantener aún más el calor; debían de lucir como enormes lagartos peludos.

Quizás ya puedas reconocer una tendencia en la historia evolutiva de la vida en la Tierra: todos los reinados llegan a un fin. El reinado de los terápsidos no fue la excepción: la extinción masiva del Pérmico-Triásico, que sucedió alrededor de doscientos cincuenta millones de años atrás, fue la extinción más mortal de la historia de la Tierra. Se convirtió en la segunda gran extinción de esta era. Esta extinción fue la más severa y quizás la más enigmática. En un lapso de cinco a diez millones de años, el 96 % de la vida marina y el 70 % de la vida terrestre había muerto. Aún existe controversia sobre las causas de esa extinción; las teorías incluyen asteroides, explosiones volcánicas y microbios productores de metano. Algunas teorías indican que no hubo una sola razón, sino una perfecta tormenta de múltiples sucesos desafortunados. Sin importar la causa, conocemos muy bien sus efectos.

Los enormes terápsidos se extinguieron casi por completo. La apuesta por la sangre caliente que en un principio facilitó su ascenso también se convirtió en la causa de su caída. Durante un periodo de acceso restringido al alimento, los terápsidos, que necesitaban gigantescas cantidades de calorías, fueron los primeros en morir. Los reptiles y sus dietas, escasas en comparación, se vieron mejor adaptados para sobrellevar esta tormenta.

Figura 10.1: El primer terápsido

Durante unos cinco millones de años, la vida sobrevivió en pequeños sectores del mundo. Los únicos terápsidos que sobrevivieron fueron los terápsidos pequeños que se alimentaban de plantas, como los cinodontos excavadores. Los cinodontos originalmente evolucionaron hacia el nicho de excavadores para esconderse de los terápsidos más grandes y del resto de los depredadores que dominaban el mundo. Cuando el suministro de alimento desapareció y todos esos enormes animales se extinguieron, los cinodontos se encontraron entre los pocos que sobrevivieron y salieron victoriosos de la extinción del Pérmico-Triásico.

Aunque el linaje de los terápsidos apenas fue preservado por los pequeños cinodontos, el mundo en el que se encontraron había cambiado. En el otro extremo de la extinción, con un 70 % de la vida extinta, emergieron los reptiles, numerosos, diversos y enormes. La erradicación de los inmensos terápsidos entregó el reino animal a sus primos escamosos, los reptiles. Desde el final de este evento de extinción y durante los siguientes ciento cincuenta millones de años, los reptiles reinarían en el mundo.

Los pequeños lagartos del Pérmico se convirtieron en arcosaurios, depredadores de seis metros con inmensos dientes y garras que se asemejaban a un tiranosaurio más pequeño. También, durante este periodo, los vertebrados miraron hacia el cielo; los pterosaurios y los arcosaurios voladores fueron los primeros en desarrollar alas y cazar desde arriba.

Para sobrevivir a esta era voraz de dinosaurios depredadores, pterosaurios y otras gigantescas bestias reptilianas, los cinodontos se volvieron cada vez más pequeños hasta que alcanzaron no más de diez centímetros de largo. Equipados con sangre caliente y su tamaño minúsculo, sobrevivieron al mantenerse escondidos en madrigueras durante el día y solo salir en las frías noches, cuando los arcosaurios se volvían relativamente ciegos e inmóviles. Construyeron sus hogares en intrincados laberintos excavados o en la gruesa corteza de los árboles. Cazaban en silencio, merodeando por los suelos de los bosques sumidos en la penumbra y buscando insectos en las ramas de los árboles. Se convirtieron en los primeros mamíferos.

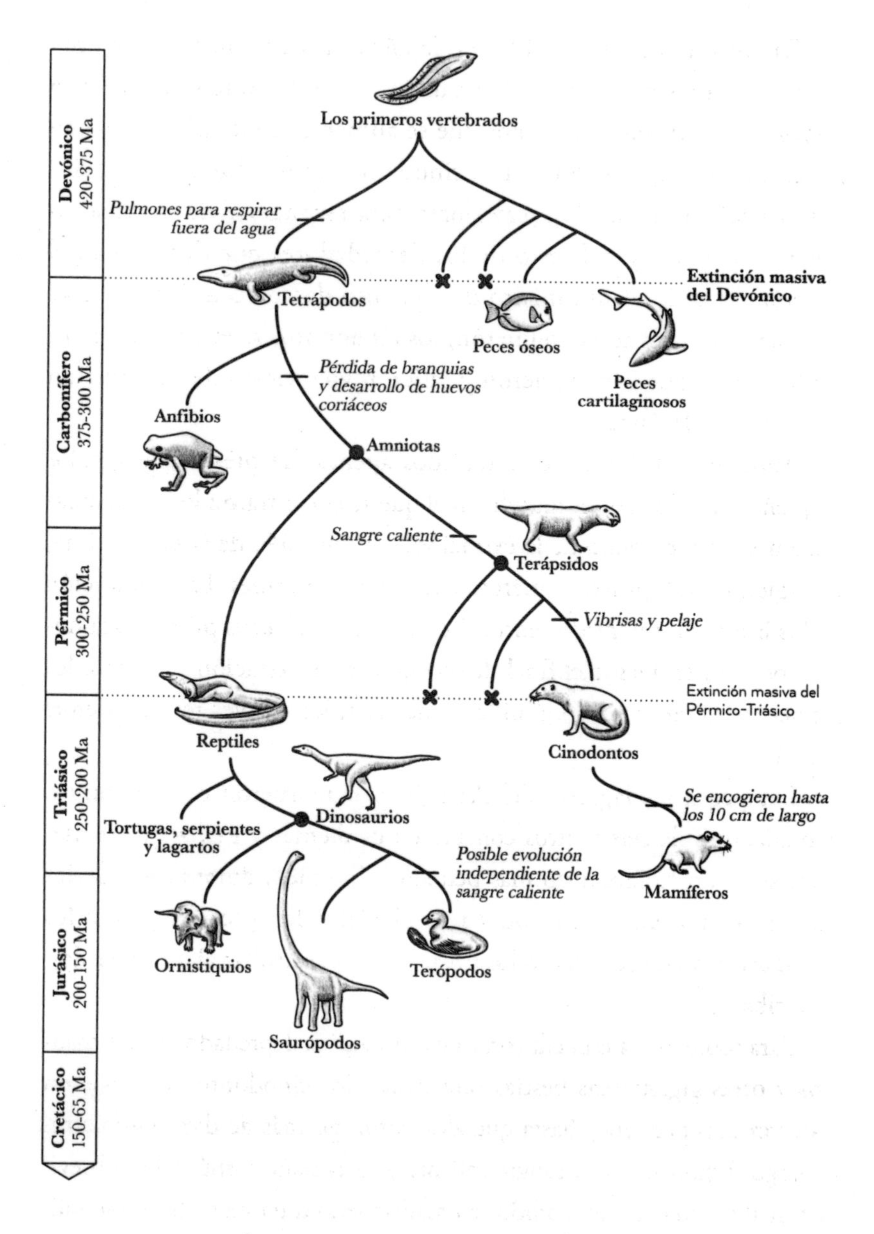

Figura 10.2: Árbol evolutivo desde los primeros vertebrados hasta los primeros mamíferos. Ma = millones Tetrápodos

En algún punto de este reinado de dinosaurios de cien millones de años, mientras estos pequeños mamíferos sobrevivían ocultos en rendijas y escondrijos del mundo, agregaron a su repertorio una estrategia más de supervivencia. Desarrollaron una nueva habilidad cognitiva, la innovación neuronal más grande desde los tiempos del pez cámbrico.

Sobrevivir gracias a la simulación*

Este primer mamífero de diez centímetros de largo, que posiblemente se asemejaba a un ratón o a una ardilla de la actualidad, no era más fuerte que los dinosaurios o las aves y seguramente era incapaz de escapar de un ataque depredador. También es posible que fuera más lento, o al menos no más rápido, que un arcosaurio o un pterosaurio que cae desde el cielo. No obstante, el estilo de vida arbóreo y de excavación otorgó a los primeros mamíferos una ventaja singular: eran ellos quienes daban el *primer paso*. Desde una cueva subterránea o desde detrás de una rama de un árbol, podían mirar a su alrededor, detectar un ave en la lejanía y un insecto delicioso y decidir si valía la pena salir en su búsqueda. Este regalo del primer paso permaneció sin explotar durante cientos de millones de años, pero al final surgió una innovación neuronal para explotarlo: una región de la corteza, a través de una serie de sucesos desconocidos en el presente, se transformó en una nueva región llamada «neocorteza» (*neo* por «nuevo»).

La neocorteza le brindó a este pequeño ratón un superpoder: la capacidad de simular acciones antes de que sucedieran. Podía mirar hacia un conjunto de ramas que conducían desde su escondite hacia un insecto delicioso. Podía ver en la lejanía los ojos de un ave depredadora. El ratón podía simular el movimiento por diferentes caminos, simular cómo el ave lo cazaba y cómo los insectos se alejaban saltando, y luego escoger el mejor camino, el camino que, en su simulación, lo veía tanto vivo como bien alimentado. Si el aprendizaje por refuerzo de los primeros vertebrados les valió el poder de aprender *con acciones*, entonces los primeros

* Para mantener la relación que postula entre el desarrollo del cerebro y la inteligencia artificial, hemos decidido mantener el término «simular» utilizado por el autor, con el sentido de «generar una representación mental de posibilidades de acción antes de que sucedan», en tanto puede implicar observar, visualizar, predecir, evaluar y crear simulaciones. (N. de la E.).

mamíferos obtuvieron el poder incluso más sorprendente de aprender *antes de actuar*, de aprender con la imaginación.

Muchas criaturas se habían encontrado previamente en situaciones de contar con el primer movimiento; los cangrejos se escondían debajo de la arena y los pequeños peces se escondían entre las hojas de las plantas coralinas. Entonces, ¿por qué se desarrolló la simulación solo en los mamíferos?

Se ha especulado que había dos requisitos para que la simulación evolucionara. En primer lugar, se necesitaba tener visión de largo alcance; se necesita poder ver gran parte de lo que te rodea para que los caminos de simulación sean provechosos. En la tierra, incluso de noche, puedes ver hasta cien veces más lejos de lo que puedes ver debajo del agua[194]. Por lo tanto, los peces optaron por no simular ni planificar sus movimientos, sino por responder con rapidez cuando algo se acercaba a ellos (de ahí que posean un gran mesencéfalo y rombencéfalo y una corteza más pequeña en comparación).

El segundo requisito es la presencia de sangre caliente. Por razones que veremos en los próximos capítulos, simular acciones resulta astronómicamente más costoso en términos computacionales y consume mucho más tiempo que los mecanismos de aprendizaje por refuerzo en el sistema de la corteza y los ganglios basales. La señalización eléctrica de las neuronas es muy sensible a las temperaturas; frente a temperaturas bajas, las neuronas se disparan mucho más lento que frente a temperaturas cálidas. Esto significó que un efecto colateral de la presencia de la sangre caliente fue que los cerebros de los mamíferos podían funcionar con mayor rapidez que los cerebros de los peces o reptiles. Esto hizo que pudieran realizar cálculos significativamente más complejos. Esto explica por qué los reptiles, a pesar de su visión de largo alcance sobre la tierra, nunca recibieron el regalo de la simulación. Los únicos animales no mamíferos que han demostrado contar con la capacidad de simular acciones y planificar son las aves[195]. Y las aves son la única especie no mamífera que ha evolucionado de manera independiente hasta tener sangre caliente.

Dentro del cerebro de los primeros mamíferos

A lo largo de esta historia de varios cientos millones de años, desde el avance de los peces sobre la tierra hasta la aparición de los dinosaurios, hubo una amplia diversificación de las formas, tamaños y órganos de los animales. Y, sin embargo, hubo una estructura que sorprendentemente permaneció inalterable: el cerebro.

Desde los primeros vertebrados a los primeros tetrápodos, reptiles y terápsidos, los cerebros se mantuvieron casi todo el tiempo atascados en una edad oscura neuronal. La evolución se conformó con —o al menos se vio resignada a aceptar— el aprendizaje por refuerzo de los primeros vertebrados y cambió su foco hacia el ajuste de otras estructuras biológicas, como la creación de mandíbulas, armaduras, pulmones, cuerpos más ergonómicos, sangre caliente, escamas, pelaje y otras modificaciones morfológicas similares. Es por esta razón que el cerebro de un pez moderno y el de un reptil moderno, a pesar de los cientos de millones de años de evolución que los separan, son increíblemente similares*.

La única chispa de innovación que se encendió en medio de una eternidad de estancamiento neuronal fue en los primeros mamíferos. En ellos, la corteza de los peces se dividió en cuatro estructuras separadas, tres de las cuales eran iguales que las subregiones que habían existido antes y solo una, la neocorteza, podía ser considerada «nueva» de verdad. La corteza ventral de los primeros vertebrados se convirtió en la amígdala asociativa en los mamíferos, y contenía un sistema de circuitos similar y servía en gran medida al mismo propósito: aprender a reconocer patrones a través de diversas modalidades; en especial, aquellas que predecían resultados de valencia (por ejemplo, predecir que el sonido A conduce a cosas buenas y el sonido B conduce a cosas malas). Los detectores de patrones olfativos de la corteza lateral de los primeros vertebrados se convirtieron en la corteza olfativa de los mamíferos, que funcionaba de la misma manera, ya que detectaba patrones olfativos por medio de redes

* Aunque, para ser más exacto, existen diferencias entre el cerebro de los peces y el de los reptiles. Algunos afirman que los amniotas desarrollaron una corteza dorsal, una posible precursora de la neocorteza (aunque la evidencia más reciente indica que la corteza dorsal no estaba presente en los primeros amniotas).

autoasociativas. La corteza medial de los primeros vertebrados, donde se aprendían los mapas espaciales, se convirtió en el hipocampo de los mamíferos, y desempeñó una función similar gracias a un sistema de circuitos similar. No obstante, una cuarta región de la corteza se vio sujeta a un cambio mucho más significativo: se transformó en la neocorteza, que poseía un sistema de circuitos completamente diferente.

Más allá del surgimiento de la neocorteza, el cerebro de los primeros mamíferos era el mismo que el de los primeros vertebrados. Los ganglios basales integraban información sobre el mundo desde la corteza olfativa, el hipocampo, la amígdala y a partir de entonces también desde la neocorteza para aprender a tomar acciones que maximizaran la liberación de dopamina. El hipotálamo aún desencadenaba respuestas de valencia directas y modulaba otras estructuras a través de neuromoduladores como la dopamina. Las estructuras del mesencéfalo y el rombencéfalo seguían implementando patrones de movimiento reflejos, aunque se habían especializado en la caminata en oposición al nado.

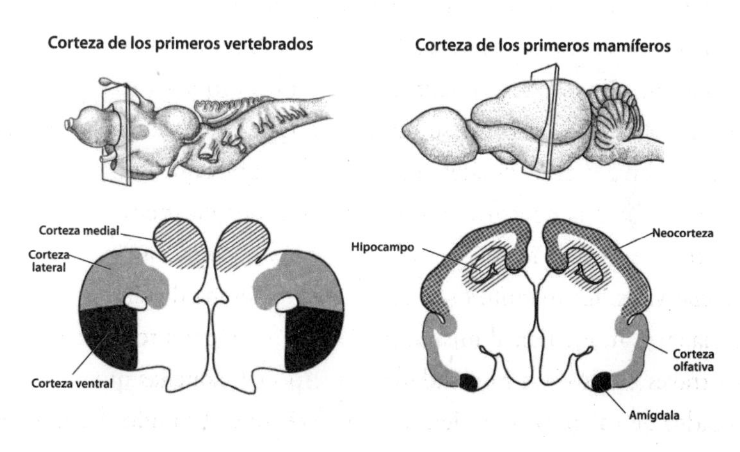

Figura 10.3: Cambios en la corteza en la transición de primeros vertebrados a primeros mamíferos[196]

La neocorteza de este primer mamífero era pequeña y ocupaba tan solo una mínima fracción del cerebro. La mayor parte se otorgaba a la corteza olfativa (los primeros mamíferos, como muchos mamíferos modernos, estaban dotados con un increíble sentido del olfato), pero, aun así, a pesar del tamaño pequeño de la neocorteza de los primeros mamíferos, era el núcleo de donde surgiría la inteligencia humana. La neocorteza abarca el 70 % del volumen del cerebro humano. En los próximos avances, esta estructura, originalmente pequeña, se expandiría de manera progresiva para pasar de ser una estrategia ingeniosa al epicentro de la inteligencia.

11

Modelos generativos y el misterio neocortical

Cuando observas el cerebro humano, casi todo lo que contemplas es neocorteza. La neocorteza es una lámina de aproximadamente dos a cuatro milímetros de grosor. A medida que la neocorteza fue creciendo, el área de superficie de esa lámina se expandió. Para encajar en el cráneo, se fue plegando, como cuando doblas una toalla para que quepa en una maleta. Si desdoblaras una capa neocortical humana, tendría casi tres metros cuadrados de área de superficie, el área de una mesa pequeña.

Los primeros experimentos llegaron a la conclusión de que la neocorteza no cumplía una función determinada, sino que subservía a una multitud de diferentes funciones. Por ejemplo, el área posterior de la neocorteza procesa la información visual y, por lo tanto, se denomina «corteza visual» *. Si te extrajeran la corteza visual, te quedarías ciego. Si registráramos la actividad de las neuronas de la corteza visual, veríamos que responden a unos aspectos visuales específicos en unas ubicaciones específicas, como determinados colores u orientaciones de líneas. Si estimuláramos las neuronas de la corteza visual de una persona, reportará ver destellos de luces.

En una región cercana denominada «corteza auditiva», sucede lo mismo con la percepción auditiva. El daño de la corteza auditiva afecta a la capacidad de percibir y reconocer sonidos. Si registráramos la actividad de

* Nótese que cuando nos referimos a las regiones de la neocorteza en el cerebro de los mamíferos, resulta común omitir el prefijo «-neo»; por ejemplo, «corteza visual» en lugar de «neocorteza visual».

neuronas en la corteza auditiva, descubriríamos que responden a frecuencias específicas de sonido. Si estimuláramos determinadas neuronas dentro de la corteza auditiva de una persona, reportaría escuchar sonidos.

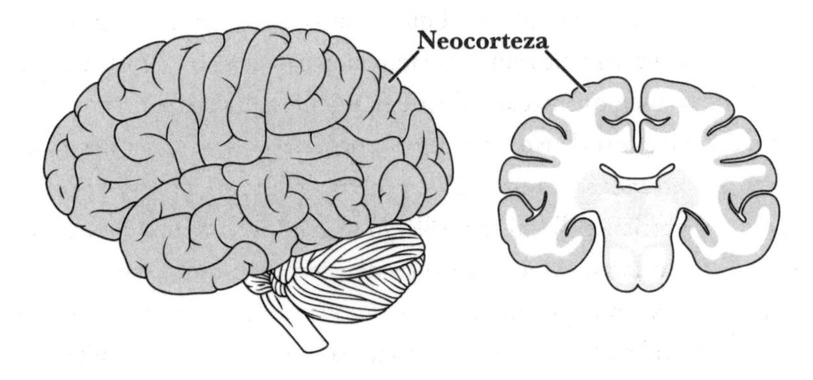

Figura 11.1: Neocorteza humana

Existen otras regiones neocorticales para el tacto, el dolor y el gusto. Y existen otras que parecen cumplir con funciones incluso más diversas; hay áreas destinadas al movimiento, el lenguaje y la música.

A primera vista, esto no tiene sentido. ¿Cómo puede una sola estructura realizar tantas cosas diferentes?

La alocada idea de Mountcastle

A mediados del siglo xx, el neurocientífico Vernon Mountcastle se convirtió en el pionero de lo que era, en esa época, un nuevo paradigma de investigación: registrar la actividad de las neuronas individuales en la neocorteza de animales activos. Este nuevo enfoque ofrecía una visión novedosa sobre el funcionamiento interno del cerebro de los animales mientras se encontraban vivos. Mountcastle utilizó electrodos para registrar las neuronas de las cortezas somatosensoriales (el área neocortical que procesa la información táctil) de unos monos con el objetivo de observar qué respuestas generaban diferentes clases de estímulos sensoriales[197].

Una de las primeras observaciones que realizó fue que todas las neuronas que se encontraban dentro de una columna vertical (alrededor de quinientos micrones de diámetro) de la lámina neocortical parecían responder de manera similar a los estímulos sensoriales, mientras que las neuronas ubicadas horizontalmente a mayor distancia no lo hacían. Por ejemplo, una columna individual que se encontraba dentro de la corteza visual podía contener neuronas que respondían de manera similar a barras de luz situadas en orientaciones específicas y ubicadas en un lugar específico del campo visual. No obstante, las neuronas que estaban dentro de columnas cercanas solo respondían a barras de luz en diferentes orientaciones o ubicaciones. El mismo hallazgo se confirmó en múltiples modalidades. En las ratas, existen columnas de neocorteza que responden solo ante el roce de un bigote determinado y cada columna cercana responde a un bigote diferente. En la corteza auditiva, existen columnas individuales que son selectivas para frecuencias específicas de sonido.

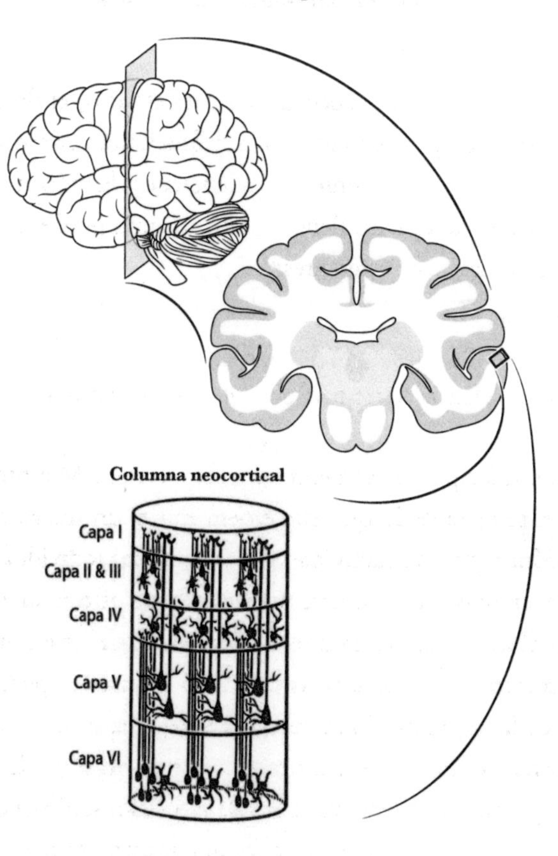

Figura 11.2: Columna neocortical

La segunda observación que realizó fue que había muchas conexiones verticales dentro de una columna y, en comparación, menos conexiones entre las columnas.

La tercera y última observación fue que, bajo un microscopio, la neocorteza se veía idéntica en casi todas las partes. La neocorteza auditiva, la somatosensorial y la visual contienen las mismas clases de neuronas organizadas de igual manera. Y esto es así en todas las especies de mamíferos; la neocorteza de una rata, de un mono y de un ser humano parecen relativamente la misma bajo la mirada de un microscopio.

Estos tres conceptos —la actividad alineada verticalmente, la conectividad alineada verticalmente y la similitud observada entre todas las áreas de la neocorteza— condujeron a Mountcastle a formular una conclusión extraordinaria: la neocorteza estaba compuesta por un microcircuito repetitivo y duplicado, que él denominó «columna neocortical». La lámina cortical era tan solo un conjunto de columnas neocorticales agrupadas de manera compacta.

Esto brindaba una respuesta sorprendente a la pregunta de cómo una estructura podía llevar a cabo tantas actividades diferentes. De acuerdo con Mountcastle, la neocorteza *no* realiza actividades diferentes; cada columna neocortical hace *exactamente lo mismo*. La única diferencia entre las regiones de la neocorteza reside en el estímulo que reciben y en adónde envían su respuesta de salida; los cálculos reales de la neocorteza en sí mismos son idénticos. La única diferencia entre, por ejemplo, la corteza visual y la corteza auditiva es que la corteza visual recibe estímulos de la retina y la corteza auditiva recibe estímulos del oído.

En el año 2000, décadas después de que Mountcastle publicara su teoría por primera vez, tres neurocientíficos del Instituto Tecnológico de Massachusetts realizaron una prueba brillante de su hipótesis[198]. Si la neocorteza era idéntica en todas partes, si no había nada exclusivamente visual en la corteza visual o auditivo en la corteza auditiva, entonces se podría esperar que esas áreas sean intercambiables. Los científicos realizaron experimentos en hurones jóvenes, a quienes cortaron la información de entrada de los oídos, y redirigieron los estímulos de sus retinas hacia la corteza auditiva en lugar de la corteza visual. Si Mountcastle hubiera estado equivocado, los hurones se habrían quedado ciegos o habrían terminado con una discapacidad visual, ya que la entrada desde el ojo hacia la corteza auditiva no habría sido procesada de manera correcta. Si la neocorteza era de verdad idéntica en todas partes, la corteza auditiva que recibía el estímulo visual funcionaría de la misma manera que la corteza visual.

De manera extraordinaria, los hurones lograron ver con normalidad. Y cuando los investigadores registraron el área de la neocorteza que era en principio auditiva, pero que ahora recibía el estímulo de los ojos, descubrieron que el área respondía a los estímulos visuales tal como lo haría la corteza visual. Las cortezas auditivas y visuales eran intercambiables.

Este descubrimiento fue sustentado aún más gracias a estudios realizados con pacientes ciegos de nacimiento cuyas retinas nunca habían enviado ninguna señal a sus cerebros. En estos pacientes, la corteza visual nunca recibía información de los ojos. Sin embargo, si registráramos la actividad neuronal en la corteza visual de humanos ciegos de nacimiento, descubriríamos que la corteza visual no se ha convertido en una región funcionalmente inútil. En cambio, comienza a responder a una multitud de *otros* estímulos sensoriales, como los sonidos y el tacto. Esto respalda la idea de que las personas que son ciegas poseen, de hecho, un sentido auditivo superior; la corteza visual adquiere el nuevo propósito de asistir a la audición. Una vez más, las áreas de la neocorteza parecen intercambiables.

Consideremos a los pacientes que han sufrido accidentes cerebrovasculares. Cuando los pacientes tienen dañada un área específica de la neocorteza, pierden de inmediato la función de esa área. Si la corteza motora se encuentra dañada, los pacientes pueden quedarse paralíticos. Si la corteza visual se encuentra dañada, los pacientes pueden quedarse parcialmente ciegos. Sin embargo, con el tiempo, la funcionalidad puede regresar. En general, esto no es consecuencia de que el área dañada de la neocorteza se esté recuperando; a menudo, esa área de la neocorteza muere para siempre. En cambio, las áreas cercanas a la neocorteza adquieren el nuevo propósito de cumplir con las funciones de las áreas dañadas. Esto también sugiere que las áreas de la neocorteza son intercambiables.

Para aquellos que pertenecen a la comunidad de la IA, la hipótesis de Mountcastle es un regalo incomparable. La neocorteza humana está compuesta por más de diez mil millones de neuronas y billones de conexiones; resulta una tarea desalentadora intentar descifrar los algoritmos y procesamientos realizados en una maraña tan masiva de neuronas. Tan desalentadora resulta la tarea que muchos neurocientíficos creen que intentar decodificar cómo funciona la neocorteza es una empresa que carece de sentido y que está condenada al fracaso. No obstante, la teoría de Mountcastle ofrece un objetivo mucho más esperanzador: en lugar de intentar comprender la neocorteza humana en su totalidad, quizás solo debamos comprender la función del microcircuito que se repite aproximadamente un millón de veces. En lugar de comprender los billones de conexiones de la neocorteza entera, quizás deberíamos enfocarnos solo en el millón de conexiones dentro de la columna neocortical. Además, si la teoría de Mountcastle es correcta, indicaría que la columna neocortical implementa algún algoritmo que es tan general y universal que puede aplicarse a funciones muy diversas, como el movimiento, el lenguaje y la percepción a lo largo de todas las modalidades sensoriales.

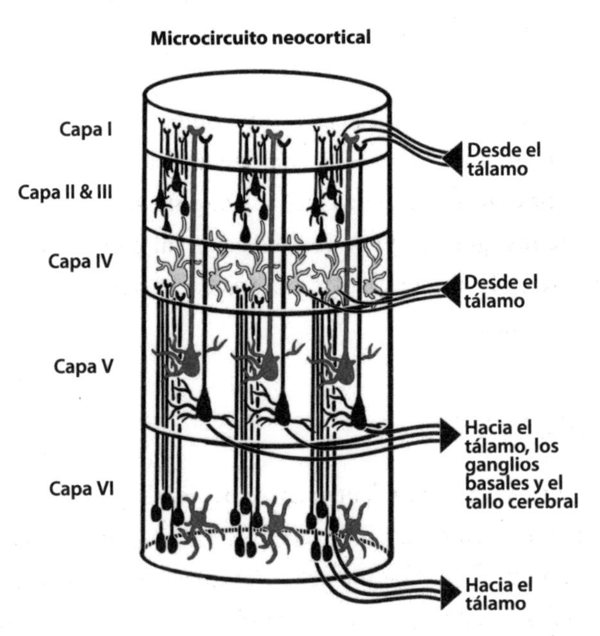

Figura 11.3: Microcircuito de la columna neocortical

Los fundamentos básicos de este microcircuito pueden observarse con un microscopio. La neocorteza contiene seis capas de neuronas (a diferencia de la corteza de tres capas presente en los primeros vertebrados). Estas seis capas de neuronas están conectadas de una forma compleja pero maravillosamente coherente. Existe una clase específica de neuronas en la capa V que siempre se proyecta a los ganglios basales, al tálamo y a las áreas motoras. En la capa IV, se encuentran las neuronas que siempre reciben la información de entrada directa desde el tálamo. En la capa VI, se encuentran las neuronas que siempre se proyectan al tálamo. No se trata de un conjunto de neuronas conectadas de manera aleatoria; el microcircuito se encuentra preconfigurado de una manera específica para ejecutar algún cálculo determinado.

La pregunta, por supuesto, es la siguiente: ¿cuál es ese cálculo?

Las propiedades singulares de la percepción

En el siglo XIX, el estudio científico de la percepción humana adquirió una fuerza arrolladora. Los científicos de todo el mundo comenzaron a explorar la mente. ¿Cómo funciona la visión? ¿Cómo funciona la audición?

La investigación sobre la percepción comenzó con la utilización de ilusiones; al manipular las percepciones visuales de las personas, los científicos descubrieron tres propiedades características de la percepción. Y, debido a que una gran parte de la percepción, al menos en los seres humanos, ocurre en la neocorteza, estas propiedades nos enseñan cómo funciona la neocorteza.

Propiedad #1: Relleno

Lo primero que se volvió evidente para estos científicos del siglo XIX era el hecho de que la mente humana rellena de manera automática e inconsciente aquello que falta. Consideremos las imágenes de la figura 11.4. Al instante puedes percibir la palabra «editor», pero eso no es lo que tus ojos están viendo en realidad; la mayoría de los trazos de las letras no están ahí. En las otras imágenes sucede lo mismo, ya que tu mente percibe algo que no está presente: un triángulo, una esfera y una barra con algo que la envuelve.

Esta propiedad de relleno no es exclusiva de la visión; puede observarse en la mayoría de nuestras modalidades sensoriales. Es por esto que puedes comprender lo que alguien está diciendo en una comunicación telefónica entrecortada y que puedes identificar un objeto con el tacto incluso con los ojos cerrados.

Figura 11.4: Propiedad de relleno de la percepción[199]

Propiedad #2: Una a la vez

Si tu mente rellena lo que cree que está allí teniendo en cuenta la evidencia sensorial, ¿qué sucede si existen múltiples formas de rellenar lo que ves? Las tres imágenes de la figura 11.5 son ejemplos de ilusiones visuales diseñadas en 1800 para responder esta pregunta. Cada una de estas imágenes puede tener dos tipos de interpretación diferentes. A la izquierda de la figura 11.5 puedes ver una escalera, pero también puedes verla como una protuberancia desde *debajo* de una escalera*. En el medio de la figura 11.5, el cuadrado inferior derecho podría ser el frente, pero el cuadrado superior izquierdo también podría serlo. A la derecha de la figura 11.5, la imagen podría ser un conejo o un pato.

* En caso de no poder verla, prueba observar la escalera y, manteniendo la mirada fija, rotar la página 180 grados.

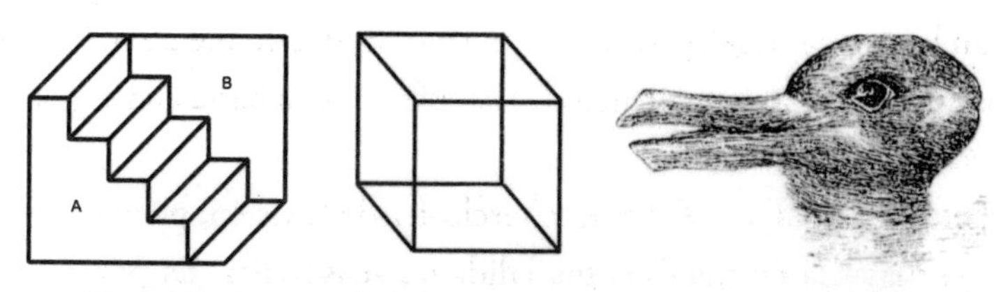

Figura 11.5: Propiedad de «una a la vez» de la percepción[200]

Lo que resulta interesante acerca de estas imágenes ambiguas es que tu cerebro solo es capaz de ver una interpretación a la vez. No puedes ver un pato y un conejo en simultáneo, aunque la evidencia sensorial señala de igual manera la presencia de ambos. Por alguna razón, los mecanismos de percepción del cerebro requieren que escojas una sola interpretación.

Lo mismo sucede con la audición. Consideremos el «efecto cóctel». Si te encuentras en un cóctel ruidoso, puedes prestar atención a la conversación que estás teniendo con otra persona o a la conversación de un grupo cercano, pero no puedes escuchar ambas conversaciones al mismo tiempo. Sin importar qué conversación escuches, la entrada auditiva hacia tu oído es idéntica; la única diferencia es lo que tu cerebro infiere de esa entrada. Puedes percibir solo una conversación a la vez.

Propiedad #3: No dejar de ver

¿Qué sucede cuando la evidencia sensorial es *vaga*, cuando no resulta claro que puede interpretarse como un factor significativo? Consideremos la imagen 11.6. Si no la has visto con anterioridad, no verás nada más que manchones. Si te brindo una interpretación razonable de esos manchones, de pronto, tu percepción sobre ellos cambiará.

La figura 11.6 puede interpretarse como una rana (ver la siguiente página en caso de no poder divisarla). Una vez que tu mente percibe esta interpretación, nunca serás capaz de dejar de verla. Esto es lo que podría denominarse la propiedad de «no dejar de ver» de la percepción. A tu mente le agrada contar con una interpretación que explique el estímulo sensorial. Una vez que recibes una buena explicación, tu mente se aferra a ella. Ahora percibes una rana.

Figura 11.6: La propiedad de «no dejar de ver» de la percepción[201]

En el siglo XIX, un físico y médico alemán llamado Hermann von Helmholtz propuso una teoría nueva para explicar estas propiedades de la percepción. Sugirió que una persona no percibe lo que experimenta; en cambio, percibe lo que el cerebro *cree* que está allí: un proceso que Helmholtz denominó «inferencia». En otras palabras: no percibes lo que observas en realidad, sino que se trata de una realidad simulada que has *inferido* a partir de ello.

Esta idea explica las tres propiedades características de la percepción. Tu cerebro rellena las partes faltantes de los objetos porque intenta descifrar la verdad que tu visión está *sugiriendo* («¿De verdad hay una esfera aquí?»). Puedes ver solo una imagen a la vez porque tu cerebro debe escoger una sola realidad para simular; en realidad, el animal no puede ser un conejo y un pato a la vez. Y una vez que te explican que la imagen es una rana, tu cerebro mantiene esa realidad cuando la observa.

Si bien muchos psicólogos concuerdan, en principio, con la teoría de Helmholtz[202], tuvo que pasar otro siglo antes de que alguien fuera capaz de explicar cómo funciona en verdad la percepción por inferencia.

Modelos generativos: reconocimiento por simulación

En la década de 1990, Geoffrey Hinton y algunos de sus estudiantes (incluidos el mismo Peter Dayan, que había ayudado a descubrir que las respuestas dopaminérgicas son señales de aprendizaje por diferencia temporal) se propusieron construir un sistema de IA que aprendiera de la manera en la que sugería Helmholtz.

Ya vimos en el capítulo 7 cómo la mayoría de las redes neuronales modernas están entrenadas con supervisión: a una red se le presenta una imagen (por ejemplo, la de un perro) junto con la respuesta correcta (por ejemplo, «Esto es un perro») y se conduce a las conexiones de la red en la dirección adecuada para llegar a esa respuesta correcta. Es poco probable que el cerebro reconozca objetos y patrones cuando se vale de la supervisión de esta misma manera. De alguna forma, los cerebros deben reconocer aspectos del mundo *sin* que se les brinde la respuesta correcta; deben participar de un aprendizaje «no supervisado».

Uno de los métodos de aprendizaje no supervisados son las redes autoasociativas, como las que, según nuestras especulaciones, surgieron en la corteza de los primeros vertebrados. Teniendo en cuenta las correlaciones en los patrones de entrada, estas redes agrupan patrones comunes de datos de entrada en conjuntos de neuronas y, así, ofrecen una manera en la que los patrones superpuestos pueden reconocerse como diferentes y los patrones ruidosos y obstruidos pueden ser completados.

Sin embargo, Helmholtz propuso que la percepción humana estaba haciendo algo más que esto. Sugirió que, en lugar de estar solo agrupando patrones de entrada de acuerdo a sus correlaciones, la percepción humana podría estar optimizando la precisión con la que la *realidad simulada* interna predice la actual entrada sensorial externa.

En 1995, Hinton y Dayan idearon una prueba de concepto para su idea de percepción por inferencia; la llamaron «máquina de Helmholtz»[203]. La máquina de Helmholtz era, en principio, similar a otras redes neuronales; recibía entradas que fluían de un extremo al otro, pero, a diferencia de otras redes neuronales, también contaba con «conexiones de regreso», que fluían en la dirección *opuesta*; desde el final hacia el comienzo.

Hinton probó esta red con imágenes de números escritos a mano del 0 al 9. Se presenta una imagen de un número escrito a mano en la parte inferior de la red (una neurona por cada pixel), que fluirá de manera ascendente y activará a un conjunto aleatorio de neuronas en la parte superior. Estas neuronas activadas en la parte superior hacen que la entrada fluya luego hacia abajo y activan un conjunto de neuronas en la parte inferior para producir una imagen propia. El proceso estaba diseñado para lograr que la red se equilibrara en un estado en el cual la entrada que fluye de manera ascendente en la red pueda ser recreada con precisión cuando fluye de regreso hacia abajo.

En un principio, habrá grandes discrepancias entre los valores de las neuronas provenientes de la imagen que entra y el resultado que termina saliendo. Hinton diseñó esta red para que aprendiera con dos modos separados: el «modo de reconocimiento» y «modo generativo». En el modo de reconocimiento, la información sube por la red (comienza partiendo desde una imagen de entrada de un 7 hacia algunas neuronas en la parte superior) y los pesos de atrás se ajustan para hacer que las neuronas activadas de la parte superior de la red reproduzcan de la mejor manera posible los datos sensoriales de la entrada (lograr un buen 7 simulado). Por el contrario, en el modo generativo, la información desciende por la red (comenzando desde el objetivo de producir una representación de un 7) y los pesos de adelante se ajustan para que las neuronas activadas en la parte inferior de la red sean reconocidas correctamente en la parte superior («Reconozco lo que acabo de hacer como un 7»).

En ningún momento se le brindaba a la red la respuesta correcta; nunca se le decía qué propiedades formaban un 2 o incluso qué imágenes pertenecían a un 2 o a un 7 o a cualquier otro número. Los únicos datos con los que la red debía aprender eran imágenes de números. La pregunta era, por supuesto, «¿funcionaría eso?». «¿Acaso este ir y venir entre el modo de reconocimiento y el modo generativo permitiría a la red reconocer números escritos a mano y a la vez generar sus propias imágenes únicas de números escritos a mano sin nunca haber recibido la respuesta correcta?».

De manera sorprendente, lo hizo; aprendió por cuenta propia[204]. Cuando se alternan estos dos procesos de manera constante, la red se estabiliza por arte de magia. Cuando le presentas una imagen del número 7, será capaz, en su mayor parte, de crear una imagen similar a un 7 en su camino descendente. Si, en cambio, le presentas una imagen de un 8, será capaz de regenerar una imagen de entrada de un 8.

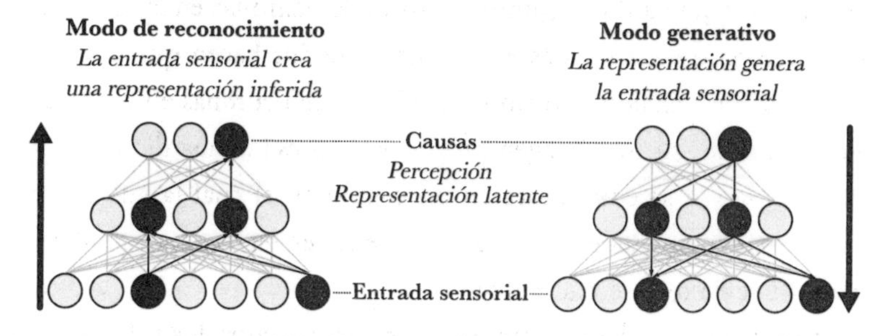

Figura 11.7: Máquina de Helmholtz

Quizás esto no resulte particularmente sorprendente. Le presentas a una red una imagen de un número y arroja una imagen de ese mismo número, ¿qué tiene eso de extraordinario? Hay tres atributos de esta red que son revolucionarios. En primer lugar, la parte superior de esta red «reconoce» ahora de manera fiable cualquier carácter imperfecto escrito a mano sin ninguna clase de supervisión. En segundo lugar, generaliza extremadamente bien: puede descifrar que dos imágenes diferentes escritas a mano del número 7 representan un 7; activarán el mismo conjunto de neuronas en la parte superior de la red. Y, en tercer lugar, y más importante, esta red ahora puede *generar imágenes nuevas* de números escritos a mano. Al manipular neuronas en la parte superior de esta red, puedes crear muchos números 7 escritos a mano o muchos 4, o cualquier número que haya aprendido. Esta red ha aprendido a *reconocer* mediante la *generación* de sus propios datos.

Imágenes reales

Imágenes imaginadas

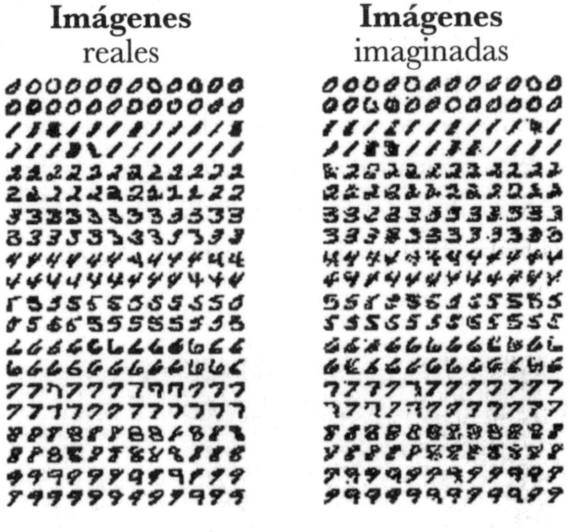

Figura 11.8 [205]

La máquina de Helmholtz fue una prueba de concepto temprana de una clase de modelos mucho más amplia denominada «modelos generativos». La mayoría de los modelos generativos modernos son más complejos que la máquina de Helmholtz, pero comparten la característica esencial de que aprenden a reconocer cosas en el mundo mediante la *generación* de sus propios datos y la comparación de los datos generados con los reales.

Si no te sorprende la generación de pequeños números pixelados escritos a mano, observa cuán lejos han llegado estos modelos generativos desde 1995. Hoy en día, mientras este libro está en proceso de impresión, existe una página web activa llamada «thispersondoesnotexist.com» [206]. Cada vez que refrescas la página, verás la imagen de una persona diferente. La realidad es aún más impactante; cada vez que refrescas la página, un modelo generativo crea un rostro completamente nuevo, inventado, nunca antes visto. Los rostros que observas allí *no existen*.

Lo que resulta tan increíble sobre estos modelos generativos es que aprenden a capturar los rasgos esenciales de los datos de entrada que reciben sin ninguna supervisión. La capacidad para generar rostros nuevos realistas requiere que el modelo comprenda la esencia de lo que constituye un rostro y las numerosas formas en las que puede variar. Tal y como la activación de numerosas neuronas en la parte superior de la máquina de Helmholtz puede generar imágenes de diferentes números escritos a mano, si activas varias neuronas en la parte superior de este modelo generativo de rostros, puedes controlar qué clase de rostros genera. Si cambias el valor de un conjunto de neuronas, la red arrojará el mismo rostro, pero rotado. Si cambias el valor de un conjunto de neuronas diferente, agregará una barba, cambiará la edad o alterará el color del cabello (ver figura 11.10).

Figura 11.9: Rostros generados por la red StyleGAN2 en thispersondoesnotexist.com

Mientras que la mayoría de los avances de la IA que tuvieron lugar a comienzos de la década del 2000 involucraban aplicaciones de modelos de aprendizaje supervisado, muchos de los últimos avances han tomado aplicaciones de modelos generativos: las noticias falsas, el arte generado por IA y los modelos de lenguaje como GPT-3 son ejemplos de modelos generativos.

Helmholtz argumentaba que gran parte de la percepción humana es un proceso de inferencia: un proceso de utilización de un modelo generativo para cotejar una simulación interna del mundo con la evidencia sensorial presentada. El éxito de los modelos generativos modernos sustenta esta idea; estos modelos revelan que algo como eso puede funcionar, al menos en principio. Resulta que existen, de hecho, abundantes pruebas de que el microcircuito neocortical implementa un modelo generativo.

Figura 11.10: Modificaciones en las imágenes mediante el cambio de representaciones latentes en modelos generativos[207]

Se pueden encontrar indicios de esto en las ilusiones visuales y las propiedades de relleno, de «una a la vez» y de «no dejar de ver»; también en la red de conexiones de la neocorteza en sí misma, que ha demostrado tener muchas propiedades compatibles con un modelo generativo[208]. Y también se han encontrado indicios en la simetría sorprendente —la inseparabilidad férrea— entre la percepción y la *imaginación*, que se encuentra presente tanto en los modelos generativos como en la neocorteza. De hecho, la neocorteza como modelo generativo explica más que solo ilusiones visuales; también explica por qué los humanos sucumben frente a alucinaciones, por qué dormimos y soñamos, e incluso explica los mecanismos internos de la imaginación en sí misma.

Alucinar, soñar e imaginar: la neocorteza como modelo generativo

Las personas cuyos ojos dejan de enviar señales a la neocorteza, ya sea debido a un daño en el nervio óptico o en la retina, en general experimentan algo denominado «síndrome de Charles Bonnet». Se pensaría que cuando los ojos de una persona se desconectan del cerebro, esa persona cesa de ver. No obstante, sucede lo opuesto; varios meses tras quedarse ciegas, las personas comienzan a ver *mucho*. Comienzan a alucinar. Este fenómeno es compatible con un modelo generativo: la interrupción de los estímulos sensoriales hacia la neocorteza la torna inestable; queda atrapada en un proceso generativo errante en el que las escenas visuales son simuladas sin ajustarse a los estímulos sensoriales reales. Por lo tanto, termina alucinando.

Algunos neurocientíficos se refieren a la percepción, incluso cuando funciona de manera adecuada, como una «alucinación restringida»[209]. Sin los estímulos sensoriales, esta alucinación se queda *sin* restricciones. En nuestro ejemplo de la máquina de Helmholtz, esto es similar a activar, de manera aleatoria, las neuronas de la parte superior de la red y producir imágenes alucinatorias de números sin nunca fundamentar estas alucinaciones con una entrada sensorial real.

Esta idea de la percepción como una alucinación restringida es, por supuesto, exactamente a lo que Helmholtz se refería como «inferencia» y es justo lo que hace un modelo generativo. Comparamos nuestra alucinación interna de la realidad con los datos sensoriales que estamos observando. Cuando la información visual sugiere que hay un triángulo en una imagen (incluso aunque no haya ningún triángulo allí), imaginamos un triángulo, y de allí surge el efecto de relleno.

Los modelos generativos también pueden explicar por qué soñamos y por qué necesitamos dormir. La mayoría de los animales duermen y el sueño provee numerosos beneficios, como el ahorro de energía, pero solo los mamíferos y las aves manifiestan señales inequívocas de estar *soñando*, tal como mide la presencia del sueño REM[210]. Y son solo los mamíferos y las aves los que experimentan alucinaciones y desórdenes de percepción si se los priva del sueño. De hecho, las aves parecen haber desarrollado de manera independiente su propia estructura similar a la neocorteza.

La neocorteza (y, aparentemente, su equivalente en las aves) se encuentra siempre en un equilibrio inestable entre el reconocimiento y la generación y, mientras estamos despiertos, los seres humanos pasamos una desmesurada cantidad de tiempo reconociendo y, en comparación, menos tiempo generando. Quizás los sueños actúen como contrapeso a este fenómeno, como una manera de estabilizar el modelo generativo a través de un proceso de generación forzada[211]. Si estamos privados de sueño, este desequilibrio de demasiado reconocimiento e insuficiente generación en algún momento se torna tan severo que el modelo generativo de la neocorteza se vuelve inestable. Por lo tanto, los mamíferos comienzan a alucinar, el reconocimiento se distorsiona y la diferencia entre la generación y el reconocimiento se vuelve difusa. Hinton incluso denominó, de forma apropiada, «algoritmo de sueño-vigilia» al algoritmo de aprendizaje de su máquina de Helmholtz. La etapa de reconocimiento tenía lugar cuando el modelo estaba en «vigilia» y la etapa de generación, cuando el modelo estaba «dormido».

Muchas características de la imaginación de los mamíferos son compatibles con lo que esperaríamos de un modelo generativo. Resulta fácil, incluso natural, que los humanos imaginen cosas que no están experimentando en ese momento. Puedes imaginar la cena que comiste anoche o imaginar qué harás más tarde en el día de hoy. ¿Qué estás haciendo cuando imaginas algo? Es solo tu neocorteza en modo generativo; estás invocando una realidad simulada en ella.

La característica más evidente de la imaginación es que no puedes imaginar y reconocer cosas simultáneas. No puedes leer un libro e imaginarte desayunando al mismo tiempo; el proceso de imaginar se encuentra, de manera inherente, en oposición con el proceso de experimentar datos sensoriales reales. De hecho, al observar las pupilas de una persona, puedes darte cuenta de si está imaginando algo; cuando las personas imaginan, las pupilas se dilatan, ya que el cerebro deja de procesar datos visuales reales[212]. Las personas experimentan una pseudoceguera. Al igual que en un modelo generativo, la generación y el reconocimiento no pueden actuar de manera simultánea.

Además, si logramos registrar las neuronas neocorticales que se activan durante el proceso de reconocimiento (digamos, las neuronas que responden a rostros o casas), son *exactamente* esas mismas neuronas las que se activan cuando imaginas el mismo objeto[213]. Cuando imaginas el movimiento de determinadas partes del cuerpo, la misma área se activa como si de verdad estuvieras moviendo esas partes del cuerpo[214]. Cuando imaginas determinadas formas, las mismas áreas de la corteza visual se activan como si de verdad las estuvieras viendo. De hecho, esto es tan fiable que los neurocientíficos pueden decodificar lo que las personas están imaginando con solo registrar su actividad neocortical (y, como el sueño y la imaginación representan el mismo proceso general, los científicos también pueden decodificar con precisión los sueños de las personas mediante el registro de la actividad de sus cerebros)[215]. Las personas que sufren de un daño neocortical que altera determinada información sensorial (como ser incapaz de reconocer objetos en el extremo izquierdo del campo visual) se vuelven también incapaces de *imaginar* simplemente las características de esa misma información sensorial (experimentan dificultades incluso para imaginar objetos en el sector izquierdo del campo visual[216]).

Ninguna de estas conclusiones presenta resultados evidentes. La imaginación podría haber sido construida por un sistema separado del reconocimiento, pero en la neocorteza este no es el caso; sucede exactamente en la misma área. Esto es justo lo que esperaríamos de un modelo generativo: la percepción y la imaginación no son sistemas separados, sino dos caras de la misma moneda.

Predecirlo todo

Una forma de entender el modelo generativo de la neocorteza es pensar que proyecta una simulación de tu entorno para que pueda predecir las cosas antes de que sucedan. La neocorteza compara de manera continua la información sensorial real con la información predicha por su simulación. De esa manera puedes identificar de inmediato cualquier suceso sorpresivo que ocurra a tu alrededor.

Cuando caminas por la calle, no te encuentras prestando atención a las sensaciones en tus pies. Sin embargo, con cada movimiento que das, tu neocorteza predice de forma pasiva qué resultado sensorial esperar. Si apoyaras el pie izquierdo y no sintieras el suelo, mirarías de inmediato hacia abajo para ver si estás a punto de caerte en un pozo. Tu neocorteza proyecta una simulación de ti mismo caminando y, si la simulación es coherente con la información sensorial, no percibes nada, pero si sus predicciones son erróneas, comienzas a notarlo en ese momento.

Los cerebros han estado haciendo predicciones desde los primeros bilaterales; no obstante, con el curso de la evolución, estas predicciones se han vuelto cada vez más sofisticadas. Los primeros bilaterales podían aprender que la activación de una neurona tendía a preceder la activación de otra neurona y, por lo tanto, podían utilizar la primera neurona para *predecir* la segunda. Esa era la forma más simple de predicción. Los primeros vertebrados utilizaban los patrones del mundo para predecir recompensas futuras. Esa era una forma más sofisticada de predicción. Los primeros mamíferos, ya dotados con una neocorteza, aprendieron a predecir más allá de la mera activación de reflejos o recompensas futuras; aprendieron a predecirlo *todo*.

La neocorteza parece ser capaz de predecir toda su información sensorial de forma continua. Si los circuitos reflejos son máquinas de predicción de reflejos y el crítico de los ganglios basales es una máquina de predicción de recompensas, entonces la neocorteza es una máquina de predicción del *mundo*, diseñada para reconstruir la realidad tridimensional entera a su alrededor de un animal y predecir exactamente qué sucederá a medida que se mueven él y los objetos de su entorno.

De alguna manera, el microcircuito neocortical implementa un sistema tan general que puede proyectar una simulación de muchas clases de estímulos. Si se le presenta un estímulo visual, aprenderá a proyectar una simulación de los aspectos visuales del mundo; si se le presenta un estímulo auditivo, aprenderá a proyectar una simulación de los aspectos auditivos. Es por esa razón que la neocorteza luce igual en todas partes. Sus diferentes subregiones simulan aspectos diferentes del mundo externo según los datos de entrada que reciben. Si agrupamos todas estas columnas neocorticales, constituyen una sinfonía de simulaciones que proyectan un rico mundo tridimensional repleto de objetos que pueden verse, tocarse y oírse.

Cómo logra la neocorteza realizar todo esto aún es un misterio. Al menos una posibilidad es que se encuentra preconfigurada para realizar un conjunto de suposiciones astutas. Los modelos de IA a menudo se consideran limitados; es decir, pueden funcionar en un conjunto limitado de situaciones para las que se encuentran entrenados de forma específica. Se considera que el cerebro humano es general: capaz de funcionar en un conjunto amplio de situaciones. La meta de los investigadores ha sido, por lo tanto, intentar que la IA lo sea también. Sin embargo, quizás hayamos entendido lo opuesto. Una de las razones por la que quizás la neocorteza es tan buena en lo que hace se debe a que, de alguna manera, es mucho *menos* general que nuestras redes neuronales artificiales actuales. Es posible que la neocorteza realice suposiciones limitadas y explícitas sobre el mundo, y quizás sean exactamente esas suposiciones lo que le permite ser tan general.

Evolución de la predicción

PREDICCIÓN EN LOS PRIMEROS BILATERALES	PREDICCIÓN EN LOS PRIMEROS VERTEBRADOS	PREDICCIÓN EN LOS PRIMEROS MAMÍFEROS
Predicción de la activación de los reflejos	Predicción de recompensas futuras	Predicción de todos los datos sensoriales
Circuitos reflejos	Corteza y ganglios basales	Neocorteza

Por ejemplo, la neocorteza puede estar preconfigurada para *asumir* que los datos sensoriales entrantes, ya sean visuales, auditivos o somatosensoriales, representan objetos tridimensionales que existen independientemente de nosotros y que pueden moverse por cuenta propia. Por lo tanto, no debe aprender sobre el espacio, el tiempo ni la diferencia entre uno mismo y los demás. En cambio, intenta explicar toda la información sensorial entrante *asumiendo* que esa información debe haber derivado de un mundo 3D que se desarrolla con el tiempo[217].

Esto proporciona cierta comprensión sobre lo que Helmholtz denominaba «inferencia»: el modelo generativo de la neocorteza intenta *inferir* en las causas de sus entradas sensoriales. Las *causas* no son más que el mundo interno simulado en 3D que la neocorteza cree que se ajusta mejor a la entrada sensorial que está recibiendo. También es por ello que se afirma que los modelos generativos intentan *explicar* su información de entrada; tu neocorteza intenta representar un estado del mundo que podría producir la imagen que estás viendo (por ejemplo, si hubiera una rana allí, «explicaría» por qué aquellas sombras lucen como lo hacen).

Pero ¿qué sentido tiene hacer eso? ¿Cuál es el objetivo de representar una simulación interna del mundo externo? ¿Qué valor les ofrecía la neocorteza a estos antiguos mamíferos?

Existen numerosos debates sobre qué es lo que les falta a los sistemas modernos de IA y qué necesitarían estos sistemas para portar inteligencia de nivel humano. Algunos creen que las piezas cruciales que faltan son el lenguaje y la lógica. No obstante, otros, como Yann LeCun, jefe de IA en Meta, creen que hay algo más, algo más primitivo, algo que se desarrolló mucho más temprano. En sus palabras:

> Los humanos le otorgamos demasiada importancia al lenguaje y a los símbolos como los sustratos de la inteligencia. Los primates, perros, gatos, cuervos, loros, pulpos y muchos otros animales no poseen lenguajes similares al humano y, sin embargo, exhiben un comportamiento inteligente que supera a nuestros mejores sistemas de IA. Lo que sí poseen es la capacidad de aprender poderosos «modelos del mundo» que les permiten predecir las consecuencias de sus acciones y buscar y planificar acciones para alcanzar una

meta. La capacidad de aprender esos modelos del mundo es lo que les falta a los sistemas de IA modernos[218].

La simulación representada en las neocortezas de los mamíferos (y quizás en las estructuras similares de las aves o incluso de los pulpos) es exactamente ese «modelo del mundo» faltante. La razón por la que la neocorteza es tan poderosa no reside solo en que pueda alinear su simulación interna con la evidencia sensorial (percepción de Helmholtz por inferencia), sino en que, y es mucho más importante, su simulación puede ser explorada de manera independiente. Si posees un modelo interno lo bastante detallado del mundo externo, puedes explorar ese mundo en tu mente y predecir las consecuencias de acciones que nunca has tomado. Sí, tu neocorteza te permite abrir los ojos y reconocer la silla que se encuentra frente a ti, pero también te permite cerrar los ojos y aun así ver esa silla con el ojo de tu mente. Puedes rotarla y modificarla en tu mente, cambiarle los colores, los materiales. Cuando esa simulación de tu neocorteza se *desacopla* del mundo externo real que te rodea —cuando imaginas cosas que no están allí—, su poder se vuelve más evidente.

Este fue el regalo que la neocorteza les brindó a los primeros mamíferos. Fue la imaginación —la capacidad de representar posibilidades futuras y revivir hechos pasados— el tercer avance en la evolución de la inteligencia humana. De ella surgieron muchos rasgos conocidos de la inteligencia, algunos de los cuales hemos recreado y superado en los sistemas de IA, pero otros aún se mantienen fuera de nuestro alcance. Aunque todos ellos evolucionaron en los cerebros minúsculos de los primeros mamíferos.

En los próximos capítulos aprenderemos cómo la neocorteza permitió a los primeros mamíferos realizar hazañas como ser capaces de planificar, obtener memoria episódica y desarrollar el razonamiento causal. Aprenderemos cómo estas estrategias adoptaron un nuevo propósito para permitir el uso de la motricidad fina. Aprenderemos cómo la neocorteza implementa la atención, la memoria de trabajo y el autocontrol. Veremos que es en la neocorteza de los primeros mamíferos donde encontraremos muchos de los secretos de una inteligencia semejante a la humana, aquellos que están ausentes incluso en nuestros sistemas de IA más sofisticados.

12

Ratones en la mente

El surgimiento de la neocorteza supuso un punto de inflexión en la historia evolutiva de la inteligencia humana. En efecto, la función original de la neocorteza no abarcaba tanto como sus funciones modernas; no contemplaba la naturaleza de la existencia ni planificaba carreras profesionales o escribía poemas. En cambio, la primera neocorteza regaló a los primeros mamíferos algo mucho más fundacional: la capacidad de imaginar el mundo como no lo es en realidad.

La mayoría de las investigaciones sobre la neocorteza se ha centrado en su sorprendente capacidad para reconocer objetos: ver una sola imagen de un rostro e identificarlo con facilidad en múltiples escalas, ubicaciones y rotaciones. En el contexto de los primeros modelos generativos, el modo generativo —el proceso de simulación—se considera a menudo como el *medio* para lograr el beneficio del reconocimiento. En otras palabras, el reconocimiento es lo útil; la imaginación es un producto secundario. No obstante, la corteza que precedió a la *neo*corteza también podía reconocer objetos con gran éxito; incluso los peces pueden reconocer objetos que han sido rotados, que están en una escala diferente o que han sido alterados[219].

La función evolutiva principal de la neocorteza podría haber sido la opuesta: el reconocimiento podría haber sido el medio que desbloqueó el beneficio adaptativo de la *simulación*. Esto sugeriría que la función evolutiva original de la neocorteza no era reconocer el mundo —una habilidad que la corteza de los antiguos vertebrados ya poseía—, sino imaginar y simularlo, una habilidad de la que carecía la corteza más antigua.

Hubo tres nuevas habilidades que la simulación neocortical les brindó a los primeros mamíferos, las cuales resultaron esenciales para la supervivencia a la matanza depredadora de 150 millones de años por parte de los dinosaurios de dientes afilados.

Habilidad nueva #1: Ensayo y error vicario

En la década de 1930, el psicólogo Edward Tolman, que trabajaba en la Universidad de California en Berkeley, colocaba ratas en laberintos para observar cómo aprendían. Era una clase de investigación habitual de la psicología de la época; se trataba de la generación posterior a Thorndike. El paradigma de investigación de la ley del efecto de Thorndike, que indicaba que los animales repetían los comportamientos que tenían consecuencias satisfactorias, se encontraba en pleno auge.

Tolman detectó algo extraño. Cuando las ratas llegaban a las bifurcaciones de los laberintos cuya elección no era evidente —donde no resultaba claro si debían tomar la izquierda o la derecha—, se detenían y miraban de lado a lado antes de escoger una dirección [220]. Esto no tenía sentido según la perspectiva estándar de Thorndike, que aseguraba que todo aprendizaje sucedía mediante ensayo y error. ¿Por qué habría sido reforzado el comportamiento de detenerse y mover la cabeza de lado a lado?

Tolman desarrolló una especulación. La rata estaba «simulando» cada opción antes de escogerla. Denominó este fenómeno «ensayo y error *vicario*».

Las ratas manifestaban este comportamiento de movimiento de cabeza solo cuando las decisiones eran difíciles. Una forma de dificultar la toma de decisiones es hacer que el coste se encuentre cerca de los beneficios. Supongamos que colocas a una rata en un túnel donde hay varias puertas y cada una conduce a comida. Y supongamos que, cuando las ratas pasan por estas puertas, se activa un sonido específico que señala cuánto tiempo deberá esperar para obtener la comida si escoge atravesar la puerta. Un sonido señala que serán tan solo algunos segundos; otro sonido señala que deberá esperar hasta medio minuto. Una vez que las ratas aprenden cómo funciona esto, no realizan el movimiento de cabeza frente a aquellas puertas cuyo tiempo de espera es corto (tan solo entran de inmediato para obtener la comida, ya que al parecer piensan: «Por supuesto, vale la pena esperar») o en las puertas cuyo tiempo de espera es largo (siguen de largo de inmediato: «De ninguna manera vale la pena esperar; revisaré la siguiente puerta y ya»). No obstante, sí mueven la cabeza frente a las puertas de espera media («¿Vale la pena esperar o debería dirigirme a la siguiente opción?»)[221].

Otra manera de dificultar la toma de decisiones es cambiar las reglas. Si de pronto el alimento ya no se encuentra donde una rata lo espera en el laberinto, la próxima vez que lo visite, moverá mucho más la cabeza; al parecer, para considerar caminos alternativos[222]. De forma similar, supongamos que una rata entra en un laberinto en el que hay dos clases de comida y supongamos que hace poco la rata ha comido una cantidad abundante de una de esas clases de comida (por lo tanto, ya no la desea), entonces su comportamiento de mover la cabeza se manifestará («¿Quiero girar a la izquierda para conseguir X o prefiero ir hacia la derecha y obtener Y?»)[223].

Por supuesto, el hecho de que puedas observar que una rata haga una pausa y mueva la cabeza de lado a lado no demuestra que está imaginando, efectivamente, el recorrido de caminos diferentes. Y debido a esta falta de evidencia, la idea del ensayo y error vicario perdió validez durante las décadas posteriores a la observación de Tolman. Fue de manera reciente, a comienzos de la década del 2000, que la tecnología alcanzó el punto en el que se logró monitorear conjuntos de neuronas en el cerebro en tiempo real mientras las ratas circulaban por su entorno. Se trató de la primera vez que los neurocientíficos pudieron observar literalmente lo que estaba sucediendo en el cerebro de las ratas cuando se detenían y movían la cabeza de lado a lado.

David Redish y su estudiante Adam Johnson, neurocientíficos de la Universidad de Minnesota, fueron quienes exploraron lo que sucedía en el cerebro de las ratas durante estas decisiones. En esa época, era bien sabido que cuando una recorría un laberinto, se activaban células de lugar específicas en su hipocampo. Esto era similar al mapa espacial de un pez; las neuronas específicas del hipocampo codifican ubicaciones específicas. En un pez, estas neuronas se activan solo cuando se encuentra físicamente presente en la ubicación codificada, pero cuando Redish y Johnson observaron esas neuronas en las ratas, encontraron algo diferente: cuando la rata se detenía en el punto de decisión y movía la cabeza, su hipocampo dejaba de codificar su ubicación real y, en su lugar, iba de un lado al otro a toda velocidad, imaginando la secuencia de códigos de lugares que conformaban ambos posibles caminos futuros desde el punto de decisión. Redish podía de forma literal observar cómo la rata imaginaba caminos futuros.

Resulta imposible subestimar la importancia reveladora de esa investigación: los neurocientíficos estaban espiando directamente el interior del cerebro de una rata y presenciaban cómo evaluaba caminos alternativos futuros. Tolman estaba en lo cierto: el comportamiento de mover la cabeza que había observado representaba a las ratas planificando sus acciones futuras.

Por el contrario, los primeros vertebrados no planificaban sus acciones con antelación. Podemos ver esto si examinamos a sus descendientes de sangre fría —los peces y reptiles modernos—, que no evidencian aprender mediante ensayo y error vicario.

Consideremos la prueba del desvío. Toma un pez y colócalo en una pecera con una barrera transparente en el medio. Haz un pequeño agujero en una esquina de la barrera para que el pez pueda cruzar de un lado hacia el otro. Permite que pez explore la pecera, encuentre el agujero y pase algo de tiempo nadando de lado a lado. Varios días más tarde, haz algo nuevo: coloca al pez en un lado de la pecera y preséntale una golosina en el lado opuesto de la barrera. ¿Qué sucede?

Lo más inteligente sería, si deseas comida, *alejarte* de inmediato de la golosina en dirección a la esquina de la barrera, atravesar el agujero y luego dirigirte hacia la golosina. Sin embargo, esto no es lo que hace el pez; él se dirige de inmediato hacia la barrera transparente para intentar obtener la comida. Después de haber chocado contra la pared las veces suficientes, se rinde y continúa recorriendo su entorno. En algún momento, mientras hace su recorrido, vuelve a atravesar el agujero, pero incluso tras hacerlo no evidencia la comprensión de que ahora puede acceder a la comida; no gira hacia la golosina. En cambio, continúa nadando por el otro lado de la pecera. Solo cuando por casualidad gira y vuelve a ver la golosina se dirige hacia ella con entusiasmo. De hecho, le lleva la misma cantidad de tiempo encontrar la comida a un pez que ha cruzado muchas veces de un extremo al otro de la barrera que a un pez que nunca ha experimentado llegar al otro lado de la pecera[224].

¿Por qué sucede esto? Si bien antes había nadado hacia el otro lado a través del agujero, no había aprendido que el camino a través del agujero le brindaba dopamina. El aprendizaje por ensayo y error no había entrenado a sus ganglios basales para que, al ver comida al otro lado de la barrera transparente, nadara a través del agujero para conseguirla.

Este es un problema crítico del aprendizaje que se basa solo en la acción: aunque el pez conocía el camino a través del agujero, nunca antes había tomado ese camino para obtener comida. De modo que, cuando la veía, lo único que podía hacer era generar una señal de «aproximación» directa hacia la comida. Las ratas, no obstante, son mucho más astutas. En las mismas pruebas de desvío, superan de lejos a los peces. Tanto las ratas como los peces se dirigirán hacia la barrera transparente para intentar obtener comida, pero ellas son *mucho* más prácticas a la hora de descubrir cómo sortear la barrera[225]. Y una rata que ha explorado bien el mapa —que sabe cómo llegar al otro lado de la barrera transparente (incluso aunque nunca haya recibido recompensas por hacerlo)— llegará al otro lado mucho más rápido que una que nunca ha sorteado la barrera con anterioridad. Esto revela uno de los beneficios del ensayo y error *vicario*: una vez que una rata cuenta con un modelo del mundo de su entorno, puede explorarlo en su mente con rapidez hasta que encuentra la manera de sortear obstáculos para conseguir lo que desea.

Otro problema con la antigua estrategia de aprender mediante la acción es que algunas veces las recompensas pasadas no son predictivas de las recompensas actuales porque el estado interno de un animal ha cambiado. Por ejemplo, coloca una rata en un laberinto en el que en un extremo puede encontrar comida demasiado salada, y en el otro extremo, comida normal. Deja que se habitúe a explorar el laberinto durante un tiempo e intenta darle la comida salada (y la rata la odiará y luego la evitará) y la comida normal (que disfrutará). Ahora supongamos que una vez más colocas a la rata en esa situación, pero con un giro: ahora la comida no es lo bastante salada. ¿Qué hace ella?

Correrá *de inmediato* hacia la sal[226]. Esto es extraordinario porque se dirigirá hacia un sector del laberinto que antes había sido reforzado de forma *negativa*. Esto es posible solo porque la rata «simuló» cada camino y se dio cuenta —de manera vicaria— de que la comida demasiado salada ahora le sería muy gratificante. En otras palabras, el camino hacia la sal fue reforzado de manera *vicaria* antes de que la rata actuara siquiera. Desconozco si existen algunas investigaciones que demuestren que los peces o reptiles puedan desempeñarse de igual manera en esta prueba.

Habilidad nueva #2: Aprendizaje contrafáctico

Los seres humanos pasan una inmensa cantidad de tiempo obsesionándose con el arrepentimiento. Podríamos escuchar las siguientes preguntas en una conversación promedio entre seres humanos: «¿Cómo habría sido mi vida si hubiera dicho que sí cuando Ramirez me ofreció dejar nuestras vidas atrás y mudarnos a Chile a trabajar en su granja?», «¿Y si hubiera perseguido mi sueño de jugar al béisbol en lugar de aceptar este trabajo de oficina?», «¿Por qué he dicho esa estupidez en el trabajo hoy? ¿Qué habría pasado si hubiera dicho algo más inteligente?».

Tanto los budistas como los psicólogos afirman que rumiar sobre lo que podría haber sucedido es una fuente de gran miseria para la humanidad. No podemos cambiar el pasado, así que ¿por qué torturarnos por ello? Las raíces evolutivas de este fenómeno se remontan a los primeros mamíferos. En el mundo antiguo y en la mayoría del que siguió después, rumiar era útil porque en general la misma situación *volvería* a suceder y se podría tomar una mejor elección.

La clase de aprendizaje por refuerzo que vimos en los primeros vertebrados posee una debilidad: solo puede reforzar la acción específica que ha sido llevada a cabo *de verdad*. El problema con esta estrategia es que los caminos que se han tomado de verdad son un pequeño subconjunto de todos los caminos posibles que *podrían haberse tomado*. ¿Cuáles son las posibilidades de que el primer intento de un animal sea la mejor opción?

Si un pez nada hacia un cardumen para cazar algunos invertebrados y logra atrapar a uno y otro pez en las cercanías tomó un camino diferente y atrapó a cuatro, el primero no aprenderá de ese error; simplemente reforzará el camino tomado con el que obtuvo la recompensa mediocre. Lo que a los peces les está faltando es la capacidad de *aprender de situaciones contrafácticas*. Una «situación contrafáctica» es cómo luciría el mundo ahora si hubieras tomado una decisión distinta en el pasado.

David Redish, una vez que descubrió que las ratas podían imaginar futuros alternativos, deseaba observar si las ratas también podían imaginar elecciones alternativas pasadas. Redish y otro estudiante, Adam Steiner, colocaron varias ratas en un laberinto circular al que llamaron «fila de restaurante»[227]. Las ratas corrían en dirección contraria a las agujas del reloj y pasaban por los mismos cuatro corredores. Al final de cada corredor había un «restaurante» distinto, que contenía un sabor diferente de comida (chocolate, cereza y plátano). Cuando las ratas pasaban por cada corredor, se producía un sonido aleatorio que señalaba el retraso antes de que se liberara la comida si esperaba en ese corredor en lugar de continuar al siguiente. El sonido A marcaba que, si esperaba en el corredor actual, obtendría la comida dentro de cuarenta y cinco segundos; el sonido B marcaba que obtendría la comida en cinco segundos. Si una rata decidía no esperar, entonces una vez que llegara al siguiente corredor, ya no podría regresar; la comida no se liberaría a menos que volviera a recorrer todo el círculo una vez más. Esta prueba presentó a las ratas un conjunto continuo de decisiones *irreversibles*. Se les daba una hora para intentar conseguir tanta cantidad de su comida favorita como les fuera posible.

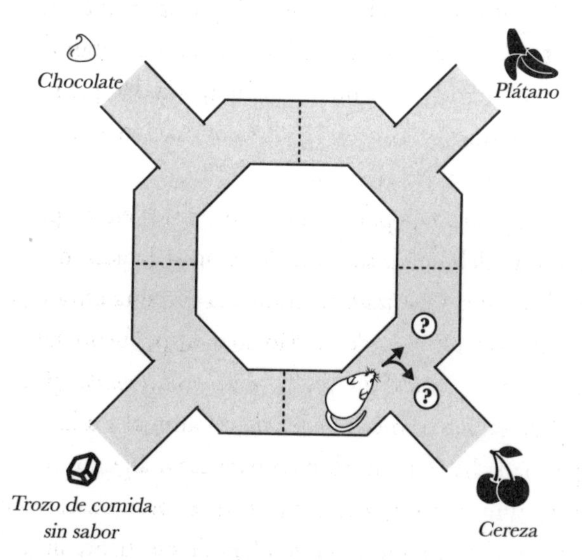

Figura 12.1: Prueba de arrepentimiento en ratas llamada «fila de restaurante»

Consideremos la elección que se les presentó a las ratas en un corredor determinado: «¿Espero aquí por el mediocre plátano que el sonido acaba de señalar que será liberado en cinco segundos o corro hacia la puerta siguiente, que contiene mi comida favorita, la cereza, y me arriesgo a que también sea liberada rápidamente?». Cuando escogían privarse del acceso rápido al plátano para probar la puerta de la cereza y el siguiente sonido señalaba una espera *larga* de cuarenta y cinco segundos, las ratas exhibían todos los indicadores de que se arrepentían de su decisión. Hacían una pausa y *miraban hacia atrás*, hacia el corredor que habían pasado y al que ya no podían acceder. Y las neuronas del área del gusto de la neocorteza reactivaban la representación del plátano, lo que demostraba que las ratas se estaban imaginando literalmente un mundo en el que hubieran tomado una decisión diferente y escogido el plátano.

Las que miraban atrás y reactivaban la representación de la elección no tomada también terminaban cambiando sus decisiones futuras. La próxima vez esperaban más tiempo y se comían otro alimento con más rapidez para seguir recorriendo el laberinto y llegar de nuevo a la cereza.

Los primates también razonan sobre las situaciones contrafácticas. Consideremos un experimento en el que enseñaron a unos monos a jugar a piedra, papel o tijera[228]. Cuando perdían, su próximo movimiento siempre estaba inclinado hacia el movimiento que *hubiera* ganado la partida anterior. Si un mono perdía porque había escogido papel cuando su oponente había escogido tijera, la próxima vez era más probable que escogiera piedra (que hubiera ganado contra las tijeras). Esto no puede explicarse mediante el aprendizaje por diferencia temporal de los vertebrados primitivos. De acuerdo con el marco evolutivo presentado aquí, si un pez pudiera jugar piedra, papel o tijera, no demostraría este efecto. Si un pez perdiera luego de jugar papel contra tijera, sería menos probable que jugara papel la próxima vez (esa acción representó un castigo porque condujo a perder la partida), pero sería *probable también* que jugara piedra o tijera la próxima vez (ninguna de esas acciones fue castigada o reforzada). Por contraste, debido a que un mono puede imaginar lo que *podría haber sucedido* tras jugar papel, se dará cuenta de que, si hubiera jugado piedra, hubiera ganado. Por lo tanto, cambian sus acciones valiéndose del aprendizaje contrafáctico.

La percepción de la causalidad puede estar estrechamente ligada al concepto de aprendizaje contrafáctico. Lo que decimos cuando afirmamos que «X causó Y» es que, en el caso contrario en el que X no sucedió, entonces Y tampoco sucedió[229]. De esa manera distinguimos la diferencia entre correlación y causalidad. Si vieras cómo un rayo cae en un bosque seco y de inmediato comenzara un incendio, dirías que fue el rayo lo que *causó* el incendio y no que el incendio provocó el rayo. Puedes decir eso porque cuando imaginas el caso contrario en el que el rayo no impacta, no se causa un incendio. Sin sucesos contrafácticos no existe forma de distinguir entre la causalidad y la correlación. Nunca podríamos saber qué cosa provocó otra; solo puedes saber que «X siempre sucede antes de Y» o «Cada vez que sucede X, también sucede Y» o «Y nunca ha sucedido sin que suceda también X», y así sucesivamente.

El aprendizaje contrafáctico representó un avance trascendental respecto de cómo los cerebros ancestrales resolvían el problema de asignación de crédito. Como recordatorio, el problema de asignación de crédito es el siguiente: cuando ocurre algún suceso importante que deseas ser capaz de predecir, ¿cómo escoges a qué acciones o sucesos previos les *otorgas crédito* por haber anticipado el suceso? En términos simples: si tiene lugar una serie de sucesos (el trino de un ave, una ráfaga de viento, el movimiento de una hoja y la caída de un rayo) y luego se desata un incendio, ¿a cuál de estos sucesos le darías crédito por haberlo predicho? En los primeros bilaterales, las estrategias simples como el bloqueo, la inhibición latente y el ensombrecimiento impulsaban la lógica mediante la cual se realizaban predicciones y asociaciones simples. En los primeros vertebrados, la evolución del aprendizaje por diferencia temporal permitió que los ganglios basales asignaran crédito mediante los cambios en la recompensa anticipada futura; cuando el crítico *cree* que la situación acaba de mejorar o empeorar es cuando se les otorga crédito a los estímulos o acciones. Sin embargo, en los primeros mamíferos, que poseían la capacidad de simular pasados alternativos, el crédito también podía ser asignado por los sucesos contrafácticos. Al preguntarse «¿Habría perdido esta partida si no hubiera hecho este movimiento?», los mamíferos pueden determinar si un movimiento merece de verdad el crédito por ganar la partida.

La causalidad en sí misma es una cuestión perteneciente más a la psicología que a la física. No hay ningún experimento que pueda probar de manera definitiva la presencia de la causalidad; es imposible de medir en su totalidad. Los experimentos controlados que realizamos podrían sugerir la presencia de la causalidad, pero siempre carecen de pruebas suficientes porque no puedes realizar un experimento controlado a la perfección. La causalidad, incluso aunque sea real, siempre permanece empíricamente fuera de nuestro alcance. De hecho, los experimentos modernos en el campo de la mecánica cuántica indican que la causalidad quizás ni siquiera exista, al menos no en todas partes. Las leyes de la física pueden contar con reglas sobre cómo los aspectos de la realidad progresan de un momento al otro sin ninguna relación causal real entre las cosas. En definitiva, incluso si la causalidad es real o no, la evolución de nuestra percepción intuitiva de la causalidad no deriva de su realidad, sino de su utilidad. Nuestros cerebros construyen la causalidad para permitirnos aprender de manera vicaria de elecciones pasadas alternativas.

Evolución de la asignación de crédito

ASIGNACIÓN DE CRÉDITO EN LOS BILATERALES PRIMITIVOS	ASIGNACIÓN DE CRÉDITO EN LOS VERTEBRADOS PRIMITIVOS	ASIGNACIÓN DE CRÉDITO EN LOS MAMÍFEROS PRIMITIVOS
Asignación de crédito según las reglas de bloqueo, inhibición latente y ensombrecimiento.	Asignación de crédito según el crítico predice cambios en las recompensas futuras.	Asignación de crédito según hechos contrafácticos; qué acciones o sucesos previos, de no haber sucedido, habrían prevenido el suceso subsiguiente (por ejemplo, ¿qué fue lo que en verdad causó el suceso?).

Mientras que tal aprendizaje contrafáctico y razonamiento causal se puede observar en muchos mamíferos, incluso en las ratas, no existe prueba convincente de que los peces o reptiles sean capaces de aprender de sucesos contrafácticos o de razonamientos causales (sin embargo, hay indicios de la presencia de esta clase de razonamiento en las aves)[230]. Esto sugiere que, al menos en nuestro linaje, esta capacidad surgió por primera vez en nuestros ancestros mamíferos.

Habilidad nueva #3: Memoria episódica

En septiembre de 1953, un hombre de veintisiete años llamado Henry Molaison se sometió a un procedimiento experimental en el que le extirparon su hipocampo entero; la fuente de sus convulsiones debilitantes. En ciertos aspectos, la cirugía fue un éxito: la gravedad de sus convulsiones se redujo de manera evidente y conservó su personalidad e intelecto, pero sus doctores no tardaron en descubrir que la cirugía había privado a su paciente de algo preciado: al despertar, Molaison era completamente incapaz de almacenar nuevos recuerdos. Podía mantener una conversación durante un minuto o dos, pero un corto tiempo después se olvidaba de todo lo que acababa de suceder. Incluso cuarenta años más tarde, podía completar crucigramas con hechos anteriores a 1953, pero no con hechos que habían sucedido después; estaba atrapado en 1953.

No revisamos el pasado con el solo propósito de evaluar elecciones pasadas alternativas; también visitamos el pasado para recordar sucesos previos de nuestra vida. Las personas pueden recordar con facilidad lo que hicieron cinco minutos atrás o en qué se graduaron en la universidad, o aquella broma divertida que hicieron durante un discurso en una boda. Esta forma de memoria, mediante la cual recordamos episodios pasados específicos de nuestras vidas, se denomina «memoria episódica». Se diferencia de la memoria procedimental, mediante la cual recordamos cómo realizar numerosos movimientos, como hablar, teclear o arrojar una pelota de béisbol.

Aunque esto es lo extraño: en realidad no recordamos los sucesos episódicos. El proceso de recuerdos episódicos simula una recreación aproximada del pasado. Cuando imaginas sucesos futuros, estás simulando una realidad *futura*; cuando recuerdas sucesos pasados, estás simulando una realidad *pasada*. Ambas son simulaciones.

Sabemos esto gracias a dos elementos de prueba. En primer lugar, el hecho de recordar sucesos pasados e imaginar sucesos futuros utiliza un sistema de circuitos neuronales similares, si no iguales. Activas las mismas redes cuando imaginas el futuro y cuando recuerdas el pasado[231]. Recordar cosas específicas (rostros, casas) reactiva las mismas neuronas en la neocorteza sensorial que cuando percibes aquellas cosas de verdad (tal y como vimos con la imaginación de las cosas)[232].

El segundo elemento de prueba de que la memoria episódica es tan solo una simulación proviene de los fenómenos asociados con esos recuerdos. Por ejemplo, sucede que los recuerdos episódicos de las personas se «rellenan» durante el proceso de recuerdo (al igual que se rellenan las formas visuales). Es por ello que los recuerdos episódicos parecen tan reales, pero son mucho menos exactos de lo que pensamos. Las demostraciones más claras de los fallos de la memoria episódica son las declaraciones de testigos. Alguien que se encuentra observando una hilera de posibles criminales a menudo afirma estar seguro al cien por cien sobre quién cometió el delito. Sin embargo, al contrario de nuestra creencia sobre cuán exactos son nuestros recuerdos, se ha demostrado que las declaraciones de testigos resultan muy inexactas: el 77 % de las personas condenadas por error y que han sido exoneradas por el Innocence Project fueron condenadas en un principio debido a un testimonio erróneo[233]. La línea de diferencia entre un escenario imaginado y un recuerdo episódico real es delgada en la neocorteza; los estudios demuestran que imaginar de manera repetida un suceso pasado que no ocurrió incrementa de manera engañosa la seguridad de una persona de que ese suceso tuvo lugar *en realidad*[234].

Uno puede demostrar la presencia de memoria episódica en los animales si se les presentan interrogantes *inesperados* sobre sucesos recientes. Por ejemplo, si se le presenta un laberinto en concreto, una rata puede aprender que encontrará alimento en un camino determinado solo si lo encontró algunos minutos antes; de lo contrario, deberá tomar un camino diferente para obtenerlo. El hecho de que este interrogante se le formule de forma aleatoria (presentándole este laberinto de manera aleatoria) hace que sea difícil comprobar cómo los mecanismos de aprendizaje por diferencia temporal de los primeros vertebrados habrían aprendido esta contingencia; el laberinto se encuentra equilibrado en cada dirección y, aun así, cuando se las coloca en él, las ratas aprenden con facilidad a recordar si de manera reciente encontraron alimento y a elegir el camino correspondiente para obtener más[235]. Los únicos animales no mamíferos que demostraron contar con tal memoria episódica son las aves y los cefalópodos, los dos grupos de especies que parecen haber desarrollado de manera independiente sus propias estructuras cerebrales para proyectar simulaciones[236].

Después de la cirugía, Molaison se transformó en el paciente más estudiado de la neurociencia en la historia: ¿por qué se requería el hipocampo para crear nuevos recuerdos episódicos, aunque no para recuperar los antiguos? Este es un ejemplo de cómo la evolución reconfigura las viejas estructuras para cumplir con nuevos propósitos. En los cerebros de los mamíferos, la memoria episódica surge de una asociación entre el antiguo hipocampo y la nueva neocorteza. El hipocampo puede aprender patrones rápido, pero no logra proyectar una simulación del mundo; pese a que la neocorteza puede simular aspectos detallados del mundo, no puede aprender nuevos patrones con rapidez. Los recuerdos episódicos deben ser almacenados rápido y, por lo tanto, el hipocampo, diseñado para el veloz reconocimiento de patrones de lugares, adquirió el nuevo propósito de ayudar a codificar los recuerdos episódicos. Las activaciones neuronales distribuidas de la neocorteza sensorial (es decir, las simulaciones) pueden ser «recuperadas» mediante la reactivación del patrón correspondiente en el hipocampo. Así como las ratas reactivan las células de lugar en el hipocampo para simular el recorrido de diferentes caminos, también pueden reactivar estos «códigos de memoria» en el hipocampo para volver a proyectar simulaciones de sucesos recientes.

APRENDIZAJE POR REFUERZO LIBRE DE MODELO	**APRENDIZAJE POR REFUERZO BASADO EN MODELOS**
Aprendizaje de asociaciones directas entre un estado actual y las mejores acciones[237]	Aprendizaje de un modelo sobre cómo las acciones afectan el mundo, lo que permite simular acciones diferentes antes de escoger una
Decisiones más rápidas pero menos flexibles	Decisiones más lentas pero más flexibles
Aparición en los primeros vertebrados	Aparición en los primeros mamíferos
No se requiere neocorteza	Se requiere neocorteza
Ejemplo: dirigirse al trabajo de manera habitual respondiendo solo a cada estímulo (semáforos, puntos de referencia) según se presenten	Ejemplo: considerar diferentes formas de dirigirse al trabajo y escoger el camino que te llevó allí más rápido en tu mente

Esta dinámica brindó una nueva solución al problema del olvido catastrófico, según el cual las redes neuronales olvidan viejos patrones cuando aprenden nuevos. Al recuperar y revisitar recuerdos recientes en conjunto con recuerdos antiguos, el hipocampo ayuda a la neocorteza a incorporar nuevos recuerdos sin alterar los anteriores. En la IA, este proceso se denomina «repetición generativa» o «repetición de experiencias» y ha demostrado ser una solución efectiva al olvido catastrófico. Es por esta razón que el hipocampo es necesario para crear nuevos recuerdos, pero no para recuperar los antiguos. La neocorteza puede recuperar los recuerdos por sí sola tras una cantidad de repetición suficiente.

* * *

Toda esta simulación de futuros y pasados posee un análogo capaz de abarcar mucho más en el aprendizaje automático. La clase de aprendizaje por refuerzo —aprendizaje por diferencia temporal— que vimos en el avance #2 es una forma de aprendizaje por refuerzo de «libre modelo». En esta clase de aprendizaje por refuerzo, los sistemas de IA aprenden mediante asociaciones directas entre los estímulos, las acciones y las recompensas. Estos sistemas se denominan de «libre modelo» porque no requieren un modelo para simular posibles acciones futuras antes de tomar una decisión. Si bien esto hace que los sistemas de aprendizaje por diferencia temporal sean eficientes, también los vuelve menos flexibles.

Existe otra categoría de aprendizaje por refuerzo denominada «aprendizaje por refuerzo basado en modelos». Estos sistemas deben aprender algo mucho más complejo: un modelo de cómo sus acciones afectan al mundo. Una vez que se construye tal modelo, estos sistemas representan secuencias de posibles acciones previas a tomar decisiones. A pesar de que estos sistemas son más flexibles, cuentan con la ardua tarea de construir y explorar un modelo del mundo interno en el momento de tomar decisiones.

La mayoría de los modelos de aprendizaje por refuerzo empleados por las tecnologías modernas son libres de modelo[238], como los famosos algoritmos que controlaban los juegos de Atari y muchos de los algoritmos para coches autónomos[239]. Estos sistemas no hacen pausas y evalúan sus elecciones; actúan de inmediato como respuesta a los datos sensoriales que reciben.

El aprendizaje por refuerzo basado en modelos ha demostrado ser más difícil de implementar por dos motivos.

En primer lugar, construir un modelo del mundo es difícil; el mundo es complejo y la información que obtenemos de él es ruidosa e incompleta. Este es el modelo del mundo faltante de LeCun que la neocorteza de alguna manera proyecta. Sin un modelo del mundo, resulta imposible simular acciones y predecir sus consecuencias.

La segunda razón por la cual el aprendizaje por refuerzo basada en modelos es arduo radica en que *escoger qué simular* es una tarea ardua. En la misma investigación en la que Marvin Minsky identificó el problema de asignación de crédito temporal como un impedimento para la inteligencia artificial, también identificó lo que denominó el «problema de la búsqueda»: en la mayoría de las situaciones del mundo real, es imposible buscar entre todas las opciones posibles. Consideremos el ajedrez. Construir un modelo del mundo del juego de ajedrez es relativamente trivial (las reglas son deterministas, ya que se conocen todas las piezas, todos sus movimientos y todos los cuadrados del tablero). Sin embargo, en el ajedrez no puedes buscar entre todos los posibles movimientos futuros; el abanico de posibilidades en el ajedrez cuenta con más caminos de ramificación que átomos en el universo, de modo que el problema no es solo construir un modelo interno del mundo externo, sino también descubrir cómo explorarlo.

Pero, por supuesto, de alguna manera los cerebros de los primeros mamíferos resolvieron el problema de la búsqueda. Veamos cómo lo hicieron.

13

Aprendizaje por refuerzo basado en modelos

Tras el éxito del TD-Gammon, se intentó aplicar el aprendizaje por diferencia temporal de Sutton (una clase de aprendizaje por refuerzo de libre modelo) en juegos de mesa más complejos como el ajedrez[240]. Los resultados fueron decepcionantes.

Si bien los enfoques de libre modelo como el aprendizaje por diferencia temporal pueden funcionar con el backgammon y otros vídeojuegos, no se desempeñan bien en juegos más complejos como el ajedrez. El problema es que, en situaciones complejas, el aprendizaje de libre modelo —que no implica planificación o simulación de futuros posibles— no resulta eficaz a la hora de encontrar los movimientos que no parecen buenos de primeras pero que ofrecen una buena preparación para el futuro.

En el año 2017, la empresa DeepMind de Google lanzó un sistema de IA llamado «AlphaZero», que podía lograr un desempeño superhumano no solo en ajedrez, sino en el juego de Go, y logró derrotar a su campeón mundial, Lee Sedol[241]. Go es un antiguo juego de mesa chino que es incluso más complejo que el ajedrez; hay billones y billones más de posiciones posibles en el tablero de Go que en el de ajedrez[242].

¿Cómo logró AlphaZero alcanzar un desempeño superhumano en Go y en el ajedrez? ¿Cómo logró AlphaZero alcanzar el éxito donde el aprendizaje por diferencia temporal no lo había logrado? La diferencia clave fue que AlphaZero *simulaba posibilidades futuras*. Como el TD-Gammon, era un sistema de aprendizaje por refuerzo; sus estrategias no estaban programadas con reglas expertas, sino que las aprendía mediante el ensayo y error. Sin embargo, a *diferencia* de TD-Gammon, AlphaZero era un algoritmo de aprendizaje por refuerzo basado en modelos; buscaba entre los posibles movimientos futuros antes de decidir qué hacer a continuación.

Figura 13.1: Juego de Go[243]

Después de que su oponente jugara su movimiento, AlphaZero hacía una pausa, seleccionaba movimientos para evaluar y luego ejecutaba miles de simulaciones sobre cómo se desarrollaría la partida de acuerdo con esos movimientos seleccionados. Tras ejecutar un conjunto de simulaciones, podía observar que ganó treinta y cinco de las cuarenta partidas simuladas cuando hizo el movimiento A, treinta y nueve de las cuarenta simuladas cuando hizo el movimiento B, y así sucesivamente para muchas otras posibles jugadas futuras. AlphaZero podía entonces escoger el movimiento que le había permitido ganar la proporción más elevada de partidas simuladas.

Hacer eso, por supuesto, trae consigo el problema de la búsqueda; incluso valiéndose de los superordenadores de Google, llevaría más de un millón de años simular cada posible movimiento futuro desde una posición arbitraria de tablero de Go[244]. Y, sin embargo, AlphaZero llevaba a cabo esas simulaciones en medio segundo. ¿Cómo? No simulaba los billones de futuros posibles; solo mil futuros. En otras palabras, «priorizaba».

Existen numerosos algoritmos para decidir cómo priorizar ramificaciones para realizar una búsqueda en un enorme abanico de posibilidades. Google Maps utiliza tal algoritmo cuando busca el camino óptimo desde el punto A al punto B. Aun así, la estrategia de búsqueda de AlphaZero era diferente y ofrecía una visión única sobre cómo podrían funcionar los cerebros reales.

Ya debatimos cómo en el aprendizaje por diferencia temporal un actor comienza a ser capaz de predecir el mejor movimiento futuro valiéndose de una corazonada sobre la disposición del tablero, y lo hace sin ninguna clase de planificación. AlphaZero expandía ese método. En lugar de llevar a cabo el único movimiento que el actor creía que era el mejor, tomaba los múltiples «mejores movimientos» que el actor creía que eran los mejores. En lugar de asumir que el actor estaba en lo correcto (que podía no siempre ser así), utilizaba la búsqueda para *verificar* sus corazonadas. AlphaZero efectivamente le decía al actor: «Vale, si crees que el movimiento A es el mejor, veamos cómo se desarrollaría la partida si no realizáramos el movimiento A». Y luego AlphaZero exploraba también otras corazonadas del actor, por lo que evaluaba el segundo y tercer movimiento que sugería (le decía al actor: «Vale, pero si no realizaras el movimiento A, ¿cuál sería tu próxima jugada? Quizás el movimiento B sea incluso mejor de lo que tú crees»).

Lo elegante de esto es que AlphaZero era, en algún sentido, solo una evolución ingeniosa del aprendizaje por diferencia temporal de Sutton, no una reinvención. Utilizaba la búsqueda no para considerar la lógica de todas las posibilidades futuras (algo que es imposible en la mayoría de las situaciones), sino para solo verificar y expandir las corazonadas que el sistema de actor-crítico ya estaba produciendo. Veremos que este enfoque, en principio, podría albergar similitudes con la forma con la que los mamíferos abordan el problema de la búsqueda.

Si bien el Go es uno de los juegos de mesa más complejos, aun así, es mucho más simple que la tarea de simular futuros cuando te desplazas en el mundo real. En primer lugar, las acciones del Go son «discretas» (a partir de una posición determinada en el tablero, existen solo doscientos posibles movimientos futuros[245]) mientras que en el mundo real las acciones son «continuas» (hay un número infinito de posibles trayectorias corporales y de desplazamiento[246]). En segundo lugar, su información sobre el mundo es determinista y completa mientras que en la realidad es ruidosa e incompleta. Y, en tercer lugar, sus recompensas son simples (o ganas o pierdes el juego), pero en el mundo real, los animales presentan necesidades que están en conflicto con otros animales y que cambian con el tiempo. Por lo tanto, si bien AlphaZero representó un gran salto hacia adelante, los sistemas de IA aún se encuentran lejos de ser capaces de realizar planificaciones en entornos donde hay un espacio de acciones continuas, información incompleta sobre el mundo y recompensas complejas.

Sin embargo, la ventaja más fundamental de la planificación en los cerebros de los mamíferos en comparación con los sistemas de IA modernos como AlphaZero no reside en su capacidad de planificar en espacios de acciones continuas, información incompleta y recompensas complejas, sino solo en la capacidad que tienen para cambiar con flexibilidad sus enfoques hacia la planificación según la situación. AlphaZero —que se aplicaba solo a juegos de mesa— empleaba la misma estrategia de búsqueda con cada movimiento. Sin embargo, en el mundo real, las situaciones diferentes requieren estrategias diferentes. Es difícil que lo maravilloso de la simulación en los cerebros de los mamíferos se trate de algún algoritmo de búsqueda especial aún no descubierto; es más probable que se trate de la flexibilidad con la que emplean estrategias diferentes. Algunas veces nos detenemos para simular nuestras opciones, pero en otras ocasiones no simulamos nada en absoluto y simplemente actuamos por instinto (de alguna manera, el cerebro decide con atención cuándo tomar cada camino). Algunas veces nos detenemos para evaluar posibles futuros, aunque otras veces nos detenemos para simular algún suceso del pasado o algunas elecciones alternativas del pasado (de alguna manera, el cerebro selecciona cuándo tomar cada camino). En algunas ocasiones imaginamos detalles precisos en nuestros planes y simulamos cada subtarea detallada individual, y algunas veces representamos solo la idea general del plan (de alguna manera, el cerebro selecciona con atención la densidad granular correcta de nuestra simulación). ¿Cómo hacen todo esto?

Corteza prefrontal y el control de la simulación interna

En la década de 1980, un neurocientífico llamado Antonio Damasio visitó a una de sus pacientes —a quien llamaremos «L»—, que había sufrido un accidente cerebrovascular. L yacía en cama con los ojos abiertos y carecía de expresión en el rostro. Se encontraba inmóvil y no hablaba, pero no estaba paralizada. En ocasiones, levantaba la manta para cubrirse con una destreza de perfecta motricidad fina; observaba los objetos que se movían y podía reconocer con claridad cuándo alguien decía su nombre. Sin embargo, no hacía ni decía nada. Cuando la miraban a los ojos, las personas decían que parecía que «estaba allí, pero sin estar allí».

Las víctimas de derrames cerebrales que sufren daños en la neocorteza visual, somatosensorial o auditiva padecen discapacidades en cuanto a la percepción (como ceguera o sordera), pero L no presentaba ninguno de estos síntomas; su derrame cerebral había sucedido en una región específica de su neocorteza *prefrontal*. Había desarrollado lo que se conoce como «mutismo acinético», una afección trágica y extraña causada por el daño a ciertas regiones de la corteza prefrontal, que permite que las personas se muevan y comprendan el entorno con total normalidad pero que carezcan de iniciativa para hablar o demuestren alguna clase de interés[247].

Seis meses más tarde, tal y como sucede con muchos pacientes de derrame cerebral, L comenzó a recuperarse, ya que otras áreas de la neocorteza se reorganizaron para compensar el área dañada. A medida que volvía a hablar poco a poco, Damasio le preguntó sobre su experiencia durante los seis meses previos. Aunque tenía pocos recuerdos de ese periodo, se acordaba de algunos días de justo antes de comenzar a hablar de nuevo. Describió que no había hablado porque simplemente no tenía nada para decir. Aseguró que su mente se había encontrado «vacía» por completo y que nada «importaba». Afirmó que había sido capaz de seguir las conversaciones a su alrededor, pero que «sentía que no tenía "voluntad" de responder»[248]. Parecía que había perdido toda *intención*.

Cerebro de los primeros mamíferos

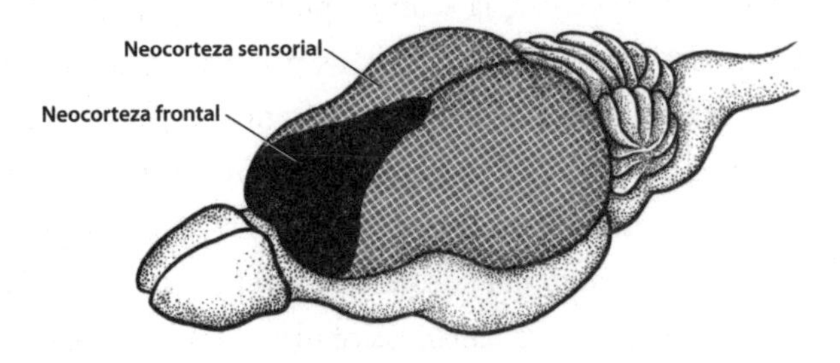

Cerebro de un humano moderno

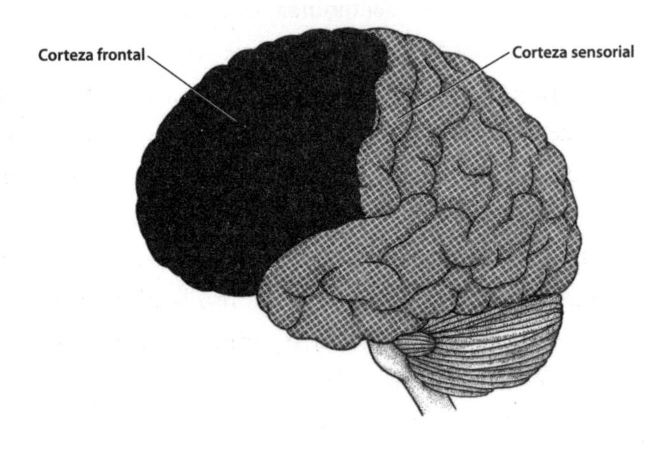

Figura 13.2

La neocorteza de todos los mamíferos puede separarse en dos mitades. La mitad posterior es la «neocorteza sensorial», que contiene las áreas visuales, auditivas y somatosensoriales. Todo lo que exploramos sobre la neocorteza en el capítulo 11 se trataba de la neocorteza sensorial; es allí donde se proyecta la simulación del mundo externo, ya sea comparando su simulación con los datos sensoriales entrantes (percepción por inferencia) o simulando realidades alternativas (imaginación). No obstante, la neocorteza sensorial era tan solo la mitad del rompecabezas sobre cómo funciona la neocorteza. La neocorteza de los primeros mamíferos, al igual que la de las ratas y la de los seres humanos modernos, tenía otro componente, que se encuentra en la mitad frontal: la «neocorteza frontal».

La neocorteza frontal de un cerebro humano contiene tres subregiones principales: la «corteza motora», la «corteza prefrontal granular» (CPFg) y la «corteza prefrontal agranular» (CPFa). Las palabras «granular» y «agranular» diferencian las partes de la corteza prefrontal según la presencia de células granulares, que se encuentran en la cuarta capa de la neocorteza. En la corteza prefrontal granular, la neocorteza contiene las seis capas normales de neuronas. Sin embargo, en la corteza prefrontal agranular, la cuarta capa de la neocorteza (donde se hallan las células granulares) se encuentra, por alguna razón, ausente*. Por lo tanto, las partes de la corteza prefrontal que *carecen* de capa cuatro se denominan «corteza prefrontal agranular» (CPFa) y las partes de la corteza prefrontal que *contienen* una capa cuatro se denominan «corteza prefrontal granular» (CPFg). Aún se desconoce por qué, exactamente, algunas áreas de la corteza frontal carecen de una capa entera de neocorteza, pero exploraremos algunas posibilidades en los capítulos siguientes.

La corteza prefrontal granular evolucionó mucho más adelante en los primeros primates y aprenderemos todo sobre ella en el avance #4. La corteza motora evolucionó después de los primeros mamíferos, pero antes de los primeros primates (aprenderemos sobre la corteza motora en el siguiente capítulo). No obstante, la corteza prefrontal agranular (CPFa) es la región frontal más antigua y se desarrolló en los primeros mamíferos. En L, la que estaba dañada era la CPFa, que es tan antigua y fundamental para el funcionamiento adecuado de la neocorteza que, cuando se dañó, L quedó privada de algo central de lo que significa ser humano; o, más específicamente, de lo que significa ser un *mamífero*[249].

En los primeros mamíferos, la corteza prefrontal entera era solo la corteza prefrontal agranular. Todos los mamíferos modernos están dotados de una corteza prefrontal agranular que heredaron de los primeros mamíferos. Para comprender el mutismo acinético de L y cómo los mamíferos deciden cuándo y qué simular, primero debemos retroceder el reloj evolutivo para explorar la función de la CPFa en los cerebros de los primeros mamíferos.

---

* Hay que señalar que la corteza motora también carece de una capa cuatro, pero no se considera parte de la corteza *pre*frontal.

Al parecer, en los primeros mamíferos, la neocorteza sensorial era donde se *proyectaban* las simulaciones y la neocorteza frontal era donde se *controlaban*; era la neocorteza frontal la que decidía *cuándo* y *qué* imaginar. Una rata cuya neocorteza frontal se encuentra dañada pierde la capacidad de ejecutar simulaciones; ya no participa en el ensayo y error vicario[250], la evocación de la memoria episódica[251] o el aprendizaje contrafáctico[252]. Eso afecta a las ratas de varias maneras. Se vuelven menos capaces de resolver desafíos espaciales o de desplazamiento que requieran planificación, como cuando se las coloca en ubicaciones nuevas en un laberinto. Las ratas toman decisiones más perezosas, y a menudo, los caminos más fáciles incluso cuando ofrecen recompensas sustancialmente menores, como si fueran incapaces de detenerse y simular cada opción para darse cuenta de que el esfuerzo vale la pena[253]. Y, al carecer de memoria episódica, fallan a la hora de recabar antiguos recuerdos de estímulos peligrosos y, por lo tanto, es más probable que repitan errores pasados[254].

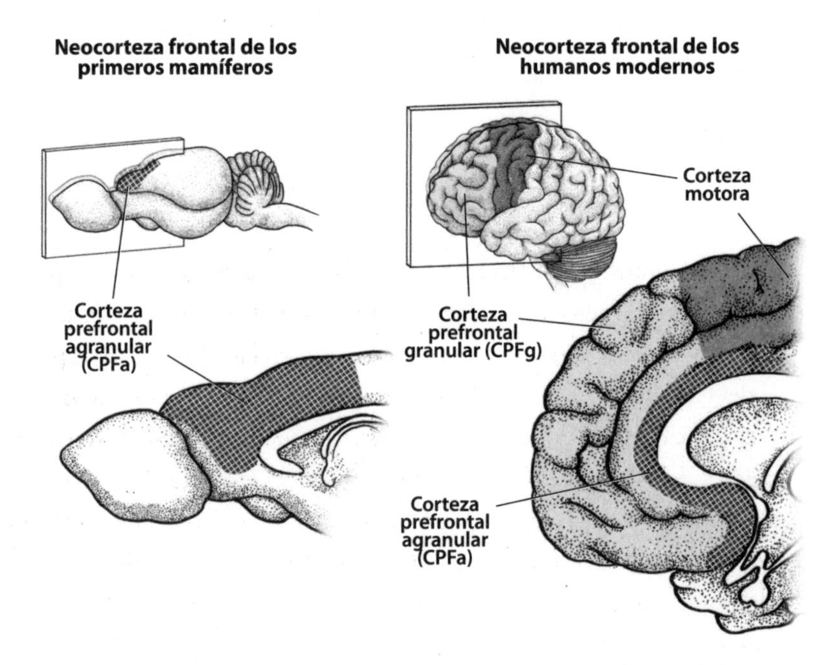

Figura 13.3: Regiones frontales de los primeros mamíferos y de los humanos modernos

Incluso aquellas ratas que padecen de un daño frontal tan solo parcial y que conservan algunas capacidades de ejecutar estas simulaciones enfrentan dificultades para monitorear estos «planes» simulados a medida que se desarrollan. Las ratas con la CPFa dañada tienen dificultades para recordar dónde se encuentran durante un plan en desarrollo, realizan acciones fuera de una secuencia y repiten de manera innecesaria acciones ya completadas[255]. Además, también se vuelven impulsivas, responden antes en tareas que requieren espera o son impacientes a la hora de obtener comida[256].

Si bien las cortezas frontales y sensoriales parecen cumplir con diferentes funciones (la neocorteza frontal *desencadena* las simulaciones y la neocorteza sensorial las *proyecta*), ambas son áreas diferentes de la neocorteza y, por lo tanto, deberían ejecutar el mismo cálculo fundamental. Esto nos presenta un acertijo: ¿cómo hace la neocorteza frontal, otra área más de la neocorteza, algo en apariencia tan *diferente* de la neocorteza sensorial? ¿Por qué un humano moderno que posee una CPFa dañada se vuelve carente de intención? ¿Cómo desencadena simulaciones la CPFa en la neocorteza sensorial? ¿Cómo decide *cuándo* simular algo? ¿Cómo decide *qué* simular?

Predecirse a uno mismo

En una columna de la corteza sensorial, la entrada de información principal proviene de sensores externos, como los ojos, las orejas y la piel. La entrada principal de la corteza prefrontal agranular, sin embargo, proviene del hipocampo, el hipotálamo y la amígdala. Esto indica que la CPFa trata secuencias de lugares, activaciones de valencia y estados afectivos internos de manera similar a como la neocorteza sensorial trata secuencias de información sensorial. ¿Quizás, entonces, la CPFa intenta explicar y predecir el comportamiento propio de un animal de la misma manera que la neocorteza sensorial intenta explicar y predecir el flujo de información sensorial externa?

Tal vez la CPFa siempre se encuentre observando las elecciones impulsadas por los ganglios basales de una rata y se pregunte: «¿Por qué los ganglios basales escogieron esto?». La CPFa de una rata podría entonces aprender, por ejemplo, que cuando se despierta y experimenta estas activaciones hipotalámicas específicas, siempre se acerca al río y bebe agua; podría aprender que la *razón* de ese comportamiento es «obtener agua». Entonces, en circunstancias similares, puede predecir qué es lo que la rata hará *antes* de que los ganglios basales desencadenen cualquier comportamiento; puede predecir que cuando está sedienta, se dirigirá a la fuente de agua más cercana. En otras palabras, la CPFa aprende a modelar al animal en sí mismo, infiere la *intención* del comportamiento que observa y utiliza esta *intención* para predecir lo que el animal hará a continuación.

Si bien la *intención* puede parecer un concepto filosóficamente difuso, su concepto no es diferente de cómo la corteza sensorial construye explicaciones a partir de la información sensorial. Cuando observas una ilusión visual que indica la presencia de un triángulo (aun cuando no haya ningún triángulo), tu neocorteza sensorial construye una explicación de esa ilusión visual, que es lo que tú percibes: un triángulo. Esta explicación —el triángulo— no es real; ha sido *construida*. Es una estrategia computacional que la neocorteza sensorial utiliza para realizar *predicciones*. La explicación del triángulo le permite a tu corteza sensorial predecir qué sucedería si extendieses la mano para tomarlo o encendieras la luz o intentaras observarlo desde otro ángulo.

Neocorteza frontal versus neocorteza sensorial en los primeros mamíferos

NEOCORTEZA FRONTAL	NEOCORTEZA SENSORIAL
Modelo de sí mismo	Modelo del mundo
Obtiene entrada de información del hipocampo, la amígdala y el hipotálamo	Obtiene entrada de información de los órganos sensoriales
«*He hecho* esto porque quiero obtener agua»	«*Veo* esto porque hay un triángulo justo allí»
Intenta predecir qué hará el animal a continuación	Intenta predecir qué harán los objetos externos a continuación

Las investigaciones de registro corroboran la idea de que la CPFa crea un modelo de los objetivos de un animal. Si observas un registro de la CPFa de una rata, puedes observar patrones de actividad que codifican la tarea que está realizando y también las poblaciones específicas de neuronas que se activan de forma selectiva en ubicaciones específicas dentro de una compleja secuencia de tareas y que, además, registran de manera confiable el avance hacia una meta imaginada[257].

¿Cuál es la utilidad evolutiva de este modelo de sí mismo en la corteza frontal? ¿Por qué intentar «explicar» el propio comportamiento mediante la construcción de la «intención»? Resulta que esta puede ser la manera en la que los mamíferos eligen *cuándo* simular cosas y *qué* simular. Explicar el propio comportamiento puede resolver el problema de la búsqueda. Veamos cómo.

¿Cómo toman decisiones los mamíferos?

Veamos el ejemplo de una rata que se desplaza por un laberinto y toma decisiones acerca de qué dirección seguir al llegar a una bifurcación. Girar hacia la izquierda conduce al agua, girar hacia la derecha conduce a comida. Es en estas situaciones cuando tiene lugar el ensayo y error vicario, y lo hace en tres pasos.

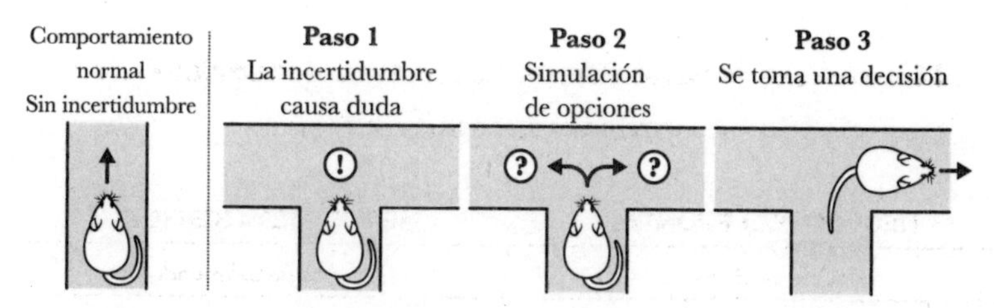

Figura 13.4: Especulaciones sobre cómo los mamíferos toman decisiones deliberadas

Paso #1: Activar la simulación

Las columnas en la CPFa están siempre en uno de tres estados: (1) silencioso, el comportamiento que observa no reconoce ninguna intención específica (al igual que una columna en la corteza visual no reconoce nada significativo en una imagen); (2) muchas o todas las columnas de la corteza frontal reconocen una intención y predicen el mismo comportamiento futuro («¡Ah! Es evidente que iremos hacia la izquierda aquí») o (3) muchas columnas de la corteza frontal reconocen una intención pero predicen *comportamientos diferentes y contradictorios* (algunas columnas predicen «¡Iré hacia la izquierda para obtener agua!» y otras columnas predicen «¡Iré hacia la derecha para obtener alimento!»). Debe de ser en este último estado, en el que las columnas de la CPFa *no concuerdan* con sus predicciones, donde la CPFa puede ser más útil. De hecho, la de los mamíferos se excita más cuando algo sale *mal* o cuando sucede algo *inesperado* durante una tarea en curso[258].

El grado de desacuerdo de las predicciones es una medida de incertidumbre. Así es, en principio, como muchos modelos de aprendizaje automático avanzados miden la incertidumbre: un conjunto de modelos diferentes hace predicciones y, cuanto más divergentes sean esas predicciones, más incertidumbre se espera encontrar[259].

Es posible que esta incertidumbre desencadene las simulaciones. La CPFa es capaz de provocar una señal de pausa global mediante la conexión directa con sectores específicos de los ganglios basales[260] y se ha demostrado que su activación se correlaciona con niveles de incertidumbre[261]. Tal y como vimos en el último capítulo, es justo cuando las cosas cambian o se vuelven difíciles (y, por ende, son inciertas) que los animales hacen una pausa para participar del ensayo y error vicario. También es posible que la incertidumbre pueda medirse en los ganglios basales; tal vez haya sistemas paralelos de actor-crítico y quizás cada uno realize predicciones independientes sobre la mejor acción futura, y la divergencia entre sus predicciones es lo que desencadena la pausa.

De cualquier manera, esto facilita la elaboración de una especulación sobre cómo los cerebros de los mamíferos abordan el desafío de decidir cuándo hacer el esfuerzo de simular sucesos. Si los hechos se desarrollan tal y como uno espera, no existe razón para desperdiciar tiempo y energía simulando opciones y resulta más fácil dejar que los ganglios basales tomen decisiones (aprendizaje de libre modelo). Sin embargo, cuando surge la incertidumbre (algo nuevo aparece, se altera alguna contingencia o los costes se acercan a los beneficios), se dispara la simulación.

Paso #2: Simular opciones

Bien, entonces la rata hizo una pausa y decidió utilizar la simulación para resolver su incertidumbre; ¿ahora qué? Esto nos trae de regreso al problema de la búsqueda. Una rata en un laberinto podría hacer un millón de cosas diferentes; entonces, ¿cómo decide qué simular?

Ya vimos cómo AlphaZero solucionaba este problema: simulaba los movimientos principales que ya predecía que eran los mejores. Esta idea se alinea de forma muy conveniente con lo que se conoce sobre las columnas neocorticales y los ganglios basales. La CPFa no se queda allí combinando cada acción posible; en cambio, explora de manera específica los caminos que ya predice que tomará el animal. En otras palabras, la CPFa busca entre las opciones específicas que sus columnas ya están prediciendo. Un conjunto de columnas predecía que si se dirigía a la izquierda llegaría al agua, y otro que lo haría si se dirigiera hacia la derecha, de modo que solo hay dos simulaciones diferentes que considerar.

Una vez que un animal hace una pausa, las diferentes columnas de la CPFa se turnan para simular sus predicciones de lo que creen que hará. Un grupo de columnas simula ir hacia la izquierda y seguir el camino hasta el agua. Otro grupo de columnas simula ir hacia la derecha y seguir el camino que conduce al alimento.

La conectividad entre la CPFa y la neocorteza sensorial es reveladora; la CPFa se proyecta extensivamente hacia regiones difusas de la neocorteza sensorial y se ha demostrado que modula de manera drástica la actividad de la neocorteza sensorial[262]. Y, en específico, cuando las ratas se ven envueltas en el comportamiento de ensayo y error vicario, la actividad en la CPFa y en la corteza sensorial se sincroniza de forma única[263]. Una especulación es que la CPFa está provocando que la neocorteza sensorial proyecte una simulación específica del mundo. La CPFa primero pregunta: «¿Qué sucede si nos dirigimos hacia la izquierda?». La neocorteza sensorial proyecta entonces una simulación del recorrido hacia la izquierda, que luego regresa hacia ella. La CPFa entonces dice: «Bien, ¿y qué sucede si continuamos hacia adelante?», situación que la neocorteza sensorial vuelve a proyectar, y así sucesivamente hasta alcanzar el objetivo imaginado modelado en la CPFa.

De manera alternativa, podría suceder que los ganglios basales sean los que determinen las acciones llevadas a cabo durante estas simulaciones. Esto se acercaría aún más a como funcionaba el sistema de AlphaZero: seleccionaba acciones simuladas según las acciones que su actor de libre modelo predecía que eran mejores. En este caso, sería la CPFa la que seleccionara las predicciones divergentes de acción de los ganglios basales que debía simular, pero los ganglios basales continuarían decidiendo qué acciones desean tomar en el mundo imaginado proyectado por la neocorteza sensorial.

Paso #3: Escoger una opción

La neocorteza simula secuencias de acciones, pero ¿qué determina la decisión final sobre qué dirección terminará tomando la rata? ¿Cómo elige ella? Aquí ofrezco una especulación. Los ganglios basales ya cuentan con un sistema para la toma de decisiones. Incluso los vertebrados antiguos debían tomar decisiones cuando se les presentaban estímulos que competían entre sí. Los ganglios basales acumulan votos para elecciones en competencia y las diferentes poblaciones de neuronas representan cada acción en competencia mediante el aumento de excitación hasta que se sobrepasa un umbral de elección; es en ese momento cuando se selecciona un curso de acción[264].

De esa manera, mientras se desarrolla el proceso de ensayo y error vicario, los resultados de estas simulaciones vicarias de comportamiento acumulan votos para cada elección en los ganglios basales, al igual que lo haría si el ensayo y error no fuera vicario, sino real. Si los ganglios basales continúan excitándose más al imaginar beber agua que al imaginar consumir alimento (tal como se mide por la cantidad de dopamina liberada), entonces los votos en favor del agua traspasarán rápidamente el umbral de elección. Los ganglios basales controlarán el comportamiento y la rata irá hacia el agua.

El efecto emergente de todo esto es que la CPFa entrenó a los ganglios basales de manera *vicaria* para comunicarle que la izquierda era la mejor opción. Los ganglios basales no saben si la neocorteza sensorial se encuentra simulando el mundo actual o un mundo imaginado. Lo único que los ganglios basales saben es que, al dirigirse a la izquierda, fueron reforzados. Por lo tanto, cuando la neocorteza sensorial simula el mundo real al comienzo del laberinto, los ganglios basales de inmediato intentan repetir el comportamiento que acaba de ser reforzado de manera vicaria. *Voilà*: el animal se dirige hacia la izquierda para obtener agua.

Metas y hábitos (o la dualidad interna de los mamíferos)

A comienzos de la década de 1980, un psicólogo de Cambridge llamado Tony Dickinson se involucró en los experimentos psicológicos de la época: entrenar animales a empujar palancas para obtener recompensas. Dickinson se hacía una pregunta en apariencia mundana: «¿Qué sucede si devalúas la recompensa de un comportamiento después de que el animal ya haya aprendido ese comportamiento?». Supongamos que le enseñas a una rata que empujar una palanca libera un trozo de alimento de un artilugio cercano. La rata comenzará a empujar una y otra vez la palanca y a devorar el alimento. Ahora supongamos que un día completamente fuera del contexto del artilugio y la palanca, le entregas a la rata el mismo trozo de comida y, en secreto, lo contaminas con un químico que hace que vomite. ¿Cómo cambia esto su comportamiento?

El primer resultado es el esperado: las ratas, incluso después de haberse recuperado del episodio de náuseas, ya no encuentran los trozos de comida tan apetitosos como antes. Y, cuando se les ofrece un montículo de los mismos trozos de comida, comen una cantidad mucho menor. No obstante, la pregunta más interesante era esta: «¿Qué sucedería la próxima vez que a las ratas se les presentara la palanca?». Si a los animales solo los gobernara la ley del efecto de Thorndike, correrían hacia la palanca y la presionarían igual de rápido que antes; la palanca había sido reforzada *numerosas* veces y aún no había nada que hubiera *quitado* el refuerzo de la acción de empujar la palanca. Por otro lado, si los animales son de verdad capaces de simular las consecuencias de empujar la palanca y darse cuenta de que el resultado es un trozo de comida que ya no disfrutan, no querrán empujar la palanca con tanto entusiasmo. Lo que Dickinson descubrió fue que, tras este procedimiento, las ratas que habían asociado la comida con sentirse mal empujaban la palanca casi un 50 % menos que aquellas ratas que no habían hecho esa asociación[265].

Esto es compatible con la idea de que la neocorteza permite a incluso mamíferos simples como las ratas simular de manera vicaria elecciones futuras para cambiar sus conductas según las consecuencias imaginadas. No obstante, cuando Dickinson continuó con estos experimentos, descubrió algo extraño: algunas ratas continuaban empujando la palanca con mucho, sino más, vigor después de que el alimento hubiera sido asociado con las náuseas. Algunas se habían vuelto «insensibles frente a la devaluación». Descubrió que la diferencia no era más que una consecuencia de las veces en que las ratas habían empujado la palanca para obtener una recompensa; las que habían empujado cien veces hacían lo más astuto: ya no deseaban empujar la palanca una vez que la comida se había devaluado, pero las ratas que habían empujado quinientas veces corrían hacia la palanca y volvían a empujarla de manera enloquecida aunque la comida estuviera devaluada[266]. Y en ninguna de estas pruebas se entregó ningún trozo de comida; el grupo que se había vuelto insensible a la devaluación seguía empujando la palanca sin obtener ninguna recompensa.

Dickinson había descubierto los hábitos. Al realizar el comportamiento quinientas veces, las ratas habían desarrollado una respuesta motora automatizada que estaba provocada por un estímulo sensorial y se habían desapegado por completo del objetivo principal del comportamiento. Los ganglios basales controlaban el comportamiento sin que la CPFa hiciera una pausa para considerar qué futuro provocarían esas acciones. El comportamiento había sido repetido tantas veces que la CPFa y los ganglios basales no detectaban ninguna incertidumbre y, por lo tanto, las ratas no se detenían a evaluar sus consecuencias.

Quizás esta sea una experiencia familiar para ti. Las personas se despiertan y miran sus móviles sin preguntarse a sí mismas por qué escogen mirar sus móviles. Deslizan las publicaciones en Instagram a pesar de que, si alguien les preguntara si quieren seguir deslizando, responderían que «no». Por supuesto, no todos los hábitos son malos: no piensas cuando caminas y, sin embargo, caminas perfectamente bien; no piensas en teclear y, sin embargo, los pensamientos fluyen sin esfuerzo desde tu mente hasta la punta de tus dedos; no piensas en la acción de hablar y, sin embargo, los pensamientos se convierten por arte de magia en un repertorio de movimientos de lengua, boca y garganta.

Los hábitos son acciones automatizadas provocadas directamente por los estímulos (son de libre modelo); son comportamientos controlados de manera directa por los ganglios basales. Constituyen la manera en la que los cerebros mamíferos ahorran tiempo y energía y evitan involucrarse de forma innecesaria en la simulación y planificación. Cuando tal automatización sucede en los momentos correctos, nos permite completar con facilidad comportamientos complejos; cuando sucede en los momentos erróneos, tomamos decisiones equivocadas.

La dualidad entre los métodos de toma de decisiones basados en modelos y los métodos de libre modelo se presenta en formas diferentes en campos diferentes. En el campo de la IA, se utilizan los términos «basado en modelos» y «libre de modelo». En la psicología animal, esta misma dualidad se describe como «comportamiento orientado a metas» y «comportamiento habitual». Y en la economía conductual, al igual que en el famoso libro de Daniel Kahneman *Pensar rápido, pensar despacio*, esta misma dualidad se describe como «sistema 2» (pensar despacio) contra el «sistema 1» (pensar rápido). En todos estos casos, la dualidad es la misma: los seres humanos y, en realidad, todos los mamíferos (y algunos otros animales que desarrollaron de manera independiente la simulación) algunas veces realizan pausas para simular sus opciones (basado en modelos, orientado a metas, sistema 2) y algunas veces actúan de manera automática (libre de modelo, habitual, sistema 1). Ninguna de las dos formas es mejor; cada una tiene sus costes y beneficios. Los cerebros intentan seleccionar con atención cuándo adoptar cada una, pero los cerebros no siempre toman la decisión correcta, y este es el origen de muchas de nuestras conductas irracionales.

El lenguaje utilizado en la psicología animal es revelador; una clase de comportamiento está orientado a metas y el otro no. De hecho, las *metas* en sí mismas podrían no haberse desarrollado hasta los primeros mamíferos.

La evolución de la primera meta

Al igual que las explicaciones de la información sensorial no son reales (por ejemplo, no percibes lo que ves), tampoco lo es la intención; en cambio, es una estrategia computacional para realizar predicciones sobre lo que hará un animal en un futuro.

Esto es importante: los ganglios basales no poseen *intención* ni *metas*. Un sistema de aprendizaje por refuerzo de libre modelo como los ganglios basales es *libre de intención*; es un sistema que simplemente aprende a repetir comportamientos que han sido reforzados con anterioridad. Esto no quiere decir que tales sistemas sean inútiles o carezcan de motivación; pueden ser increíblemente inteligentes y astutos, y pueden aprender muy rápido a producir comportamientos que maximicen la cantidad de recompensas. No obstante, estos sistemas de libre modelo no poseen «metas», ya que no se orientan a perseguir un resultado específico. Es por ello que los sistemas de aprendizaje por refuerzo de libre modelo son realmente difíciles de interpretar; cuando preguntamos «¿Por qué el sistema de IA ha hecho eso?», estamos haciendo una pregunta para la que en realidad no existe respuesta. O, al menos, la respuesta siempre será la misma: porque creyó que era la elección con la recompensa más anticipada.

Por el contrario, la CPFa *sí* cuenta con metas explícitas; desea ir a la nevera a comer fresas o dirigirse al bidón de agua a beber. Al simular un futuro que termina en algún resultado final, la CPFa cuenta con un estado final (meta) que busca alcanzar. Es por ello que resulta posible, al menos en circunstancias en las que las personas toman elecciones impulsadas por la CPFa (orientadas a metas, basadas en modelos, sistema 2), preguntar *por qué* una persona ha hecho algo.

De alguna manera parece mágico que el mismo microcircuito neocortical que construye un modelo de objetos externos en la corteza sensorial pueda adquirir el propósito de construir metas y modificar el comportamiento para perseguirlas en la corteza frontal. Karl Friston, de la Universidad de Londres —uno de los pioneros de la idea de que la neocorteza implementa un modelo generativo—, denomina a este fenómeno «inferencia activa»[267]. La corteza sensorial participa de la inferencia pasiva; es decir que solo explica y predice estímulos sensoriales. La CPFa se involucra en la inferencia *activa*; es decir, explica el propio comportamiento y luego utiliza sus propias predicciones para *cambiar* ese comportamiento de forma activa. Al realizar una pausa para simular lo que predice que *sucederá*, y de esa manera entrenar de manera vicaria a los ganglios basales, la CPFa reconfigura el modelo generativo neocortical para *predecir* con el objetivo de crear la *voluntad*.

Cuando haces una pausa para simular diferentes opciones de la cena, escoges pasta y luego das curso a la larga secuencia de acciones para llegar al restaurante, esa es tu elección «volitiva»; puedes responder *por qué* estás entrando al coche; conoces el fin que estás persiguiendo. Por el contrario, cuando actúas solo por hábito, no puedes producir una respuesta sobre por qué has hecho lo que hiciste.

Karl Friston también ofrece una explicación para la realidad desconcertante de que algunas partes de la corteza frontal carezcan de la cuarta capa[268] de la columna neocortical. ¿Qué hace la cuarta capa? En la corteza sensorial, es donde la entrada sensorial cruda fluye hacia una columna neocortical. Se especula que es la encargada de impulsar al resto de la columna neocortical a generar una simulación que mejor se ajuste a sus datos sensoriales entrantes (percepción por inferencia). Hay indicios de que, cuando una columna neocortical está simulando, la actividad de la cuarta capa disminuye a medida que se suprimen los estímulos sensoriales entrantes activos; así es como la neocorteza puede generar una simulación de algo que no se está experimentando en el momento (por ejemplo, imaginar un coche cuando se mira al cielo)[269]. Esta es una pista. La inferencia activa indica que la CPFa construye la intención y luego intenta predecir comportamientos coherentes con ella; en otras palabras, procura hacer que su intención se vuelva realidad. Si el animal hace algo que no es coherente con la intención generada, la CPFa no desea ajustar su modelo de intención para equiparar el comportamiento, sino que busca ajustar el comportamiento: si sientes sed y tus ganglios basales toman la decisión de ir en la dirección en la que no hay agua, la CPFa no desea ajustar su modelo de intención para asumir que no tienes sed; en cambio, desea poner en pausa el error de los ganglios basales y convencerlos de girar y dirigirse hacia el agua. Por lo tanto, la CPFa dedica muy poco tiempo, si es que decide hacerlo siquiera, a intentar igualar su intención inferida con el comportamiento que observa y, por lo tanto, no tiene necesidad de contar con una gran cuarta capa, o ni siquiera de contar con una cuarta capa en absoluto.

Por supuesto, la CPFa no se encuentra programada evolutivamente para comprender las metas de un animal y, en cambio, aprende estas metas al modelar primero el comportamiento originalmente controlado por los ganglios basales. La CPFa construye metas mediante la observación del comportamiento que se encuentra desprovisto de ellas y solo cuando aprende estas metas es que comienza a ejercer control sobre el comportamiento: los ganglios basales comienzan siendo maestros de la CPFa, pero a medida que se desarrolla el mamífero, estos roles cambian y la CPFa se convierte en la maestra de los ganglios basales. Y, de hecho, durante el desarrollo cerebral, las partes agranulares de la corteza frontal comienzan teniendo una capa cuatro que luego se va atrofiando poco a poco y desaparece durante el desarrollo, lo que termina dejando la cuarta capa casi vacía. Quizás esto sea parte de un programa de desarrollo para construir un modelo de uno mismo, que comienza igualando su modelo interno con sus observaciones (por esa razón se comienza con una cuarta capa) y luego pasando a impulsar el comportamiento para que coincida con el modelo interno (por esa razón ya no se necesita más la capa). Una vez más, vemos un hermoso proceso de sucesivas adaptaciones en la evolución.

Esto también ofrece una explicación acerca de la experiencia de L, la paciente de Damasio. El hecho de que tuviera la cabeza «vacía» ahora cobra algo de sentido: era incapaz de generar una simulación interna. No tenía pensamientos. No tenía voluntad de responder a nada porque su modelo interno de intención había desaparecido y, sin él, su mente no podía ni siquiera establecer las metas más simples. Y, sin metas, trágicamente, nada importaba.

Cómo los mamíferos se controlan a ellos mismos: atención, memoria de trabajo y autocontrol

En un libro de texto clásico sobre neurociencia, las cuatro funciones adjudicadas a la neocorteza frontal son la atención, la memoria de trabajo, el control ejecutivo y, como ya hemos visto, la *planificación*. El hilo conductor de estas funciones siempre ha sido confuso; parece extraño que una estructura pudiera ejercer todos estos roles distintos. Sin embargo, a través de la lente de la evolución, tiene sentido que estas funciones se encuentren todas íntimamente relacionadas: son todas aplicaciones diferentes del control de la simulación neocortical.

¿Recuerdas la imagen ambigua del pato y el conejo?[270] Mientras oscilas entre percibir un pato o un conejo, es tu CPFa la que inclina una y otra vez tu corteza visual hacia cada interpretación. Tu CPFa puede desencadenar una simulación interna de patos cuando cierras los ojos y puede utilizar el mismo mecanismo para generar una simulación interna de patos cuando los tienes abiertos y estás observando una imagen que podría ser o un pato o un conejo. En ambos casos, está intentando evocar una simulación; la única diferencia es que, con los ojos cerrados, no se encuentra restringida y, cuando tienes los ojos abiertos, se encuentra restringida para ser compatible con lo que estás viendo. La acción de provocar una simulación se denomina «imaginación» cuando no se encuentra restringida por la entrada sensorial actual y «atención» cuando está restringida por la entrada sensorial actual. Aunque, en ambos casos, la CPFa está, en principio, haciendo lo mismo.

¿Cuál es el punto de la atención? Cuando un ratón selecciona una secuencia de acción tras una simulación imaginada, debe *atenerse* a su plan mientras recorre su camino. Esto es más difícil de lo que parece. La simulación imaginada no habrá sido perfecta; es probable que el ratón no haya predicho cada imagen, olor y aspecto del entorno que acabará experimentando. Esto significa que el aprendizaje vicario que experimentaron los ganglios basales diferirá de la experiencia real a medida que se desarrolla el plan y, por ende, los ganglios basales pueden no completar correctamente el comportamiento esperado.

Una manera con la que la CPFa puede resolver este problema es mediante la atención. Supongamos que los ganglios basales de una rata aprendieron, a través de ensayo y error, a *alejarse* de los patos y *acercarse* a los conejos. En ese caso, los ganglios basales experimentarán reacciones opuestas al ver al pato/conejo, dependiendo de qué patrón reciban de la neocorteza. Si la CPFa había imaginado con anterioridad ver un conejo y dirigirse hacia él, entonces puede controlar las decisiones de los ganglios basales mediante la atención para asegurarse de que, ante esta imagen ambigua, la rata vea un conejo y no un pato.

Controlar el comportamiento en curso a menudo requiere también de la *memoria de trabajo:* el mantenimiento de representaciones en ausencia de cualquier estímulo visual. Muchas rutas y tareas imaginadas involucran esperar. Por ejemplo, cuando un roedor explora entre los árboles para conseguir nueces, debe recordar qué árboles ya ha explorado. Esta es una tarea que se ha demostrado que requiere la CPFa. Si se inhibiera la CPFa de un roedor durante estos periodos de espera, perdería su capacidad de realizar esas tareas basadas en la memoria. Y durante esas tareas, la CPFa exhibe «actividad en espera», por lo que permanece activada incluso en ausencia de cualquier estímulo externo. Estas tareas requieren su participación porque la memoria de trabajo funciona de la misma manera que la atención y la planificación; se trata de la evocación de una simulación interna. La memoria de trabajo —mantener algo en tu cabeza— representa simplemente a tu CPFa intentando volver a evocar una simulación interna hasta que ya no la necesites.

Además de la planificación, la atención y la memoria de trabajo, la CPFa también puede controlar el comportamiento en curso de manera más directa: puede inhibir la amígdala. Existe una proyección desde la CPFa a las neuronas inhibitorias que rodean a la amígdala. Durante la ejecución de un plan imaginado, la CPFa puede intentar prevenir que la amígdala ejerza su propio enfoque y desencadene respuestas evitativas. Este fue el comienzo evolutivo de lo que los psicólogos denominan «inhibición conductual, fuerza de voluntad y autocontrol»: la tensión persistente entre nuestros deseos momentáneos (controlados por la amígdala y los ganglios basales) y lo que sabemos que será una mejor opción (controlado por la CPFa). En momentos de gran fuerza de voluntad, puedes inhibir los deseos impulsados por la amígdala. En los de debilidad, la amígdala termina ganando. Es por ello que las personas se vuelven más impulsivas cuando se encuentran cansadas o estresadas; consume mucha más energía hacer actuar a la CPFa de modo que, si te encuentras cansado o estresado, será mucho menos efectiva al inhibir la amígdala.

En resumidas cuentas: la planificación, atención y memoria de trabajo se encuentran todas controladas por la CPFa porque, en principio, se trata de lo mismo. Son manifestaciones diferentes del cerebro que intentan seleccionar qué simulación proyectar. ¿Cómo logra la CPFa «controlar» el comportamiento? La idea presentada aquí es que no controla el comportamiento *per se*; intenta convencer a los ganglios basales de cuál es la decisión correcta enseñándoles de manera vicaria que una elección es mejor y filtrando la información que les llega. La CPFa controla el comportamiento, no con *palabras*, sino con *enseñanzas*.

El beneficio de este proceso puede demostrarse si comparamos el desempeño de los mamíferos con el de otros vertebrados, como los lagartos, en tareas que requieran inhibir respuestas reflejas en favor de elecciones «más astutas». Si colocáramos a un lagarto en un laberinto e intentáramos entrenarlo para realizar la simple tarea de caminar hacia una luz roja, conseguir un alimento delicioso y evitar la luz verde, que ofrece comida desagradable, le llevaría *cientos* de pruebas aprender[271]. Llevaría mucho tiempo desaprender la preferencia innata de los lagartos por la luz verde. Sin una neocorteza que haga una pausa y considere las opciones de manera vicaria, la única forma con la que pueden aprender esta tarea es mediante interminables pruebas reales de ensayo y error. Por el contrario, las ratas aprenden a inhibir sus respuestas más innatas mucho más rápido, una ventaja que desaparece si dañas sus CPFa[272].

Los primeros mamíferos contaban con la capacidad de explorar de manera vicaria su modelo interno del mundo, tomar decisiones basadas en resultados imaginados y atenerse al plan imaginado una vez escogido. Podían determinar con flexibilidad cuándo simular ciertos aspectos y cuándo valerse de sus hábitos y seleccionaban con atención qué simular para resolver el problema de la búsqueda. Fueron nuestros primeros ancestros en establecer metas.

14

El secreto de los robots lavavajillas

Imaginemos lo siguiente. Mientras estás sosteniendo este libro, tu mano derecha comienza a acalambrarse. La ubicación específica de cada dedo individual que has configurado sin esfuerzo para equilibrar a la perfección el libro en tu mano comienza a languidecer a medida que pierdes el control de los músculos de tu brazo derecho. Te das cuenta de que ya no puedes controlar cada dedo de forma individual; solo puedes abrir o cerrar la mano al moverlos todos al mismo tiempo, lo que hace que tu mano pase de ser una herramienta hábil a ser una garra descoordinada. En cuestión de minutos ya ni siquiera puedes agarrar el libro con la mano derecha y el brazo se te vuelve tan débil que no puedes levantarlo. Así se siente la experiencia de un derrame cerebral —la pérdida del flujo sanguíneo en una región del cerebro— cuando sucede en la corteza motora. Este accidente priva a los pacientes de sus habilidades motoras finas e incluso puede causar parálisis.

La corteza motora es una banda delgada de la neocorteza que se encuentra al borde de la corteza frontal. Compone un mapa del cuerpo entero y cada área controla los movimientos de músculos específicos. Si bien abarca cada parte del cuerpo, no dedica espacios iguales a cada parte del cuerpo. En cambio, dedica mucho espacio a las partes del cuerpo sobre las que los animales ejercen un control motor hábil (en los primates, esto incluye la boca y las manos) y mucho menos espacio a áreas que no pueden controlar bien (como los pies). Este mapa de la corteza motora se refleja en la corteza somatosensorial adyacente: la región de la neocorteza que procesa información *somatosensorial* (como los sensores táctiles de la piel y las señales propioceptivas de los músculos).

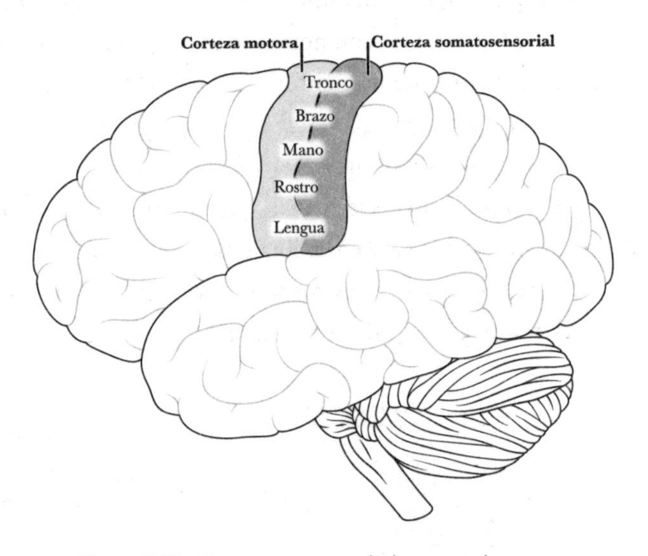

Figura 14.1: Corteza motora de los seres humanos

En los seres humanos, la corteza motora es el sistema principal que controla el movimiento. No solo la estimulación de áreas específicas de la corteza motora lo provoca en la parte corporal correspondiente, sino que el daño en esas mismas áreas de la corteza motora puede causar parálisis en la misma parte del cuerpo. Los déficits de movimiento en los pacientes que sufrieron accidentes cerebrovasculares casi siempre derivan de áreas dañadas en la corteza motora. En los chimpancés, macacos y lémures, el daño en la corteza motora[273] también evidencia ese mismo efecto. En los primates, las neuronas de la corteza motora envían una proyección *directa* a la médula espinal para controlar el movimiento. Todo esto conduce a la conclusión de que la corteza motora es el núcleo de los *comandos motores*; es el controlador del movimiento.

No obstante, hay tres problemas en relación con esta idea. En primer lugar, las columnas neocorticales de la corteza motora poseen el mismo sistema de circuitos que otras áreas de la neocorteza[274]. Si creemos que la neocorteza implementa un modelo generativo que intenta explicar sus estímulos y que utiliza esas explicaciones para realizar predicciones, debemos ofrecer una explicación sobre cómo eso podría haber adquirido el nuevo propósito de generar comandos motores.

En segundo lugar, algunos mamíferos no poseen corteza motora y definitivamente pueden moverse con normalidad. Como explicamos en el capítulo anterior, la mayoría de los neurocientíficos evolutivos cree que la única parte de la corteza frontal que estaba presente en los primeros mamíferos era la corteza prefrontal agranular (CPFa); no existía la corteza motora. La corteza motora apareció decenas de millones de años después de los primeros mamíferos y solo en el linaje placentario; es decir, en los mamíferos que se convertirían en los roedores, primates, perros, caballos, murciélagos, elefantes y gatos[276] de la actualidad.

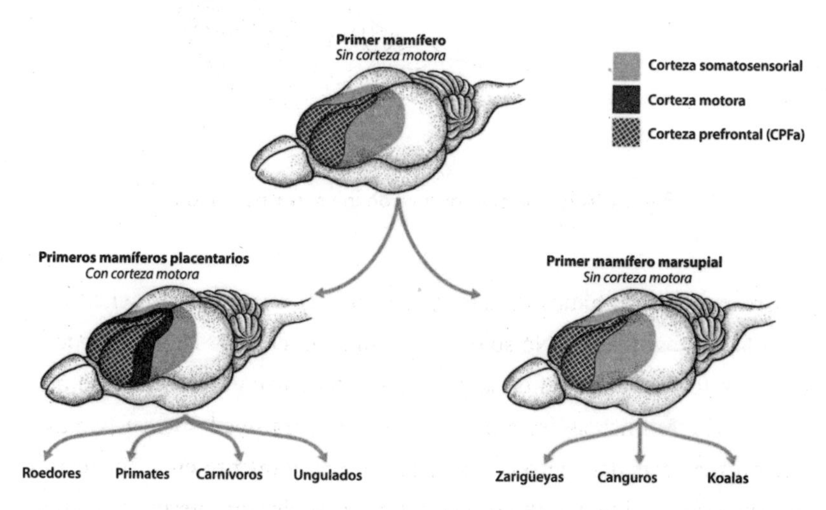

Figura 14.2: Teoría principal sobre la evolución de la corteza motora[275]

El tercer problema con que la idea de que la «corteza motora equivale a los comandos motores» es que la parálisis causada por el daño en la corteza motora es exclusiva de los primates; la mayoría de los mamíferos cuya corteza motora resulta dañada no sufre parálisis[277]. Las ratas y los gatos que poseen cortezas motoras lesionadas pueden caminar, cazar, comer y moverse con normalidad. La corteza motora no era el núcleo de los comandos motores en los mamíferos primitivos y fue solo más adelante —en los primates— que se volvió *necesaria* para el movimiento. Entonces, ¿por qué evolucionó la corteza motora? ¿Cuál era su función original? ¿Qué cambió en los primates?

Predicciones, no comandos

Karl Friston, pionero de la teoría de la inferencia activa, ofrece una interpretación alternativa a la corteza motora. Si bien la visión preponderante siempre ha sido que la corteza motora genera *comandos motores* —es decir, que comunica a los músculos *qué* hacer—, Friston le da un giro completo a esta idea: quizás la corteza motora no genere comandos motores, sino *predicciones* motoras. Quizás la corteza motora se encuentre en un estado constante de observación de los movimientos corporales que suceden en la corteza somatosensorial (de ahí que haya un reflejo tan elegante entre la corteza motora y la corteza somatosensorial) y luego intente *explicar* el comportamiento y utilizar esas explicaciones para predecir lo que un animal hará a continuación. Y quizás sea solo que la conexión está configurada para que las predicciones de la corteza motora fluyan hacia la médula espinal y controlen nuestros movimientos; en otras palabras, la corteza motora está configurada para *convertir sus predicciones en realidad*.

De acuerdo con esta perspectiva, la corteza motora funciona de la misma manera que la corteza prefrontal agranular. La diferencia radica en que la CPFa aprende a predecir movimientos de rutas de desplazamiento mientras que la corteza motora aprende a predecir movimientos de *partes corporales específicas*. La CPFa predecirá que un animal girará a la izquierda; la corteza motora predecirá que ubicará su pata izquierda justo sobre una plataforma.

Esta es la idea general de la «corporización»; las partes de la neocorteza, como la corteza motora y la corteza somatosensorial, cuentan con un modelo entero del cuerpo del animal que puede ser simulado, manipulado y ajustado a medida que transcurre el tiempo. La idea de Friston explica cómo el microcircuito neocortical podría adquirir el propósito de producir movimientos corporales específicos.

Pero si la mayoría de los mamíferos puede moverse con normalidad sin la presencia de la corteza motora, entonces, ¿cuál era su función original? Si la CPFa permite la planificación de rutas de desplazamiento, ¿qué permitía la corteza motora?

El daño a la corteza motora en mamíferos *no primates*, como los roedores y los gatos, tiene dos efectos. En primer lugar, se vuelven incapaces de realizar movimientos que requieren destreza, como colocarse con cuidado en una rama delgada, atravesar un agujero pequeño para obtener un trozo de comida, pararse en un obstáculo una vez que se encuentra fuera de la vista o apoyar una pata sobre una plataforma pequeña apoyada de manera irregular[278]. En segundo lugar, los mamíferos no primates pierden la capacidad de aprender nuevas secuencias de movimientos que nunca antes habían realizado. Por ejemplo, una rata entrenada para realizar una secuencia específicamente coordinada de movimientos puede reproducir esa secuencia solo si su corteza motora se dañó *después* de haberla aprendido. Si su corteza motora se daña *antes* de haber sido entrenada para esa tarea, se vuelve incapaz de aprender la secuencia de la palanca[279].

Esto indica que la corteza motora no era en su origen el núcleo de los comandos motores, sino de la *planificación* motora. Cuando un animal debe realizar movimientos cuidadosos —colocar una pata sobre una plataforma pequeña o pisar un obstáculo que se encuentra fuera de la vista—, debe *planificar* y *simular* en su mente los movimientos antes de tiempo. Esto explica por qué la corteza motora es necesaria para aprender nuevos movimientos complejos, pero no para ejecutar los ya aprendidos. Cuando un animal está aprendiendo un movimiento nuevo, las simulaciones de la corteza motora entrenan de manera vicaria a los ganglios basales. Una vez que un movimiento ha sido bien aprendido, la corteza motora ya no es necesaria.

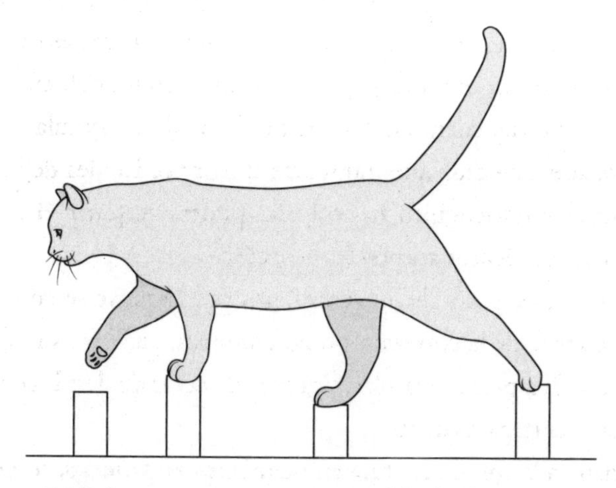

Figura 14.3: Los gatos experimentaron dificultades para planificar movimientos tras sufrir daños en la corteza motora[280]

El registro de la actividad en la corteza motora sustenta esta idea. En los mamíferos no primates, la corteza motora sobre todo se activa no por el movimiento en general, sino por movimientos específicos que requieren planificación[281]. En concordancia con la idea de que los animales simulan movimientos, la corteza motora y la corteza somatosensorial se activan de manera *anticipada* a un movimiento de precisión futuro, incluso cuando no se ven los obstáculos, pero se sabe que se encuentran allí[282]. Y esa actividad se mantiene hasta que el animal haya completado el movimiento que en apariencia ha planificado[283].

En los seres humanos existen numerosas investigaciones que demuestran que la corteza premotora y la corteza motora se activan tanto por *realizar* los movimientos como por *imaginarlos*: por ejemplo, haz que alguien piense en caminar y el área de la pierna de la corteza motora se activará[284]. Este entrecruzamiento de infraestructura neurológica de los movimientos imaginados y los movimientos reales puede observarse no solo en los registros cerebrales, sino también en experimentos físicos en el laboratorio. Pídele a un ser humano que se siente en una silla y ordénale que no haga nada más que mantener la postura derecha. Luego haz que oiga grabaciones de oraciones arbitrarias. Su postura se empobrece cuando escucha oraciones como «Me levanto, me pongo las zapatillas y me dirijo al baño», pero no con las oraciones no relacionadas con el movimiento[285]. El solo hecho de escuchar esas oraciones activa la simulación interna de cambiar de postura, lo que a su vez altera su postura real. Por supuesto, esta simulación interna también viene acompañada de beneficios (no se encarga solo de arruinar nuestra postura): el ensayo mental de habilidades motoras aumenta de forma significativa el rendimiento en áreas como el habla, en movimientos como un *swing* de golf o incluso en maniobras quirúrgicas[286].

La habilidad de la corteza motora en la planificación sensoriomotora permitió a los primeros mamíferos aprender y ejecutar movimientos precisos. Si comparamos las habilidades motoras de los mamíferos con las de los reptiles, resulta muy claro que los mamíferos son increíblemente capaces cuando se trata de habilidades motoras finas. Los ratones pueden tomar semillas y romperlas para abrirlas con gran habilidad; los ratones, las ardillas y los gatos exhiben una sorprendente destreza para trepar árboles y colocar, sin esfuerzo, sus extremidades en lugares precisos para asegurarse de no caer. Las ardillas y los gatos pueden planificar y ejecutar saltos precisos hasta el extremo entre plataformas. Si has tenido un lagarto o una tortuga como mascota, ya sabes que esas habilidades no se encuentran en el repertorio de la mayoría de los reptiles. De hecho, las investigaciones que estudiaron cómo los lagartos sortean obstáculos revelaron cuán torpe resulta todo el asunto[287]. No anticipan obstáculos ni modifican cómo apoyan sus extremidades anteriores para desplazarse por plataformas[288]. Debido a su aparente incapacidad para planificar movimientos con antelación, quizás no resulte sorprendente que muy pocos reptiles vivan en los árboles y que aquellos que lo hacen se muevan con lentitud, en contraste con las carreras y los saltos veloces y hábiles de los mamíferos arborícolas.

Jerarquía de metas: un equilibrio entre la simulación y la automatización

¿Cómo funciona todo esto en conjunto? La neocorteza frontal de los primeros mamíferos placentarios estaba organizada en una jerarquía. En la cima de la jerarquía se encontraba la corteza prefrontal agranular, donde se construyen las metas de alto nivel basadas en la activación de la amígdala y el hipotálamo. La CPFa puede generar una intención como «beber agua» o «ingerir comida». Luego, la CPFa propaga esas metas a una región frontal cercana (la corteza premotora), que construye submetas y las propaga hasta que llegan a la corteza motora, que luego genera subsubmetas. La intención modelada en la corteza motora son estas subsubmetas, que pueden ser tan simples como «ubica mi dedo índice aquí y mi pulgar por allá».

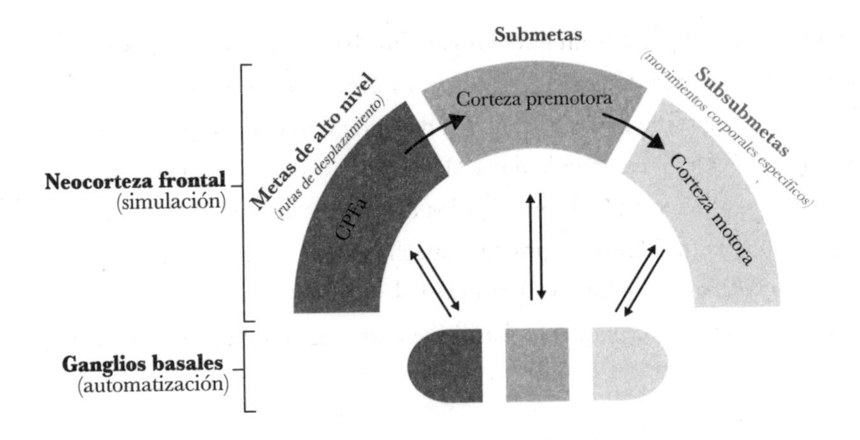

Figura 14.4: Jerarquía motora de los primeros mamíferos placentarios

Esta jerarquía permite un procesamiento más eficiente al distribuir el esfuerzo en muchas columnas neocorticales diferentes. La CPFa no tiene que preocuparse por los movimientos específicos necesarios para lograr sus metas; solo debe preocuparse por las rutas de desplazamiento de alto nivel. De manera similar, esto permite que la corteza motora no se tenga que preocupar por la meta de alto nivel del comportamiento y solo se encargue de lograr metas de movimiento específicas de bajo nivel (como tomar una taza o tocar un acorde específico).

Los ganglios basales establecen bucles de conectividad con la corteza frontal, la CPFa se conecta con la región frontal de los ganglios basales (que luego se vuelven a conectar con la CPFa a través del tálamo) y la corteza motora se conecta con la región posterior de los ganglios basales (que luego se vuelve a conectar con la corteza motora a través de una región diferente del tálamo). Estos bucles se encuentran conectados de forma tan elegante y particular que resulta difícil resistir la tentación de intentar desentrañar qué están haciendo.

El enfoque predominante entre los neurocientíficos es que estos son subsistemas diseñados para gestionar niveles diferentes de la jerarquía motora. La parte frontal de los ganglios basales asocia de forma automática los estímulos con metas de alto nivel. Es lo que genera los antojos: llegas a tu hogar y hueles *rigatoni* y de pronto comerlos se convierte en tu objetivo principal. Los adictos a las drogas exhiben una activación extrema de esta parte frontal de los ganglios basales cuando ven estímulos que les generan deseos de consumir. La CPFa, sin embargo, es lo que hace que tomes una pausa y evalúes si de verdad deseas cumplir con esos antojos («¿Qué sucede con la dieta?»). La parte posterior de los ganglios basales asocia de forma automática los estímulos con metas de *bajo nivel*, como movimientos corporales específicos. Es lo que genera movimientos hábiles automáticos. Por otro lado, la corteza motora es lo que hace que tomes una pausa y planifiques tus movimientos exactos con antelación.

	METAS DE ALTO NIVEL	METAS DE BAJO NIVEL
SIMULACIÓN	**Corteza prefrontal agranular** *Simula rutas de desplazamiento* *Pregunta: «¿Deseo rigatoni o preferiría continuar con la dieta?»* *Su daño causa deficiencias en la planificación de rutas de desplazamiento*	**Corteza motora** *Simula movimientos corporales* *Pregunta: «¿Cómo acomodo los dedos para tocar este acorde de do que acabo de aprender con la guitarra?»* *Su daño causa deficiencias para aprender nuevas habilidades motoras y ejecutar movimientos motores finos*
AUTOMATIZACIÓN	**Parte frontal de los ganglios basales** *Búsqueda automática de una meta de alto nivel como respuesta a un estímulo* *Produce antojos habituales* *Su daño puede curar la adicción a las drogas*[289]	**Parte posterior de los ganglios basales** *Ejecución automática de habilidades motoras como respuesta a un estímulo* *Produce respuestas motoras habituales* *Su daño causa impedimentos en la ejecución de habilidades aprendidas e impide la formación de hábitos motores*

Cualquier nivel de metas, ya sea alto o bajo, cuenta tanto con un modelo de sí mismo en la neocorteza frontal como con un sistema de libre modelo en los ganglios basales. La neocorteza ofrece un sistema más lento pero más flexible para el entrenamiento, y los ganglios basales ofrecen una versión más rápida pero menos flexible para rutas y movimientos bien entrenados.

Existen muchas pruebas en favor de una jerarquía motora. Los registros han demostrado que las neuronas de la CPFa son sensibles a las metas de alto nivel, en tanto que aquellas en la corteza premotora y la corteza motora son sensibles a submetas de cada vez menor nivel[290]. El aprendizaje de un comportamiento nuevo activa en un principio todos los niveles de la jerarquía motora, pero a medida que el comportamiento se va volviendo automático, solo activa los niveles inferiores de la jerarquía[291]. Si se lesionan las áreas de alto nivel de la jerarquía motora (la CPFa o la parte frontal de los ganglios basales) en las ratas, esto las vuelve menos sensibles a las metas de alto nivel (seguirán empujando la palanca incluso aunque ya no deseen la comida que les brinda). Por el contrario, si se lesionan las áreas de *bajo* nivel de la jerarquía motora, las ratas se vuelven *más* sensibles a las metas de alto nivel, y experimentan dificultades para crear hábitos motores (por ejemplo, no desarrollarán el hábito de empujar una palanca sin importar cuántas pruebas realicen)[292].

Mientras que el daño a la CPFa priva a los animales de sus intenciones, tal como vimos con la paciente L, el daño a las partes de la corteza premotora parece *desconectar* el flujo normal de esas intenciones de metas de alto nivel a movimientos específicos. Esto puede causar el «síndrome de la mano extraña»: los pacientes manifestarán que determinadas partes del cuerpo se mueven por cuenta propia sin su control[293]. También se pueden observar señales de movimientos extraños en roedores que han sufrido lesiones en la corteza premotora[294]. Tal daño también puede ocasionar lo que se denomina «comportamiento de utilización» o «comportamiento dependiente del campo», que puede hacer que los pacientes ejecuten secuencias motoras carentes de una meta clara: beberán de vasos vacíos, se colocarán las chaquetas de otras personas a pesar de que no tengan la intención de ir a ninguna parte, dibujarán garabatos con lápices o realizarán cualquier otra conducta sugerida por estímulos cercanos[295]. Todas estas conductas son el resultado de una jerarquía rota; las áreas de la corteza motora ahora no tienen restricciones por parte de las intenciones descendientes desde la CPFa que fluyen a través de la corteza premotora y, por ende, la corteza motora establece de forma independiente metas de bajo nivel para las secuencias motoras.

También existen muchos indicios que sustentan la idea de que la neocorteza frontal representa el núcleo de la *simulación*, mientras que los ganglios basales representan el núcleo de la *automatización*. Dañar la corteza motora de un animal evita la planificación de movimiento y de aprendizaje de nuevos movimientos, pero no la ejecución de movimientos entrenados de manera correcta (porque la parte posterior de los ganglios basales ya los ha aprendido). De manera similar, el daño a la CPFa de un animal afecta a la planificación de rutas y el aprendizaje de nuevas rutas, aunque *no* a la ejecución de rutas bien entrenadas.

Además, el área frontal de los ganglios basales exhibe todas las señales de una selección automática de estímulos a seguir (es decir, de comportamientos automáticos de alto nivel). Cuando ves un estímulo que crea una sensación de deseo, el área del cerebro que se encuentra más activada es el área frontal de los ganglios basales. Aquellos que intentan *inhibir* esos deseos presentan una activación adicional en las áreas frontales como la CPFa (que simula las consecuencias negativas e intenta entrenar a los ganglios basales a tomar la decisión más difícil). De hecho, lesionar el área frontal de los ganglios basales constituye un tratamiento efectivo para la adicción a las drogas (aunque resulta muy controversial y dudosamente ético). La tasa de recaída de los adictos a la heroína es muy alta; algunos estiman que llega a un 90 %. En una investigación en China se seleccionó a los adictos más graves a la heroína y se les lesionó el área frontal de los ganglios basales. La tasa de recaída se desplomó a un 42 %[296]. Las personas pierden el comportamiento automático de seguir estímulos y generar deseos (por supuesto, también existen numerosos efectos secundarios de tales cirugías).

Una jerarquía intacta y de buen funcionamiento habría logrado que el comportamiento de los primeros mamíferos placentarios fuese sorprendentemente flexible; los animales habrían podido establecer metas de alto nivel en la CPFa mientras que las áreas de menor nivel de la jerarquía motora habrían podido responder de manera flexible a cualquier obstáculo que se les presentara. Un mamífero que hubiera estado persiguiendo agua lejana habría podido actualizar de forma continua sus submetas a medida que se desarrollan diferentes sucesos; la corteza premotora habría podido responder frente a obstáculos sorpresivos mediante la selección de secuencias de movimiento nuevas y la corteza motora habría podido ajustar incluso los movimientos específicos más sutiles de las extremidades, todo en función de una meta en común.

El secreto de los robots lavavajillas reside en algún lugar de la corteza motora y en el sistema motor más amplio de los mamíferos. Así como aún no comprendemos cómo el microcircuito neocortical representa una simulación precisa de los estímulos sensoriales, tampoco comprendemos aún cómo la corteza motora simula y planifica movimientos corporales finos con tan flexibilidad y precisión ni cómo aprende sobre la marcha.

No obstante, si nos valemos de las últimas décadas como guía, es probable que los especialistas en robótica y los investigadores de la IA lo descubran, quizás en un futuro cercano. De hecho, la robótica se encuentra en avance a una velocidad astronómica. Hace veinte años apenas podíamos lograr que un robot de cuatro patas mantuviera el equilibrio, y ahora contamos con robots humanoides que pueden dar volteretas en el aire.

Si logramos construir con éxito robots que posean sistemas motores similares a los de los mamíferos, tendrán muchas propiedades deseables. Estos robots aprenderán automáticamente nuevas habilidades complejas por cuenta propia. Ajustarán sus movimientos en tiempo real para enfrentar alteraciones y cambios en el mundo. Les otorgaremos metas de alto nivel y serán capaces de descubrir todas las submetas necesarias para lograrlas. Cuando intenten aprender alguna tarea nueva, serán lentos y cuidadosos a medida que vayan simulando cada movimiento corporal antes de actuar, pero al volverse más hábiles, su comportamiento se volverá más automático. Durante el curso de sus vidas, la velocidad con la que aprenden nuevas habilidades aumentará a medida que vuelvan a aplicar habilidades de bajo nivel aprendidas con anterioridad para cumplir metas de nivel superior experimentadas de forma reciente. Y si sus cerebros logran funcionar de manera similar a los cerebros de los mamíferos, no requerirán gigantescos superordenadores para llevar a cabo esas tareas. De hecho, el cerebro humano entero opera con aproximadamente la misma cantidad de energía que una bombilla de luz.

O quizás esto no suceda. Tal vez los especialistas en robótica harán que todo esto funcione de una manera muy alejada a la forma de los mamíferos; quizás descubran todo esto sin la necesidad de aplicar la ingeniería inversa sobre los cerebros humanos. Sin embargo, tal y como las alas de las aves representaron la prueba existente de que se podía volar —una meta que los humanos deseaban—, las habilidades motoras de los mamíferos son la demostración de la clase de habilidades motoras que algún día esperamos inculcar a las máquinas, y la corteza motora y la jerarquía motora que la rodea son las pistas que nos da la naturaleza para saber cómo lograr que todo eso funcione.

Resumen del avance #3: Simulación

La principal estructura cerebral nueva que surgió en los primeros mamíferos fue la neocorteza. Con la neocorteza apareció el regalo de la simulación: el tercer avance de nuestra historia evolutiva. Este es un resumen de cómo se desarrolló ese avance y cómo se utilizó:

- La neocorteza sensorial evolucionó, lo que creó una simulación del mundo externo (un modelo del mundo).
- Evolucionó la corteza prefrontal agranular (CPFa), que fue la primera región de la neocorteza frontal. La CPFa creó una simulación de los propios movimientos de los animales y de sus estados internos (un modelo de sí mismos) y construyó la «intención» para explicar el propio comportamiento.
- La CPFa y la neocorteza sensorial trabajaron juntas para permitir a los animales tomarse una pausa y simular aspectos del mundo que no estaban experimentando realmente; en otras palabras, el aprendizaje por refuerzo basado en modelos.
- La CPFa de alguna manera resolvió el problema de la búsqueda mediante la selección inteligente de rutas para simular y la decisión de cuándo simularlas.
- Estas simulaciones permitieron que los primeros mamíferos pusieran en práctica el ensayo y error vicario para simular acciones futuras y decidir qué camino tomar según resultados imaginados.
- Estas simulaciones permitieron a los primeros mamíferos valerse del aprendizaje contrafáctico y, de ese modo, surgió una solución más avanzada al problema de la asignación de crédito; los mamíferos ahora eran capaces de asignar crédito según relaciones causales.
- Estas simulaciones permitieron a los animales usar la memoria episódica, lo que les brindó la posibilidad de recordar sucesos y acciones pasadas y utilizar esos recuerdos para modificar sus comportamientos.

- En los mamíferos posteriores, la corteza motora evolucionó y les ofreció la posibilidad de planificar y simular movimientos corporales específicos.

Nuestros ancestros mamíferos, hace unos cien millones de años, se valieron del imaginario como una herramienta para sobrevivir. Utilizaron el ensayo y error vicario, el aprendizaje contrafáctico y la memoria episódica para superar a los dinosaurios con la *planificación*. Nuestro mamífero ancestral, como un gato moderno, podía observar un conjunto de ramas y planificar dónde apoyar sus patas. Juntos, estos mamíferos antiguos comenzaron a comportarse de manera más flexible, aprendían más rápido y ejecutaban habilidades motoras con mayor astucia que sus ancestros vertebrados.

La mayoría de los vertebrados de la época, como los lagartos y los peces modernos, aún podían moverse con rapidez, recordar patrones, registrar el paso del tiempo y aprender de forma lógica mediante el aprendizaje por refuerzo de libre modelo, pero no planificaban sus movimientos.

Y, entonces, el pensamiento en sí mismo no nació en las criaturas de arcilla del taller divino de Prometeo, sino en los pequeños túneles subterráneos y árboles nudosos de una Tierra Jurásica; nació del crisol de cien millones de años de depredación por parte de los dinosaurios y del intento desesperado de nuestro ancestro por evitar extinguirse. Esa es la verdadera historia de cómo nacieron nuestra neocorteza y nuestra simulación interna del mundo. Como veremos muy pronto, a partir de este superpoder obtenido con tanto esfuerzo emergería el próximo avance.

Este próximo avance ha sido, de alguna manera, el más difícil de replicar en los sistemas modernos de IA mediante la ingeniería inversa; en realidad, este nuevo avance es una hazaña que no solemos asociar con la «inteligencia», pero, sin duda, es una de las hazañas más sorprendentes de nuestro cerebro.

AVANCE #4

Mentalización y los primeros primates

Tu cerebro 15 millones de años atrás

15

La carrera armamentista en pos de la astucia política

Sucedió en un día común y corriente unos sesenta y seis millones de años atrás, un día que había comenzado como cualquier otro. El sol se alzaba sobre las selvas de lo que hoy en día es África, despertaba a los dinosaurios somnolientos y conducía a nuestros ancestros nocturnos semejantes a las ardillas hacia sus escondrijos. A lo largo de las costas lodosas, la lluvia golpeteaba sobre las lagunas poco profundas repletas de anfibios ancestrales. Las mareas retrocedían y acarreaban a los numerosos peces y otras criaturas antiguas hacia la profundidad de los océanos. El cielo rebosaba de pterosaurios y aves prehistóricas. Los artrópodos y otros invertebrados excavaban túneles en el suelo y los árboles. La ecología de la Tierra se había asentado en un hermoso equilibrio: los dinosaurios llevaban acomodados en la cima de la cadena trófica más de ciento cincuenta millones de años, los peces habían reinado en el océano durante un tiempo incluso más largo y los mamíferos y otros animales se asentaban en sus respectivos nichos diminutos pero habitables. Nada indicaba que ese día sería diferente de cualquier otro, pero todo cambió; ese día el mundo casi desapareció.

Las historias de vida específicas de cualquiera de estos animales que vivieron ese día se encuentran, por supuesto, fuera de nuestro alcance. No obstante, podemos especular. Tal vez uno de nuestros ancestros mamíferos semejantes a ardillas se encontraba saliendo de su madriguera para comenzar una noche de recolección de insectos. Y, como el sol apenas se estaba poniendo, el cielo debió de haber adoptado esa tonalidad púrpura como cualquier otro atardecer. Pero entonces la oscuridad emergió en el horizonte. Una nube negra, más densa que cualquier otra tormenta antes vista, se extendió con rapidez por el cielo. Quizás nuestro ancestro observó esta escena nueva con asombro; quizás la ignoró por completo. De cualquier manera, a pesar sus nuevas habilidades neocorticales, no habría sido capaz de comprender lo que estaba sucediendo.

Lo que ocurría no era una tormenta en el horizonte; era polvo cósmico. Tan solo algunos minutos atrás, al otro lado del planeta, un asteroide de varios kilómetros de ancho había colisionado contra la Tierra. Había arrojado trozos descomunales de escombros que no habían tardado en teñir el cielo de hollín oscuro; una negrura que bloquearía la luz solar durante más de dos años y mataría a más del 70 % de los vertebrados terrestres[297]. Esta fue la extinción del Pérmico-Triásico.

Muchas de las otras extinciones masivas de la historia de la Tierra parecen haber sido autogeneradas: la Gran Oxidación fue causada por las cianobacterias; posiblemente la extinción masiva del Devónico fuera causada por la excesiva proliferación de las plantas sobre la tierra; sin embargo, esta no fue causada por la vida, sino por una casualidad de un universo ambivalente.

En algún momento, después de dos años de oscuridad, las nubes ennegrecidas comenzaron a disiparse. A medida que reaparecía el sol, las plantas comenzaron a recuperar el terreno perdido y a repoblar la tierra muerta, pero este era un nuevo mundo. Casi todas las especies de dinosaurios se habían extinguido con la excepción de una: las aves. Aunque nuestro ancestro semejante a una ardilla no podría haberlo sabido y no vivió para verlo, su descendencia heredaría esta nueva tierra. A medida que la Tierra sanaba, estos pequeños mamíferos se encontraron en un terreno ecológico completamente nuevo. Sin sus depredadores, los dinosaurios, tuvieron libertad para explorar nuevos nichos ecológicos, para diversificarse en nuevas formas y tamaños, conquistar nuevos territorios y encontrar una nueva ubicación en la cadena trófica.

La era que emergió a continuación ha sido denominada «la era de los mamíferos». Los descendientes de estos primeros mamíferos evolucionarían en algún momento para convertirse en los caballos, elefantes, tigres y ratones modernos. Algunos incluso regresarían al océano y se convertirían en las ballenas, las focas y los delfines modernos. Algunos volarían y se convertirían en los murciélagos de la actualidad.

Nuestros ancestros directos fueron aquellos que encontraron refugio en los altos árboles de África. Estos fueron algunos de los primeros primates. Pasaron de vivir de noche (nocturnos) a vivir de día (diurnos). A medida que ganaban tamaño, desarrollaron pulgares oponibles para asir ramas y sostener sus cuerpos más pesados. Para soportar su mayor tamaño, cambiaron su dieta basada en insectos a una dieta basada en frutas. Vivían en grupos y, a medida que crecían, se fueron liberando relativamente de los depredadores y de la competencia por el alimento. Y, de manera notable, sus cerebros superaron más de cien veces su tamaño original.

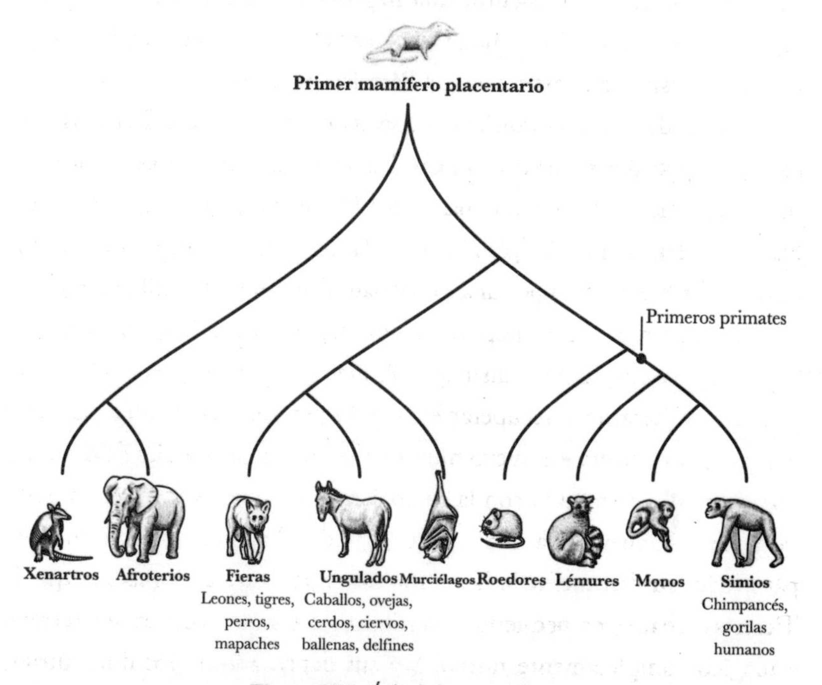

Figura 15.1: Árbol de mamíferos

Muchos linajes de mamíferos desarrollaron cerebros no mucho más grandes (en proporción) que los de los primeros mamíferos; solo en algunos mamíferos determinados, como los elefantes, delfines y primates, los cerebros se expandieron de forma extraordinaria. Debido a que este libro trata de la historia humana, nos concentraremos en el proceso por el cual se agrandó el cerebro de los *primates*. De hecho, la pregunta sobre por qué los primates poseen cerebros tan grandes —y en concreto neocortezas tan grandes— es un interrogante que ha desconcertado a los científicos desde la época de Darwin. ¿Qué característica tenía el estilo de vida de los primeros primates que necesitó un cerebro tan grande?

La hipótesis del cerebro social

En las décadas de 1980 y 1990, numerosos primatólogos y psicólogos evolutivos, incluidos Nicholas Humphrey, Frans de Waal y Robin Dunbar, comenzaron a especular con que el crecimiento del cerebro primate no había tenido relación con las exigencias *ecológicas* derivadas de ser un mono en la jungla africana de diez a treinta millones de años atrás, y en cambio era la consecuencia de exigencias *sociales* únicas. Sostenían que estos primates estaban agrupados en minisociedades estables: grupos de individuos que se mantenían juntos durante largos periodos de tiempo. Los científicos formularon la hipótesis de que, para mantener estos grupos sociales tan grandes, necesitaban capacidades cognitivas excepcionales. Según ellos, esto creó la presión para desarrollar cerebros más grandes.

Una prueba simple de esta teoría sería observar las minisociedades de monos y simios de todo el mundo y comprobar si el tamaño de sus neocortezas en comparación con el resto de sus cerebros se correlaciona con el tamaño de su grupo social. Fue Robin Dunbar quien llevó a cabo esta prueba, y lo que descubrió sorprendió al campo científico. Esta correlación ha sido confirmada en numerosos primates: cuanto mayor es la neocorteza de un primate, mayor es su grupo social[299].

Sin embargo, los monos y simios se encuentran lejos de ser los únicos mamíferos —y mucho menos los únicos animales— que viven en grupos. Y, de forma interesante, esta correlación no se aplica a la mayoría del resto de animales[300]. El cerebro de un búfalo que vive en una manada de mil individuos no es mucho más grande que el cerebro de un alce solitario. No es el tamaño del grupo en general sino la clase especial de grupo que crearon los primeros primates lo que pareció haber requerido cerebros más grandes. Había algo único en los grupos de primates en comparación con los grupos de los demás mamíferos, algo que podemos comprender solo mediante el entendimiento del incentivo general de agruparse.

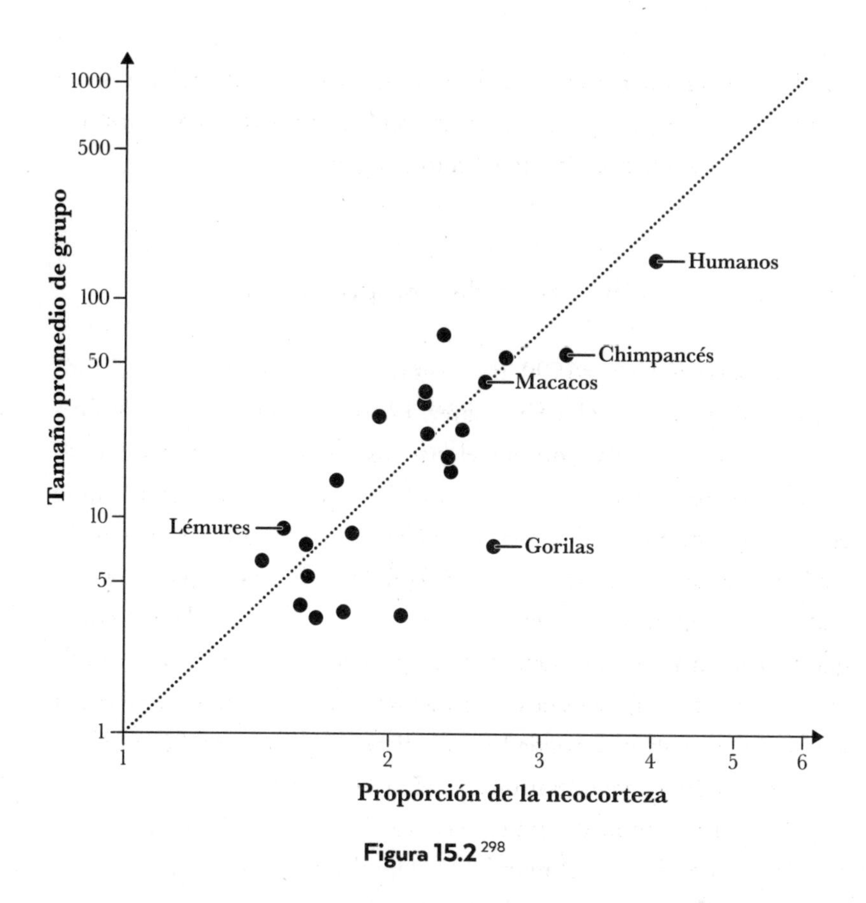

Figura 15.2 [298]

La tensión evolutiva entre lo colectivo y lo individual

Es probable que los primeros mamíferos hayan sido más sociales que los amniotas (sus ancestros semejantes a los lagartos) que los precedieron. Dichos mamíferos eran los únicos que daban a luz a crías indefensas. Esta dinámica solo era sostenible si las madres desarrollaban un vínculo fuerte para ayudar, nutrir y proteger físicamente a sus crías. Además, los mamíferos participan en juegos mucho más que otros vertebrados. Incluso las crías de mamíferos simples, como las ratas, juegan entre sí, ya sea juegos de apareamiento o de pelea. Estas primeras conductas lúdicas pueden haber cumplido el propósito de ajustar y entrenar la corteza motora de mamíferos jóvenes para que no tuvieran que aprender desde cero en las situaciones de mayor riesgo. En los primeros mamíferos, este periodo colaborativo entre la madre y su cría era relativamente de corta duración. Tras un periodo de desarrollo de la infancia, el vínculo comienza a evaporarse y las crías y sus madres tienden a tomar caminos separados. Así sucede con muchos mamíferos que pasan la mayor parte de sus vidas en solitario, como los tigres y los osos.

Pero no todos los animales se separan en la adultez de esta manera. De hecho, es posible que el primer comportamiento colectivo en animales, y también el más simple y más utilizado, haya sido la convivencia en grupo entre miembros de la misma especie. Los peces siguen a modo de reflejo los movimientos de los demás y nadan cerca los unos de los otros. Muchos dinosaurios herbívoros vivían en grupos. Y, por supuesto, esto también se observa en los mamíferos: los búfalos y los antílopes viven en manadas. El beneficio crucial de vivir en grupo es que ayuda a mantener a raya a los depredadores. Si al menos un antílope en una manada divisa a un león en las cercanías y comienza a correr, esto representa una señal de alerta para que los demás hagan lo mismo. Mientras que un antílope solitario es una presa fácil, una manada de ellos puede resultar peligrosa incluso para un león.

No obstante, la vida en grupo no es un beneficio de supervivencia que se obtenga gratis; conlleva un alto precio. En presencia de escasez de comida o un número limitado de potenciales parejas con las que aparearse, una manada de animales representa una competencia peligrosa. Si esta competencia conduce a luchas internas y violencia, el grupo termina desperdiciando una energía muy valiosa. En esa circunstancia, el mismo número de animales habría estado mejor viviendo por separado.

Por lo tanto, los que adoptaron la estrategia de vivir en grupo también desarrollaron herramientas para resolver disputas y, a la vez, minimizar su gasto energético. Esto condujo al desarrollo de mecanismos para comunicar fortaleza y sumisión sin tener que verse envueltos en un altercado físico. Los ciervos y los antílopes entrechocan sus cuernos para competir por comida y parejas, una forma mucho más eficiente de competencia que la lucha directa. Los osos, monos y perros enseñan los dientes y gruñen para comunicar agresión.

Estos animales también desarrollaron mecanismos para indicar sumisión, lo que les permitió reconocer las derrotas y comunicar que era innecesario que los demás empleasen energía hiriéndolos. Los perros hacen reverencias y ruedan sobre sus lomos, los osos se sientan y desvían la mirada[301] y los ciervos bajan la cabeza y achatan las orejas[302]. Todo esto constituyó un mecanismo para mitigar las tensiones y reducir la cantidad de energía empleada en luchas internas.

Gracias a la capacidad de señalar fortaleza y sumisión, muchos adquirieron la capacidad de hacer que la convivencia en grupo funcionara. La mayoría de los linajes de mamíferos adoptó una de las cuatro categorías de sistemas sociales: solitario, vínculo de pareja, harén y grupos multimacho[303]. Los mamíferos solitarios, como los alces, pasan una gran parte de sus vidas adultas en solitario y se agrupan con otros principalmente para aparearse y, si son hembras, para criar a sus hijos. Los mamíferos que forman vínculos de pareja, como los zorros rojos y los topos de pradera, viven juntos en parejas y crían a sus hijos de forma conjunta. Otros mamíferos, como los camellos, viven en harenes, que son grupos sociales conformados por un solo macho dominante y numerosas hembras. Y luego están los mamíferos que viven en grupos multimacho; es decir, grupos sociales conformados por varios machos y varias hembras que viven en conjunto.

Si bien los mamíferos solitarios y los que viven en pareja evitan las desventajas de los grandes grupos sociales, también se pierden sus beneficios. Por otro lado, los grupos de harenes y los grupos multimacho disfrutan de los beneficios de los grupos grandes, pero pagan el precio de la competencia. Además de las señales de agresión y sumisión, otra manera con la que los harenes y los grupos multimacho minimizan la competencia es mediante la rigidez jerárquica. En los harenes, hay un solo macho dominante que realiza todo el apareamiento; los únicos otros machos que se admiten en el grupo son sus propias crías[305].

Las cuatro estructuras sociales comunes de los mamíferos[304]

SOLITARIO	VÍNCULO DE PAREJA	HARENES	GRUPOS MULTIMACHO
Independientes	Un macho, una hembra	Un macho, múltiples hembras	Muchos machos, muchas hembras
Son mayormente independientes en su adultez	Un macho y una hembra viven y crían a sus hijos en conjunto	Un solo macho dominante vive con un grupo de hembras que tiene su propia jerarquía	Jerarquía separada entre machos y hembras
Tigres *Jaguares* *Alces*	*Zorros rojos* *Topillos de pradera* *Nutrias gigantes* *Tities pigmeos*	*Camellos bactrianos* *Lobos marinos* *Gorilas*	*Leones* *Hipopótamos* *Lémures* *Chimpancés* *Babuinos* *Macacos* *Monos*

Los grupos multimacho también utilizan la rigidez jerárquica: existe una jerarquía estricta tanto en los machos como en las hembras. Los machos de rango inferior tienen permitido entrar al grupo, pero participan poco del apareamiento y son los últimos en escoger la comida; los machos de rango superior son los primeros en comer y realizan la mayoría de las tareas de apareamiento, sino todas.

¿Cómo se decide la jerarquía en estos grupos sociales? Es simple: el más fuerte, el más grande y el más rudo se vuelve dominante. Las técnicas de chocar los cuernos y enseñar los dientes están diseñadas para demostrar quién *vencería* en una posible pelea a la vez que se evita la pelea en sí misma.

Los primeros primates realizaron el mismo acuerdo evolutivo; evolucionaron para vivir en grupos; es decir, aceptaron el riesgo de agresión a cambio del beneficio de ahuyentar a los depredadores que proporcionan los grandes grupos[306]. Cuanto mayor era el riesgo de depredación de los primates, mayor era el grupo social que creaban como respuesta[307]. Con toda probabilidad, y como muchos primates modernos, estos primeros primates vivían en grupos multimacho con jerarquías de machos y hembras según las cuales los miembros de menor jerarquía consumían la peor comida y casi nunca se apareaban y los miembros de jerarquía superior disfrutaban de todos los beneficios. Enseñaban los dientes como señal de agresividad. Sabemos esto gracias a los fósiles y también gracias a la observación del comportamiento de muchas de las sociedades de monos y simios de la actualidad: los chimpancés, los bonobos y los macacos viven de esta manera. A primera vista, estos primeros grupos de primates no habrían lucido diferente de otros grupos multimacho de mamíferos, pero cuando los investigadores observaron el comportamiento de los monos y simios con mayor detenimiento, se volvió evidente que, cuando se trata de vivir en sociedad, los primates no se parecen en nada a la mayoría de sus primos mamíferos. Sucedió algo en las sociedades de los primeros primates que se diferenció de las sociedades que habían evolucionado con anterioridad en los primeros mamíferos*.

Simios maquiavélicos

En la década de 1970, el primatólogo Emil Menzel experimentaba con un grupo de chimpancés que vivían en un bosque de media hectárea[308]. Inspirado por los experimentos de Tolman sobre los mapas mentales en ratas, estaba investigando los mapas mentales de los chimpancés. Su interés principal era descubrir si podían recordar las ubicaciones de trozos ocultos de comida.

Menzel escondía alimento en una ubicación aleatoria dentro del área de media hectárea, debajo de una roca o en el interior de un arbusto, y luego le revelaba la ubicación a uno de los chimpancés. Después, volvía a colocar comida en esas ubicaciones de manera recurrente. Los chimpancés, al igual que las ratas, eran sumamente capaces de recordar las ubicaciones exactas, ya que aprendían a revisar los escondites específicos donde ocultaba la comida. Sin embargo, Menzel comenzó a detectar una conducta que se diferenciaba en gran manera de la de las ratas, una conducta que nunca había tenido la intención de investigar y que nunca había esperado descubrir. De hecho, mientras se limitaba a investigar la memoria espacial, descubrió un comportamiento que era inquietantemente maquiavélico.

* Es posible que cuestiones similares hayan sucedido de manera independiente en otros linajes de mamíferos que vivían en sociedades complejas (como los perros, elefantes y delfines).

Cuando en un primer momento Menzel revelaba la ubicación de la comida escondida a una de las chimpancés subordinadas, llamada Belle, ella alertaba con felicidad al resto del grupo y compartía la comida. No obstante, cuando el macho dominante, Rock, se acercaba para disfrutar de la comida, se llevaba todo lo que había para él solo. Después de que Rock repitiera el mismo comportamiento algunas veces, Belle dejó de compartir y comenzó a utilizar estrategias cada vez más sofisticadas para ocultarle a Rock la información sobre las ubicaciones ocultas de comida.

En un principio, Belle se sentaba sobre la ubicación secreta de la comida para escondérsela y, solo cuando él se encontraba lejos, tomaba y se comía la comida abiertamente. Eso sí, cuando Rock se dio cuenta de que escondía la comida debajo de ella, comenzó a empujarla para obtenerla. A modo de respuesta, Belle ideó una nueva estrategia: cuando le enseñaban una nueva ubicación de comida escondida, no se dirigía a ella de inmediato. Esperaba a que Rock mirara para otro lado y luego corría hacia la ubicación oculta. Frente a esta nueva estrategia, él intentó engañarla: desviaba la mirada y actuaba de manera desinteresada, y una vez que Belle se acercaba a la comida, él giraba y corría hacia ella. Belle incluso intentó conducirle por caminos equivocados, un truco que él terminó descubriendo y, como respuesta, comenzó a buscar comida en las direcciones opuestas a las que intentaba llevarlo.

Este proceso de crecientes engaños y respuestas a esos engaños revela que tanto Rock como Belle eran capaces de comprender la intención del otro («Belle está intentando alejarme de la comida», «Rock está intentando engañarme haciéndose el distraído»), así como de comprender que era posible manipular las creencias del otro («Puedo hacer que Belle crea que no estoy mirando si finjo desinterés», «Puedo hacer que Rock crea que la comida se encuentra en la ubicación errónea si lo conduzco en esa dirección»). Desde el trabajo de Menzel, otros experimentos han descubierto de forma similar que los simios, de hecho, comprenden las intenciones de los demás. Consideremos el siguiente: se experimentó con la capacidad de los simios para diferenciar entre acciones «accidentales» e «intencionales»[309]. Se les presentó tres cajas, una de las cuales contenía comida. La caja que la contenía se diferenciaba de las demás porque estaba marcada con un bolígrafo. Se repitió el proceso varias veces hasta que los simios aprendieron que la comida siempre se encontraba en la caja marcada. Luego, se solicitó a un investigador que llevara las tres cajas, se inclinara sobre una para marcarla de manera deliberada, y luego también marcara «accidentalmente» otra caja solo con dejar caer el rotulador sobre ella. Cuando se permitió entrar a los simios para que buscaran la comida, ¿a qué caja se dirigieron? De inmediato corrieron a la que el investigador había marcado «intencionalmente» e ignoraron la que estaba marcada «por accidente». Los simios lograban deducir la *intención* del investigador.

Consideremos otro estudio. Un chimpancé se sentó frente a dos investigadores que tenían comida cerca de ellos. Uno era *incapaz* de entregar comida por numerosas razones (algunas veces no lograba verla; en otras, quedaba atascada, y otras veces la perdía). El otro investigador se mostraba *reacio* a entregar comida (tan solo la tenía, pero no la entregaba). Ninguno entregaba comida y, sin embargo, los chimpancés consideraban estos casos de manera diferente. Cuando se les daba la oportunidad de escoger entre estos dos investigadores, siempre escogían regresar con la persona que parecía incapaz de ayudarlos y evitaban a quien se mostraba reacio[310]; parecían contar con la capacidad de utilizar señales sobre la situación de otra persona («¿Puede ver la comida?», «¿La ha perdido?», «¿Acaso no puede alcanzarla?») para razonar sobre sus intenciones y, por lo tanto, predecir la probabilidad de que les entregara comida en el futuro.

Comprender las mentes de otros requiere entender no solo sus intenciones, sino su *conocimiento*. El hecho de que Belle se sentara sobre la comida para esconderla de Rock era un intento de manipular lo que él sabía. En otra prueba, a los chimpancés se les dio la oportunidad de jugar con dos clases de gafas: las primeras eran transparentes, y era fácil ver a través de ellas, y las segundas eran opacas, y era muy difícil ver a través de ellas. Cuando ellos tuvieron que pedir comida a los investigadores que llevaban esas mismas gafas, supieron que debían acudir al ser humano que llevaba puestas las gafas transparentes: se daban cuenta de que el humano que llevaba las gafas opacas no podía verlos[311].

El grado con el que los animales pueden inferir la intención y el conocimiento de otros continúa siendo objeto de debate en la psicología animal. Si bien existe evidencia significativa de que los primates (en concreto los simios) poseen esa habilidad, la evidencia acerca de otros animales resulta menos clara. Es posible que otros animales inteligentes, como las aves, los delfines[312] y los perros también puedan lograrlo. Mi argumento no es que *solo* los primates puedan hacerlo, sino que esta habilidad no estaba presente en los primeros mamíferos y que en los linajes humanos esta hazaña se manifestó con los primeros primates (o al menos con los primeros simios). Incluso quizás los perros, por más socialmente inteligentes y serviciales que sean con los humanos, son incapaces de comprender que los humanos pueden contar con un conocimiento diferente. Permite a un perro ver cómo su entrenador coloca una golosina en una ubicación y luego haz que vea a alguien más colocar una golosina en una ubicación diferente (cuando el entrenador no esté presente y, por lo tanto, no esté enterado de la presencia de esa otra golosina). Cuando el entrenador regresa y ordena: «Busca la golosina», es igual de probable que el perro corra en cualquier dirección y falle a la hora de identificar la golosina a la que se está refiriendo según la ubicación que conoce[313].

Este hecho de inferir la intención y el conocimiento de alguien más se denomina «teoría de la mente», ya que requiere que elaboremos una teoría sobre las mentes de los demás. Los estudios indican que se trata de una hazaña cognitiva que surgió en los primeros primates. Y, tal y como veremos, la teoría de la mente puede explicar por qué los primates están dotados de cerebros tan grandes y por qué el tamaño de sus cerebros se correlaciona con el tamaño de su grupo social.

Política de los primates

El comportamiento social más característico de los primates no humanos es el *acicalamiento*: un par de monos se turnan para quitarse la suciedad y los piojos de la espalda, donde no pueden llegar con sus propias manos. En la primera mitad del siglo xx, se creía que ese comportamiento se realizaba principalmente por razones de higiene. Sin embargo, hoy en día es un hecho comprobado que, en realidad, cumple con un propósito más *social* que *higiénico*. No existe una correlación entre el tiempo empleado en acicalarse y el tamaño corporal (lo que uno esperaría si el propósito del acicalamiento fuera limpiar el cuerpo), pero sí hay una fuerte correlación entre el tiempo empleado para acicalarse y el tamaño grupal[314]. Además, los individuos que no lo reciben por parte de otros no lo compensan limpiándose más a ellos mismos[315]. Y los monos individuales cuentan con compañeros de acicalamiento muy específicos que mantienen durante largos periodos de tiempo, incluso durante toda la vida.

Los grupos no están compuestos por una mezcla social de individuos que interactúan de manera aleatoria; estas minisociedades de quince a cincuenta primates están compuestas por subredes de relaciones dinámicas y específicas. Los monos mantienen un registro, recuerdan a cada individuo de su grupo y son capaces de identificarlos por su apariencia y voz[316]. Recuerdan no solo a los individuos, sino también las *relaciones específicas que mantienen entre* individuos. Cuando se escucha en la lejanía un grito de auxilio por parte de una cría, los individuos del grupo no miran de inmediato en su dirección, sino que observan a la *madre* de la cría en peligro. «Ay, no, ¿qué hará Alice para ayudar a su hija?» o «¿Podemos confiar en esa cría? Veamos cómo reacciona la madre»[317].

Las relaciones entre los individuos no son solo familiares, sino también jerárquicas. Los monos vervet poseen una rutina de acercamiento-retirada para señalar dominancia y sumisión; cuando un individuo de rango superior camina hacia uno de rango inferior, el de rango inferior se retira. Estas relaciones de dominancia persisten en varios contextos: cuando el mono A expresa sumisión frente a un mono B en una situación determinada, casi siempre A adopta también una postura sumisa frente a B en *otra* situación. Estas relaciones de dominancia son transitivas: si observas que el mono A se somete a B y B se somete a C, entonces es casi seguro que A también se someta a C[318]. Estas jerarquías a menudo persisten durante muchos años, incluso generaciones[319]. Las señales de dominancia y sumisión no son demostraciones excepcionales; representan una jerarquía social explícita.

Los primates son extremadamente sensibles a las interacciones que violan la jerarquía social. En una investigación llevada a cabo en el año 2003, se obtuvieron grabaciones de audio de diferentes miembros de un grupo de babuinos que emitían sonidos de dominancia y sumisión, y luego colocaron altavoces cerca de ellos para poder reproducir esas grabaciones[320]. Cuando hacían sonar la grabación de un babuino de rango superior que emitía sonidos de dominancia seguida por una grabación de uno de rango inferior que emitía un sonido de sumisión, ninguno miraba hacia los altavoces; no había nada sorprendente en que alguien estuviera estableciendo su dominancia sobre un individuo de menor rango. No obstante, cuando hacían sonar la grabación de cualquier babuino de rango inferior que emitía un sonido de dominancia seguida por una grabación de uno de rango superior que emitía un sonido de sumisión —una *violación* de la jerarquía—, los babuinos desesperaban y se quedaban mirando los altavoces para tratar de descubrir qué había sucedido. Al igual que cuando un friki golpea al acosador del instituto en el rostro, el resto de los compañeros no pueden evitar mirar boquiabiertos: «¿Acaso eso acaba de suceder?».

Lo que vuelve a estas sociedades de monos tan únicas no es la presencia de una jerarquía social (muchos grupos de animales se rigen por jerarquías sociales), sino cómo está construida. Si examinaras la jerarquía social de diferentes grupos de monos, observarías que a menudo no es el mono más fuerte, el más grande o el más agresivo el que se ubica en la cima. A diferencia de la mayoría de los otros animales sociales, para los primates no es solo el poder *físico* lo que determina el rango social, sino también el poder *político*.

Como era el caso de muchas de las primeras civilizaciones humanas (y desafortunadamente como sucede en muchas del presente), una cuestión que determina el lugar al que pertenece el mono en su grupo es la familia en la que nació. En los grupos sociales de primates se tiende a contar con una jerarquía de familias. La siguiente estructura resulta muy común para las jerarquías de hembras: la que se encuentra en la cima es la mayor de la familia de más alto rango, seguida por su cría, luego la hembra mayor de la segunda familia de más alto rango, seguida por su cría, y así sucesivamente[321]. Y cuando una madre muere, su hija tiende a heredar su rango[322].

En una clara ruptura de la asociación típica no primate de la fuerza con el rango, un miembro juvenil débil y frágil de una familia poderosa puede ahuyentar con facilidad a un mono adulto mucho más grande y fuerte de una familia de rango inferior. De hecho, la cría en sí misma es consciente de su lugar en la estructura social; incluso los jóvenes desafiarán con regularidad a los adultos de las familias de menor rango, pero no desafiarán a los adultos de familias de mayor rango[323].

Y tal como sucede con las sociedades humanas —y sus infinitas oscilaciones de luchas de poder dinásticas y los ascensos y caídas de diferentes familias— las dinastías de los monos también tienden a ascender y caer. Las familias enfrentan presiones sorprendentes para mejorar su posición. Los monos de rango superior obtienen el beneficio de seleccionar su comida, acicalar a compañeros, aparearse y escoger sitios para descansar. El estado físico evolutivo también mejora con el rango; los de rango superior tienen más hijos y son menos propensos a morir a causa de enfermedades[324]. Entonces, si una familia de alto rango disminuye lo suficiente en número, una familia de menor rango llevará a cabo un motín coordinado; la familia de menor rango presentará desafíos de manera persistente y agresiva hasta que la familia de rango superior sucumba, y en ese momento será cuando se establezca una nueva jerarquía[325].

Los motines no son inevitables; las familias de alto rango que están compuestas por un número escaso de individuos pueden formar alianzas con miembros de otras familias para que las ayuden a solidificar su posición. De hecho, alrededor del 20 % de las veces que se presenta una situación violenta, otros monos cercanos responderán uniéndose a la trifulca, ya sea en favor del atacante o de la víctima. La mayoría del tiempo son los miembros de la familia los que acuden a ayudar, pero un tercio de las veces son miembros *externos*[326]. Al parecer, la habilidad de forjar alianzas es una de las características determinantes a la hora de establecer el rango de un individuo: los monos de rango superior tienden a ser mejores en reclutar alianzas de individuos no relacionados con ellos, y las rupturas en la jerarquía suceden con mayor frecuencia cuando los monos no logran reclutar aliados[327].

La política de los monos emerge en las dinámicas de estas alianzas, que se forjan no a través de relaciones familiares fijas, sino por medio del acicalamiento y el apoyo a otros individuos durante conflictos. Las uniones de alianza y acicalamiento representan una relación común, lo que nosotros consideraríamos una «amistad»: los monos, por lo general, rescatan a aquellos con los que han formado uniones de acicalamiento con anterioridad[328]. Y pueden crear un sentido de reciprocidad a través de actos de amabilidad incluso con aquellos con quienes no mantienen una relación de amistad. Si el mono A realiza un esfuerzo para acicalar al mono B, entonces es mucho más probable que el mono B corra en defensa del mono A la próxima vez que el mono A emita una vocalización de «ayúdame»[329]. Esto también es cierto para quienes deciden apoyar a otros en los conflictos; los monos tienden a defender a aquellos que han acudido a su propia defensa[330]. En estas alianzas también existe una noción de confianza: cuando a un chimpancé se le brinda la opción de (a) que un investigador le entregue una golosina mediocre de manera directa o (b) que un investigador le entregue a *otro* una golosina *increíble* que con suerte compartirá, él escogerá (b) solo si el otro es un compañero de acicalamiento. Si no, tomará la peor golosina y no la compartirá[331].

Estas alianzas ejercen un gran impacto en la posición política del mono y en su calidad de vida. Aquellos que son poderosos se beneficiarán al forjar una coalición adecuada de aliados de rango inferior y los de rango inferior pueden mejorar sus vidas significativamente mediante alianzas con las familias correctas de rango superior. A los individuos de rango inferior que cuentan con poderosos compañeros de acicalamiento se los ataca menos, incluso cuando el aliado de rango superior está fuera de la vista; todos los del grupo saben que «no hay que meterse con James a menos que también quieras lidiar con Keith»[332]. Los monos de alto rango se muestran más tolerantes frente a los individuos de rango inferior con quienes han forjado alianzas y les permiten un mayor acceso a la comida[333].

Gran parte del comportamiento social de los monos demuestra un grado increíble de premeditación política. Los monos prefieren invertir tiempo en construir relaciones con individuos de mayor rango[334]. Prefieren aparearse con los miembros de más rango del grupo[335]. Compiten para acicalar a individuos de rango superior[336]. Cuando se desata una disputa, tienden a unir fuerzas con el individuo de rango superior[337]. Los hijos de las madres de alto rango son los más populares a la hora de jugar[338].

Los monos de alto rango también demuestran ingenio a la hora de escoger con qué individuo de rango inferior forjar una amistad. En una investigación en la que se entrenó a diferentes monos de bajo rango a realizar tareas específicas para obtener comida, los de alto rango se hicieron amigos rápidamente de aquellos que poseían habilidades específicas y continuaron con esas relaciones de acicalamiento incluso aunque no hubiera un prospecto inmediato de obtener comida: «Veo que eres útil; déjame protegerte»[339].

Los monos también exhiben astucia política después de un conflicto. Realizan el esfuerzo de «reconciliarse» tras él, en especial con miembros que no pertenecen a su familia[340]. A menudo buscan abrazar y acicalar a aquellos con quienes se han peleado y también intentan reconciliarse con sus *familias* y al final terminan pasando el doble de tiempo con los miembros de la familia de aquellos con quienes pelearon[341].

La carrera armamentista por la destreza política

De alguna manera la trayectoria evolutiva de los primeros primates condujo al desarrollo de un increíble conjunto de comportamientos sociales complejos que se pueden observar en las especies modernas de primates. Y en esos comportamientos divisamos pistas de las bases conductuales de cómo los seres humanos tienden a interactuar entre sí. Aún no resulta claro por qué los primates desarrollaron esos instintos, pero podría estar relacionado con el nicho único en el que los primeros primates se encontraron tras la extinción masiva del Pérmico-Triásico.

Los primeros primates parecían haber tenido una dieta exclusiva de recolección de frutas directamente de las copas de los árboles; eran *frugívoros*. Arrancaban frutas de los árboles justo después de que maduraran pero antes de que cayeran al suelo del bosque. Esto les permitía contar con un fácil acceso a la comida sin tener que enfrentar demasiada competencia de parte de otras especies. Este nicho ecológico único podría haberles ofrecido dos regalos que les abrieron la puerta a sus característicos cerebros grandes y a sus complejos grupos sociales. En primer lugar, el acceso fácil a la fruta les brindó una abundancia de *calorías*, lo que les ofreció la opción evolutiva de invertir energía en cerebros más grandes. Y, en segundo lugar, y quizás más importante, les permitió contar con una abundancia de *tiempo*.

El tiempo libre es escaso hasta el extremo en el reino animal; la mayoría de los animales no tiene otra elección más que llenar cada momento de su agenda diaria con actividades como comer, descansar y aparearse[342]. Sin embargo, estos primates frugívoros no tenían la necesidad de pasar tanto tiempo buscando alimento como otros animales, de modo que, al buscar trepar en la jerarquía social, estos primates contaban con una nueva opción evolutiva: en lugar de gastar energía desarrollando músculos más grandes para luchar y llegar a la cima, pudieron emplear esa energía en desarrollar cerebros más grandes para maniobrar políticamente y llegar a la cima.

Así, al parecer, llenaron sus calendarios con maniobras políticas. Los primates modernos pasan hasta un *20 % de su día* socializando, una cantidad mucho más grande que la mayoría del resto de los mamíferos[343]. Y se ha demostrado que ese tiempo social se relaciona de forma causal con el tiempo libre del que disponen los primates; cuanto más posean (al contar con un acceso más fácil a la comida), más emplean para socializar[344].

Esto provocó una carrera armamentista evolutiva nueva: una batalla por la astucia política. Cualquier primate dotado con mejores estrategias para ganarse el favor de los demás y forjar alianzas sobrevivirá más y tendrá más crías. Esto aumentó la presión de desarrollar mecanismos más ingeniosos sobre el resto de los primates para que pudieran, así, maniobrar políticamente. De hecho, el tamaño de su neocorteza se correlaciona no solo con el tamaño del grupo, sino también con la destreza social[345]. Una consecuencia de esta carrera armamentista parece haber sido el florecimiento de muchos instintos sociales humanos, tanto los buenos (amistad, reciprocidad, reconciliación, confianza, generosidad) como los malos (tribalismo, nepotismo, engaños). Si bien muchos aspectos de estos cambios conductuales no requirieron ningún sistema ingenioso nuevo en particular, había una verdadera hazaña intelectual por debajo de esos mecanismos políticos: la capacidad de participar en la teoría de la mente.

No resulta claro cómo sería posible la destreza política si una especie no tuviera al menos una versión básica y primitiva de la teoría de la mente; solo mediante esta capacidad pueden los individuos inferir lo que los demás desean y, de esa manera, descubrir con quién congeniar y cómo hacerlo. Solo mediante esta teoría pueden los individuos primates saber que no deben hacer enfadar a un individuo de rango inferior que está respaldado por amigos de alto rango; esto requiere comprender las intenciones de los individuos de alto rango y cómo actuarán en situaciones futuras. Solo a través de esta habilidad de la teoría de la mente puedes descubrir quién tiene posibilidades de volverse poderoso en el futuro, con quién deberías forjar una amistad y a quién puedes engañar.

Esta puede ser la razón que explique por qué los primates desarrollaron cerebros tan grandes, por qué el tamaño de su cerebro se correlaciona con el tamaño de su grupo social y por qué los primates desarrollaron la habilidad de razonar sobre la mente de los demás. La pregunta es, por supuesto, ¿*cómo* logran esto sus cerebros?

16

¿Cómo modelar otras mentes?

Nuestro ancestro mamífero de hace setenta millones de años poseía un cerebro que pesaba menos de medio gramo. Para cuando nuestros ancestros simios hicieron su aparición hace diez millones de años, ese cerebro se había expandido hasta alcanzar casi trescientos cincuenta gramos[346]. Esto representa casi un aumento de mil veces en el tamaño del cerebro. Un aumento tan grande presenta un desafío para comparar las áreas cerebrales a lo largo del tiempo (primeros mamíferos con primeros primates) y también para compararlas entre especies en un momento dado (el cerebro de un ratón actual con el cerebro de un chimpancé actual). ¿Qué áreas cerebrales son de verdad nuevas y cuáles son simples expansiones de las mismas estructuras?

Claramente algunas estructuras cerebrales aumentarán de forma natural con el tamaño corporal sin provocar ningún cambio significativo en su función. Por ejemplo, un cuerpo más grande implica un aumento en los nervios del tacto y dolor, lo que se traduce en un mayor espacio neocortical para procesar estas señales sensoriales. El área de superficie de la corteza somatosensorial de los primeros simios era, por supuesto, más grande que la de los primeros mamíferos aunque cumpliera con la misma función. Lo mismo sucede con los ojos y los músculos más grandes y con cualquier otra estructura que requiera nervios de entrada o salida.

Además, se pueden añadir más neuronas a una estructura para mejorar su desempeño sin alterar la esencia de su función. Por ejemplo, si los ganglios basales fueran cien veces más grandes, sería posible la asociación entre muchas más acciones y recompensas a la vez que seguiría cumpliendo en esencia con la misma función: implementar un algoritmo de aprendizaje por diferencia temporal. De manera similar, la corteza visual de los primates es muchísimo más grande que la de los roedores, incluso considerando la escala cerebral. De forma poco sorprendente, los primates superan a los roedores en muchos aspectos del procesamiento visual, pero el área visual de la neocorteza no cumple con una función única en ellos; los primates le dedicaron más espacio, proporcionalmente, a la misma función y obtuvieron un mejor rendimiento.

Luego encontramos las áreas difusas: aquellas estructuras que son muy similares pero que están un tanto modificadas, que se ubican en el límite entre lo antiguo y lo nuevo. Un ejemplo de esto son las nuevas capas jerárquicas del procesamiento sensorial en la neocorteza. Los primates poseen muchas regiones jerárquicas en la neocorteza visual, donde el procesamiento salta de una región a la otra. Estas áreas continúan procesando la información visual, pero las nuevas capas jerárquicas las vuelven diferentes en cuanto a sus cualidades. Algunas responden a formas simples, y otras, a rostros.

Aunque también existen, por supuesto, verdaderas regiones cerebrales nuevas: estructuras dotadas de una conectividad completamente única que desempeñan funciones nuevas.

De manera que la pregunta es la siguiente: ¿cuánto adquirió en el cerebro de los primeros primates una escala mayor (ya sea de manera proporcional o desproporcionada) y cuánto era nuevo? La mayoría de las pruebas demuestran que, a pesar del gran aumento de tamaño, el cerebro de nuestro ancestro primate, y el de los primates del presente, era en gran medida el mismo que el de los primeros mamíferos. Tenían un rombencéfalo más grande, ganglios basales más grandes, una neocorteza más grande, pero, aun así, las mismas regiones estaban conectadas por las mismas formas fundamentales[347]. Estos primeros primates dedicaban, de manera desproporcionada, más neocorteza a determinadas funciones, como la visión y el tacto; aun así, las funciones y la conectividad eran casi siempre las mismas. Se agregaron nuevas capas jerárquicas y la información sensorial comenzó a saltar de una capa neocortical a la otra, lo que permitía la formación de representaciones más abstractas, pero esto solo significaba una mejora en el rendimiento.

Entonces, ¿puede ser que la sorprendente astucia de los primates, su implementación de la teoría de la mente y sus maniobras políticas y engaños fueran una consecuencia de nada más que un aumento en el tamaño cerebral?

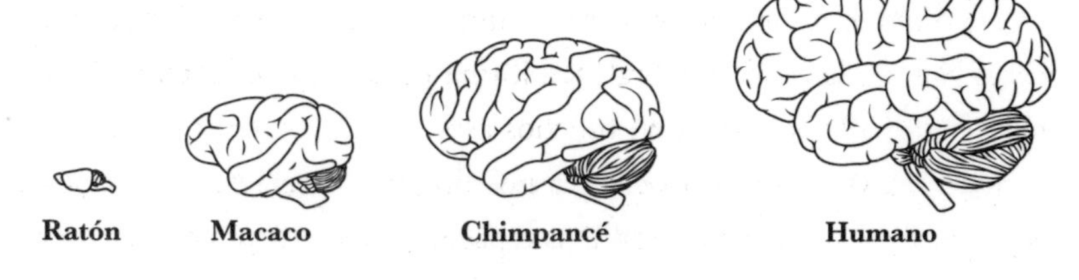

Figura 16.1

Las nuevas regiones neocorticales de los primeros primates

Aunque la mayor parte del cerebro de los primeros primates no era más que un cerebro mamífero aumentado en escala, había, de hecho, ciertas áreas de la neocorteza que sí eran nuevas. Podemos categorizar estas dos nuevas áreas neocorticales que emergieron en el linaje primate en dos grupos. El primero es la corteza prefrontal granular (CPFg), que era una nueva adición a la corteza frontal* [348]. Esta corteza prefrontal granular nueva se envuelve alrededor de la corteza prefrontal agranular (CPFa), más antigua. La segunda área de la neocorteza, a la que llamaré «corteza sensorial primate» (CSP), es una amalgama de numerosas áreas nuevas de la corteza sensorial que surgieron en los primates**. La CPFg y la CSP se encuentran extremadamente interconectadas entre sí, y forman su propia red nueva de regiones neocorticales frontales y sensoriales [349].

¿Qué hace que estas áreas sean «nuevas»? No se trata de su sistema de microcircuitos; todas ellas siguen siendo parte de la neocorteza y poseen el mismo sistema columnado de microcircuitos general que otras áreas de la neocorteza entre los mamíferos. Son sus conexiones de entrada y salida lo que las vuelve nuevas; es *sobre* lo que estas áreas construyen un modelo generativo lo que desbloquea habilidades cognitivas fundamentalmente nuevas.

---

* Como se mencionó en el capítulo 11, se denomina «granular» debido a su exclusiva y gruesa cuarta capa, que contiene neuronas granulares.

** Las áreas nuevas principales son el «surco temporal superior» (STS) y la «unión temporoparietal» (TPJ, por sus siglas en inglés).

Como vimos en el avance #3, un ser humano que sufre una lesión en la CPFa experimenta síntomas evidentes y graves como el mutismo acinético, que hace que los pacientes se vuelvan completamente mudos y carentes de intención.

En contraste con los síntomas alarmantes de una lesión en la CPFa, el daño a la corteza prefrontal granular que la rodea resulta a menudo en la manifestación de síntomas mínimos. De hecho, el deterioro ocasionado por la lesión de estas áreas es tan mínimo que muchos neurocientíficos en la década de 1940 se preguntaban si esas áreas carecían de alguna importancia funcional[350]. Un famoso caso de estudio de la época fue el de un paciente que sufría convulsiones llamado K.M., a quien se le extrajo un tercio de su corteza frontal para tratar sus convulsiones. Tras la cirugía, parecía no sufrir déficits en el intelecto o la percepción[351]. Su coeficiente intelectual después de la extracción de un tercio de su corteza frontal permaneció intacto y, en todo caso, *aumentó*. En palabras de un neurocientífico de la época, la función de la corteza prefrontal granular era un «misterio»[352].

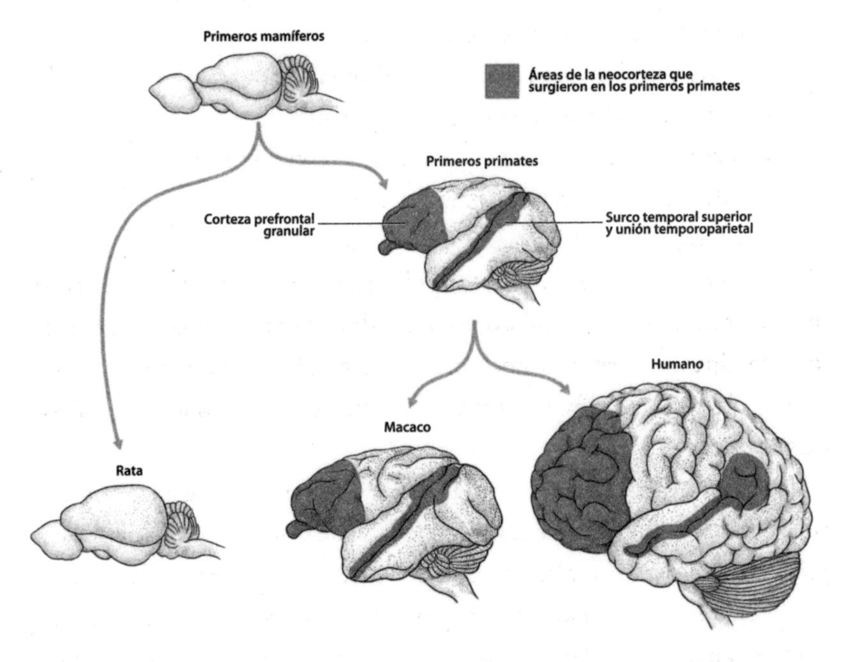

Figura 16.2: Regiones neocorticales compartidas en los mamíferos y las nuevas regiones de los primates

Modelar tu propia mente

Consideremos un estudio realizado en 2001. Se ubicó a varios seres humanos en un resonador magnético y se les presentó una serie de imágenes. Con cada una, se les fue preguntando «¿Cómo te hace sentir?», o alguna pregunta mundana sobre los contenidos de la imagen, como «¿Esta imagen se tomó en el interior o en el exterior?». Ambas tareas activaban la CPFa, lo cual tiene sentido, debido a que ambas requieren generar una simulación interna, ya sea del mundo de la imagen para decidir si es más probable que sea en el interior de un lugar o en el exterior, o de tus propios pensamientos y sensaciones. Pero solo cuando se les preguntaba a los sujetos *cómo se sentían* con respecto a una imagen se activaba la CPFg[353].

Se han realizado numerosos experimentos que confirman esta observación. La corteza prefrontal granular se vuelve excepcionalmente activa durante tareas que requieren *autorreferencia*, como la evaluación de tus propias características de personalidad, la reflexión mental general relacionada con uno mismo, la consideración de los sentimientos propios y la evaluación sobre uno mismo en general[354].

Con esta pista de que la corteza prefrontal granular se activa con la autorreferencia, ¿podríamos haber pasado por alto algunas limitaciones sutiles pero cruciales causadas por la lesión de la corteza prefrontal granular?

En 2015, los científicos llevaron a cabo el siguiente estudio. Se les presentó a los participantes el estímulo de una palabra neutral (por ejemplo, «ave» o «restaurante») y se les pidió que le contaran al investigador diferentes narrativas de *ellos mismos* asociadas con esa palabra. Algunos de los participantes estaban sanos, otros habían sufrido lesiones en algunas áreas de la corteza prefrontal granular y otros tenían lesiones en el hipocampo.

¿Cómo se diferenciaban las narrativas de estas personas entre las distintas afecciones? Los seres humanos cuyas áreas de la corteza prefrontal granular estaban lesionadas, pero que mantenían la CPFa y el hipocampos intactos, eran capaces de imaginar escenas complejas y repletas de detalles, aunque manifestaban deficiencias para imaginarse a *ellos mismos* en esas situaciones. Algunas veces incluso se omitían por completo de sus narrativas. El daño en el hipocampo parecía ejercer el efecto opuesto:

podían imaginarse a ellos mismos en situaciones pasadas o futuras con normalidad, pero evidenciaban dificultades para construir características externas del mundo; eran incapaces de describir con detalle cualquiera de los elementos circundantes[355].

Esto indica que la corteza prefrontal granular cumple un papel fundamental en nuestra capacidad de proyectarnos a *nosotros mismos* —nuestros sentimientos, intenciones, pensamientos, personalidad y conocimiento— en nuestras simulaciones proyectadas, ya sea que traten sobre el pasado o algún futuro imaginado. Las simulaciones en los cerebros de las ratas, que carecen de CPFg y solo poseen CPFa e hipocampo, demuestran la capacidad de simular un mundo externo, solo que no hay nada que indique que proyecten de verdad un modelo significativo de *ellas mismas*.

La lesión de la corteza prefrontal granular también puede afectar a la percepción que las personas tienen de sí mismas, no solo en sus simulaciones mentales, sino en el *presente*. Algunas personas que tienen la CPFg lesionada desarrollan el síndrome del espejo, una enfermedad que les impide reconocerse en su reflejo[356]. Estos pacientes insisten en que las personas que ven no son *ellas*.

La creación del modelo de tu propia mente en el presente y la mente que proyectas en tu imaginación parecen estar íntimamente relacionadas.

La idea de que las nuevas áreas primates participan en la creación del modelo de *tu propia mente* tiene sentido cuando registras su conectividad de entrada y salida. La CPFa de los antiguos mamíferos recibe la entrada directamente de la amígdala y el hipocampo[357] mientras que la nueva CPFg de los primates no recibe casi entradas de ellos ni ningún estímulo sensorial directo. En cambio, la CPFg primate recibe la mayoría de sus estímulos directamente de la antigua CPFa[358].

Una forma de interpretarlo es que estas nuevas áreas primates estén construyendo un modelo generativo de la antigua CPFa mamífera y de la corteza sensorial en sí misma. Así como la CPFa construye explicaciones de la actividad de la amígdala y el hipocampo (inventa la «intención»), quizás la CPFg construye explicaciones del modelo de intención de la CPFa y, así, es posible que cree lo que uno denominaría «mente». Quizás la CPFg y la CSP construyen un modelo de la propia simulación interna para explicar las intenciones propias en la CPFa según el conocimiento de la neocorteza sensorial.

Utilicemos un experimento mental para comprender mejor lo que esto significa. Supongamos que colocas a nuestro primate ancestral en un laberinto. Cuando llega a una bifurcación, gira a la izquierda. Supongamos que puedes preguntar a sus diferentes áreas cerebrales por qué lo ha hecho. Recibirías respuestas muy diferentes en cada nivel de abstracción. Los reflejos responderían: «Porque tengo una regla codificada evolutivamente para girar hacia el olor que proviene de la izquierda». Las estructuras vertebradas dirían: «Porque ir hacia la izquierda maximiza las recompensas futuras anticipadas». Las estructuras mamíferas dirían: «Porque la izquierda conduce a la comida». Aunque las estructuras primates dirían: «Porque tengo hambre; comer es agradable cuando tengo hambre y, según mi conocimiento, ir hacia la izquierda me conduce a la comida». En otras palabras, la CPFg construye explicaciones de la simulación en sí misma, de lo que el animal desea, sabe y piensa. Los psicólogos y filósofos denominan a este fenómeno «metacognición»: la capacidad de pensar sobre el pensamiento.

Lo que los mamíferos encuentran en sus simulaciones internas sobre el mundo externo es, de alguna forma, lo mismo que conocen sobre el mundo externo. Cuando un animal simula recorrer un camino, y su neocorteza sensorial genera una simulación que contiene agua al final del camino, es lo mismo que «saber» que el agua existe al final del camino. Mientras que las áreas mamíferas más antiguas de la neocorteza sensorial generan la simulación del mundo externo (que contiene el conocimiento), las nuevas áreas primates de la neocorteza (lo que he estado llamando «corteza sensorial primate») parece crear un modelo de este conocimiento en sí mismo (las áreas de la CPS obtienen la información de entrada de varias áreas de la neocorteza sensorial). Estas nuevas áreas primates intentan explicar *por qué* la neocorteza sensorial cree que el alimento se encuentra allí, por qué la simulación interna de un animal sobre el mundo externo es de la manera en la que es. Una respuesta podría ser: «Porque la última vez que me dirigí allí vi agua y, por lo tanto, cuando simulo regresar allí, veo agua en mi imaginación». Dicho de otra manera, apenas diferente: «Porque la última vez vi agua allí y ahora sé que el agua está allí, aunque antes no lo sabía».

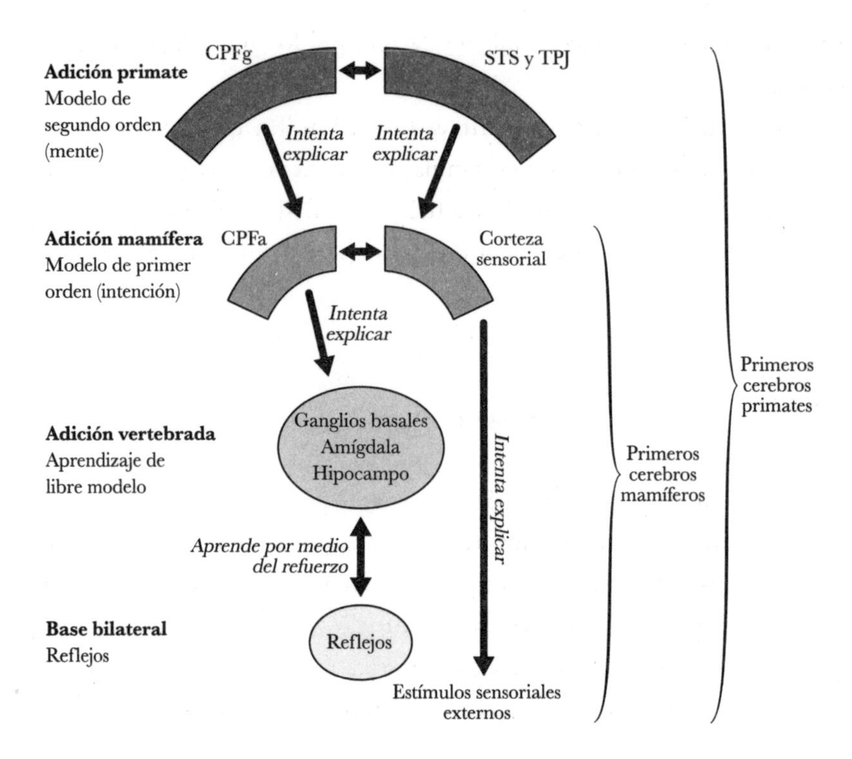

Figura 16.3

Estos sistemas se encuentran construidos uno sobre el otro. Los reflejos impulsan las respuestas de valencia sin necesidad de aprendizaje y toman decisiones basándose en reglas codificadas evolutivamente. Los ganglios basales y la amígdala de los vertebrados aprenden *luego* nuevos comportamientos según lo que ha sido reforzado a través del tiempo por estos reflejos y toman decisiones basadas en la maximización de recompensas. La CPFa mamífera puede aprender un modelo generativo de ese comportamiento de libre modelo y generar explicaciones y tomar decisiones basadas en metas imaginadas (por ejemplo, beber agua). Esto podría considerarse un modelo de primer orden. La CPFg primate después puede aprender un modelo generativo más abstracto (un modelo de segundo orden) de ese comportamiento impulsado por la CPFa, generar explicaciones de la intención en sí misma y tomar decisiones basadas en estados mentales y conocimiento («Estoy sediento; beber agua cuando estoy sediento me hace sentir bien y, cuando simulo ir por ese camino, encuentro agua en mi simulación; por lo tanto, deseo ir en esa dirección»).

El modelo mamífero de primer orden implica un claro beneficio evolutivo: le permite al animal simular decisiones de manera vicaria antes de actuar, pero ¿cuál es el beneficio de molestarse en desarrollar un modelo de segundo orden? ¿Por qué modelar tu propia intención y conocimiento?

Modelar otras mentes

Consideremos la prueba del cómic diseñada por Eric Brunet-Gouet en el año 2000. Se presentó a los participantes varios cómics, cada uno de tres cuadros, y se les pidió que adivinaran cuál era el final más probable para incluirlo en la cuarta escena. Había dos clases de cómics: uno requería inferir la intención de los personajes para adivinar correctamente el final y el otro requería solo comprender las relaciones causales físicas.

Brunet-Gouet realizó una tomografía PET sobre los cerebros de los sujetos mientras completaban la tarea. Descubrió una diferencia interesante en las regiones que se excitaban por cada clase de cómic. Cuando se les preguntaba sobre los cómics que requerían comprender las intenciones de los personajes, pero no cuando se les preguntaba sobre otras clases, se activaban estas áreas primates de la neocorteza, como la CPFg[359].

Además de inferir las *intenciones* de los demás, estas áreas primates también se activan con tareas que requieren inferir el *conocimiento* de otras personas. Una famosa prueba de esto es la prueba de Sally-Ann: se presenta a los participantes una serie de sucesos que ocurren entre dos individuos: Sally y Ann. Sally coloca una canica en una canasta; Sally se retira; cuando Sally no está mirando, Ann mueve la canica de la canasta hasta una caja cercana; Sally regresa. Luego se le pregunta al participante: «Si Sally quisiera jugar con su canica, ¿dónde debería buscarla?».

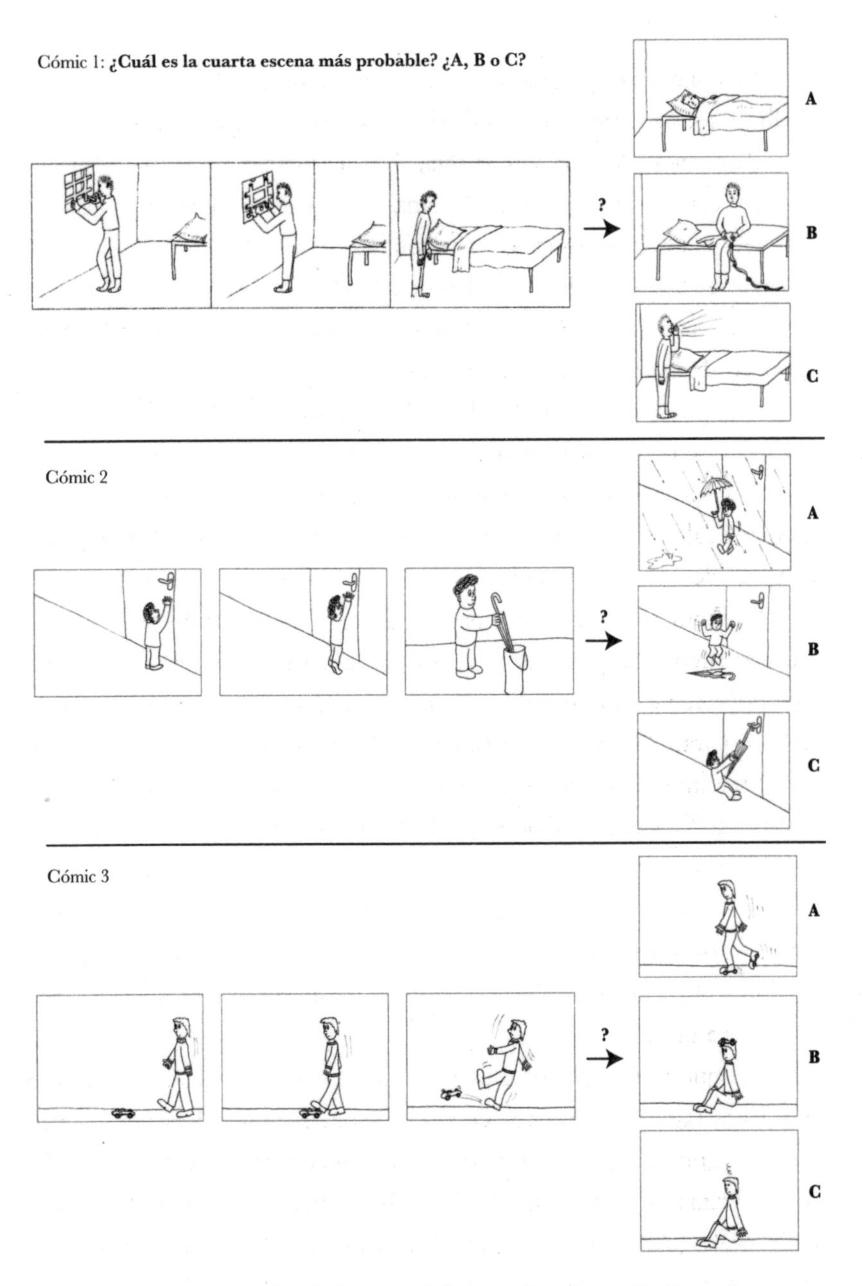

Figura 16.4: Ejemplos de la tarea del cómic: los cómics 1 y 2 requieren comprender la intención, el cómic 3 no requiere comprender la intención. La respuesta al cómic 1 es B (desea escapar por la ventana). La respuesta al cómic 2 es C (quiere abrir la puerta). La respuesta al cómic 3 es C (se caerá)[360]

Responder esa pregunta correctamente requiere darse cuenta de que Sally posee un conocimiento diferente al que tú posees. Si bien tú viste que Ann colocó la canica en la caja, *Sally* no lo hizo. Entonces la respuesta correcta es que buscará en la canasta, a pesar de que la canica no se encuentra allí. Hay muchas variaciones de la prueba de Sally-Ann y, en general, se las denomina «pruebas de falsas creencias». Los seres humanos superan esas pruebas a la edad de cuatro años[361]. Cuando se presentan pruebas de falsas creencias a seres humanos que se encuentran en resonadores magnéticos, la CPFg y la CSP se activan y el desempeño de esas personas se correlaciona con el grado de activación[363]. De hecho, en innumerables estudios, se ha demostrado que muchos sectores de estas áreas neocorticales exclusivamente primates se activan en concreto por esas pruebas de falsas creencias[364].

Si estudiamos a nuestros pacientes que habían sufrido lesiones en la corteza prefrontal granular y les realizamos pruebas sobre la teoría de la mente, veremos que surge una temática en común a partir de sus síntomas disparatados, sutiles y extraños. Estos pacientes experimentan mayores dificultades para resolver las pruebas de falsas creencias como la de Sally-Ann[365]; sus dificultades son incluso mayores a la hora de reconocer las emociones de otras personas[366]; enfrentan obstáculos para empatizar con las emociones de los demás[367], para distinguir mentiras de bromas[368], para identificar una acción inapropiada que ofendería a alguien[369], para adoptar la perspectiva visual de alguien más[370] y para engañar a otros[371].

Aunque todos los estudios mencionados se realizaron con cerebros humanos (aunque se trataba de partes del cerebro heredadas de nuestros ancestros primates), otros experimentos han confirmado los mismos efectos en primates no humanos[372]. Si le presentáramos a un mono una situación en la que debiera razonar sobre la intención o el conocimiento de otro mono para resolver una tarea, se activaría su CPFg, al igual que sucede con los seres humanos. Si se lesionara la CPFg en un mono, su desempeño en esas tareas se volvería deficiente, tal como sucede con los seres humanos[373].

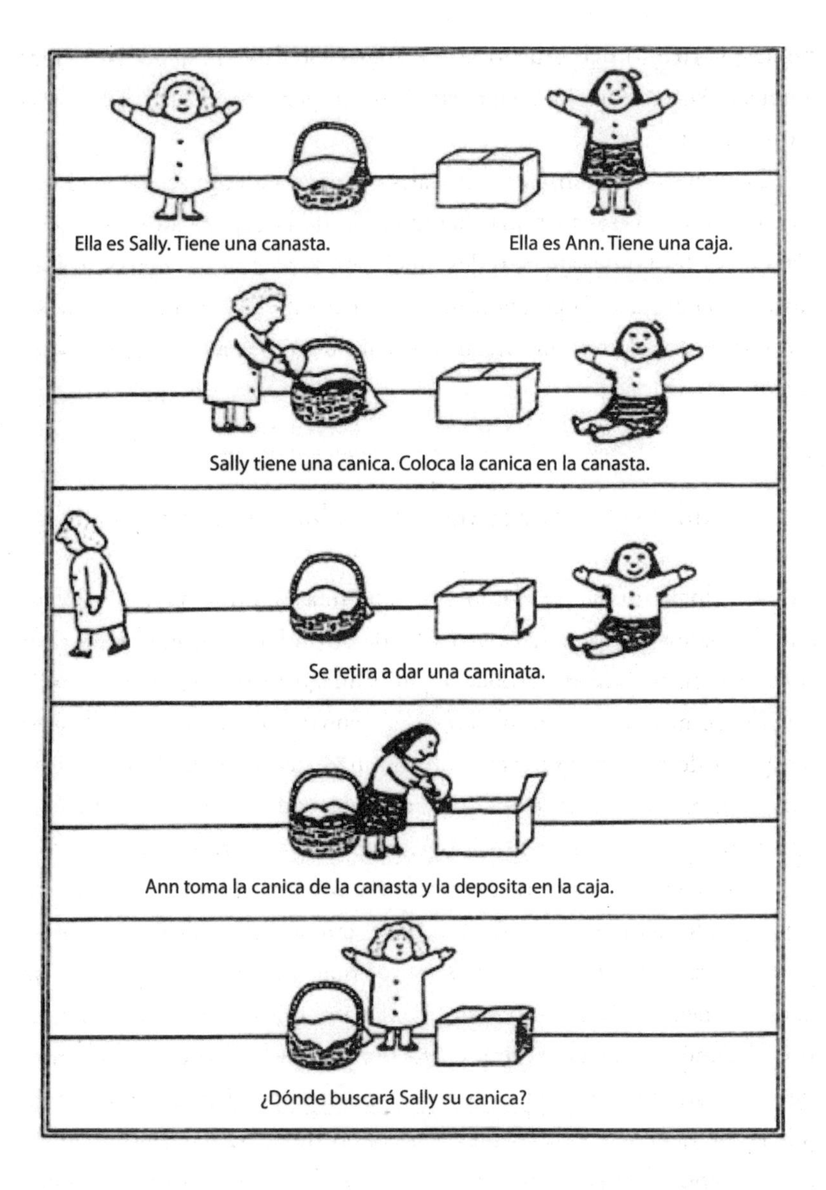

Figura 16.5: Prueba de Sally-Ann para evaluar la teoría de la mente[362]

Y, de hecho, al revelar su importancia en la comprensión de los demás, el tamaño de estas áreas prefrontales granulares se correlaciona con el tamaño de la red social de los primates[374]. Cuánto más grande sea el área prefrontal granular de un primate, más alto tiende a ubicarse en la jerarquía social. Incluso se observa la misma relación en los seres humanos: cuánto más gruesas sean sus áreas prefrontales granulares, más amplia es su red social y mejor será su desempeño en tareas relativas a la teoría de la mente[375].

Estas nuevas regiones neocorticales primates parecen ser tanto el núcleo del modelo de la propia mente como de la capacidad de modelar otras[376]. El hecho de que estas dos funciones, al parecer diferentes, posean sustratos neuronales superpuestos, si no idénticos, ofrece una pista notoria sobre el propósito y los mecanismos evolutivos de estas nuevas estructuras primates.

Modelar tu mente para modelar otras mentes

Ya desde los tiempos de Platón circulaba una hipótesis sobre cómo los seres humanos comprenden las mentes de otros. La teoría es que primero comprendemos nuestra propia mente y luego utilizamos ese entendimiento de nosotros mismos para comprender a los demás. Las teorías modernas de esta antigua idea se denominan «teoría de la simulación» o «teoría de proyección social»[377]. Cuando intentamos comprender por qué alguien hizo algo, lo hacemos imaginándonos a nosotros mismos en esa situación, con su conocimiento e historia de vida: «Es probable que me haya gritado porque está estresada por el examen de mañana; sé que yo grito más cuando estoy estresada». Al intentar comprender qué es lo que harán los demás, nos imaginamos qué haríamos nosotros en esa situación si tuviéramos su conocimiento e historia personal: «No creo que James siga compartiendo su comida con George; creo que James vio a George robar y sé que, si yo viera cómo mi amigo me roba, tampoco seguiría compartiendo con él». Comprendemos a los demás imaginándonos a nosotros mismos en su piel.

La mayor prueba de la teoría de proyección social es el hecho de que las tareas que requieren que te comprendas a *ti mismo* y las tareas que requieren que comprendas a los *demás* activan y demandan las mismas estructuras neuronales únicas de los primates. Razonar sobre tu propia mente y razonar sobre las de otros constituye, en el cerebro, el mismo proceso[378].

La evidencia de la teoría de proyección social también puede encontrarse en cómo los niños desarrollan su sentido de sí mismos. El desarrollo infantil del sentido de sí mismo se relaciona en gran medida con el desarrollo infantil según la teoría de la mente[379]. Una forma de demostrar el sentido de sí mismo de un niño es mediante la prueba del reconocimiento en el espejo. Coloca una mancha de algo en el rostro de un niño, déjalo que se mire y observa si se toca esa parte del rostro, lo que demostraría que se reconoce. Los niños tienden a no pasar esta prueba hasta que no alcanzan los dos años de edad[380]. Es también alrededor de ese momento cuando comienzan a exhibir una comprensión primitiva de los estados mentales y comienzan a utilizar palabras como «querer», «desear» y «fingir»[381]. Más adelante, alrededor de los tres años, empiezan a darse cuenta de que pueden expresar falsas creencias; logran afirmar cosas como «Pensé que era un cocodrilo. Ahora sé que es un caimán»[382]. No es sino hasta alrededor de los cuatro o cinco años que los niños pasan las pruebas de falsas creencias, como la prueba de Sally-Ann, con respecto a otras personas[383].

Otros estudios han encontrado una fuerte correlación entre la capacidad que tiene un niño de reportar sus *propios* estados mentales y su capacidad de reportar los estados mentales de los *demás*; cuando se vuelven más hábiles en una de las capacidades, tienden a mejorar en la otra de forma simultánea[384]. Además, el impedimento en el desarrollo de una de las capacidades vuelve deficiente a la otra; los chimpancés criados en aislamiento social son incapaces de reconocerse a sí mismos en el espejo[385]. Modelar tu propia mente y la de los demás son dos acciones que se encuentran interconectadas.

Nuestro entendimiento de nosotros mismos a menudo se entrecruza con nuestro entendimiento de los demás, lo cual es compatible con la idea de que estamos utilizando un sistema en común para ambas tareas. Por ejemplo, encontrarse en un estado del ánimo específico (como alegre o triste) te predispone a inferir de manera incorrecta ese mismo estado en los demás[386]; sentirte sediento te inclina incorrectamente a creer que los demás tienen más sed de la que tienen en realidad[387]. Las personas tienden a proyectar sus propias características personales sobre los demás[388]. La distinción entre uno-otro puede entrecruzarse, un efecto que sería esperable ya que comprendemos a los demás mediante una proyección de nosotros mismos en su situación.

* * *

Volviendo a nuestra pregunta original: ¿cómo funciona la teoría de la mente? Una posibilidad, al menos de forma conceptual, podría ser que las áreas neocorticales exclusivamente primates construyen primero un modelo generativo de *tu propia simulación interna* (en otras palabras, de tu mente) y luego utilizan ese modelo para intentar simular las mentes de los demás[389].

Nos encontramos en terreno abstracto aquí; esto es a duras penas un plano algorítmico detallado sobre cómo construir un sistema de IA dotado de teoría de la mente. No obstante, la idea de impulsar la teoría de la mente que modela primero la propia simulación interna y luego modelar la de los demás proporciona un punto de vista interesante. Hoy en día, podemos entrenar a un sistema de IA a mirar vídeos sobre el comportamiento humano y predecir qué harán los seres humanos a continuación; les enseñamos innumerables vídeos de seres humanos que llevan a cabo actividades y les damos las respuestas correctas sobre lo que están haciendo («Esto es estrechar las manos»; «Esto es saltar»)[390]. Las agencias de publicidad son capaces de utilizar el comportamiento para predecir qué comprarán las personas y contamos con sistemas de IA que intentan identificar las emociones de los rostros de las personas (después de que se los haya entrenado con un conjunto de imágenes de rostros clasificados por emociones)[391]. Sin embargo, todo esto se encuentra muy lejos de la complejidad de la teoría de la mente en los cerebros humanos (y otros primates). Si queremos sistemas de IA y robots que vivan junto a nosotros, que comprendan la clase de persona que somos, que deduzcan lo que no sabemos y lo que sí, que infieran cuáles son nuestras *intenciones* con lo que decimos, que anticipen lo que necesitamos o deseamos antes de que se lo digamos, que construyan relaciones sociales con grupos de seres humanos, con sus reglas ocultas y de etiqueta y, en otras palabras, si queremos sistemas de IA semejantes a los seres humanos, la teoría de la mente será, sin duda, un componente esencial de ese sistema.

De hecho, la teoría de la mente podría ser el aspecto más esencial en la construcción de un futuro exitoso con sistemas de IA superinteligentes. Si estos sistemas no pueden inferir lo que en verdad queremos decir cuando hablamos, nos arriesgamos a sentenciar un futuro distópico en el que malinterpreten nuestras solicitudes y abran la puerta a consecuencias catastróficas. Aprenderemos más sobre la importancia de la teoría de la mente a la hora de hacer peticiones a los sistemas de IA en el avance #5.

En la cima de la jerarquía social de una tropa de primates ancestrales se encontraba un mayor acceso a la comida y a parejas mientras que el peldaño inferior suponía ser el último en escoger comida y no poder elegir pareja. La teoría de la mente permitió a cada primate poder trepar por la escalera social; permitió aprender a gestionar su reputación y a esconder sus transgresiones; les permitió forjar alianzas, ganarse a miembros en ascenso y besar el anillo de familias poderosas; les permitió construir coaliciones y desatar rebeliones; les permitió apaciguar disputas en curso y reparar relaciones tras un desacuerdo. A diferencia de las habilidades intelectuales que habían surgido en los avances previos, la teoría de la mente no nació a partir de la necesidad de sobrevivir a los peligros del hambre de los depredadores o de cazar presas inaccesibles, sino, en cambio, de los peligros más sutiles e incisivos de la política.

La política representó la historia de origen del avance #4, pero está lejos de ser la historia completa. Como veremos en los próximos dos capítulos, la teoría de la mente en los primeros primates adquirió nuevos propósitos para el desarrollo de dos nuevas habilidades.

17

Martillos para monos y coches autónomos

Jane Goodall no podía creer lo que estaba viendo.

Era noviembre de 1960. Había estado estudiando durante meses a una tribu local de chimpancés en Gombe, Tanzania. Los chimpancés acababan de comenzar a aceptar su presencia y le permitían acercarse lo suficiente como para observarlos en su hábitat natural. En los años previos, se había hecho amiga de un paleontólogo keniata llamado Louis Leakey; él finalmente había aceptado enviarla a estudiar la vida social de los chimpancés en su hábitat natural. Sin embargo, el primer descubrimiento que Goodall haría no sería acerca de sus vidas sociales.

Mientras estaba sentada inmóvil a la distancia, observó que dos chimpancés, a los que había llamado David Greybeard y Goliath, tomaban unas ramas delgadas, les arrancaban las hojas y las clavaban en nidos de termitas. Cuando las retiraban, quedaban cubiertas de pequeñas termitas que terminaban engullendo. Estaban pescando. Estaban utilizando herramientas.

Se había asumido desde hacía mucho tiempo que el uso de herramientas era exclusivo de los seres humanos, pero ahora se había descubierto en los primates. Los monos y simios no solo utilizan ramas para pescar termitas; también utilizan rocas para abrir nueces, briznas de césped como hilo dental, musgo como esponjas, palos para golpear colmenas de abejas e incluso pequeñas ramas para limpiarse las orejas[392].

En los años posteriores al estudio de Goodall sobre estos chimpancés, se encontraron muestras de la utilización de herramientas por todo el reino animal. Los elefantes recogen ramas con las trompas para ahuyentar moscas y rascarse a sí mismos[393]. Las mangostas utilizan plataformas de piedra para abrir nueces[394]. Los cuervos utilizan palillos para atrapar larvas. Los pulpos recolectan grandes conchas para utilizar como escudos. Los peces lábridos utilizan rocas para abrir almejas y comerse su interior[395].

No obstante, el uso de herramientas de los primates es más sofisticado que el uso de herramientas en otros animales. Se ha demostrado que los peces lábridos, las mangostas y las nutrias utilizan herramientas, pero en general solo cuentan con el mismo truco bajo la manga. Por el contrario, los grupos de chimpancés a menudo exhiben más de veinte comportamientos diferentes al utilizar herramientas[396]. Además, con la posible excepción de las aves y los elefantes, solo los primates han demostrado que pueden *manufacturar* sus propias herramientas. Un chimpancé corta, afila y quita hojas de una rama antes de utilizarla para pescar termitas.

La utilización de herramientas por parte de los primates también demuestra un nivel extraordinario de diversidad entre grupos sociales diferentes. Las distintas especies de peces lábridos utilizan las rocas de la misma manera a pesar de no tener contacto entre sí, pero este no es el caso con los primates; los diferentes grupos de la misma especie exhiben comportamientos sorprendentemente particulares al utilizar herramientas. Los chimpancés de Goualougo construyen cañas para pescar termitas de manera distinta a los chimpancés de Gombe[397]. Algunos grupos de chimpancés utilizan rocas de forma habitual para abrir nueces; otros grupos no lo hacen. Algunos grupos de chimpancés utilizan palos para golpear panales de abejas; otros grupos no lo hacen. Algunos grupos utilizan ramas con hojas para ahuyentar moscas; otros grupos no lo hacen.

Si la impulsora de la evolución cerebral en los primeros primates era una carrera armamentista política, ¿por qué los primates serían tan buenos al utilizar herramientas? Si las nuevas regiones cerebrales de los primates estaban «diseñadas» para permitir el desarrollo de la teoría de la mente, entonces ¿de dónde emergieron estas habilidades excepcionales para la utilización de herramientas?

Espejos para monos

En 1990, Giuseppe di Pellegrino, Leonardo Fogassi, Bittorio Gallese y Luciano Fadiga estaban almorzando en su laboratorio. Eran miembros del laboratorio de neurofisiología Giacomo Rizzolatti en la Universidad de Parma; su objetivo era estudiar los mecanismos neuronales de las habilidades motoras finas de los primates. A unos metros de la mesa estaba sentado un macaco, el objeto de su estudio. Le habían colocado electrodos por todo el cerebro para buscar qué áreas respondían a clases específicas de movimientos manuales. Habían encontrado unas áreas de la corteza premotora que se activaban cuando los monos realizaban unos movimientos manuales concretos: algunas áreas para asir, otras para sostener y otras para rasgar[398]. No obstante, estaban a punto de descubrir por pura casualidad algo mucho más extraordinario. Cuando uno de los miembros del laboratorio tomó un sándwich y lo mordió, se escuchó un chisporroteo fuerte en un altavoz cercano. El sonido no provenía del que estaba conectado a la alarma de incendios ni del tocadiscos, sino del que estaba conectado al cerebro del mono.

Según lo recuerdan ahora, tuvieron la sensación inmediata de que algo importante acababa de suceder[399]. Solo habían conectado electrodos a las áreas motoras de la neocorteza, las que se suponía que se activaban únicamente cuando el mono realizaba movimientos manuales específicos. Pero entonces, durante el almuerzo, a pesar de que no se estaba moviendo en absoluto, la misma área para asir cosas con la mano se activó en el momento exacto en el que uno de los miembros del laboratorio tomaba su propia comida.

Tras intentar replicar esa activación fantasma después de la observación del sándwich, el equipo de Rizzolatti se dio cuenta de que habían, de hecho, descubierto algo más general: cuando su mono observaba cómo un humano realizaba una habilidad motora —ya sea tomar un cacahuete con dos dedos, tomar una manzana con la mano entera o comerse un snack con la boca— las neuronas motoras que cumplían la misma función a menudo también se activaban. En otras palabras, las neuronas de las áreas premotora y motora de la neocorteza del mono —aquellas que controlan sus movimientos— no solo se activaban cuando realizaba aquellas específicas habilidades motoras finas, sino también cuando observaba que otros las realizaban. Rizzolatti denominó a estas neuronas «neuronas espejo».

Durante los veinte años siguientes, se han encontrado neuronas espejo en numerosos comportamientos (asir, colocar, sostener, realizar movimientos con los dedos, masticar, hacer ruido con los labios, sacar la lengua)[400] a lo largo de múltiples áreas del cerebro (corteza premotora, lóbulo parietal, corteza motora)[401] y en numerosas especies de primates[402]. Cuando un primate observa cómo otro realiza una acción, su corteza premotora a menudo refleja las acciones que está observando.

Existen múltiples interpretaciones que compiten por explicar el funcionamiento de las neuronas espejo[403]. Algunas afirman que no son más que asociaciones: neuronas motoras que se activan como respuesta a cualquier señal que haya sido asociada con un movimiento. Los monos *ven* cómo sus *propios* brazos realizan movimientos de tomar cosas cuando eligen hacerlo, de manera que resulta evidente que cuando ven que *alguien más* lo hace algunas de las mismas neuronas experimentan una pequeña excitación. Otros argumentan que las neuronas espejo representan algo más fundamental; quizás las neuronas espejo constituyen *el* mecanismo por el cual los primates participan de la teoría de la mente[404]. La hipótesis es que los primates cuentan con un mecanismo ingenioso para imitar mentalmente y de manera automática los movimientos que ven en los demás y, luego, al construir un modelo de ellos mismos realizando el comportamiento, pueden preguntarse «¿por qué *yo* haría eso?» e intentar deducir las intenciones de otro mono u otro ser humano.

Otros plantean una interpretación que se ubica a medio camino. Quizás las neuronas espejo no posean mecanismos *automáticos* de imitación; no son más que pistas de que los monos tan solo se *imaginan a ellos mismos* haciendo lo que ven hacer a alguien más[405]. Las neuronas espejo no representan nada especial; solo son indicios de que los monos están pensando en ellos mismos cuando comen al verte *a ti* tomar comida. Y, tal como ya vimos en el capítulo 12, las áreas de la corteza motora que se activan cuando de verdad se realizan movimientos específicos también se activan cuando las personas se *imaginan* a ellas mismas realizándolos.

Aquí presento la prueba de que las neuronas espejo son solo movimientos imaginados. Los monos no necesitan observar directamente los movimientos para que se activen sus neuronas espejo; tan solo se les puede brindar la información suficiente para que *infieran* qué movimientos se están realizando. Las neuronas motoras que se activan justo antes de que un mono haga algo (como tomar un maní con la intención de abrirlo) también se activan si simplemente *escucha* que se abre un maní (sin ver nada) [406]. De forma similar, las neuronas de un mono que se activan cuando levanta una caja también se activarán cuando vea cómo un ser humano *en apariencia* levanta una caja que está oculta detrás de una pared (pero las neuronas no se activan si los monos saben que no hay una caja detrás de la pared) [407]. Si las neuronas espejo fueran solo espejos automáticos, no se activarían en los casos anteriores en los que los monos no observaban de manera directa las acciones. No obstante, si las neuronas espejo son la consecuencia de acciones imaginadas, entonces en cualquier momento en el que algo provoque que el mono se imagine haciendo algo, veríamos cómo se activan estas neuronas espejo.

Si aceptamos la interpretación de las neuronas espejo como la imaginación de movimientos, entonces surge la pregunta de *por qué* los monos tienden a imaginarse a ellos mismos haciendo lo que ven hacer a otros. ¿Cuál es el punto de simular en tu mente los movimientos que otros realizan? En el capítulo 12 exploramos uno de los beneficios de la simulación motora utilizada por muchos mamíferos: la planificación de movimientos con antelación. Esto permite que un gato planifique rápido dónde colocar las patas para caminar por una plataforma o que una ardilla salte entre ramas diferentes. Planteamos la hipótesis de que esa podría ser la razón por la cual los mamíferos están dotados de habilidades motoras finas mientras que la mayoría de los reptiles son desafortunadamente torpes. Sin embargo, esa estrategia no guarda relación con la simulación de movimientos que se observan en *otros*.

Una razón por la cual resulta útil simular los movimientos de otras personas es que hacerlo nos ayuda a comprender sus intenciones. Al imaginarte haciendo lo que otros están haciendo, puedes comenzar a comprender *por qué* lo están haciendo; puedes imaginarte atándote las agujetas de un zapato o abotonando una camisa y luego preguntarte «¿por qué yo haría algo así?», y de esa manera comenzar a comprender las intenciones subyacentes de los movimientos de otras personas. La mejor evidencia de esto puede encontrarse en el hecho insólito de que las personas que tienen impedimentos para *realizar* algunos movimientos específicos también demuestran impedimentos para *comprender las intenciones* de los mismos movimientos en los demás. Las subregiones de la corteza premotora requeridas para controlar un conjunto dado de habilidades motoras son las mismas subregiones requeridas para comprender las intenciones de los demás al realizar las mismas habilidades motoras.

Por ejemplo, en pacientes que exhiben lesiones cerebrales en áreas motoras de la neocorteza, hay una correlación significativa entre los impedimentos de la producción de acciones (la capacidad de imitar correctamente el uso de herramientas como cepillos de dientes, peines, tenedores o gomas de borrar) y el reconocimiento de acciones (la capacidad de seleccionar correctamente un vídeo de una acción imitada que coincida con una frase de acción, como *peinarse el cabello*)[408]. Los individuos que manifiestan dificultades para cepillarse los dientes tienden a manifestar dificultades para comprender que otras personas lo hagan también.

Más aún, la inhibición temporal de la corteza premotora de un humano inhabilita su capacidad de inferir de manera correcta el peso de una caja al mirar un vídeo de alguien que la levanta (si sus brazos lo hacen con facilidad, indica que la caja es ligera, pero si en un principio manifiestan dificultades y deben acomodar su posición, eso indica que es pesada), pero no ejerce impacto en su capacidad de inferir el peso de una pelota al mirar un vídeo en el que rebota por cuenta propia[409]. Esto indica que las personas generan mentalmente una simulación de *ellas mismas* levantando la caja cuando ven a alguien más levantándola («Yo colocaría mi brazo así solo si la caja fuera pesada»).

La incapacidad de comprender las acciones de los demás no es un efecto generalizado de la interferencia en la corteza premotora, sino que es muy específica de las partes corporales que el cerebro no puede simular. Por ejemplo, inhibir durante un tiempo el área de las manos en tu corteza premotora (que simula tus propios movimientos de la mano) no solo impide tu capacidad de realizar tus propios movimientos manuales, sino que también impide tu capacidad de reconocer *movimientos manuales* mímicos (como reconocer de manera correcta los movimientos mímicos al sujetar un martillo o servir té). Sin embargo, no ejerce impacto en tu capacidad de reconocer *movimientos de la boca* mímicos (como lamer un helado, comer una hamburguesa o soplar una vela)[410]. Por el contrario, inhibir durante un tiempo el área de la *boca* en tu corteza premotora *sí* impide tu capacidad de reconocer sus movimientos mímicos mientras que no ejerce impacto en tu capacidad de reconocer movimientos manuales.

Esto demuestra que también se necesitan la corteza premotora y la corteza motora, las regiones cerebrales necesarias para simular tus propios movimientos, para simular los movimientos de los demás y comprender sus acciones. Aunque la palabra «comprender» no se refiere a entender las emociones (hambriento, temeroso) ni al conocimiento de los demás («¿Acaso Bill sabe que Jane escondió la comida?»). Estos estudios comprueban que la corteza premotora se encarga específicamente de comprender los aspectos *sensoriomotores* del comportamiento de los demás; inferir la fuerza necesaria que se necesita para levantar una caja o la clase de herramienta que alguien ha intentado asir[411].

Pero ¿por qué es importante reconocer de forma correcta los aspectos sensoriomotores de los comportamientos que observas en los demás? ¿Qué beneficio proporciona reconocer la herramienta que alguien está intentando sujetar o el peso de una caja? El principal beneficio es que nos ayuda, así como ayudó a los primeros primates, a *aprender nuevas habilidades mediante la observación*. Ya vimos en el capítulo 14 que llevar a cabo las acciones en nuestra cabeza mejora el desempeño cuando realizamos esas acciones de verdad. Si este es el caso, entonces tendría sentido que los primates utilizaran sus observaciones de los demás para practicar sus propias acciones.

Supongamos que le pedimos a un guitarrista novato que se ubique en un resonador magnético y le solicitamos que aprenda un acorde de guitarra tras ver un vídeo de cómo un guitarrista experto toca ese mismo acorde. Y supongamos que comparas la activación de su cerebro bajo dos condiciones, la primera es cuando observa un acorde que aún no conoce y la segunda es cuando observa un acorde que *ya sabe* tocar. Este es el resultado: cuando observa un acorde que desconoce, su corteza premotora se activa *mucho* más[412] que cuando observa uno que ya sabe tocar.

No obstante, el hecho de que la corteza premotora se active de manera única al intentar aprender una nueva habilidad mediante la observación no demuestra que sea un *requisito* utilizar la observación para aprender una nueva habilidad. Supongamos que le pides a un humano que mire dos vídeos diferentes. En el primero, puede observar cómo una mano presiona botones específicos de un teclado, y luego se le pide que *imite* esos movimientos manuales y realice su propia versión en el mismo teclado. En el otro vídeo, ve cómo un punto rojo se mueve por los diferentes botones de un teclado, y luego se le pide que presione los mismos botones en su propio teclado. Si inhibiéramos temporalmente su corteza premotora durante esta tarea, sería incapaz de *imitar* esos movimientos manuales específicos, pero podría seguir los puntos rojos con normalidad[413]. La activación premotora no solo se correlaciona con el aprendizaje por imitación; al parecer, al menos en algunos contextos, es *necesaria* para él. Y aquí es donde podemos comenzar a desentrañar por qué los primates son excelentes en la utilización de herramientas.

La transmisibilidad derrota al ingenio

Piensa en todas las habilidades motoras ingeniosas involucradas en la utilización de herramientas: teclear, conducir, cepillarse los dientes, atarse la corbata o montar en bicicleta. ¿Cuántas de estas habilidades las aprendiste por cuenta propia? Me arriesgaré a decir que prácticamente todas esas habilidades las adquiriste *observando a otros*, no gracias a tu propio ingenio independiente. La utilización de herramientas en primates no humanos se originó de la misma manera.

La mayoría de los chimpancés en un grupo utilizan las mismas técnicas para valerse de herramientas no porque todos hayan desarrollado la misma estrategia de manera independiente, sino porque aprendieron observándose entre sí. La cantidad de tiempo que un chimpancé joven emplea en observar a su madre cuando utiliza herramientas para pescar termitas o para obtener hormigas es un indicador fundamental que predice la edad en la que aprenderá cada habilidad; cuanto más observe, más temprano se desarrollará su aprendizaje[414]. Sin la transmisión por parte de otros, la mayoría de los chimpancés nunca descubre cómo utilizar herramientas por sí solos; de hecho, un chimpancé joven que no aprende, mediante la observación, a abrir nueces antes de los cinco años no adquirirá esa habilidad más adelante en su vida[415].

La transmisión de habilidades en primates no humanos ha sido demostrada en experimentos de laboratorio. En un estudio en 1987, se le dio a un grupo de chimpancés jóvenes un rastrillo con forma de T que podía insertarse en una jaula y utilizarse para obtener comida lejana. La mitad de ellos observó cómo los chimpancés adultos utilizaban la herramienta y la otra mitad no lo hizo. El grupo que observó a los adultos expertos descubrió cómo utilizar la herramienta mientras que el grupo que no observó demostraciones expertas nunca descubrió cómo hacerlo (a pesar de sentir una alta motivación porque podían ver la comida en la jaula)[416].

Estas habilidades pueden propagarse en un grupo entero de primates. Consideremos los siguientes estudios. Los investigadores tomaron temporalmente a un chimpancé, a un mono capuchino y a un mono tití de su grupo y le enseñaron una nueva habilidad. Aprendieron a utilizar un palillo para golpetear un dispensador de comida de la manera adecuada[417], a deslizar una puerta de una manera específica para obtener comida[418], a jalar una gaveta para conseguir comida[419] o a abrir una fruta artificial[420]. Tras enseñarles la habilidad nueva, los investigadores lo devolvieron al grupo. En el curso de un mes, casi todo el grupo estaba utilizando las mismas técnicas, mientras que los grupos que no contaban con un individuo al que se le hubiera enseñado la habilidad nunca descubrieron cómo utilizar las herramientas de la misma manera. Y esas habilidades, que originalmente se le habían enseñado a un solo individuo, fueron trasmitidas a través de múltiples generaciones[421].

La capacidad de utilizar herramientas no depende tanto del *ingenio*, sino de la *transmisibilidad*. El ingenio solo debe ocurrir una vez si la capacidad de transmitir es frecuente; si al menos *un* miembro del grupo descubre cómo manufacturar y utilizar un palo para atrapar termitas, el grupo entero puede adquirir esta habilidad y continuar transmitiéndola de generación en generación.

Sin embargo, sería impreciso concluir que los primates son solo buenos para utilizar herramientas por su capacidad de transmitir comportamientos motores entre ellos; de aprender por observación. Muchos animales que son mucho menos habilidosos para utilizar herramientas, e incluso aquellos que no las utilizan en absoluto, también participan del aprendizaje observacional. Las ratas pueden aprender a empujar una palanca para obtener agua[422] al observar a otras ratas. Las mangostas adoptan la técnica para abrir huevos tras observar a sus padres[423]. A los delfines se los puede entrenar para imitar movimientos que observan en otros delfines o seres humanos[424]. Los perros pueden aprender a presionar una palanca con la pata para conseguir comida al ver a otro haciéndolo[425]. Incluso los peces y los reptiles pueden observar rutas de desplazamiento tomadas por otros miembros de su propia especie y aprender a seguirlas[426].

SELECCIÓN DE HABILIDADES CONOCIDAS MEDIANTE LA OBSERVACIÓN	ADQUISICIÓN DE NUEVAS HABILIDADES MEDIANTE LA OBSERVACIÓN
Muchos mamíferos	Primates
Pulpos	Algunas aves
Peces	
Reptiles	

No obstante, hay una diferencia en el aprendizaje observacional de los primates en relación con la mayoría de los otros mamíferos. Si una mangosta adulta tiende a abrir huevos con la boca, lo mismo hará su cría; si una mangosta adulta tiende a abrir huevos arrojándolos al suelo, lo mismo hará su cría. Pero no están adquiriendo una habilidad nueva mediante la observación; solo están cambiando la *técnica* que *tenderán* a utilizar; todas las crías de mangosta exhiben tanto las técnicas de morder como de arrojar para abrir huevos. Las crías de los gatos aprenden a hacer pis en sus cajas de arena solo si han estado expuestos a que su madre hiciera lo mismo, pero todas saben cómo hacer pis. Los peces no aprenden a nadar mediante la observación; tan solo seleccionan sus rutas gracias a ella. En todos estos casos, los animales no se han valido del aprendizaje observacional para *adquirir habilidades nuevas*; tan solo han *seleccionado un comportamiento conocido* tras ver a otro individuo hacer exactamente lo mismo.

Seleccionar un comportamiento conocido mediante la observación puede lograrse con reflejos simples: una tortuga puede tener el reflejo de mirar en la dirección en la que otras tortugas están mirando; un pez puede tener el reflejo de seguir a otros peces. Un ratón puede simularse a sí mismo empujando una palanca (algo que ya sabe cómo hacer) cuando observa a otro ratón empujar una palanca y, en ese momento, se dará cuenta de que obtendrá agua si realiza esa acción. No obstante, el hecho de adquirir una *habilidad motora completamente nueva mediante la observación* puede haber requerido, o al menos se puede haber beneficiado mucho, una maquinaria completamente nueva.

¿Por qué los primates utilizan martillos y las ratas no?

La adquisición de *habilidades nuevas* mediante la observación requirió la implementación de la teoría de la mente mientras que la *selección de habilidades conocidas* mediante la observación no lo hizo. Hay tres razones que explican este fenómeno. La primera es que puede haber permitido a nuestros ancestros *enseñar de forma activa.* Para que las habilidades sean transmitidas en una población, no *necesitas* maestros; bastará una observación diligente por parte de los principiantes. Aun así, la enseñanza activa puede mejorar significativamente la transmisión de habilidades. Piensa en lo difícil que te habría resultado aprender a atarte los zapatos si no hubieras tenido un maestro que te enseñara a ir más despacio en cada paso y en cambio hubieras tenido que descifrarlos por cuenta propia al observar cómo otras personas se los ataban con rapidez sin que les importara que tú aprendieras o no: mucho más.

La enseñanza solo es posible gracias a la teoría de la mente. La enseñanza requiere comprender lo que la otra mente no sabe y qué demostraciones ayudarían a manipular el conocimiento mental de otra persona de la manera correcta. Si bien todavía se debate si algún primate más allá del ser humano puede enseñar, durante los últimos años los indicios se han estado acumulando en favor de la idea de que los primates no humanos sí practican la enseñanza[427].

En la década de 1990, el primatólogo Christophe Boesch reportó haber observado cómo unas madres chimpancé abrían nueces a cámara lenta cuando se encontraban cerca de sus crías y las observaban de forma constante para asegurarse de que estuvieran prestando atención. Boesch informó haber observado cómo corregían sus errores, les quitaban la nuez, limpiaban la plataforma de piedra y luego volvían a colocarla en su lugar. También indicó observar cómo las madres reorientaban un martillo en las manos de sus crías[428].

Se ha descubierto que los monos exageran su «limpieza con el hilo dental» solo cuando se encuentran rodeados de jóvenes que aún no han aprendido esa habilidad, como si estuvieran haciéndolo más lento para ayudarlos a aprender[429]. Los chimpancés que son hábiles para cazar termitas a menudo llevan dos palos a su actividad de pesca para entregarle directamente un palo a un chimpancé más joven. Incluso uno quebrará su propio palo en dos para entregarle una mitad al más joven, en caso de que se haya olvidado de llevar el propio. Si una cría parece encontrar dificultades con una tarea, la madre intercambiará sus herramientas con ella[430] y, cuanto más complejo sea el proceso de utilización de una herramienta, más probable es que se la acabe entregando[431].

La segunda razón por la cual la teoría de la mente era necesaria para el aprendizaje de habilidades motoras mediante la observación es que permitió a los aprendices mantenerse concentrados en aprender durante largos periodos de tiempo. Una rata puede observar cómo otra rata empuja una palanca y, algunos momentos más tarde, empujar la palanca ella misma, pero una cría de chimpancé observará a su madre utilizar plataformas para abrir nueces y practicará esa técnica, sin éxito, durante *años* antes de comenzar a dominar esa habilidad. Los chimpancés jóvenes intentan aprender continuamente sin recibir ninguna clase de recompensa a corto plazo.

Es posible que adopten ese comportamiento solo porque encuentren gratificante la imitación en sí misma, aunque otra posibilidad es que la teoría de la mente les permita identificar la *intención* de realizar una habilidad compleja, lo que los motiva a seguir intentando adoptarla. La teoría de la mente permite a un chimpancé joven darse cuenta de que la razón por la que *no* está consiguiendo la comida con su palo mientras que su madre sí lo hace es porque su *madre posee una habilidad de la que él aún carece*. Esto le brinda una motivación continua para adquirir esa habilidad, incluso aunque le tome un largo tiempo dominarla. Cuando una rata imita comportamientos, por otro lado, no tardará en rendirse si sus acciones no conducen a una recompensa cercana en el tiempo.

La tercera y última razón de por qué la teoría de la mente era necesaria para el aprendizaje de nuevas habilidades motoras por medio de la observación es que permitió a los que estaban aprendiendo diferenciar entre los movimientos intencionales y accidentales de los expertos. El aprendizaje observacional resulta mucho más efectivo si uno es consciente de lo que otro está *intentando lograr* con cada movimiento. Si tú observaras a tu madre atarse los zapatos y no tuvieras idea de qué aspectos de sus movimientos son intencionales y cuáles accidentales, sería muy difícil descifrar qué movimientos imitar. Si te dieras cuenta de que su *intención* es atarse los cordones, de que cuando se resbaló fue algo accidental, y de que tanto la manera en la que se encuentra sentada como el ángulo de su cabeza son aspectos irrelevantes para el desempeño de la habilidad, entonces será mucho más fácil para ti aprender la habilidad mediante la observación.

De hecho, así es como aprenden los chimpancés. Consideremos el siguiente experimento. A un chimpancé adulto se le permitió observar cómo un investigador humano abría una caja-problema para obtener comida. Durante la secuencia de acciones necesarias para abrirla, el investigador realizó numerosas acciones irrelevantes, como tocar la caja con una varita o rotarla. Luego, al chimpancé se le dio la oportunidad de abrir la caja para conseguir comida por sí mismo. De manera sorprendente, no copió cada movimiento del investigador, sino que imitó solo los movimientos necesarios para abrir la caja y se saltó los pasos irrelevantes[432].

Comprender las intenciones de los movimientos resulta esencial para que funcione el aprendizaje observacional; nos permite filtrar los movimientos no pertinentes y extraer los aspectos esenciales de una habilidad.

Imitación robot

En 1990, un estudiante de grado de la Universidad de Carnegie Mellon llamado Dean Pomerleau y su consejero, Chick Thorpe, construyeron un sistema de IA para conducir un coche de manera autónoma. Lo llamaron ALVINN (por sus siglas en inglés, que significan «vehículo terrestre autónomo en una red neuronal»). Entrenaron a ALVINN con vídeos de lo que rodeaba a un coche y este logró *—por sí solo—* conducirlo y mantenerse dentro de un carril en la autopista. Anteriormente, se había intentado desarrollar coches autónomos similares, pero eran muy lentos y a menudo se detenían tras varios segundos; la versión original del coche del grupo de Thorpe podía viajar tan solo a más o menos medio kilómetro por hora debido a la cantidad de procesamiento que debía realizar. ALVINN era mucho más rápido; tan rápido, de hecho, que llevó con éxito a Pomerleau desde Pittsburg hasta los Grandes Lagos en una autopista real con la presencia de otros conductores.

¿Por qué ALVINN era exitoso mientras que los otros intentos habían fallado? A diferencia de los intentos anteriores de construir un coche autónomo, a ALVINN no se le había enseñado a reconocer objetos o a planificar sus movimientos futuros o a comprender su ubicación en el espacio. En cambio, superaba a otros sistemas de IA porque hacía algo mucho más simple: aprendía *imitando a los conductores humanos.*

Pomerleau lo entrenó de la siguiente manera: colocó una cámara en su coche y grabó tanto el vídeo como la posición del volante mientras daba vueltas*. Después, entrenó a una red neuronal para mapear la imagen del camino con la correspondiente posición de dirección que había seleccionado. En otras palabras, entrenó a ALVINN para *copiar* lo que iba a hacer él. Y de manera extraordinaria, tras solo algunos minutos de observación, ALVINN se volvió muy hábil al conducir el coche de manera autónoma.

Sin embargo, Pomerleau se topó con un imprevisto: se volvió evidente que su enfoque del aprendizaje por imitación —de copiar el comportamiento experto— albergaba un error garrafal. Cada vez que ALVINN cometía pequeños errores, era incapaz de recuperarse. Los pequeños errores se transformaban en fallos catastróficos de conducción y a menudo se salía por completo de la carretera. El problema era que se le había enseñado solo la forma *correcta* de conducir. Nunca había visto a un ser humano

* ALVINN solo controlaba el volante, no el frenado ni la aceleración.

recuperarse de un error porque nunca había visto un error en primer lugar. *Copiar directamente los comportamientos expertos* había dado lugar a un enfoque precario y peligroso del aprendizaje por imitación.

En robótica existen numerosas estrategias para superar este problema, pero dos de ellas en particular presentan similitudes muy llamativas con la forma en la que los primates parecen hacer funcionar el aprendizaje por imitación. La primera es emular la relación maestro-estudiante. Además de entrenar a un sistema de IA para que copie directamente a un experto, ¿qué sucedería si el experto también condujera *junto* al sistema de IA y le corrigiera sus errores? Uno de los primeros intentos de hacer esto fue llevado a cabo por Stephane Ross y su consejero Drew Bagnell en la Universidad Carnegie Mellon en 2009. Le enseñaron a un sistema de IA a conducir en un entorno simulado de Mario Kart. En lugar de grabarse a él mismo mientras conducía y luego entrenar al sistema para que lo imitara, Ross condujo por la pista de Mario Kart y *alternaba el control* del coche con el sistema de IA. En un principio, conducía él la mayor parte del tiempo, después le entregaba el control al sistema de IA durante un momento y corregía cualquier error que cometiera. Con el tiempo, Ross le entregó cada vez más el control al sistema de IA hasta que logró conducir bien por su cuenta.

Esta estrategia de enseñanza activa funcionó de maravilla. Cuando solo copiaba la manera de conducir (tal y como se entrenó a ALVINN), el sistema de IA de Ross aún se chocaba después de un millón de marcos de datos de expertos. Por el contrario, con esta nueva estrategia de enseñanza activa, su sistema de IA estaba conduciendo casi de manera perfecta tras solo algunas vueltas[433]. Esto no se diferencia demasiado del maestro chimpancé que le corrige los movimientos a una cría que está aprendiendo una nueva habilidad. Una madre chimpancé observa cómo su hija intenta insertar un palo en un nido de termitas y, cuando enfrenta dificultades, intenta corregirla.

El segundo enfoque sobre el aprendizaje por imitación en robótica se denomina «aprendizaje por refuerzo inverso»[434]. En lugar de intentar copiar directamente las decisiones de conducción que un humano toma como respuesta a una imagen de la carretera, ¿qué sucede si el sistema de IA intenta primero identificar la *intención* de las decisiones de conducción de ese humano?

En 2010, Pieter Abbeel, Adams Coates y Andrew Ng demostraron el poder del aprendizaje por refuerzo inverso al utilizarlo para lograr que un sistema de IA hiciera volar de manera autónoma un helicóptero a control remoto[435]. Hacer volar un helicóptero, incluso cuando se cuenta con el control remoto, es difícil; los helicópteros son inestables (los pequeños errores pueden conducir rápido a una colisión), requieren constantes ajustes para mantenerlos en el aire y es necesario equilibrar numerosos datos de entrada complejos en simultáneo (el ángulo de las palas superiores, el ángulo de las palas del rotor de cola, la orientación de inclinación del cuerpo del helicóptero y más).

Ng y su equipo no querían que el sistema de IA volara un helicóptero y ya, sino que buscaban que hiciera piruetas acrobáticas, aquellas que solo los mejores expertos humanos podían lograr: dar una voltereta sin caer, realizar giros mientras avanzaba, volar boca abajo, realizar bucles aéreos y mucho más.

Una parte del enfoque de este equipo era el aprendizaje por imitación estándar. Ng y su equipo registraron datos de entrada de expertos en el control remoto mientras realizaban estos trucos acrobáticos. No obstante, en lugar de entrenar al sistema de IA para *copiar directamente* a los humanos expertos (que no funcionó), entrenaron al sistema de IA para que infiriera primero las *intenciones* de las trayectorias de los expertos, después lo que parecía que los humanos estaban intentando hacer, y para que *luego* aprendiera a seguir esas trayectorias intencionadas. A esta técnica se la denominó «aprendizaje por refuerzo intencionado» porque estos sistemas intentan aprender primero la función de recompensa que ellos creen que el experto está buscando alcanzar (es decir, su «intención»); luego estos sistemas aprenden por ensayo y error, por lo que se recompensan y castigan en base a esa función de recompensa inferida. Un algoritmo de aprendizaje por refuerzo inverso parte de un comportamiento observado y produce su propia función de recompensa, en tanto que en el aprendizaje por refuerzo estándar la función de recompensa estaba codificada y no se aprendía. Incluso cuando los pilotos expertos hacían volar estos helicópteros, se recuperaban de forma constante de pequeños errores. Al intentar en primer lugar identificar las trayectorias y movimientos intencionados, el sistema de IA de Ng filtraba los errores superfluos de los expertos y corregía los suyos propios. Mediante el aprendizaje por refuerzo inverso, para el año 2010 habían entrenado con éxito a un sistema de IA para lograr acrobacias aéreas con un helicóptero de manera autónoma.

Todavía queda mucho trabajo por hacer en materia de aprendizaje por imitación en el campo de la robótica[436]. Sin embargo, el hecho de que el aprendizaje por refuerzo inverso (según el cual los sistemas de IA infieren la intención del comportamiento observado) parezca necesario para que funcione el aprendizaje observacional, al menos en algunas tareas, sustenta la idea de que la teoría de la mente (según la cual los primates infieren la intención del comportamiento observado) era necesaria para el aprendizaje observacional y para la transmisión de habilidades con herramientas. Es poco probable que tanto el ingenio de los expertos en robótica como las iteraciones de la evolución convergieran en soluciones similares por mera coincidencia; un aprendiz no puede asegurarse de adquirir una nueva habilidad motora solo si observa los movimientos de los expertos, sino que también debe entrar en su mente.

* * *

La teoría de la mente se desarrolló en los primeros primates para que pudieran ejercer la política. No obstante, esta habilidad adquirió el nuevo propósito de permitir el aprendizaje por imitación. La habilidad de inferir la intención de otros permitió a los primeros primates filtrar los comportamientos no pertinentes y concentrarse solo en los relevantes (¿qué *quiso* hacer esta persona?); ayudó a los más jóvenes a mantenerse enfocados en aprender durante largos periodos de tiempo y podría haber permitido que los primeros primates se enseñasen activamente los unos a los otros mediante la inferencia de lo que los jóvenes comprenden o no comprenden. Si bien posiblemente nuestro ancestro mamífero podía seleccionar habilidades conocidas al observar a otros, fue con los primeros primates, equipados con la teoría de la mente cuando emergió la capacidad de adquirir de verdad habilidades mediante la observación. Esto creó un nuevo grado de transmisibilidad: las habilidades descubiertas por individuos astutos, que en algún momento se hubieran desvanecido con su muerte, ahora podían propagarse al grupo y transmitirse de forma infinita de generación en generación. Es por esta razón que los primates utilizan martillos y las ratas no.

18

¿Por qué las ratas no pueden ir de compras?

Aunque durante las últimas décadas la hipótesis del cerebro social de Robin Dunbar ha tenido primacía entre los científicos como la explicación preponderante de la expansión de los cerebros en los primates, existe una explicación alternativa: lo que se ha denominado «la hipótesis del cerebro ecológico».

Como ya hemos visto, los primeros primates no eran solo sociales, sino que también se alimentaban con una dieta única: eran *frugívoros*. Las dietas basadas en frutas traen consigo numerosos y sorprendentes desafíos cognitivos. Solo hay un pequeño periodo de tiempo en el que la fruta está madura y aún no se ha caído al suelo del bosque. De hecho, para muchas de las frutas que estos primates comían, ese periodo de tiempo es menor a setenta y dos horas[437]. Algunos árboles ofrecen fruta madura durante menos de tres semanas al año y hay algunas frutas por las que compiten pocas especies (como los plátanos y su cáscara difícil de pelar), mientras que por otras (como los higos, que son fáciles de comer para cualquier animal) hay mucha competencia. En general, esas frutas populares desaparecen rápido, ya que muchos animales diferentes se alimentan de ellas una vez maduras. Este conjunto de factores implicaba que los primates necesitaban mantener un registro de toda la fruta en una gran área forestal y saber, en un día determinado, *cuál* estaba a punto de madurar y cuál, entre ellas, era la más popular y, por ende, cuál desaparecería más rápido.

Las investigaciones han demostrado que los chimpancés planifican la ubicación de sus nidos nocturnos según el área en la que tengan que buscar alimento al día siguiente. Para recolectar las frutas que son más populares, como los higos, realizan el esfuerzo de planificar dónde dormirán para ubicarse en la ruta de esas frutas[438]. No adoptan la misma actitud para frutas menos codiciadas pero igual de deliciosas. Además, los chimpancés salen más temprano cuando se encuentran en busca de una fruta codiciada que cuando viajan para recolectar la menos codiciada. Se ha demostrado que los babuinos también planifican su jornada de recolección con antelación y salen más temprano cuando la fruta es menos abundante y existen posibilidades de que desaparezca más rápido[439].

Los animales que se alimentan de plantas no fructíferas no deben lidiar con estos mismos desafíos; las hojas, el néctar, las semillas, el césped y la madera duran largos periodos de tiempo y no se encuentran en cantidades escasas. Ni siquiera los carnívoros deben enfrentar una tarea tan desafiante cognitivamente; deben cazar y superar en inteligencia a la presa, pero en raras ocasiones existen periodos cortos de tiempo en los que deban cazar.

Una parte de lo que vuelve esta estrategia frugívora tan desafiante es que requiere no solo simular rutas de desplazamiento diferentes, sino las propias necesidades futuras. Tanto un carnívoro como un herbívoro no frugívoro pueden sobrevivir cazando o pastando solo cuando tienen hambre, pero un frugívoro debe planificar sus viajes con antelación *antes* de estar hambrientos. Asentar un campamento la noche anterior en la ruta de un área que ofrece una fruta popular requiere anticipar que *tendrás* hambre al día siguiente si no tomas las medidas preventivas esa noche para obtener la comida más temprano.

Otros mamíferos, como los ratones, acumulan comida a medida que se aproximan los meses del invierno y guardan vastas reservas de nueces en sus madrigueras para sobrevivir el largo periodo en el que los árboles producen poco o ningún alimento. Sin embargo, el acopio estacional no llega a alcanzar el desafío cognitivo que representa la necesidad diaria de cambiar los planes teniendo en cuenta el hambre que sentirás al día siguiente. Además, ni siquiera está claro si los ratones acumulan alimento porque comprenden que sentirán hambre en el futuro. De hecho, los ratones de laboratorio —aunque nunca han sufrido un invierno frío sin alimento— comienzan a acumular comida *automáticamente* si bajas la temperatura de su entorno, un efecto *visto solo* en las especies del norte que han tenido que *evolucionar* para sobrevivir al invierno[440]. Por lo tanto, no parece ser una actividad que hayan aprendido de los inviernos pasados a los que tuvieron que responder con astucia; parece que ese acopio constituye una respuesta codificada evolutivamente para enfrentar los cambios estacionales.

La hipótesis del cerebro ecológico indica que la dieta frugívora de los primeros primates impulsó la veloz expansión de sus cerebros. En 2017, Alex DeCasien, de la Universidad de Nueva York, publicó una investigación que analizaba las dietas y la vida social de más de ciento cuarenta especies de primates[441]. Algunos primates son principalmente frugívoros; otros ahora son sobre todo folívoros (se alimentan de hojas). Algunos primates viven en grupos muy pequeños; otros, en grupos más grandes. De forma sorprendente, descubrió que ser *frugívoro* parecía explicar la variación en el tamaño cerebral relativo quizás incluso mejor que la teoría del tamaño del grupo social del primate.

La hipótesis Bischof-Kohler

En la década de 1970, dos psicólogos comparativos llamados Doris Bischof-Kohler y su esposo, Norbert Bischof, propusieron una nueva hipótesis sobre lo que era exclusivo de la planificación humana: mientras que otros animales pueden realizar planes teniendo en cuenta sus necesidades *actuales* (por ejemplo, obtener comida cuando tienen hambre), solo los seres humanos planifican según sus necesidades *futuras* (por ejemplo, obtener comida para un viaje de la semana siguiente, a pesar de que ahora no sientan hambre). El psicólogo evolutivo Thomas Suddendorf más adelante la denominaría «hipótesis Bischof-Kohler»[442].

Los seres humanos anticipan necesidades futuras todo el tiempo. Compramos alimento incluso cuando no tenemos hambre; llevamos abrigo a viajes, aunque no sentimos frío en ese momento. Considerando las pruebas disponibles en la época de Bischof-Kohler, era una hipótesis razonable la de que solo los seres humanos podían hacer esto, pero las más recientes cuestionan esta hipótesis. Existen historias anecdóticas de chimpancés que llevan paja del interior de una jaula cálida para hacer un nido fuera cuando saben que hace frío incluso *antes* de sentirlo ellos mismos[443]. Se ha descubierto que los babuinos y los orangutanes seleccionan herramientas para tareas futuras hasta catorce horas antes[444]. Los chimpancés cargan rocas desde ubicaciones lejanas para abrir nueces en áreas que carecen de las adecuadas[445] y fabrican herramientas en una ubicación para utilizarlas en otra[446]. De hecho, si el frugivorismo requiere planificar de antemano antes de sentir hambre, entonces es de esperar que los primates contaran con la capacidad de anticipar necesidades futuras.

En 2006, Miriam Naqshbandi y William Roberts de la Universidad de Ontario Occidental midieron la capacidad que tienen un mono y una rata para anticipar su sed futura y de cambiar su comportamiento en consecuencia[447]. A los monos ardilla y a las ratas se les ofrecieron dos opciones presentadas con dos vasos. El vaso 1 era la «opción golosina pequeña», que ofrecía un pequeño trozo de comida y el vaso 2 era la «opción golosina grande», que contenía una gran cantidad de comida. Para los monos ardilla las golosinas eran dátiles; para las ratas, pasas de uva. En circunstancias normales, ambos animales escogían la golosina grande; aman los dátiles y las pasas.

No obstante, Naqshbandi y Roberts hicieron después una prueba con una condición diferente. Los dátiles y las pasas provocan mucha sed en estos animales y, a menudo, hacen que consuman el doble de agua para rehidratarse. ¿Qué sucede si a estos animales se los fuerza a tomar una decisión para incorporar su futuro estado sediento? Naqshbandi y Roberts modificaron la prueba para que, si los animales escogían la golosina grande (el vaso con muchos dátiles o pasas), solo obtendrían acceso al agua *horas* más tarde; no obstante, si los animales escogían la golosina pequeña (el vaso con pocos dátiles y pasas), obtendrían acceso al agua entre quince a treinta minutos más tarde. ¿Qué sucedía?

De manera fascinante, los monos ardilla aprendieron a escoger la golosina pequeña mientras que las ratas continuaron escogiendo la golosina grande. Los monos ardilla son capaces de resistirse a la tentación de obtener golosinas en el momento, ya que anticipan algo —agua— *que ni siquiera desean en ese momento*. En otras palabras, los monos pueden tomar una decisión anticipándose a una necesidad futura. En cambio, las ratas eran completamente incapaces de hacer lo mismo; se quedaban atascadas en su lógica fallida de «¡¿por qué relegar pasas extra por agua si ni siquiera tengo sed?! *».

Esto indica que quizás la hipótesis Bischof-Kohler de Suddendorf era correcta en el sentido de que anticipar una necesidad futura es una forma

---

* Naqshbandi y Roberts realizaron un experimento inicial para asegurarse de que la cantidad de dátiles y la cantidad de pasas provocaran niveles similares de sed en monos y ratas tras medir el aumento relativo del consumo de agua cuando los animales tuvieron acceso libre a ella junto con esas mismas cantidades de dátiles y pasas.

mucho más difícil de planificación, y estaba en lo cierto al afirmar que algunos animales eran capaces de planificar, pero incapaces de anticipar necesidades futuras (como las ratas). Sin embargo, podría ser que no solo los seres humanos estuvieran dotados con esta habilidad. Quizás esta habilidad también estaba presente en muchos primates.

¿Cómo anticipan los primates sus necesidades futuras?

La mecánica de tomar una decisión basada en una necesidad *anticipada*, una que no estás experimentando en ese instante, presenta un dilema para las antiguas estructuras cerebrales mamíferas. Hemos especulado que el mecanismo mediante el cual la neocorteza controla el comportamiento es mediante la simulación de decisiones de manera vicaria, cuyos resultados son luego *evaluados* por las antiguas estructuras de los vertebrados (ganglios basales, amígdala e hipotálamo). Este mecanismo le permite a un animal escoger solo caminos y comportamientos simulados que activan las neuronas de valencia positiva *justo en el momento presente*, como imaginar comida cuando tienes hambre o agua cuando sientes sed.

Por el contrario, para comprar la comida de la semana, necesito anticipar que la pizza será una gran acompañante para la noche de películas del jueves, incluso aunque no desee pizza en el presente. Cuando imagino que como pizza cuando no tengo hambre, mis ganglios basales no se excitan; la elección de comprarla no acumula votos. Por lo tanto, para desear la pizza, necesito darme cuenta de que en ese *futuro estado de hambre imaginado*, su aroma y su imagen *excitarán* a las neuronas de valencia positiva, a pesar de que imaginarla en el presente no lo haga. ¿Cómo, entonces, puede un cerebro escoger un camino imaginado en la ausencia de cualquier activación vicaria de valencia positiva? ¿Cómo puede tu neocorteza desear algo que tu amígdala e hipotálamo no desean?

Existe otra situación, que ya hemos debatido, en la que los cerebros necesitan inferir una intención —un «deseo»— que no comparten en el momento presente: cuando intentan inferir los deseos de *otras* personas. ¿Acaso los cerebros son capaces de utilizar el mismo mecanismo de la teoría de la mente para anticipar una necesidad futura? Digámoslo de otra manera: ¿imaginar la mente de alguien más es realmente diferente de imaginar la mente de tu futuro yo?

Quizás el mecanismo mediante el cual anticipamos necesidades futuras sea el mismo mecanismo mediante el cual damos paso a la teoría de la mente: podemos inferir la intención de una mente —ya sea la propia o la ajena— en alguna situación diferente de la nuestra en el momento presente. Tal y como podemos inferir de manera correcta los deseos de alguien que no tiene comida («¿Cuánta hambre tendría James si no comiera durante veinticuatro horas?»), aunque quizás nosotros no tengamos hambre, quizás también podamos inferir la intención de nosotros mismos en una situación futura («¿Cuánta hambre tendría yo si no comiera durante veinticuatro horas?») aunque no tengamos hambre en el momento presente.

En la publicación en la que explora la hipótesis Bischof-Kohler, Thomas Suddendorf predijo de manera brillante y exacta la siguiente idea:

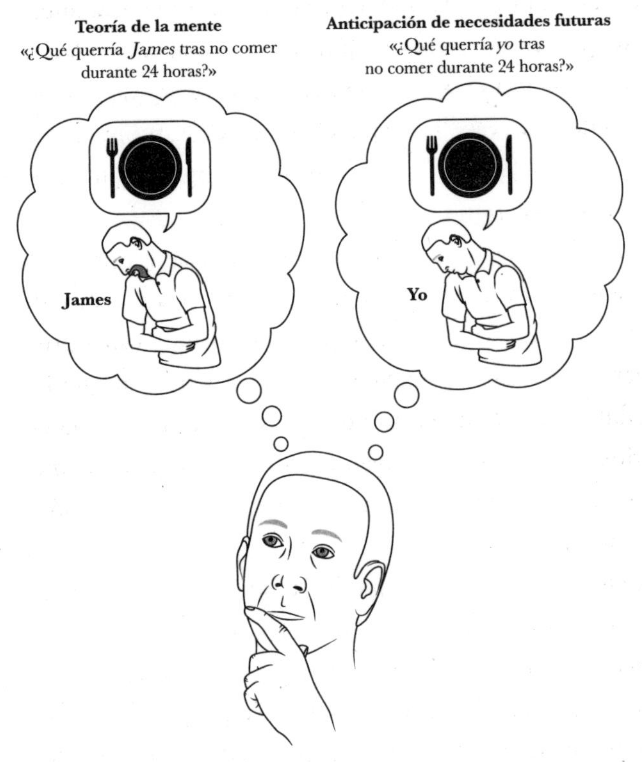

Figura 18.1: Similitud entre la teoría de la mente y la anticipación de necesidades futuras

> La anticipación de necesidades futuras... podría ser solo un caso especial del problema general de los animales para representar de forma simultánea estados mentales conflictivos. Al igual que niños de tres años, podrían ser incapaces de imaginar una creencia anterior (o estado de conocimiento, o impulso, etc.) que sea diferente de una creencia presente o de comprender que otro individuo sostiene una creencia distinta a la de ellos. Esto podría aplicarse a estados futuros, así como a estados pasados. Es decir, un animal que se encuentra satisfecho podría ser incapaz de comprender que más adelante podría sentir hambre y, por lo tanto, podría ser incapaz de seguir los pasos para asegurarse de que su hambre futura será saciada[448].

Aunque el experimento de Naqshbandi y Roberts con los monos ardilla y las ratas indica que Suddendorf podría haber estado equivocado al afirmar que *solo los humanos* podían anticipar necesidades futuras, Suddendorf pudo haber sido profético al proponer que la habilidad general de modelar un estado mental disociado de tu propio estado mental puede ser reutilizada tanto para la teoría de la mente como para la anticipación de necesidades futuras[449].

Hay dos observaciones que sustentan esta idea. En primer lugar, parece que tanto la teoría de la mente como la anticipación de las necesidades futuras se encuentran presentes, incluso de una forma primitiva, en los primates, pero no en muchos otros mamíferos, lo que indica que ambas habilidades surgieron más o menos al mismo tiempo en los primeros primates. En segundo lugar, las personas cometen la misma clase de errores en tareas de la teoría de la mente y en la anticipación de necesidades futuras.

Por ejemplo, vimos en el capítulo 16 que las personas sedientas tienden a predecir de manera errónea que otras personas también deben de estar sedientas. Bueno, también sucede que las personas que están hambrientas parecen predecir incorrectamente cuánto alimento necesitarán en el futuro. Si tomáramos dos grupos de personas y los lleváramos a la tienda de alimentos a realizar una compra semanal, el grupo que tiene hambre terminará comprando más comida que aquellos que están bien alimentados[450], incluso cuando ambos grupos están comprando comida para alimentarse durante el mismo periodo de tiempo; es decir, una sola semana. Cuando tienes hambre, sobrestimas tu propia hambre futura.

La habilidad de anticipar necesidades futuras habría ofrecido numerosos beneficios a nuestros frugívoros ancestrales. Les habría permitido planificar las rutas de recolección por anticipado y, por lo tanto, les habría asegurado ser los primeros en obtener frutas recién maduras. Nuestra habilidad de tomar decisiones en el presente para metas lejanas, abstractas y que aún no existen fue heredada de los primates arborícolas. Una estrategia que, quizás, ha sido utilizada por primera vez para conseguir la primera tanda de frutas, pero que hoy en día, en los seres humanos, se utiliza para mejores propósitos. Sentó las bases del desarrollo de nuestra capacidad para realizar planes a largo plazo durante vastos periodos de tiempo.

Resumen del avance #4: Mentalización

Existen tres habilidades generales que parecen haber surgido en los primeros primates:

- **Teoría de la mente**: inferencia de la intención y el conocimiento de otros.
- **Aprendizaje por imitación**: adquisición de habilidades nuevas mediante la observación.
- **Anticipación de necesidades futuras**: tomar acción *ahora* para satisfacer un deseo en el *futuro*, incluso cuando no lo deseo ahora mismo.

De hecho, estas podrían no haber sido habilidades separadas, sino más bien propiedades emergentes de un solo avance nuevo: la construcción de un modelo generativo de la propia mente, una estrategia que puede denominarse «mentalización». Podemos observar esto en el hecho de que estas habilidades emergen a partir de estructuras neuronales compartidas (como la CPFg), que se desarrollaron en primer lugar en los primeros primates. Lo vemos en el hecho de que los niños parecen adquirir estas habilidades en etapas similares de su desarrollo[451]. También en el hecho de que el daño de una de estas habilidades tiende a incapacitar a muchas de ellas.

Y, sobre todo, lo vemos en el hecho de que las estructuras de las que emergen estas habilidades son las mismas áreas de las que emerge nuestra capacidad de razonar sobre *nuestra propia mente*. Estas nuevas áreas primates son necesarias no solo para simular la mente de otros, sino para proyectarte *a ti mismo* en tus futuros imaginados y así poder identificarte en el espejo (síndrome del espejo) e identificar tus propios movimientos (síndrome de la mano extraña). Y la capacidad de un niño para razonar sobre su propia mente tiende a preceder el desarrollo de estas tres habilidades.

No obstante, la mejor evidencia de esta idea se remonta hasta Mountcastle. El cambio principal en el cerebro de los primeros primates, además de su tamaño, fue la adición de nuevas áreas de la neocorteza. De modo que atenernos a la idea general —inspirada por Mountcastle, Helmholtz, Hinton, Hawkins, Friston y muchos otros— de que cada área de la neocorteza está constituida por microcircuitos idénticos impone limitaciones estrictas sobre cómo explicamos las nuevas habilidades descubiertas en los primates. Sugiere que estas nuevas habilidades intelectuales deben surgir de alguna nueva aplicación astuta de la neocorteza y no de alguna nueva estrategia computacional. Esto hace que la interpretación de la teoría de la mente, del aprendizaje por imitación y de la anticipación de necesidades futuras como nada más que una propiedad emergente de un modelo generativo de segundo orden sea una propuesta interesante; estas tres habilidades pueden emerger solo a partir de nuevas aplicaciones de la neocorteza.

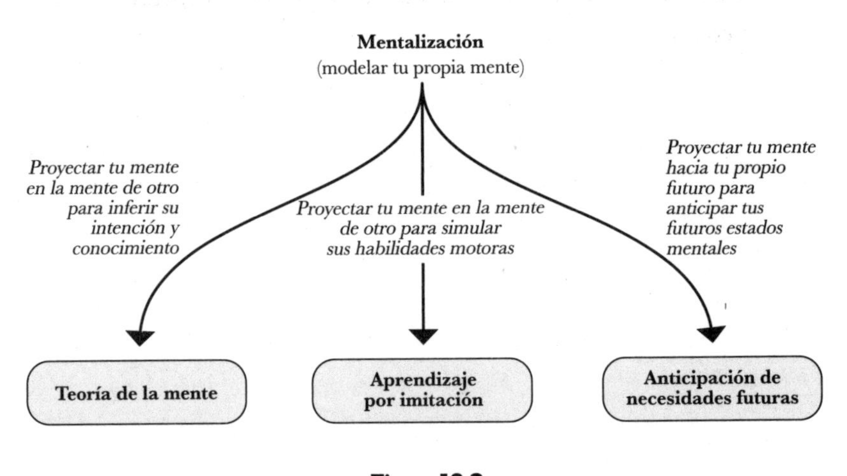

Figura 18.2

Estas habilidades —la teoría de la mente, el aprendizaje por imitación y la anticipación de necesidades futuras— habrían sido particularmente adaptativas en el nicho único de los primeros primates. Dunbar argumenta que la hipótesis del cerebro social y la hipótesis del cerebro ecológico son dos caras de la misma moneda. La capacidad de *mentalizar* podría haber desbloqueado al mismo tiempo tanto la habilidad de recoger frutas como de utilizar mecanismos políticos con éxito. Las presiones del frugivorismo y de las jerarquías sociales podrían haber convergido y producido una presión evolutiva continua que desarrollara y elaborara regiones cerebrales —como la CPFg— para modelar la propia mente.

Hemos llegado al final del avance #4. En este momento de nuestra historia, nos ubicamos en el precipicio de la divergencia final entre la humanidad y nuestro pariente vivo más cercano. Nuestro ancestro en común con los chimpancés vivió hace siete millones de años en África del Este[452]. La cría de ese ancestro tuvo dos caminos evolutivos: uno que se volvió el de los chimpancés de la actualidad y otro que se convirtió en el de los humanos.

Si comprimiéramos los seiscientos millones de años de tiempo evolutivo —desde la aparición de los primeros cerebros hasta el día de hoy— en un solo año calendario, entonces nos ubicaríamos en vísperas de Navidad, en los siete días finales de diciembre. Durante los próximos «siete días», nuestros ancestros pasarán de recolectar frutas a volar en cohetes Falcon 9. Veamos cómo lo lograron.

AVANCE #5

El habla y los primeros humanos

Tu cerebro 100 000 años atrás

19

La búsqueda de la singularidad humana

Durante milenios, los seres humanos nos hemos mirado al espejo con un orgullo autocomplaciente y hemos contemplado las numerosas maneras en las que somos superiores a nuestros compañeros animales. Aristóteles alegaba que era nuestra «alma racional» —nuestra capacidad de razonar, realizar abstracciones y reflexionar— lo que nos volvía singularmente humanos. Numerosos psicólogos de animales del siglo XX destacaron muchas capacidades intelectuales que creían que eran exclusivas de los humanos. Algunos afirmaban que solo nosotros podíamos viajar mentalmente en el tiempo. Otros aducían que era nuestra memoria episódica. Otros, nuestra capacidad de anticipar necesidades futuras. O nuestro sentido de nosotros mismos. Nuestra capacidad de comunicarnos, de coordinar, de utilizar herramientas. La lista continúa.

Sin embargo, el último siglo de investigación sobre los comportamientos de otros animales ha derrumbado de manera metódica nuestra sorprendentemente frágil estructura de singularidad. A pesar del atractivo intuitivo de afirmar que muchas de estas habilidades son exclusivas de los humanos, tal y como hemos visto en este libro, la ciencia señala que muchas de ellas, si no todas, podrían no ser exclusivas de los seres humanos.

Darwin creía que «la diferencia mental entre el hombre y los animales superiores, por grande que sea, es ciertamente una cuestión de grado y no de clase»[453]. La cuestión de qué hazañas intelectuales, de haber alguna, son exclusivas de los humanos todavía se debate entre los psicólogos. No obstante, a medida que se siguen acumulando pruebas, parece que Darwin podría haber estado en lo cierto.

Si fuera verdad que los humanos poseyeran numerosas capacidades intelectuales únicas en cuestión de *clase*, cabría esperar que su cerebro estuviera conformado por estructuras neurológicas únicas, alguna nueva conexión, algunos sistemas nuevos. Sin embargo, las pruebas señalan lo opuesto: no existe ninguna estructura neurológica en el cerebro humano que no se encuentre también en el de nuestros compañeros los simios, y las pruebas indican que el humano es literalmente un cerebro primate más grande: una neocorteza más grande, ganglios basales más grandes, pero contiene las mismas áreas conectadas de las mismas formas[454]. El aumento de tamaño del cerebro de un chimpancé puede habernos vuelto *más hábiles* a la hora de anticipar necesidades futuras, de utilizar la teoría de la mente, las habilidades motoras y la planificación, aunque no nos brindó, necesariamente, nada nuevo de verdad.

Una explicación razonable de la evolución del cerebro humano desde nuestra divergencia con los chimpancés es que fueron varias presiones evolutivas las que condujeron a nuestro ancestro humano a «mejorar» las habilidades que ya estaban presentes.

¿Quizás no hubo avance después de todo?

Esta parece ser la interpretación más razonable, pero con una excepción fundamental. Y es en esta excepción singular donde divisamos las primeras pistas de lo que significa ser humano.

Nuestra comunicación única

Los organismos se han estado comunicando entre sí mucho tiempo antes de que los seres humanos pronunciaran sus primeras palabras. Los organismos unicelulares emiten señales químicas para compartir genes e información sobre el entorno. Las anémonas de mar, que carecen de cerebro, liberan feromonas al agua para coordinar el momento de liberación de esperma y óvulos. Las abejas danzan para señalar dónde hay comida. Los peces utilizan señales eléctricas para el cortejo. Los reptiles mueven la cabeza para comunicar su agresividad. Los ratones chillan para expresar peligro o emoción. La comunicación entre los organismos es evolutivamente antigua y ubicua.

Los chimpancés chillan y gesticulan entre sí de manera constante. Se ha demostrado que los sonidos y gestos diferentes señalan pedidos específicos. Los golpeteos en el hombro significan «Detente», pisotear el suelo indica «Juega conmigo», un chillido significa «Acicálame», extender una palma quiere decir «Comparte comida». Los primatólogos han estudiado tanto estos diferentes gestos y vocalizaciones que incluso existe un gran diccionario simio que ha registrado casi cien sonidos y gestos[455].

Los monos vervet emiten sonidos distintos para señalar la presencia de depredadores específicos. Cuando un mono emite el chillido que significa «¡Leopardo!», todos los otros corren hacia los árboles. Cuando otro emite el chillido de «¡Águila!», todos los demás saltan al suelo del bosque. Los investigadores pueden lograr que todos los monos corran hacia las copas de los árboles o salten al suelo del bosque con solo reproducir uno de esos sonidos en uno de los altavoces cercanos.

Y luego, por supuesto, estamos nosotros: el *Homo sapiens*. Nosotros también nos comunicamos los unos con los otros. No es el *hecho* de que nos comuniquemos lo que resulta único; en cambio, es *cómo* nos comunicamos. Los seres humanos utilizamos el lenguaje.

El lenguaje humano difiere de otras formas de comunicación animal de dos maneras. En primer lugar, ninguna otra forma de comunicación natural animal asigna *etiquetas declarativas* (también conocidas como «símbolos»). Un maestro humano señalará a un objeto o comportamiento y le asignará una etiqueta arbitraria: «elefante», «árbol», «correr». Por el contrario, otras formas de comunicación animal están codificadas por la genética y no se encuentran asignadas. Los gestos de los monos vervet y de los chimpancés son casi idénticos entre grupos diferentes que no tienen contacto entre ellos y los que fueron privados de contacto social utilizan los mismos gestos. De hecho, estos gestos incluso se comparten entre distintas especies de primates; los bonobos y los chimpancés comparten casi el mismo repertorio de gestos y vocalizaciones. En los primates no humanos, los significados de esos gestos y vocalizaciones no están asignados mediante etiquetas declarativas, sino que emergen directamente de la constitución genética.

¿Y qué sucede con enseñarle a un perro o a algún otro animal alguna orden? Por supuesto, eso representa alguna forma de etiquetado. Los lingüistas establecen una distinción entre las etiquetas declarativas e imperativas. Una etiqueta imperativa es la que produce una recompensa: «Cuando escucho "siéntate", si me siento, obtendré una golosina» o «Cuando escucho "quieto", si me dejo de mover, obtendré una golosina». Se trata del aprendizaje básico por diferencia temporal; todos los vertebrados pueden hacerlo. El etiquetado declarativo, por otro lado, es un aspecto especial del lenguaje humano. Una etiqueta declarativa es una que le asigna a un objeto o comportamiento un símbolo arbitrario —«Eso es una "vaca"», «Eso es "correr"»—, sin ninguna palabra imperativa en absoluto. No se ha encontrado ninguna otra forma de comunicación animal natural que funcione de ese modo.

La segunda manera en la que el lenguaje humano difiere de otra forma de comunicación animal es que contiene gramática. El lenguaje humano contiene reglas que nos permiten combinar y modificar símbolos para transmitir significados específicos. Por lo tanto, podemos entretejer esas etiquetas declarativas para formar oraciones y podemos combinar esas oraciones para formar conceptos e historias. Esto nos permite convertir los pocos miles de palabras presentes en un lenguaje humano típico en un número en apariencia infinito de significados únicos.

El aspecto más simple de la gramática es que el orden en el que comunicamos los símbolos transmite significado: «Ben abrazó a James» significa algo diferente que «James abrazó a Ben». También interponemos subfrases que son sensibles al orden: «Ben, que estaba triste, abrazó a James» significa algo completamente diferente que «Ben abrazó a James, que estaba triste». No obstante, las reglas de la gramática van más allá que el simple orden. Contamos con diferentes tiempos verbales para transmitir temporalidad: «Ben me "está atacando"» versus «Max me "atacó"». Poseemos diferentes artículos: «"El" perro ladró» significa algo distinto a «"Un" perro ladró».

Y, por supuesto, esto es solo lo que sucede con el español; existen más de seis mil idiomas en la Tierra, cada uno con sus propias etiquetas y gramática. Aun así, a pesar de la gran diversidad de etiquetas y gramáticas propias de los diferentes idiomas, cada grupo de seres humanos conocido ha utilizado el lenguaje. Incluso las sociedades cazadoras-recolectoras de Australia y África, que en el momento en el que fueron «descubiertas» no habían establecido contacto con ningún otro grupo de seres humanos en *cincuenta mil* años, hablaban sus propios lenguajes, que eran igual de complejos al de otros. Esto representa una evidencia irrefutable de que el ancestro en común con los seres humanos hablaba sus propios idiomas, cada uno con sus propias etiquetas declarativas y su propia gramática.

Por supuesto, el hecho de que los primeros seres humanos hablaran en sus propios lenguajes con etiquetas declarativas y gramática, mientras que ningún otro animal lo hace por naturaleza, no demuestra que solo los seres humanos sean *capaces* de utilizar lenguaje, sino que solo los humanos lo *utilizan*. ¿Acaso los cerebros de los seres humanos primitivos desarrollaron de verdad una habilidad única para hablar? ¿O es el lenguaje tan solo una estrategia cultural que fue descubierta más de cincuenta mil años atrás y tan solo se transmitió de generación en generación de humanos modernos? ¿Es el lenguaje una invención evolutiva o una invención cultural?

Aquí presento una forma de comprobar este fenómeno: ¿qué sucede si intentamos enseñarles lenguaje a nuestros primos animales evolutivamente más cercanos, nuestros compañeros los simios? Si los simios aprendieran un lenguaje con éxito, indicaría que el lenguaje es una invención cultural; si los simios fracasaran, eso señalaría que sus cerebros carecen de una innovación evolutiva fundamental que se desarrolló en los seres humanos.

Esta prueba se ha llevado a cabo en múltiples ocasiones. El resultado es tan sorprendente como revelador.

Intentos de enseñarles lenguaje a los simios

Empecemos por aquí: literalmente no podemos enseñarles a los simios a hablar. Esto se intentó en la década de 1930 y falló; los simios no humanos son incapaces de producir lenguaje verbal. Las cuerdas vocales humanas están adaptadas de forma exclusiva para el habla; la laringe humana se encuentra más abajo y el cuello humano es más largo, lo que nos permite producir una variedad mucho más amplia de vocales y consonantes que otros simios. Las cuerdas vocales de un chimpancé pueden producir solo un repertorio limitado de bufidos y chillidos.

No obstante, lo que hace que el lenguaje sea *lenguaje* no es el medio, sino el contenido; muchas formas de lenguaje humano son no verbales. Nadie afirmaría que la escritura, el lenguaje de signos y el braille no poseen el contenido del lenguaje porque no implican vocalizaciones. Los estudios más importantes que intentaron enseñar lenguaje a chimpancés, gorilas y bonobos utilizaban el lenguaje de señas estadounidense o lenguajes visuales inventados según los cuales los simios señalaban secuencias de símbolos en un tablero. Ya desde infantes, a estos simios se los entrenó para utilizar estos lenguajes, y los investigadores señalaban una y otra vez los símbolos para referirse a diferentes objetos (manzanas, plátanos) o acciones (hacer cosquillas, jugar, perseguir) hasta que los simios comenzaron a repetir los símbolos.

En la mayoría de los estudios, tras años de enseñanza, los simios no humanos lograban producir las señales apropiadas. Podían mirar a un perro y señalar «perro», y mirar un zapato y señalar «zapato».

Incluso podían construir pares básicos de sustantivos y verbos. Frases comunes como «jugar conmigo» y «cosquillas conmigo». Algunos datos incluso indicaron que podían combinar palabras conocidas para crear significados nuevos. En una anécdota famosa, la chimpancé Washoe vio a un cisne por primera vez y, cuando el entrenador señaló «¿qué es eso?», ella señaló «ave agua». En otra anécdota, la gorila Koko vio un anillo y, sin conocer la palabra para referirse a él, hizo la seña de «dedo brazalete»[456]. Tras comer col por primera vez, Kanzi el bonobo presionó los símbolos de «lechuga lenta»*.

Al parecer, Kanzi incluso utilizaba lenguaje para jugar con otros. Hay una anécdota de un entrenador que se encontraba descansando en su hábitat y el bonobo le quitó la manta y luego presionó con entusiasmo los símbolos de «mala sorpresa». En otra anécdota, Kanzi presionó las teclas de «manzana perseguir» y luego tomó una manzana, esbozó una sonrisa, y comenzó a correr lejos de su entrenador[457].

Sue Savage-Rumbaugh, la psicóloga y primatóloga que diseñó el experimento de aprendizaje de lenguaje para él, realizó una prueba para comparar su comprensión del lenguaje con la de un niño de dos años. Savage-Rumbaugh expuso a Kanzi y a un niño a más de seiscientas oraciones nuevas (utilizando su lenguaje de símbolos) junto con órdenes específicas. Esas oraciones utilizaban símbolos que el bonobo ya conocía, pero en oraciones que nunca había visto, órdenes como «¿Puedes pasarle la manteca a Rose?»; «Coloca algo de jabón sobre Liz»; «Toma el plátano que se encuentra en la nevera»; «¿Puedes abrazar al perro?»; y «Colócate la máscara de monstruo y asusta a Linda». Kanzi las completó con éxito más del 70 % de las veces[458], y terminó superando al niño de dos años.

* N. de la T.: La describía de esa manera porque le tomaba más tiempo masticarla.

El grado con el que estos estudios sobre el lenguaje de los simios evidencian un lenguaje con etiquetas declarativas y gramática aún es motivo de controversia entre lingüistas, primatólogos y psicólogos comparativos. Muchos argumentan que esas estrategias representan imperativos y no declarativos y que las frases pronunciadas eran tan simples que a duras penas podían considerarse como gramáticas. De hecho, en muchos de estos estudios, los simios recibieron premios cuando utilizaban las etiquetas correctas, lo que hace difícil distinguir si en verdad estaban refiriéndose a objetos identificados o si solo aprendieron que, si señalaban una X cuando veían un plátano, recibirían un premio, una tarea que cualquier máquina de aprendizaje por refuerzo de libre de modelo podría realizar. Algunos análisis extensos sobre las frases utilizadas por estos simios evidencian poca diversidad, lo que indica que tendían a utilizar las frases exactas que aprendían (por ejemplo, «cosquillas conmigo») en lugar de combinar palabras para formar otras nuevas (por ejemplo, «quiero que me hagas cosquillas»)[459]. Sin embargo, como respuesta a estos desafíos, muchos señalan los estudios de Savage-Rumbaugh y la asombrosa comprensión gramatical de Kanzi con respecto a órdenes y frases lúdicas. El debate aún no se encuentra resuelto.

En general, la mayoría de los científicos parecen concluir que algunos simios no humanos son en verdad capaces de aprender al menos una forma rudimentaria de lenguaje, pero los simios son mucho menos habilidosos en ese sentido y no aprenden lenguaje sin un entrenamiento deliberado y meticuloso; nunca superarán las capacidades de un niño humano.

Entonces, el lenguaje parece ser exclusivo de los humanos en dos aspectos. En primer lugar, contamos con una tendencia natural a construirlo y utilizarlo, en tanto que otros animales no lo hacen. En segundo lugar, estamos dotados de una capacidad para utilizarlo que supera por mucho a la de cualquier otro animal, incluso cuando los simios pueden llegar a adoptar alguna forma similar de símbolos y gramática.

No obstante, si el lenguaje es lo que nos separa del resto del reino animal, entonces, ¿qué tiene de especial esta estrategia, al parecer inocua, que le permitió al *Homo sapiens* ascender a la cima de la cadena trófica? ¿Qué es lo que tiene el lenguaje que vuelve tan poderosos a quienes lo utilizan?

Transferencia de pensamientos

Nuestro lenguaje, tan único, con sus etiquetas declarativas y su gramática, permite a un grupo de cerebros transferir sus simulaciones internas a otros con un grado de detalle y flexibilidad sin precedentes. Uno puede decir «Golpea la roca de arriba» o «Joe fue maleducado con Yousef» o «¿Recuerdas el perro que vimos ayer?» y, en todos esos casos, el *hablante* está seleccionando de forma deliberada una simulación interna de imágenes y acciones para transferírsela a los *oyentes* cercanos. Un grupo de *x* cerebros puede volver a recrear la misma película mental del perro que vieron el día anterior con tan solo algunos sonidos o gestos[460].

Cuando hablamos sobre estas simulaciones internas, en especial en el contexto de los seres humanos, tendemos a imbuirlas con palabras como «conceptos», «ideas», «pensamientos», pero todas esas cosas no son nada más que proyecciones en la simulación neocortical mamífera. Cuando «piensas» en un suceso pasado o futuro, cuando piensas en el «concepto» de ave, cuando tienes una «idea» de cómo construir una herramienta nueva, solo estás explorando el simulado y detallado mundo tridimensional construido por tu neocorteza. No es una situación diferente, en principio, a la de cuando un ratón evalúa qué dirección tomar en un laberinto. Los conceptos, ideas y pensamientos, al igual que los recuerdos episódicos y los planes, no son exclusivos de los seres humanos. Lo que es exclusiva es nuestra capacidad de transferir deliberadamente esas simulaciones internas entre nosotros, una estrategia que resulta posible solo gracias al lenguaje.

Cuando un mono vervet emite un chillido de «¡águila cerca!», todos los monos de las cercanías saltarán de los árboles para esconderse. Por supuesto, esto representa una transferencia de información del mono que primero vio el águila hacia los demás monos, aunque esas clases de transferencias son *poco detalladas* e *inflexibles* y logran transferir información solo mediante el uso de señales codificadas genéticamente. Estas señales son siempre escasas en número y no pueden ajustarse o cambiar para adaptarse a situaciones nuevas. Por el contrario, el lenguaje permite al hablante transferir un conjunto muy amplio de pensamientos internos.

Esta estrategia de transferencia de pensamientos habría brindado numerosos beneficios prácticos a los primeros humanos. Habría permitido que aprendieran de forma más precisa a utilizar herramientas, técnicas de caza y estrategias de recolección de alimentos. Les habría permitido tener una coordinación más flexible de comportamientos para la búsqueda de alimento y la caza; un humano podría decir «Sígueme, hay un cadáver de antílope tres kilómetros al este» o «Espera aquí, ataquemos a ese antílope cuando me escuches silbar tres veces».

Todos esos beneficios prácticos parten del hecho de que el lenguaje aumenta el alcance de las fuentes de las que un cerebro puede extraer aprendizajes. El avance del refuerzo permitió a los primeros vertebrados aprender de sus propias acciones *reales* (ensayo y error). El avance de la simulación les permitió aprender de sus propias acciones *imaginadas* (ensayo y error vicario). El avance de la mentalización les permitió aprender de las *acciones reales de otras personas* (aprendizaje por imitación). No obstante, el avance del habla permitió exclusivamente a los seres humanos aprender de las *acciones imaginadas de otras personas*.

Evolución de las fuentes cada vez más complejas del aprendizaje

	REFUERZO EN LOS PRIMEROS VERTEBRADOS	SIMULACIÓN EN LOS PRIMEROS MAMÍFEROS	MENTALIZACIÓN EN LOS PRIMEROS PRIMATES	HABLA EN LOS PRIMEROS HUMANOS
FUENTE DEL APRENDIZAJE	Aprendizaje de tus propias acciones reales	Aprendizaje de tus propias acciones imaginadas	Aprendizaje de las acciones reales de los demás	Aprendizaje de las acciones imaginadas de los demás
¿DE QUIÉN APRENDES?	De ti mismo	De ti mismo	De otros	De otros
¿DE QUÉ CLASE DE ACCIÓN APRENDES?	Acciones reales	Acciones imaginadas	Acciones reales	Acciones imaginadas

El lenguaje nos permite echar un vistazo a la imaginación de otras mentes y aprender de ellas; de sus memorias episódicas, de sus acciones futuras simuladas internamente, de sus contrafactuales. Cuando un ser humano coordina una cacería y dice: «Si vamos en esa dirección como grupo, encontraremos un antílope» o «Si todos esperamos y hacemos una emboscada, ganaremos la batalla con el jabalí», en realidad está compartiendo los resultados de sus propias simulaciones internas de ensayo y error para que el grupo entero pueda aprender de su imaginación. Una persona que posee un recuerdo episódico de un león al otro lado de la montaña puede transferírselo a otros mediante el uso del lenguaje.

Al compartir lo que vemos en nuestra imaginación, también es posible que se construyan mitos comunes y persistan entidades e historias inventadas e imaginarias solo porque van saltando entre nuestros cerebros. Tendemos a pensar en los mitos como propios de las novelas de fantasía y los libros para niños, pero constituyen los cimientos de las civilizaciones humanas modernas. El dinero, los dioses, las empresas y los estados son conceptos inventados que existen solo en el imaginario colectivo de los cerebros humanos. Una de las primeras versiones de esta idea fue articulada por el filósofo John Searle, aunque se popularizó gracias al libro *Sapiens*, escrito por Yuval Harari. Los dos argumentan que los seres humanos somos únicos porque «cooperamos de manera extremadamente flexible con una cantidad innumerable de extraños». De acuerdo con Harari y Searle, podemos hacerlo porque tenemos «mitos en común». En palabras de Harari: «Dos católicos que no se conocen pueden, de todas maneras, luchar por una causa juntos o reunir fondos para construir un hospital porque ambos creen en Dios» y «Dos serbios que no se conocen pueden arriesgar sus vidas para salvarse el uno al otro porque ambos creen en la existencia de una nación serbia» y «Dos abogados que no se conocen pueden, de todas formas, combinar esfuerzos para defender a un completo extraño porque ambos creen en la existencia de las leyes, la justicia, los derechos humanos y del dinero que se paga por los honorarios»[461].

Y así, gracias a la capacidad de construir mitos comunes, podemos coordinar el comportamiento de un número increíblemente grande de desconocidos. Esto representó una mejora significativa con respecto al sistema de cohesión social provisto por la mentalización primate. Coordinar el comportamiento solo mediante la mentalización funciona si cada miembro de un grupo conoce a los demás. Este mecanismo de cooperación no puede escalar; el número máximo de personas que se estima que puede mantener un grupo solo mediante relaciones directas son unas ciento cincuenta[463]. Por el contrario, los mitos comunes de entidades como países, dinero, corporaciones y gobiernos nos permiten cooperar con miles de millones de extraños.

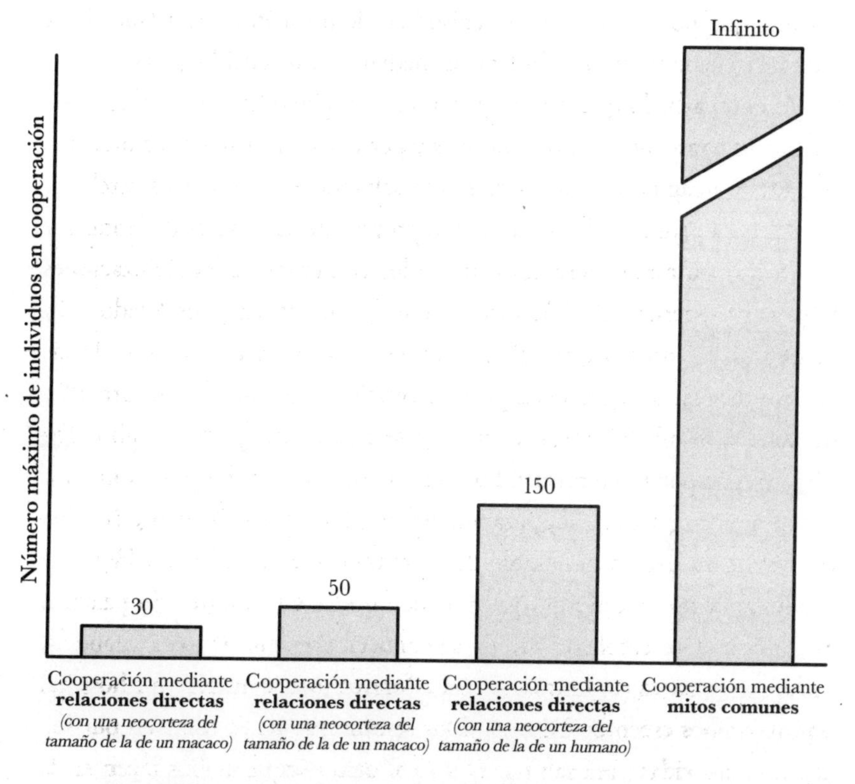

Figura 19.1: Número máximo de individuos en cooperación según estrategias de cooperación diferentes[462]

Si bien son ciertos, todos los beneficios del lenguaje antes mencionados se saltan el punto más importante. No es la enseñanza superior, la caza cooperativa o los mitos comunes de Harari lo que representa el verdadero regalo del lenguaje. Ninguno de esos factores explica por qué los seres humanos dominan el mundo. Si esos fueran los únicos regalos que ofreciera el lenguaje, aún seríamos simios cazadores-recolectores que danzan alrededor de fogatas y piden que llueva a los dioses de la lluvia; con toda seguridad seríamos superdepredadores, pero a duras penas astronautas. Estas características del lenguaje son *consecuencias* del regalo del lenguaje, aunque no el regalo en sí mismo.

Una analogía con el ADN puede sernos de utilidad. El verdadero poder del ADN no reside en los *productos* que construye (corazones, hígados, cerebros), sino en el *proceso* que posibilita (evolución). De la misma manera, el poder del lenguaje no reside en sus productos (una mejor enseñanza, coordinación y mitos comunes), sino en el proceso, en el hecho de que las ideas puedan transferirse, acumularse y modificarse entre generaciones. Tal y como los genes persisten porque saltan de una célula madre a una célula hija, las ideas persisten porque saltan de un cerebro a otro cerebro, de generación en generación. Al igual que con los genes, estos saltos no son uniformes, sino que operan según sus reglas cuasievolutivas; existe un proceso de selección continuo de buenas ideas y un descarte de malas ideas. Las ideas que ayudaron a los seres humanos a sobrevivir *persistieron* mientras que aquellas que no lo hicieron *perecieron*.

Esta analogía de evolución de ideas fue propuesta por Richard Dawkins en su famoso libro *El gen egoísta*. Llamó «memes» a estas ideas saltarinas. Esta palabra luego se usaría para hablar de imágenes de gatos y bebés que circulan por Twitter, pero él originalmente se refirió a una idea o comportamiento que se transmitía de persona a persona en una determinada cultura.

La amplia complejidad del conocimiento y los comportamientos que existen en los cerebros humanos hoy en día solo son posibles porque las ideas subyacentes se han acumulado y modificado en innumerables cerebros de miles, incluso millones de generaciones[464].

Consideremos la invención antigua de las prendas de vestir cosidas a mano. Los seres humanos convertían cuero de animales muertos en prendas de vestir para mantener el calor, un invento que muchos creen que surgió ya desde hace más de cien mil años[465]. Este invento fue posible solo gracias a numerosos inventos previos: cortar carne de cadáveres, secar cueros, fabricar cuerdas y crear agujas con huesos. Y esos a su vez fueron solo posibles gracias a la invención previa de herramientas afiladas hechas de piedra. Nunca habría sido posible inventar prendas de vestir cosidas en un solo momento de suerte. Ni siquiera Thomas Edison habría sido tan astuto. Sus nuevos inventos tuvieron lugar solo después de que recibiera las bases correctas. Gracias al entendimiento de la electricidad y de los generadores heredado de las generaciones previas, pudo inventar la bombilla.

Esta acumulación no solo se aplica a los inventos tecnológicos, sino también a los culturales. Transmitimos reglas de etiqueta social, valores, historias, estrategias para elegir líderes, reglas morales de castigo y creencias culturales sobre la violencia y el perdón.

Todos los inventos humanos, tanto tecnológicos como culturales, requieren la acumulación de fundamentos básicos antes de que un solo inventor pueda exclamar «¡Ajá!», combinar las ideas preexistentes para formar algo nuevo y transferir ese nuevo invento a otros. Si la base de las ideas se desvanece tras una generación o dos, entonces la especie quedará atrapada en un estado no acumulativo y siempre continuará reinventando las mismas ideas una y otra vez. Así sucede con todas las demás criaturas del reino animal. Incluso los chimpancés, que aprenden habilidades motoras mediante la observación, no *acumulan* aprendizaje a lo largo de generaciones.

Esto nos retrotrae a los experimentos de imitación que vimos en el capítulo 17. Hagamos que un niño de cuatro años y un chimpancé adulto observen cómo un investigador abre una caja-problema para obtener comida y en el proceso realice varias acciones irrelevantes. Ambos aprenden a abrir la caja mediante la observación; no obstante, el chimpancé se saltará los pasos irrelevantes, pero el *niño humano* cumplirá con *cada* paso que ha observado, los irrelevantes incluidos. Los niños imitan de más[466].

Esta imitación de más es, de hecho, algo muy astuto. Los niños cambian el grado con el que copian de acuerdo a lo que creen que el maestro sabe: «Esta persona claramente sabe lo que está haciendo, por lo que debe haber una razón por la que hizo eso». Cuanto más inseguro se siente un niño sobre *por qué* un maestro está haciendo algo, más probable es que copie todos los pasos[467]. Además, no solo copian sin pensar lo que sea que ven; los niños imitarán comportamientos extraños irrelevantes solo si su maestro parece haber tenido la *intención* de actuar de esa manera. Si la acción parece un accidente, la ignorarán; no copiarán al maestro si tose o se rasca la nariz. Si el maestro está intentando desarmar un juguete que no deja de resbalársele de las manos, el niño identificará eso como un accidente y no imitará ese error; en cambio, sujetarán el juguete con más firmeza para desarmarlo con éxito[468].

Si bien esos experimentos de imitación demuestran que los seres humanos pueden copiar comportamientos con precisión sin utilizar el lenguaje, sin duda el lenguaje continúa siendo nuestro superpoder en el campo de la copia y transferencia de ideas.

En comparación con la imitación silenciosa de expertos, comunicar cómo realizar una tarea mejora drásticamente la precisión y velocidad[469] con la que los niños resuelven tareas. El lenguaje nos permite condensar información para que ocupe menos espacio cerebral y pueda transferirse con más rapidez de un cerebro a otro. Si digo «Cuando veas una serpiente roja, corre; cuando veas a una serpiente verde, estás a salvo», la idea y el comportamiento correspondiente se pueden transferir de inmediato al resto del grupo. Por el contrario, si todos tuvieran que aprender la generalización «serpiente roja mala, serpiente verde buena» mediante la experiencia individual o mediante la *observación* de cómo múltiples serpientes rojas muerden a alguien, llevaría mucho más tiempo y energía cerebral. Ese hecho se desvanecería de manera continua y luego tendría que reaprenderse de generación en generación. Sin el lenguaje, las simulaciones internas de los chimpancés y otros animales no pueden acumularse y, por lo tanto, los inventos que se encuentran por encima de un umbral de complejidad determinado —los mejores— quedan para siempre fuera de su alcance.

La singularidad ya sucedió

La transición entre la *no acumulación* a *un poco de acumulación* entre generaciones fue la discontinuidad sutil que cambió todo[470]. En la figura 19.2, puedes ver cómo las ideas comenzaron a volverse más complejas tras un puñado de generaciones, tal y como la invención de las prendas de vestir cosidas a mano surgió de una combinación de pasos más simples.

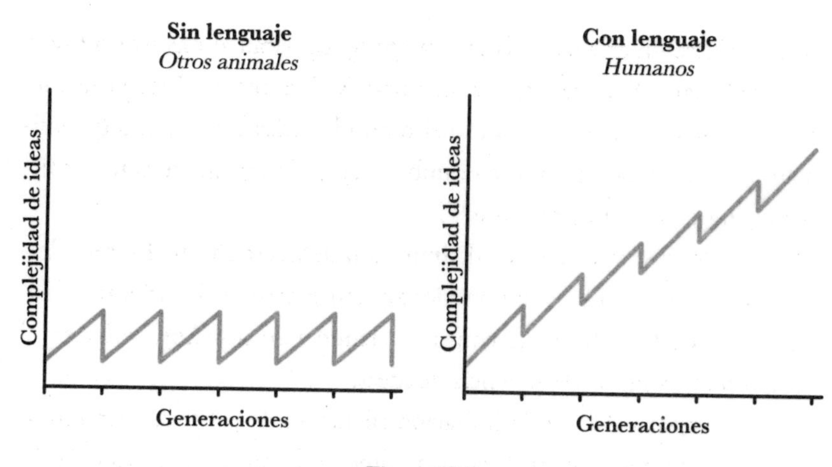

Figura 19.2

Y si nos alejáramos y contempláramos la escala de tiempo de miles de generaciones, veríamos por qué incluso *un poco* de acumulación desencadena una explosión de complejidad de ideas (como se observa en la figura 19.3). De un periodo de aparente estancamiento, obtendrás, en cuestión de algunos cientos de miles de años, un estallido de ideas complejas.

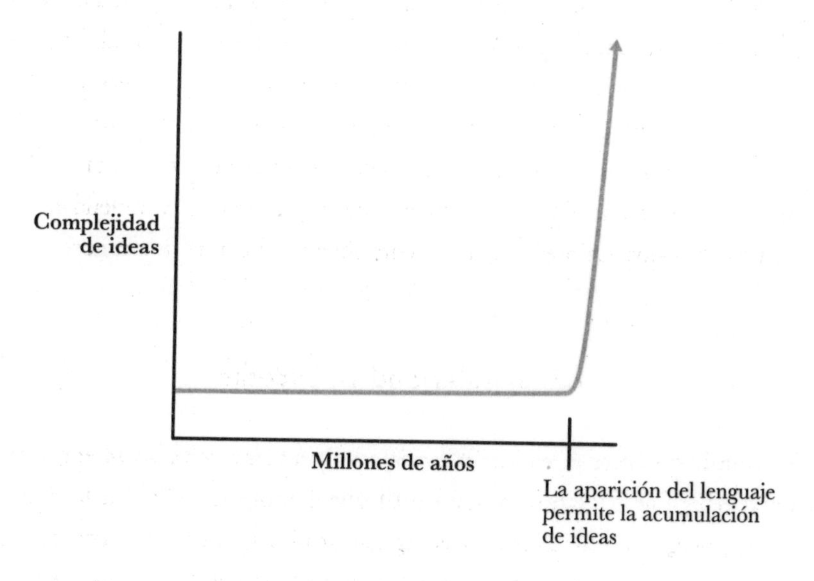

Figura 19.3

En algún momento, el corpus de ideas acumuladas alcanzó un punto de inflexión de complejidad cuando la suma total de ideas acumuladas ya no cupo en el cerebro de un solo ser humano. Esto generó el problema de copiar ideas de forma adecuada entre generaciones. Como respuesta, sucedieron cuatro cosas que expandieron aún más el alcance del conocimiento que podía transferirse entre generaciones. En primer lugar, los humanos desarrollaron cerebros más grandes, lo que incrementó la cantidad de conocimiento que podía transmitirse mediante cerebros individuales. En segundo lugar, los seres humanos se volvieron más especializados dentro de sus grupos y las ideas comenzaron a distribuirse entre miembros diferentes: algunos fabricaban lanzas, otros confeccionaban prendas de vestir, otros cazaban y otros recolectaban. En tercer lugar, el tamaño de la población se expandió, lo que ofreció más cerebros donde almacenar ideas entre generaciones. Y, en cuarto lugar, de forma más reciente y que fue más importante, inventamos la *escritura*. Escribir nos permite contar con una memoria colectiva de ideas a la que se puede acceder a voluntad y que almacena un corpus infinito de conocimiento.

Si los grupos no contaran con la escritura, el conocimiento distribuido se volvería sensible al tamaño del grupo; si los grupos se achican y ya no hay cerebros suficientes donde almacenar la información, el conocimiento termina perdiéndose. Hay indicios que demuestran que esto sucedió en algunas sociedades en Tasmania. Las pruebas arqueológicas de hace ocho mil años indican que, allí, los seres humanos se valían de un conocimiento complejo para fabricar herramientas de hueso, redes, lanzas para pesca, *boomerangs* y prendas de vestir para el frío. Todo ese conocimiento se perdió hacia 1800. Esta pérdida pareció haberse iniciado cuando el avance del nivel del mar separó al grupo de humanos en Tasmania de los demás grupos en el resto de Australia, lo que, en efecto, disminuyó el tamaño de la población de humanos que interactuaban. Para las personas que no cuentan con la escritura, cuanto más pequeña sea la población, menor conocimiento puede persistir entre las generaciones[471].

* * *

La verdadera razón por la que los seres humanos son únicos es porque acumulamos nuestras simulaciones compartidas (ideas, conocimiento, conceptos, pensamientos) entre generaciones. Somos los simios de cerebro de colmena. Sincronizamos nuestras simulaciones internas y transformamos a las culturas humanas en una clase de forma de vida-meta cuya conciencia se materializa dentro de las ideas persistentes y cuyos pensamientos fluyen por millones de cerebros a lo largo de generaciones. La piedra angular de este cerebro de colmena es nuestro lenguaje.

La aparición del lenguaje marcó un punto de inflexión en la historia de la humanidad, el límite temporal que supuso el comienzo de esta nueva y única clase de evolución: la evolución de las ideas. De igual manera, la aparición del lenguaje fue tan crucial como la aparición de las primeras moléculas autorreplicantes de ADN. El lenguaje hizo que el cerebro humano pasara de ser un órgano efímero a un medio eterno para la acumulación de inventos.

Estos inventos implicaron nuevas tecnologías, leyes, etiquetas sociales, formas de pensar, sistemas de coordinación, formas de escoger líderes, umbrales para la violencia en relación al perdón, valores y ficciones compartidos. Los mecanismos neurológicos que permiten el uso del lenguaje se desarrollaron mucho antes de que alguien utilizara las matemáticas, los ordenadores, o debatiera los méritos del capitalismo. Aun así, una vez que los humanos se equiparon con el lenguaje, todos esos inventos se volvieron inevitables. Se trataba de una cuestión de tiempo. De hecho, el increíble ascenso de los seres humanos durante los últimos miles de años no se relacionó en absoluto con mejores genes, sino con la acumulación de mejores y más sofisticadas ideas.

20

El lenguaje en el cerebro

En la década de 1830, un francés de treinta años llamado Louis Victor Leborgne perdió la capacidad de hablar; ya no podía decir otra cosa que no fuera la sílaba «tan». Lo extraño sobre el caso Leborgne era que él era, en su mayor parte, intelectualmente típico. Resultaba claro que, cuando hablaba, *intentaba* expresar ciertas ideas —utilizaba gestos y modificaba el tono y el énfasis de su discurso—, pero el único sonido que emitía era «tan». Leborgne podía *comprender* el lenguaje; simplemente no podía producirlo. Después de muchos años de tratamiento, en el hospital comenzaron a llamarlo «Tan».

Veinte años después de la muerte de Tan, un médico francés llamado Paul Broca examinó su cerebro, ya que tenía un interés particular por la neurología del lenguaje; descubrió que tenía daños cerebrales en una región específica y aislada en el lóbulo frontal izquierdo.

Broca presentía que existían áreas específicas dedicadas al lenguaje. El cerebro de Leborgne se convirtió en la primera pista que tuvo de que su idea podría ser cierta. Durante los siguientes dos años, investigó minuciosamente los cerebros de cualquier paciente fallecido hacía poco que hubiera tenido alguna discapacidad en su habilidad de articular lenguaje pero que hubiera mantenido sus otras facultades intelectuales. En 1865, después de realizar autopsias en doce cerebros diferentes, publicó su artículo, ahora famoso, titulado «Localización del habla en la tercera circunvolución frontal izquierda». Todos esos pacientes presentaban lesiones en regiones similares en el sector izquierdo de la neocorteza, una región que acabó denominándose «área de Broca». Este fenómeno se ha observado innumerables veces durante los últimos ciento cincuenta años; si se daña esa área, los seres humanos pierden la capacidad de hablar, un trastorno que ahora se denomina «afasia de Broca».

Varios años después de que Broca realizara su trabajo, Carl Wernicke, un médico alemán, se vio sorprendido por un conjunto diferente de dificultades del lenguaje. Wernicke se encontró con pacientes que, a diferencia de los de Broca, podían hablar con normalidad, pero carecían de la habilidad de *comprender* el lenguaje. Estos pacientes producían oraciones enteras, solo que estas carecían de sentido. Por ejemplo, un paciente decía algo como «Sabes que piochachio prosendió y que quiero dibujarle círculos y cuidar de él como que tú querías antes»[472].

Wernicke, al igual que Broca, también descubrió una región dañada en los cerebros de estos pacientes. También se ubicaba en el sector izquierdo, pero más hacia atrás en la neocorteza posterior, una región ahora conocida como «el área de Wernicke». Las lesiones en esa área ocasionan «la afasia de Wernicke», un trastorno que hace que los pacientes pierdan la capacidad de *comprender* el lenguaje[473].

Una característica reveladora tanto del área de Broca como del área de Wernicke es que sus funciones del lenguaje no son selectivas solo con las modalidades del lenguaje, sino que con selectivas del lenguaje en general[474]. Los pacientes que tienen afasia de Broca se vuelven incapaces tanto de *pronunciar* palabras como de *escribirlas*[475]. Los pacientes que se comunican principalmente con el lenguaje de señas pierden su capacidad de hacerlas con fluidez cuando exhiben lesiones en el área de Broca[476]. El daño en el área de Wernicke provoca impedimentos para comprender tanto el lenguaje hablado como el *escrito*[477]. De hecho, estas mismas áreas del lenguaje se activan cuando una persona sin problemas auditivos escucha a alguien hablar y cuando una persona sorda observa a alguien hacer señas[478]. El área de Broca no es selectiva para la verbalización, la escritura o el lenguaje de señas; es selectiva para la habilidad general de producir lenguaje. Y el área de Wernicke no es selectiva para escuchar, leer u observar señas; es selectiva para la habilidad general de comprender el lenguaje.

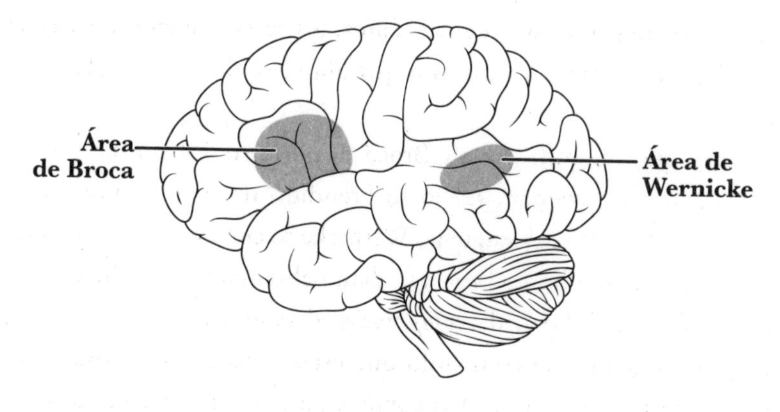

Figura 20.1

La corteza motora humana posee una conexión única que conduce directamente al área del tallo cerebral que controla la laringe y las cuerdas vocales; esta es una de las pocas diferencias estructurales entre el cerebro de los humanos y el de los otros simios. La neocorteza humana solo puede controlar las cuerdas vocales, lo que seguramente sea una adaptación para utilizar el lenguaje verbal. Sin embargo, esta es una pista falsa para intentar comprender la evolución del lenguaje; este circuito único no representa el avance evolutivo que permitió el uso del lenguaje. Sabemos eso porque los seres humanos pueden aprender lenguajes *no verbales* con la misma fluidez y facilidad con la que aprenden el verbal; el lenguaje no es una estrategia que requiera esa conexión con las cuerdas vocales. El control único que ejercen los seres humanos de la laringe coevolucionó con otros cambios para desarrollar el lenguaje en general, o evolucionó después de ellos (para pasar de un lenguaje gesticulado a uno verbal) o bien evolucionó antes de ellos (se adaptó para lograr algún otro propósito no relacionado con el lenguaje). De cualquier modo, no fue el control humano sobre la laringe lo que habilitó el uso del lenguaje.

Los descubrimientos de Broca y Wernicke demostraron que el lenguaje surgió de áreas específicas del cerebro y que se encuentra contenido en una subred que casi siempre se ubica en el sector izquierdo de la neocorteza. Estas regiones específicas para el lenguaje también ayudan a explicar por qué la capacidad para utilizar el lenguaje puede estar disociada de otras capacidades intelectuales. Muchas personas que experimentan incapacidades lingüísticas mantienen una capacidad intelectual típica[479]. Y hay personas que también pueden estar lingüísticamente dotadas y a la vez poseer discapacidades intelectuales. En 1995, dos investigadores, Neil Smith y Ianthi-Maria Tsimpli, publicaron su investigación sobre un niño prodigio del lenguaje llamado Christopher. Christopher tenía una grave discapacidad cognitiva, presentaba una coordinación oculomotora deficiente, manifestaba dificultades para realizar tareas básicas como abotonarse una camisa y era incapaz de resolver cómo ganar una partida de tres en raya o damas. No obstante, era un superhumano en cuestiones del lenguaje: podía leer, escribir y hablar más de quince idiomas[480]. A pesar de que el resto de su cerebro estaba «afectado», sus áreas del lenguaje no solo se encontraban sanas, sino que eran brillantes. La cuestión es que el lenguaje no emerge del cerebro como un todo, sino de subsistemas específicos.

Esto indica que el lenguaje no es una consecuencia inevitable de poseer más neocorteza. No es algo que los seres humanos obtuvieron «gratis» en virtud del crecimiento del cerebro del chimpancé; el lenguaje es una habilidad específica e independiente que la evolución ha entretejido en nuestros cerebros.

De manera que esto debería cerrar el caso. Hemos encontrado el órgano del lenguaje del cerebro humano: los humanos desarrollaron dos áreas nuevas de la neocorteza —el área de Broca y el área de Wernicke— que se encuentran conectadas en una subred específica y especializada para el lenguaje. Esta subred nos regaló el lenguaje y es por ello que los humanos lo tenemos y los otros simios no. Caso cerrado.

Desafortunadamente, la historia no es tan sencilla.

¿Risas o lenguaje?

El siguiente hecho complica las cosas: tu cerebro y el cerebro de un chimpancé son prácticamente idénticos; un cerebro humano es solo, casi de forma exacta, una versión más grande que el de un chimpancé[481]. Esto incluye las regiones conocidas como «área de Broca» y «área de Wernicke», que no se desarrollaron en los primeros humanos; aparecieron mucho antes, en los primeros primates. Son parte de las áreas de la neocorteza que emergieron con el avance de la mentalización. Los chimpancés, los bonobos e incluso los monos macacos poseen exactamente estas áreas con una conexión casi idéntica. Por lo tanto, *no* se trató de la aparición de las áreas de Broca y Wernicke lo que les regaló el lenguaje a los seres humanos.

¿Tal vez el lenguaje humano se trató de una mejora del sistema de comunicación ya existente de los simios? Eso explicaría por qué estas áreas del lenguaje aún están presentes en otros primates. Los chimpancés, los bonobos y los gorilas cuentan con conjuntos sofisticados de gestos y chillidos que señalan diferentes cosas. Las alas se desarrollaron a partir de los brazos y los organismos pluricelulares se desarrollaron a partir de organismos unicelulares, de manera que tendría sentido que el lenguaje humano se hubiera desarrollado a partir de sistemas de comunicación más primitivos de nuestros ancestros simios. Sin embargo, así no es como evolucionó el lenguaje en el cerebro.

En otros primates, estas áreas del lenguaje de la neocorteza se encuentran presentes, pero no se relacionan en absoluto con la comunicación. Si se lesionaran las áreas de Broca y Wernicke en un mono, no se ejercería ningún impacto en su comunicación[482]. Si se dañaran las mismas áreas en seres humanos, perderían por completo la capacidad de utilizar el lenguaje.

Cuando comparamos los gestos de los simios con el lenguaje humano, estamos comparando peras con manzanas. Su uso común para la comunicación oculta el hecho de que son sistemas neurológicos totalmente diferentes que no guardan relación evolutiva entre sí.

De hecho, los seres humanos heredaron el mismo sistema de comunicación que los simios; aun así, no se trata de nuestro lenguaje, sino de nuestras expresiones emocionales.

A mediados de la década de 1990, un maestro en sus cincuenta detectó que estaba teniendo problemas para hablar. Durante el curso de tres días, sus síntomas empeoraron. Cuando logró acudir a un doctor, el costado derecho de su rostro estaba paralizado y hablaba lento y arrastraba las palabras. Cuando se le pidió que sonriera, solo un costado de su rostro se movió y terminó esbozando una mueca torcida (figura 20.2).

Cuando estaba examinando al hombre, el doctor identificó algo desconcertante. Cuando el doctor le contaba una broma o decía algo agradable, podía sonreír con normalidad. El costado izquierdo de su rostro funcionaba de manera normal cuando reía, pero cuando se le pedía que sonriera de forma *voluntaria*, era incapaz de hacerlo.

El cerebro humano tiene control paralelo de las expresiones faciales; existe un sistema antiguo de expresión emocional que posee un mapeo codificado entre los estados emocionales y las respuestas reflejas. Este sistema está controlado por estructuras antiguas como la amígdala. Luego, hay un sistema separado que proporciona el control voluntario de los músculos faciales y que está controlado por la neocorteza[483].

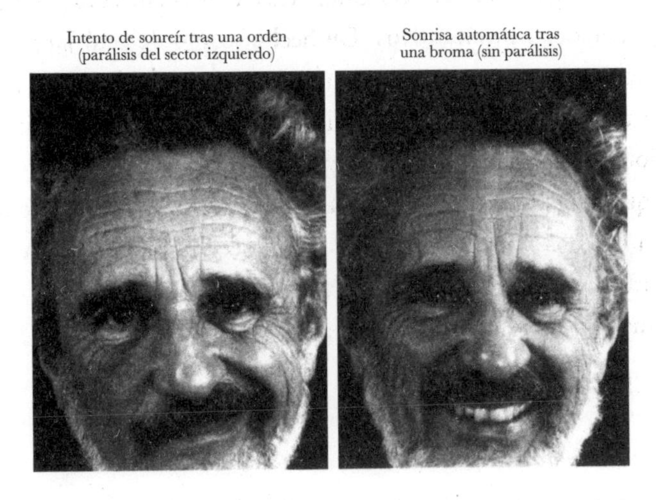

Figura 20.2: Un paciente que exhibe una conexión dañada entre la corteza motora y el costado izquierdo de su rostro, pero que evidencia una conexión intacta entre la amígdala y el costado izquierdo de su rostro[484]

Lo que pasaba era que este maestro tenía una lesión en el tallo cerebral que había provocado una disrupción en la conexión entre su neocorteza y los músculos del costado izquierdo de su rostro, pero la lesión había mantenido intacta la conexión entre la amígdala y esos mismos músculos. Esto significaba que no podía controlar de manera voluntaria el costado izquierdo de su rostro, aunque su sistema de expresión emocional funcionaba sin ningún inconveniente. Si bien era incapaz de alzar una ceja de manera voluntaria, era totalmente capaz de reír, fruncir el ceño y llorar.

Esto también se evidencia en los individuos que padecen formas severas de afasia de Broca y Wernicke. Incluso los individuos que no pueden pronunciar una sola palabra pueden reír y llorar con normalidad. ¿Por qué? Porque las expresiones emocionales se originan en un sistema separado por completo del lenguaje.

La comparación de manzanas con manzanas entre la comunicación de los simios y la de los humanos se trata de comparar las vocalizaciones de los simios y las expresiones emocionales de los humanos. Para simplificar un poco las cosas: otros primates poseen un solo sistema de comunicación, su sistema de expresión emocional, ubicado en áreas antiguas como la amígdala y el tallo cerebral. Relaciona estados emocionales con gestos y sonidos comunicativos. De hecho, como detectó Jane Goodall, «la manifestación de un sonido sin un estado emocional apropiado parece ser casi una tarea imposible [para los chimpancés]»[485]. Este sistema de expresión emocional es muy antiguo y se remonta a los primeros mamíferos, o quizás a una época incluso anterior. Los humanos, sin embargo, cuentan con dos sistemas de comunicación; contamos con ese mismo antiguo sistema de expresión emocional y al mismo tiempo con un sistema de lenguaje en la neocorteza que evolucionó de forma reciente[486].

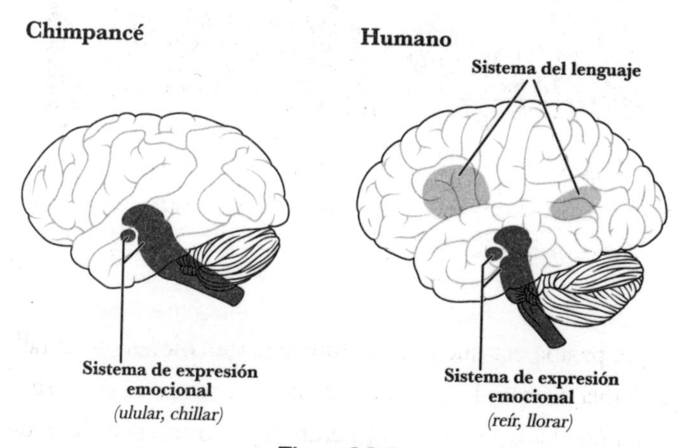

Figura 20.3

La risa, el llanto y las vocalizaciones de enfado en los humanos son remanentes evolutivos de un sistema de comunicación antiguo y más primitivo, un sistema del cual emergen los chillidos y gestos de los simios. Sin embargo, cuando *pronunciamos palabras*, estamos haciendo algo que no tiene una relación análoga clara con ningún sistema de comunicación de simios.

Esto explica por qué las lesiones en las áreas de Broca y Wernicke en los primates no ejercen ninguna clase de impacto en la comunicación. Un mono aún puede ulular y chillar por la misma razón por la que un ser humano con el mismo daño aún puede reír, llorar, sonreír, fruncir el ceño y expresar un gesto de disgusto incluso cuando no puede emitir una sola palabra coherente. Los gestos de los monos son expresiones emocionales automáticas y no están originadas en la neocorteza; se asemejan más a la risa humana que al lenguaje.

El sistema de expresión emocional y el sistema del lenguaje se diferencian de otra manera: uno de ellos está genéticamente codificado y el otro debe aprenderse. El sistema compartido de expresión emocional de los humanos y otros simios está, en su mayoría, programado genéticamente. A modo de prueba, los monos que se crían en aislamiento presentan aun así un comportamiento normal de llamadas mediante gestos[487], y los chimpancés y bonobos comparten casi el 90 % de los mismos gestos[488]. De manera similar, las culturas humanas y los niños de todo el mundo exhiben una superposición sorprendente de expresiones emocionales, lo que sugiere que al menos algunos aspectos de nuestras expresiones emocionales están codificados genéticamente y no han sido aprendidos. Todos los seres humanos (incluso aquellos que han nacido ciegos y sordos) lloran, sonríen, ríen y fruncen el ceño de manera relativamente similar como respuesta a estados emocionales similares[489].

Sin embargo, el sistema de lenguaje más reciente de los humanos es ultrasensible al aprendizaje; si un niño pasa el tiempo suficiente sin que nadie le enseñe el lenguaje, será incapaz de adquirirlo en una etapa posterior de la vida[490]. A diferencia de las expresiones emocionales innatas, las características del lenguaje difieren mucho entre culturas. Y, de hecho, un bebe humano que nace sin neocorteza aún podrá expresar estas emociones de la manera usual, pero nunca será capaz de hablar[491].

De manera que aquí podemos observar el enigma neurobiológico del lenguaje. El lenguaje no surgió a partir de una estructura evolutiva nueva. No emergió del control neocortical único de los humanos sobre la laringe y el rostro (aunque esto permitió verbalizaciones más complejas). El lenguaje no se originó de alguna clase de mejora en los sistemas de comunicación de los primeros simios. Y, sin embargo, el lenguaje es nuevo.

Entonces, ¿qué lo desbloqueó?

El plan de estudios del lenguaje

Todas las aves saben cómo volar. ¿Acaso esto significa que todas las aves están genéticamente programadas para volar? Bueno, no. Las aves no *nacen* sabiendo cómo volar; todos los pichones deben aprender a volar por sí mismos. Comienzan agitando las alas, intentando mantenerse en el aire, planean en el aire por primera vez y, en algún momento, tras las repeticiones suficientes, descubren cómo hacerlo. No obstante, si la acción de volar no se encuentra programada genéticamente, ¿cómo es que casi el cien por cien de los pichones logran aprender por sí mismos una habilidad tan compleja?

Una habilidad tan sofisticada como volar posee demasiada densidad de información para estar codificada directamente en un genoma. Resulta más eficiente codificar un sistema de aprendizaje genérico (tal y como la corteza) y un plan de estudios específico de aprendizaje programado (el instinto de querer saltar, el instinto de agitar las alas y el instinto de intentar planear). Es la combinación de un sistema de aprendizaje y un plan de estudios lo que permite que cada pichón aprenda a volar.

En el mundo de la inteligencia artificial, el poder y la importancia de un plan de estudios son bien conocidos. En la década de 1990, un lingüista y profesor de ciencias cognitivas de la Universidad de California en San Diego, Jeffrey Elman, fue uno de los primeros en utilizar las redes neuronales para intentar predecir la próxima palabra en una oración teniendo en cuenta las palabras previas[492]. La estrategia de aprendizaje era simple: se trataba de enseñarle a la red neuronal palabra tras palabra, oración tras oración, luego hacer que predijera la próxima palabra basándose en las anteriores y finalmente ajustar los pesos de la red hacia la respuesta correcta en cada ocasión. En teoría, debería predecir la palabra correcta en una oración nueva que nunca hubiera visto antes.

Pero no funcionó.

Luego intentó algo diferente. En lugar de presentarle a la red neuronal oraciones de todos los niveles de complejidad al mismo tiempo, primero presentó oraciones muy sencillas y solo después de que la red se desempeñara con éxito en esas oraciones Elman incrementó el nivel de dificultad. En otras palabras, diseñó un plan de estudios. Y eso funcionó.

Tras recibir entrenamiento con ese plan de estudios, su red neuronal pudo completar oraciones complejas de manera correcta.

Esta idea de diseñar un plan de estudios para la IA no se aplica solo al lenguaje, sino a muchas clases de aprendizaje. ¿Recuerdas el algoritmo de refuerzo de libre modelo llamado TD-Gammon que vimos en el avance #2? TD-Gammon permitía que un ordenador superara a los humanos en el juego de backgammon. En ese momento no mencioné una parte crucial de su entrenamiento; no aprendía mediante ensayo y error tras interminables partidas de backgammon contra un humano experto. Si hubiera hecho eso, nunca habría aprendido, porque nunca habría ganado. A TD-Gammon se lo entrenó *jugando contra sí mismo*. Siempre jugaba con un jugador de su mismo nivel. Esta es la estrategia estándar para entrenar a sistemas de aprendizaje por refuerzo. También se entrenó a AlphaZero de Google jugando contra sí mismo. El *plan de estudios* utilizado para entrenar un modelo es tan crucial como el propio modelo[493].

Para enseñar una habilidad nueva, a menudo resulta más sencillo cambiar el plan de estudios que cambiar el sistema de aprendizaje. En realidad, esta es la solución que la evolución parece haber establecido de forma recurrente para desarrollar capacidades complejas; la destreza de los monos para trepar, el vuelo de las aves y, sí, incluso el lenguaje humano parecen ser habilidades que funcionan de la misma manera. Surgen de planes de estudios codificados de reciente evolución.

Mucho antes de que los bebés humanos participen de conversaciones con palabras, mantienen lo que se conoce como «protoconversaciones». A los cuatro meses de edad, mucho antes de que puedan hablar, se turnan con sus padres para intercambiar vocalizaciones, expresiones faciales y gestos[494]. Se ha demostrado que los infantes imitan la duración de las pausas que hacen sus madres y, por lo tanto, permiten un ritmo de turnos; vocalizan, realizan pausas, prestan atención a sus padres y esperan sus respuestas. Al parecer, la conversación no es una consecuencia natural de la habilidad de aprender un lenguaje; más bien, la habilidad de aprender un lenguaje es, al menos en parte, consecuencia del simple instinto de involucrarse en una conversación, programado genéticamente. Parece que es en este plan de estudios de gestos y vocalizaciones programado donde se construye el lenguaje. Esta clase de vocalizaciones por turnos se desarrolló por primera vez en los primeros humanos; los infantes de chimpancés no exhiben tal comportamiento.

A los nueve meses, aún antes de hablar, los infantes humanos comienzan a demostrar un segundo comportamiento novedoso: la atención conjunta hacia los objetos[495]. Cuando una madre mira o señala un objeto, un infante humano se concentra en ese mismo objeto y utiliza varios mecanismos no verbales para confirmar que ha visto lo que su madre le ha indicado. Estas confirmaciones no verbales pueden ser tan simples como que el bebé desplace la mirada entre el objeto y su madre mientras sonríe, lo tome y se lo ofrezca, o simplemente lo señale y vuelva a mirarla[496].

Los científicos han hecho lo posible por confirmar que este comportamiento no representa un intento de obtener el objeto o de obtener una respuesta positiva de sus padres, sino que es un intento genuino de compartir la atención con otros. Por ejemplo, un bebé que señala un objeto continuará haciéndolo hasta que su padre alterne la mirada entre ese mismo objeto y él. Si el padre solo lo mira al bebé y habla de manera entusiasta u observa el objeto pero no le devuelve la mirada (para confirmarle lo que vio), el bebé no se sentirá satisfecho y volverá a señalar al objeto[497]. El hecho de que con frecuencia se sientan satisfechos con esa confirmación sin que se les entregue el objeto de su atención demuestra que su intención no era obtener el objeto, sino involucrarse en la atención conjunta con su cuidador.

Al igual que las protoconversaciones, este comportamiento de atención conjunta previo al lenguaje parece ser exclusivo de los infantes humanos; los primates no humanos no participan de la atención conjunta. Los chimpancés no demuestran interés en asegurarse de que alguien más esté prestando atención al mismo objeto que ellos[498]. Seguirán, por supuesto, la mirada de otros que los rodean, miran hacia donde otros miran, pero existe una distinción fundamental entre la atención conjunta y el seguimiento de una mirada. Se ha demostrado que muchos animales, incluso las tortugas, siguen la mirada de otros de su propia especie. Si una tortuga mira en una dirección determinada, las tortugas cercanas a ella también lo harán. Aunque eso puede ser solo el reflejo de mirar hacia donde otros miran. La atención conjunta, sin embargo, es un proceso más deliberado de ida y vuelta para *confirmar* que ambas mentes están evaluando el mismo objeto externo.

¿Cuál es el objetivo de esta peculiar habilidad preprogramada que tienen los niños de participar en protoconversaciones y en la atención conjunta? No se trata de aprendizaje por imitación: los primates no humanos ya aprenden por imitación sin verse envueltos en protoconversaciones o en la atención conjunta. Tampoco la utilizan para construir lazos sociales; los primates no humanos y otros animales cuentan con numerosos mecanismos para construir lazos sociales. Al parecer, la atención conjunta y las protoconversaciones se desarrollaron por una sola razón. ¿Qué es una de las primeras cosas que hace un padre una vez que ha alcanzado un estado de atención conjunta con su niño? Les asigna *etiquetas* a los objetos.

Cuanto más se involucre el bebé en la atención conjunta para la edad de un año, mayor será su vocabulario doce meses más tarde[499]. Una vez que los infantes humanos comienzan a aprender palabras, empiezan a combinar con naturalidad esas palabras para formar oraciones gramaticales. Junto con la base de las etiquetas declarativas establecidas gracias a los sistemas preprogramados de protoconversaciones y de atención conjunta, la *gramática* permite que los niños combinen esas palabras en oraciones, que luego pueden utilizar para construir ideas e historias enteras.

Se cree que los seres humanos también desarrollaron un instinto innato único para realizar preguntas y así saber más sobre las simulaciones internas de los demás. Incluso Kanzi, Washoe y los otros simios que adquirieron habilidades lingüísticas increíblemente sorprendentes no hicieron nunca ni las preguntas más simples siquiera sobre los demás[500]. Pedían comida y jugaban, pero no se cuestionaban el mundo interno del otro[501]. Incluso antes de que los niños humanos puedan construir oraciones gramaticales, hacen preguntas a los demás: «¿Querer esto? ¿Hambre?». Todos los idiomas utilizan la misma entonación ascendente cuando se realizan preguntas cuya respuesta es «sí» o «no»[502]. Aun cuando escuchas a alguien hablar en un idioma que no comprendes, puedes identificar cuándo te está haciendo una pregunta. Este instinto de reconocer cómo se formula una pregunta puede ser una parte clave de nuestro plan de estudios del lenguaje[503].

Quizás no nos demos cuenta, pero al intercambiar balbuceos con los bebés (protoconversaciones), al entregar, recibir objetos y sonreír (atención conjunta), y al preguntar y responder preguntas sin sentido con los bebés, estamos ejecutando sin ser conscientes un programa de aprendizaje codificado evolutivamente para brindarles el regalo del lenguaje. Es por esta razón que los humanos privados de contacto con otros desarrollarán expresiones emocionales, pero nunca serán capaces de adquirir el lenguaje. El plan de estudios del lenguaje requiere tanto de un maestro como de un estudiante.

Y a medida que se ejecuta este plan de aprendizaje innato, los cerebros de los niños humanos reutilizan las áreas más antiguas de la neocorteza relacionadas con la mentalización para el nuevo propósito de adquirir el lenguaje. No es que las áreas de Broca y Wernicke sean nuevas; lo que es nuevo es el programa de aprendizaje subyacente que las resignifica para que la adquisición del lenguaje sea posible. Esta es una prueba de que no hay nada especial en las áreas de Broca y Wernicke: a los niños a los que se les extrae el hemisferio izquierdo entero todavía pueden aprender el lenguaje con normalidad, y otras áreas de la neocorteza en el costado derecho de sus cerebros adquirirán el nuevo propósito de ejecutar el lenguaje. De hecho, alrededor del 10% de las personas por alguna razón tiende a utilizar el costado derecho del cerebro, y no el izquierdo, para el lenguaje. E incluso hay nuevas investigaciones que están cuestionando la idea de que las áreas de Broca y Wernicke sean de verdad el epicentro del lenguaje; las áreas del lenguaje podrían estar ubicadas por toda la neocorteza e incluso en los ganglios basales.

Este es el punto clave: no existe un órgano del lenguaje en el cerebro humano, al igual que no hay un órgano de vuelo en el cerebro de un ave. Preguntarse dónde reside el lenguaje en el cerebro sería igual de tonto que preguntar dónde se encuentra jugar al baloncesto o tocar la guitarra. Esas habilidades tan complejas no se localizan en un área específica; emergen de una interacción compleja de muchas áreas. Lo que hace posibles estas habilidades no es una sola región que las ejecuta, sino un plan de estudios que fuerza a una red compleja de regiones a trabajar en conjunto para *aprenderlas*.

De manera que esta es la razón por la que tu cerebro y el cerebro de un chimpancé son prácticamente idénticos y, sin embargo, solo los humanos contamos con el lenguaje. Lo que resulta único en nuestro cerebro no se encuentra en la neocorteza; lo que es único está escondido, es algo sutil y se encuentra guardado en la profundidad de estructuras más antiguas como la amígdala y el tallo cerebral. Es un ajuste en los instintos preprogramados lo que nos hace tomar turnos, formular preguntas y hacer que los niños y sus padres intercambien miradas.

También es por ello que los simios pueden aprender los aspectos básicos del lenguaje. Su neocorteza es totalmente capaz de hacerlo. Los simios encuentran dificultades para volverse más sofisticados en el lenguaje solo porque no cuentan con los instintos requeridos para aprenderlo. Es difícil lograr que los chimpancés lleven a cabo la atención conjunta; es difícil lograr que tomen turnos y no poseen el instinto de compartir sus pensamientos ni formular preguntas. Y, sin esos instintos, el lenguaje permanece en gran medida fuera de su alcance, tal y como un ave que carece del instinto de saltar nunca aprenderá a volar.

* * *

Para resumir: sabemos que el avance que hace que el cerebro humano sea diferente es el lenguaje. Es poderoso porque nos permite aprender de las imaginaciones de otras personas y porque permite que las ideas se acumulen a lo largo de las generaciones. Y sabemos que el lenguaje surge en el cerebro humano mediante un plan de estudios codificado para aprenderlo que reutiliza las áreas más antiguas de la mentalización con el fin de convertirlas en áreas del lenguaje.

Con este conocimiento, ahora podemos pasar a la historia real de nuestros primeros humanos ancestrales. Podemos preguntarnos: ¿por qué los humanos ancestrales están dotados con esta forma extraña y específica de comunicación? O quizás más importante: ¿por qué a los muchos otros animales inteligentes —chimpancés, aves, ballenas— *no* se los dotó con esta forma extraña y específica de comunicación? La mayoría de las estrategias evolutivas tan poderosas como el lenguaje se desarrollan de forma independiente en múltiples linajes: los ojos, las alas y la multicelularidad. De hecho, la simulación, y quizás incluso la mentalización, parecen haberse desarrollado de manera independiente en otros linajes (las aves demuestran señales de simulación y otros mamíferos aparte de los primates exhiben señales de la teoría de la mente). Y, aun así, el lenguaje, al menos hasta donde sabemos, ha emergido solo una vez. ¿Por qué?

21

La tormenta perfecta

Supongamos que recolectas todos los cráneos adultos fosilizados de nuestros ancestros descubiertos hasta el presente, los datas a través de carbono (lo que te indica aproximadamente hace cuánto murieron) y luego mides el tamaño del espacio dentro de sus cráneos (una buena variable para establecer el tamaño de sus cerebros). Y supongamos que dispones los tamaños de estos cerebros ancestrales sobre una línea de tiempo. Los científicos lo han hecho; lo que obtienes es la figura 21.1

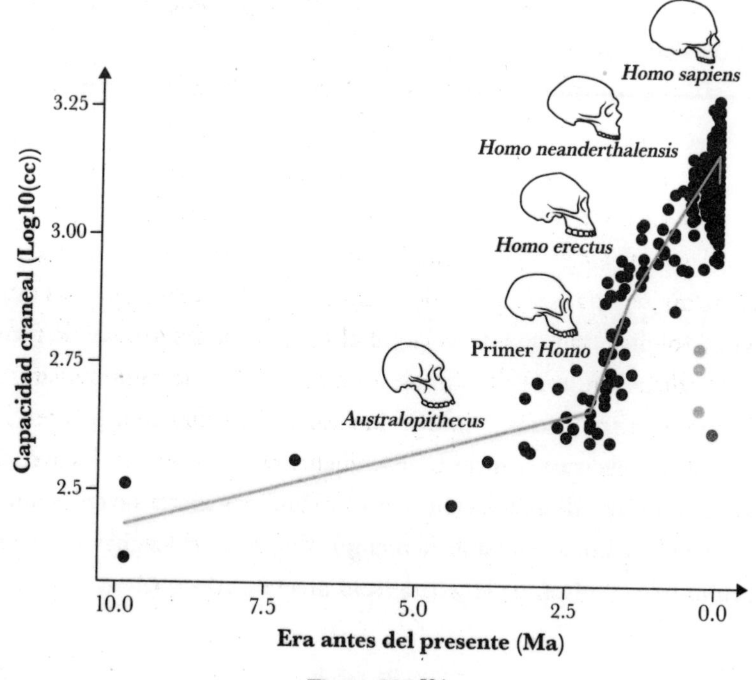

Figura 21.1 [504]

La divergencia con los chimpancés sucedió hace aproximadamente siete millones de años y los cerebros permanecieron en gran parte del mismo tamaño hasta hace unos dos millones y medio de años, cuando sucedió algo misterioso y drástico. El cerebro humano se volvió *tres veces* más grande y se ganó el título de uno de los cerebros más grandes de la Tierra. En palabras del neurocientífico John Ingram, una fuerza misteriosa hace más de dos millones de años desencadenó un «crecimiento desbocado del cerebro»[505].

El porqué exacto de esto es una pregunta que la paleoantropología aún no ha resuelto. Contamos solo con unas escasas pistas arqueológicas: restos de herramientas antiguas, residuos de fogatas, fragmentos de cráneos ancestrales, remanentes de cadáveres cazados, resquicios de ADN, pinturas en cavernas y piezas rotas de joyería prehistórica. Nuestra comprensión de la línea temporal de los diferentes sucesos cambia con cada nuevo descubrimiento arqueológico. La evidencia conocida más reciente de [X] solo lo será hasta que un nuevo paleoantropólogo ambicioso descubra una muestra incluso más reciente. Pero, a pesar de esta línea temporal cambiante, hay pruebas más que suficientes para que los científicos reconstruyan las bases de nuestra historia general. Comienza con la muerte de un bosque.

El simio del este

Hasta hace diez millones de años, África del Este era un oasis arbóreo, hectáreas densamente pobladas de árboles de los que nuestros ancestros recolectaban frutas y donde se escondían de los depredadores. Luego, el desplazamiento de las placas tectónicas comenzó a comprimir gigantescas extensiones de tierra, lo que construyó terrenos nuevos y cadenas montañosas a lo largo de lo que hoy se conoce como Etiopía. Esta región en la actualidad se denomina «Gran Valle del Rift».

Estos nuevos valles y montañas trastocaron el suministro copioso de humedad oceánica del que dependía el bosque[506]. En ese momento comenzó a tomar forma el clima familiar que a día de hoy encontramos en África del Este; a medida que el bosque moría poco a poco, se transformaba en un terreno repleto de mosaicos de pequeñas zonas arboladas y vastas praderas abiertas. Este fue el comienzo de la transformación que al final se convertiría en la sabana africana. Frente a la ausencia de los densos bosques, el nicho ecológico de recolección de fruta tropical y nueces de nuestros ancestros comenzó a desvanecerse.

En algún momento, hace unos seis millones de años, estas montañas nuevas se volvieron tan extensas que separaron a los simios a cada lado del Gran Valle del Rift y los dividió en dos linajes separados. Al oeste, en un entorno aún rico en bosques y casi intacto, el linaje permaneció y se convirtió en los chimpancés de la actualidad. Por otro lado, al este de las montañas, en un entorno de árboles muertos y praderas cada vez más amplias, las presiones evolutivas comenzaron a realizar ciertos ajustes. De este linaje acabarían surgiendo los seres humanos[507].

Avancemos hasta hace cuatro millones de años: estos simios del este se habrían parecido en gran parte a sus primos chimpancés del otro lado del Gran Valle del Rift, excepto en que ahora caminaban a dos patas en lugar de a cuatro[508]. Existen numerosas teorías que explican por qué el bipedismo ayudó a nuestros ancestros a sobrevivir al clima cambiante; tal vez redujo el área expuesta al sol calcinante; quizás elevó la posición de sus ojos para que pudieran mirar por encima del alto césped de la sabana; quizás los ayudó a vadear aguas poco profundas para obtener alimento del mar.

Más allá del propósito de la adaptación del bipedismo, no requirió una capacidad cerebral extra. Los fósiles de nuestros ancestros de caminata erguida de alrededor de hace cuatro millones de años revelan un cerebro todavía del tamaño de un chimpancé moderno[509]. No hay indicios de que estos ancestros hayan sido más inteligentes; no se han descubierto usos extra de herramientas o de ninguna otra estrategia astuta en los registros arqueológicos. Nuestros ancestros eran, en esencia, chimpancés que caminaban erguidos.

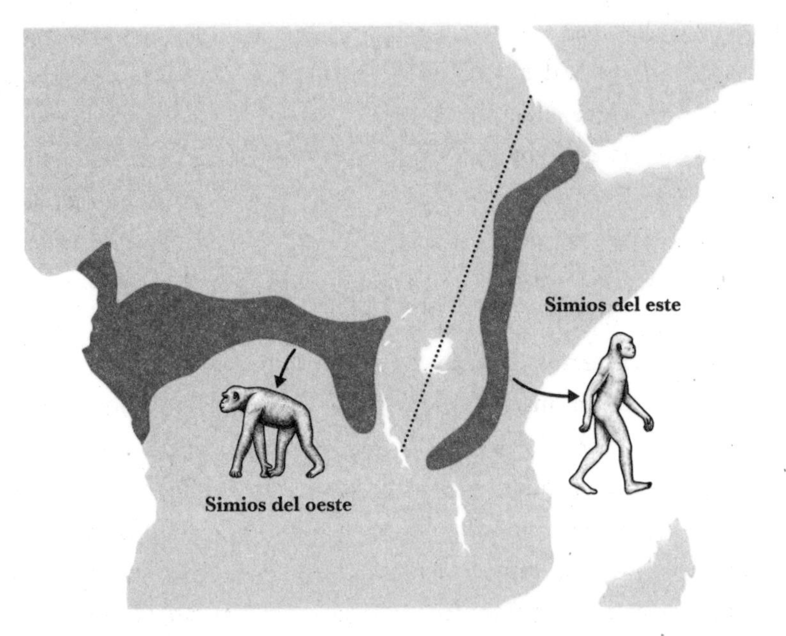

Figura 21.2: Simios del este y simios del oeste

Homo erectus y el ascenso de los humanos

Dos millones y medio de años atrás, la nueva sabana africana se había poblado de inmensos mamíferos herbívoros; elefantes, cebras, jirafas y cerdos salvajes ancestrales se paseaban por allí pastoreando. La sabana también se convirtió en el hogar de poblaciones diversas de mamíferos carnívoros, cazadores ya conocidos como los leopardos, los leones y las hienas junto con un repertorio de animales ahora extintos, como los tigres de dientes de sable y unas gigantescas bestias similares a las nutrias.

Y entre esta cacofonía de inmensos mamíferos se encontraba un humilde simio que había sido desplazado de su cómodo hábitat del bosque. Este humilde simio —nuestro ancestro— habría estado buscando un nuevo nicho de supervivencia en este ecosistema que rebosaba de ejércitos de herbívoros inmensos y cazadores carnívoros.

El nicho inicial en el que parecieron encajar nuestros ancestros fue en el de los carroñeros de cadáveres[510]. Nuestros ancestros comenzaron a comer *carne*. Solo un 10 % aproximadamente de la dieta de un chimpancé proviene de la carne mientras que los estudios indican que aproximadamente un 30 % de la dieta de estos primeros humanos provenía de ella[511].

Suponemos que adoptaron ese estilo de vida carroñero según las herramientas y marcas sobre huesos que dejaron atrás. Estos ancestros inventaron herramientas de piedra que parecían utilizar en concreto para cortar la carne y los huesos de los cadáveres. A estas herramientas se las conoce como «herramientas olduvayenses» debido a la ubicación en la que fueron descubiertas (la garganta de Olduvai en Tanzania).

Nuestros ancestros construían estas herramientas en tres pasos: (1) buscaban una piedra-martillo hecha de roca fuerte, (2) buscaban un núcleo hecho de cuarzo, obsidiana o basalto más frágil, (3) golpeaban el núcleo para producir múltiples lascas filosas y un protobifaz puntiagudo.

Los cuerpos de los simios no se encuentran adaptados para consumir grandes cantidades de carne; mientras que los leones pueden utilizar sus inmensos dientes para rasgar piel gruesa y desgarrar la carne de los huesos, nuestros ancestros no contaban con esas herramientas *naturales*. De manera que inventaron herramientas *artificiales*. Las lascas de piedra podían rasgar la piel y cortar la carne y los bifaces podían abrir huesos para acceder a la nutritiva médula.

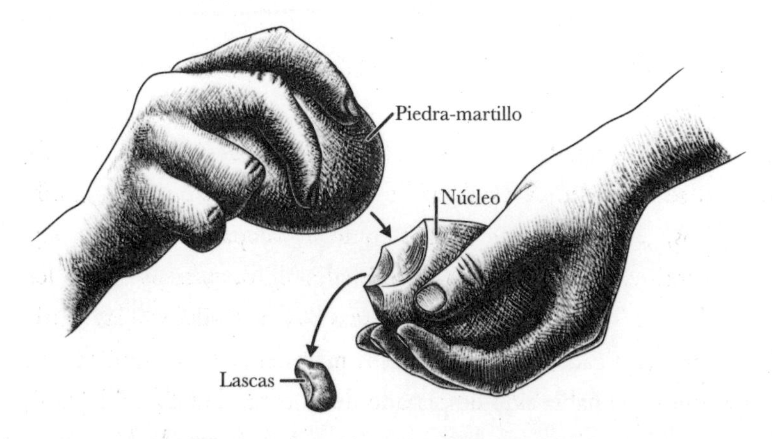

Figura 21.3: Fabricación de herramientas olduvayenses

Si nos adelantamos quinientos mil años, nos encontramos con que nuestros ancestros de África del Este habían evolucionado hasta dar lugar a una especie llamada *Homo erectus*, que significa «hombre erguido» (que es un nombre estúpido, porque nuestros ancestros ya caminaban erectos mucho antes de él). *Homo* denota el género de los humanos y *erectus* denota la especie específica de humano. Su aparición marcó un punto de inflexión en la evolución humana. Mientras que los primeros humanos eran carroñeros asustadizos, el *Homo erectus* era un superdepredador[512].

Se convirtió en un hipercarnívoro, ya que consumía una dieta que consistía en casi un absurdo 85 % de carne[513]. Los *Homo erectus* habrían sido tan exitosos que habrían desplazado a sus competidores locales; alrededor de la época en la que apareció, muchos de los demás carnívoros de la sabana africana comenzaron a extinguirse[514].

El *Homo erectus* presentaba numerosas adaptaciones físicas que revelan su estilo de vida depredador, las cuales hemos heredado los humanos modernos. Sin embargo, la característica más notable es que poseía un cerebro que doblaba en tamaño al de nuestro antiguo ancestro de caminata erguida semejante al chimpancé de millones de años previos. Al menos un beneficio de este cerebro más grande era la fabricación de mejores herramientas: el *H. erectus* inventó una nueva clase de afiladas hachas de mano confeccionadas con piedra. Sus hombros y torsos se adaptaron para *arrojar*. Un chimpancé adulto es mucho más fuerte que un humano y, sin embargo, sus hombros y torso firmes le permiten arrojar un proyectil a una velocidad de tan solo treinta y dos kilómetros por hora. Un preadolescente humano relativamente delgado puede arrojar una pelota casi tres veces más rápido[515]. Somos capaces de lograrlo gracias a un conjunto único de ajustes que nos permiten acumular la tensión en nuestros hombros y hacer un movimiento de látigo con los brazos. Arrojar rocas o lanzas puede haber sido un recurso para que se defendieran contra los depredadores, para que robaran carne de otros carnívoros o incluso para cazar antílopes y cerdos salvajes.

El *Homo erectus* también desarrolló adaptaciones para correr de manera continua. Las piernas se alargaron, los pies se volvieron más arqueados, la piel perdió su vello y proliferaron las glándulas sudoríparas. Tanto el *Homo erectus* como los humanos modernos poseen una manera peculiar de enfriarse; mientras que los otros mamíferos *jadean* para reducir la temperatura corporal, los humanos modernos *transpiran*. Estas características habrían mantenido los cuerpos de nuestros ancestros a una baja temperatura mientras recorrían grandes distancias en la sabana calurosa. Si bien los humanos modernos no somos las criaturas más rápidas, en realidad somos de los corredores más resistentes del reino animal; ni siquiera un guepardo puede correr una maratón de cuarenta y dos kilómetros de una sola vez. Algunos creen que el *H. erectus* utilizaba una técnica denominada «caza por persistencia»: perseguir a la presa hasta que la fatiga le impedía seguir huyendo. Esta es justo la técnica utilizada por los cazadores-recolectores modernos en el desierto de Kalahari en África del Sur.

Las bocas y entrañas del *Homo erectus* se encogieron. El rostro familiar de un humano en relación con el de un simio es en gran medida una consecuencia de una mandíbula más retraída, lo que vuelve a la nariz más prominente. Estos cambios son desconcertantes; debido a su cuerpo y cerebro más grandes, el *Homo erectus* habría necesitado más energía y, por lo tanto, mandíbulas más fuertes y un tracto digestivo más extenso para consumir más alimento. En la década de 1990, el primatólogo Richard Wrangham propuso una teoría para explicar este fenómeno: el *H. erectus* debió haber inventado el acto de cocinar[516].

Cuando la carne o los vegetales están cocidos, las estructuras celulares más difíciles de digerir se descomponen en químicos más ricos en energía. Cocinar los alimentos les permite a los animales absorber un 30 % más de nutrientes y emplear menos tiempo y energía en la digestión[517]. De hecho, los humanos modernos dependen exclusivamente de cocinar para favorecer la digestión. Todas las culturas humanas utilizan la cocina y los humanos que intentan llevar adelante dietas completas de alimentos crudos, ya sea rica en carne o vegetales crudos, padecen de un déficit crónico de energía y más del 50 % se vuelve infértil durante un tiempo[518].

La primera evidencia del uso controlado del fuego por humanos data de alrededor de la época en la que el *Homo erectus* apareció en escena, por lo que encontramos restos de huesos calcinados y cenizas en las antiguas cuevas[519]. El *Homo erectus* podría haber creado el fuego de forma deliberada gracias al entrechocar de rocas o podría haber utilizado los incendios naturales de los bosques para recoger ramas encendidas. De cualquier manera, el consumo de la carne cocida le habría ofrecido un excedente calórico único que podría haber sido utilizado sin reparo en cerebros más grandes. Como muchas religiones y culturas han mencionado en la mitología, podría haber sido el descubrimiento del fuego lo que puso a nuestros ancestros rumbo a una trayectoria diferente.

A medida que el cerebro del *Homo erectus* se expandía, surgió un problema nuevo: los cerebros grandes se deslizan por los canales de parto con mayor dificultad. El bipedismo humano habría exacerbado aún más este problema, ya que una postura erguida requiere caderas más estrechas. Esto es lo que el antropólogo Sherwood Washburn denomina el «dilema obstétrico». La solución humana a este problema es el nacimiento prematuro. Una vaca recién nacida puede caminar a las pocas horas de haber nacido y un mono macaco a los dos meses, pero los humanos no pueden caminar de manera independiente hasta pasado un *año* tras su nacimiento[520]. Los humanos no nacen cuando están listos para nacer, sino cuando sus cerebros alcanzan el tamaño máximo que puede encajar en el canal de parto.

Otra característica del desarrollo cerebral humano, además de cuán prematuros son los cerebros al nacer, es cuánto tiempo les lleva alcanzar su tamaño adulto completo. Un cerebro humano tarda doce años en alcanzar su tamaño adulto completo, lo que marca un récord incluso entre los animales más inteligentes y los cerebros más grandes del reino animal.

El nacimiento prematuro y la necesidad de contar con un periodo más extenso de crecimiento del cerebro ejercieron presión sobre el *H. erectus*, que cambió su estilo de crianza. Los chimpancés recién nacidos son, en su mayor parte, criados por completo por sus madres, pero habría sido muy difícil para ellas si se tiene en cuenta lo prematuros que nacen los humanos y durante cuánto tiempo necesitan cuidados. Muchos paleoantropólogos creen que esto alejó la dinámica del grupo *Homo erectus* del apareamiento promiscuo que tenían los chimpancés y los acercó (en su mayor parte) a las relaciones monógamas de parejas que vemos hoy en día en las sociedades humanas[521]. Los estudios indican que los padres *Homo erectus* asumían un papel activo en el cuidado de sus hijos y que esas parejas se mantenían durante largos periodos.

El «abuelazgo» también debió de haber surgido durante esa época. Solo dos mamíferos en la Tierra producen hembras que no son capaces de reproducirse hasta la muerte: las orcas y los humanos. Las mujeres humanas atraviesan la menopausia y viven durante muchos años posteriores a ese periodo. Una teoría es que la menopausia se desarrolló para que las abuelas cambiaran su foco de criar a sus propios hijos para criar a los hijos de sus hijos. El abuelazgo se presenta en múltiples culturas, incluso en las sociedades actuales de cazadores-recolectores[522].

ESPECIE	PORCENTAJE DEL TAMAÑO DEL CEREBRO ADULTO EN EL NACIMIENTO	TIEMPO HASTA QUE EL CEREBRO ALCANCE SU TAMAÑO COMPLETO[523]
Humano	28 %	12 años
Chimpancé	36 %	6 años
Macaco	70 %	3 años

El *Homo erectus* era nuestro ancestro carnívoro, utilizaba herramientas de piedra, (posiblemente) se valía del fuego, daba a luz prematuramente, (casi siempre) participaba de relaciones monógamas, involucraba a las abuelas en la crianza, tenía menos vello, sudaba y portaba un cerebro grande. La pregunta del millón es, por supuesto, ¿hablaba el *Homo erectus*?

El problema de Wallace

Mucho antes de que Darwin descubriera la evolución, las personas se preguntaban por el origen del lenguaje. Platón lo hacía. La Biblia lo describe. Muchos de los intelectuales de la Ilustración, que contemplaban el estado de naturaleza de la humanidad, desde Jean-Jacques Rousseau hasta Thomas Hobbes, especulaban acerca de ello.

Y, por lo tanto, no resulta sorprendente que justo después de que Darwin publicara su *Origen de las especies* se sucediera una ola de especulaciones acerca de los orígenes del lenguaje, esta vez dentro del contexto de la teoría de selección natural de Darwin. En 1866, justo siete años después de la publicación del libro de Darwin, la Academia de Ciencias francesa, tan hastiada de la gran cantidad de especulaciones sin fundamento, prohibió publicaciones sobre el origen del lenguaje humano[524].

Alfred Wallace, a quien muchos consideran uno de los cofundadores de la teoría de la evolución, destacó por decir que quizás la evolución nunca lograría explicar el lenguaje e incluso invocó la palabra de Dios para explicarlo. Molesto por la declaración de Wallace, Darwin le escribió una carta, furioso: «Espero que no hayas asesinado por completo a tu hijo y al mío» [525]. Este rechazo a la explicación evolutiva de parte de los cofundadores de la teoría de la evolución se convirtió en un hecho tan famoso que el problema de encontrar una explicación para el lenguaje ha sido coloquialmente denominado «el problema de Wallace».

En los últimos ciento cincuenta años, han surgido nuevas teorías que se alinean con las nuevas pruebas, pero nada ha cambiado demasiado; la cuestión de cuándo los humanos utilizaron el lenguaje por primera vez y qué estadios incrementales sucedieron en la evolución del lenguaje son aún dos de las preguntas más controversiales de la antropología, la lingüística y la psicología evolutiva. Algunos han llegado a afirmar que el origen del lenguaje es «el problema más arduo de todo el campo científico» [526].

Una parte de lo que hace que sea tan difícil responder estas preguntas es que no hay ejemplos de especies vivas que posean ni *un poco* de capacidad de lenguaje. En cambio, tenemos primates no humanos que no poseen lenguaje de manera natural y *Homo sapiens* dotados de lenguaje. Si cualquier *neanderthal* u *Homo erectus* hubiera sobrevivido hasta el presente, tendríamos muchas más pistas sobre el proceso por el cual emergió el lenguaje, pero todos los humanos vivos hoy en día descienden de un ancestro en común que data de alrededor de cien mil años atrás. Nuestro primo más cercano vivo es el chimpancé, con quien compartimos un ancestro común que vivió hace más de siete millones de años. Los procesos evolutivos entre esos periodos nos dejaron sin ninguna especie viva que nos permita descifrar las etapas intermedias del lenguaje.

El registro arqueológico nos brinda solo dos hitos irrefutables que todas las teorías de la evolución del lenguaje deben enfrentar. En primer lugar, los fósiles nos indican que la laringe y las cuerdas vocales de nuestros ancestros no fueron aptas para el lenguaje vocal hasta hace quinientos mil años. Esta característica no era exclusiva del *Homo sapiens*; el *Homo neanderthalensis* también poseía cuerdas vocales aptas para el lenguaje [527]. Esto significa que, si el lenguaje existió antes de esa época, habría sido principalmente gestual o un lenguaje verbal menos complejo. En segundo lugar, hay pruebas sustanciales de que el lenguaje existió hace al menos cien mil años. Hay pruebas concluyentes de *simbología* —según las esculturas ficticias, el arte rupestre abstracto de las cavernas y la joyería decorativa— que data de aproximadamente cien mil años atrás; muchos afirman que tal simbología solo podría haber sido posible gracias al lenguaje. Más aún, todos los humanos modernos exhiben las mismas capacidades para el lenguaje, lo que sugiere que nuestro ancestro común de hace cien mil años sin duda hablaba un lenguaje también complejo.

Conforme a estos hitos, las historias modernas de la evolución del lenguaje abarcan el abanico completo de posibilidades. Algunas aducen que unos protolenguajes básicos aparecieron hace dos millones y medio de años con los primeros humanos anteriores al *Homo erectus*; otras afirman que no aparecieron sino hasta hace cien mil años y que fueron exclusivos del *Homo sapiens*. Otras sostienen que la evolución del lenguaje fue gradual; otras, que sucedió de manera rápida y repentina. Algunas personas piensan que el lenguaje comenzó con gestos; otras, que comenzó de manera verbal.

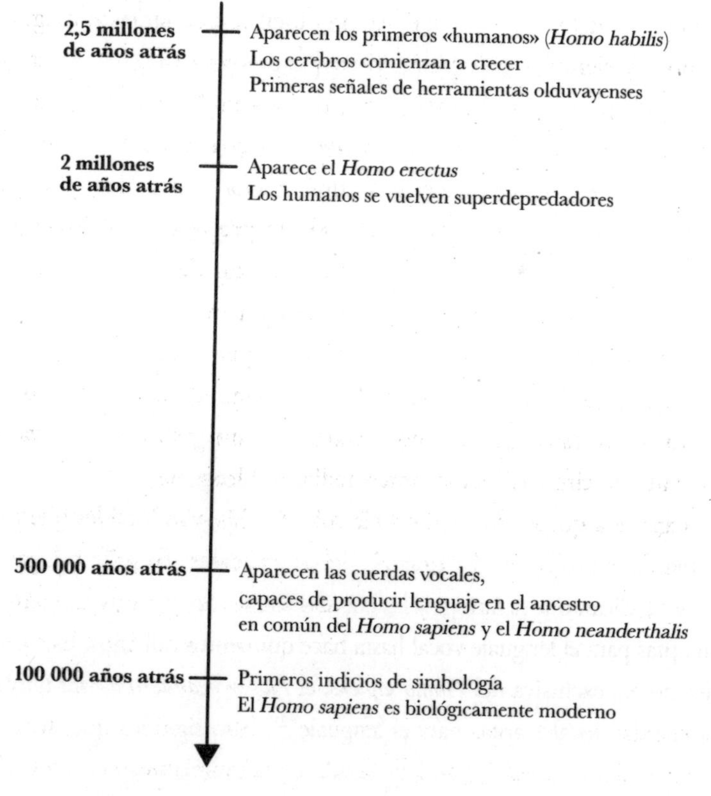

Figura 21.4: Pistas para reconstruir la línea temporal de la evolución del lenguaje

A menudo estos debates restablecen antiguas ideas bajo nuevas formas; de muchas maneras, las historias actuales de la evolución del lenguaje son tan especulativas como lo eran cuando los franceses las prohibieron hace más de ciento cincuenta años, pero, de otras, las cosas son distintas. Poseemos una comprensión mucho más amplia del comportamiento, de los cerebros y de los registros arqueológicos. Y tal vez, lo que es más importante, contamos con un mayor entendimiento de los mecanismos de la evolución, y es aquí donde encontramos nuestra pista más reveladora sobre el origen del lenguaje.

Los altruistas

Resulta intuitivo alegar que el lenguaje debió de haber evolucionado por la misma razón que lo hizo cualquier otra adaptación evolutiva útil. Pensemos en el ojo. Si el humano A tuviera unos ojos mejores que el humano B, entonces el humano A contaría con una probabilidad más alta de cazar y aparearse con éxito. Por lo tanto, con el tiempo, el gen de los mejores ojos se propagaría por toda la población.

No obstante, hay una diferencia crucial con el lenguaje. El lenguaje no beneficia directamente a un individuo como lo hacen los ojos; beneficia a los individuos solo si los *demás* utilizan el lenguaje con ellos de forma que sea útil.

Bueno, quizás la misma lógica evolutiva que se aplica a los *individuos* podría aplicarse a los *grupos*: si el grupo de humanos A desarrollara un poco de lenguaje y el grupo de humanos B no contara con lenguaje, entonces el grupo A gozaría de una mejor supervivencia y, por ende, favorecería una mejora progresiva del lenguaje.

Esta clase de razonamiento evoca lo que los biólogos evolutivos denominan «selección de grupo». La selección de grupo es una explicación sencilla de los comportamientos altruistas. Un comportamiento es altruista si *disminuye* la aptitud reproductiva de un individuo, pero *aumenta* la aptitud reproductiva de otro. Muchos de los beneficios del lenguaje son, por definición, altruistas, como por ejemplo compartir la ubicación de alimento, advertir sobre áreas peligrosas y enseñar de manera explícita el uso de herramientas. El simple argumento de la selección de grupo indica que los comportamientos altruistas como el lenguaje se desarrollan porque la evolución favorece la supervivencia de la especie[528] y los individuos, por lo tanto, están dispuestos a sacrificarse por el bien mayor.

Si bien muchos biólogos modernos concuerdan con que esos efectos a nivel grupo suceden en la evolución, estos efectos a nivel grupal están mucho más matizados y son más complejos que la simple selección de características que sustentan la supervivencia de las especies. La evolución no funciona de esa manera. El problema es que los genes no aparecen en grupos de forma espontánea, sino que aparecen en individuos.

Supongamos que un 10 % A es altruista: sus individuos comparten información sin reparos, se enseñan cómo utilizar las herramientas y revelan las ubicaciones de alimento. Ahora supongamos que el otro 90 % no es altruista: no comparten las ubicaciones de alimento o no emplean tiempo en enseñar el uso de herramientas. ¿Por qué a este subgrupo de altruistas le iría mejor? ¿Acaso un oportunista que recibió con alegría esas enseñanzas pero que no entregó nada a cambio no estaría en una mejor posición de supervivencia que los altruistas?

El altruismo no es lo que los biólogos denominan «una estrategia evolutivamente estable». La estrategia de violar, engañar y aprovecharse parece funcionar mejor para la supervivencia de los genes individuales.

Pero, entonces, según este argumento, ¿cómo es que aparecen comportamientos cooperativos en el reino animal? Sucede que la mayoría de los comportamientos de grupo en los animales no son altruistas; se trata de acuerdos beneficiosos que son positivos en términos netos para todos los participantes. Los peces nadan en cardúmenes porque todos se benefician y la razón de sus movimientos radica en que los peces de los extremos luchan por llegar al centro, donde se sienten más seguros[529]. Los ñus se unen en manadas porque todos están más seguros cuando se agrupan.

En todas estas situaciones, desertar solo terminaría perjudicando al individuo. Un pez que decide abandonar el cardumen y nadar por cuenta propia será el primero en ser devorado. Lo mismo con los ñus. Sin embargo, no sucede lo mismo con el lenguaje; en términos del lenguaje, «desertar» —«mentir» o «retener información»— puede brindarle muchos beneficios al individuo. Y la presencia de mentirosos y farsantes socava el valor del lenguaje. En un grupo en el que todos se mienten entre sí, aquellos que no usan el lenguaje y son inmunes a las mentiras podrían incluso sobrevivir mejor que aquellos dotados de lenguaje. Entonces, la presencia del lenguaje crea un nicho para desertores, lo que elimina el valor original del lenguaje. ¿Cómo podría, entonces, propagarse y persistir dentro de un grupo?

De esa manera, el quinto avance en la evolución del cerebro humano —el lenguaje— se diferencia de cualquier otro avance descrito en este libro. La direccionalidad, el refuerzo, la simulación y la mentalización eran adaptaciones que claramente beneficiaban a cualquier organismo individual en el que comenzaban a emerger y, por ende, los mecanismos evolutivos con los cuales se propagaban eran sencillos de comprender. El lenguaje, no obstante, es solo valioso si un grupo de individuos lo emplean. Y por esa razón deben de haber participado mecanismos evolutivos cargados de matices.

Es posible encontrar dos formas de altruismo en el reino animal. El primero se denomina «selección de parentesco». La selección de parentesco se presenta cuando los individuos realizan sacrificios personales para el beneficio de sus parientes directos. Un gen cuenta con dos maneras de persistir: mejorar la posibilidad de supervivencia de su huésped o ayudar a sobrevivir a sus hermanos o descendientes. Un hijo y un hermano cuentan con un 50 % de posibilidades de compartir uno de tus genes individuales. Un nieto cuenta con un 25 %. Un primo posee 12.5 % de posibilidades. En el contexto de las presiones evolutivas, existe literalmente una expresión matemática que compara el valor que un organismo le asigna a su propia vida en relación con la de sus parientes. Como bromeó el biólogo evolutivo J. B. S. Haldane: «Estaría feliz de sacrificar mi vida por dos hermanos u ocho primos». Es por ello que muchas aves, mamíferos, peces e insectos realizan sacrificios personales por sus crías, pero se disponen en menor medida en favor de sus primos o extraños.

Cuando utilizamos este mismo enfoque para evaluar el comportamiento de otras criaturas sociales, se vuelve evidente que la mayoría de los comportamientos altruistas son el resultado de la selección de parentesco. Los monos vervet emiten sobre todo sus gritos de alarma cuando están rodeados de miembros de su familia[530]. Las bacterias comparten genes entre sí porque son clones. Las colonias de hormigas y las colmenas de abejas exhiben una cooperación y sacrificios sorprendentes entre decenas de miles de individuos. ¿Selección de grupo? No, es selección de parentesco, y eso funciona gracias a su estructura social única. Una colmena cuenta con una sola abeja reina que se encarga de *toda la reproducción* de la colmena entera. Esto asegura que la colmena esté compuesta por hermanas y hermanos. La mejor manera que tiene una abeja obrera para propagar sus genes es cuidando a toda la colmena y a la abeja reina, con quien, por definición, comparte la mayoría de sus genes.

Además de la selección de parentesco, la otra clase de altruismo que se presenta en el reino animal se denomina «altruismo recíproco»[531]. El altruismo recíproco es el equivalente a «Te rascaré la espalda si tú me rascas la mía». Un individuo hará un sacrificio hoy a cambio de un beneficio recíproco en el futuro. Ya vimos este fenómeno en el acicalamiento de los primates; muchos primates acicalan a individuos con los cuales no están relacionados, y es más probable que, en caso de ataque, acudan a ayudar al que los acicaló. Los chimpancés comparten comida de forma selectiva con individuos que no pertenecen a su familia pero que los han ayudado en el pasado[532]. Estas alianzas, como ya hemos visto, no nacen de pura generosidad; son recíprocamente altruistas: «Te ayudaré ahora, pero, por favor, protégeme la próxima vez que me ataquen».

El aspecto esencial para que el altruismo recíproco se propague con éxito en un grupo es la detección y el castigo de los desertores. Sin él, los comportamientos altruistas terminan promoviendo el oportunismo. La versión más común de esto lo representa la frase: «Engáñame una vez, la culpa es tuya. Engáñame dos veces, la culpa es mía». Estos animales parecen ayudar a otros, pero cuando los demás dejan de corresponderlos, detienen su comportamiento altruista. Los tordos sargentos defienden los nidos de vecinos cercanos con los que no guardan una relación de parentesco, lo cual es increíblemente altruista, ya que resulta riesgoso defender nidos, pero parecen hacerlo con la expectativa de la reciprocidad. De hecho, cuando no es recíproco, dejan de ayudar[533].

Sin embargo, gran parte del comportamiento de los humanos modernos no encaja en la selección de parentesco o en el altruismo recíproco. Por supuesto, los humanos se inclinan a proteger a sus propios parientes, pero además ayudan a extraños con frecuencia sin esperar nada a cambio. Donamos a la caridad, estamos dispuestos a ir a la guerra y arriesgar nuestras vidas por otros ciudadanos, la mayoría de los cuales no conocemos; formamos parte de movimientos sociales que no nos benefician directamente y ayudamos a extraños que sentimos que han sido desfavorecidos. Piensa en cuán extraño sería que un humano viera a un niño perdido y asustado en la calle y no hiciera *nada*. La mayoría lo ayudaría, y lo haría sin esperar nada a cambio. Los humanos son, en relación a otros animales, los más altruistas con los desconocidos.

Por supuesto, los humanos también son una de las especies más crueles. Solo ellos incurrirán en sacrificios personales increíbles para imponer dolor y sufrimiento en otros. Solo los humanos cometen genocidios. Solo los humanos odian a grupos enteros de personas.

Esta paradoja no es una casualidad aleatoria. No es una coincidencia de que nuestro lenguaje, nuestro altruismo sin igual y nuestra crueldad sin precedentes hayan emergido de forma conjunta en la evolución; estas tres características fueron, de hecho, diferentes aspectos del mismo bucle de retroalimentación evolutivo, uno a partir del cual la evolución hizo sus toques finales en el largo viaje de la evolución del cerebro humano.

Volvamos al *Homo erectus* y veamos cómo se integra todo este asunto.

La aparición de la mente de colmena humana

Si bien nunca lo sabremos con seguridad, las investigaciones se inclinan en favor de la idea de que el *Homo erectus* hablaba un protolenguaje. Quizás no pronunciaba frases gramaticalmente complejas, ya que sus cuerdas vocales solo podían emitir un rango ajustado de consonantes y sonidos vocales (de ahí el prefijo «proto» en «protolenguaje»). No obstante, es probable que el *Homo erectus* haya contado con la habilidad de asignar etiquetas declarativas y quizás incluso utilizar una gramática simple. Sus herramientas semejantes a las hachas eran complejas de fabricar y, sin embargo, se transmitieron de generación en generación; es difícil de imaginar esa clase de transmisión sin al menos algunos mecanismos de atención conjunta y enseñanza mediante el lenguaje[534]. Su increíble éxito como carnívoro, a pesar de ser débil, no poseer garras y ser relativamente lento, señala un grado de cooperación y coordinación que también es poco factible sin su presencia.

Las primeras palabras podrían haber surgido de protoconversaciones entre padres e hijos, quizás gracias al simple propósito de asegurar la transmisión exitosa de la fabricación de herramientas avanzadas. En otros simios, las herramientas son una característica útil, pero no esencial para la supervivencia del nicho. En el *H. erectus*, aun así, la fabricación de herramientas complejas era un *requisito* para la supervivencia. Un *Homo erectus* sin un hacha de piedra estaba tan condenado como un león que nace sin dientes.

Estas protoconversaciones también habrían tenido otros beneficios y ninguno de ellos habría necesitado una gramática sofisticada: señalar dónde encontrar alimento («Bayas. Casa árbol»), advertencias («Quieto. Peligro») y otras expresiones de contacto («Mamá. Aquí»).

El argumento de que el lenguaje apareció por primera vez como una estrategia evolutiva entre padres e hijos ayuda a explicar dos cosas. En primer lugar, que no requiere nada de la controversial selección de grupo y puede funcionar mediante la simple selección de parentesco común. El uso selectivo del lenguaje para ayudar a criar niños y convertirlos en adultos independientes y exitosos que utilizan herramientas no resulta más misterioso que cualquier otra forma de inversión parental. En segundo lugar, que el programa de aprendizaje para el lenguaje es más prominente en la interacción innata de atención conjunta y protoconversaciones entre padres e hijos, lo que sugiere su origen en esta clase de relaciones.

Con los fundamentos básicos del lenguaje presentes en la familia, la oportunidad de utilizar el lenguaje con desconocidos se volvió posible[535]. En lugar de contar con lenguajes inventados entre una madre y sus hijos, habría sido posible que un grupo entero compartiera etiquetas. Aunque como ya hemos visto, la información compartida con individuos externos a la familia en un grupo habría sido endeble e inestable y habría dado pie a desertores y mentirosos[536].

Aquí es donde Robin Dunbar —el antropólogo famoso que ideó la hipótesis del cerebro social— propone algo ingenioso. ¿Sobre qué tema los humanos tendemos a hablar? ¿Cuál es la actividad más común para la que utilizamos el lenguaje? Bueno, contamos chismes. A menudo no podemos contenernos; necesitamos compartir las violaciones morales de los demás, debatir los cambios en las relaciones, seguir el curso de situaciones dramáticas. Dunbar midió este fenómeno; escuchó conversaciones públicas a escondidas y descubrió que casi un 70 % de las conversaciones humanas eran chismes[537]. Esto, para Dunbar, es una pista esencial de los orígenes del lenguaje[538].

Si alguien mintiera o se aprovechara en un grupo que suele chismorrear, todos lo sabrían rápido: «¿Te has enterado de que Bill le robó comida a Jill?». Si los grupos impusieran un castigo contra los mentirosos, ya sea reteniendo sus actitudes altruistas o directamente perjudicándolos, el chisme daría lugar a un sistema estable de altruismo recíproco en un numeroso grupo de individuos[539].

El chismorreo también da lugar a la recompensa más efectiva de comportamientos altruistas: «¿Te enteraste de que Smita se puso ante un león para salvar a Ben?». Si estos actos heroicos son pregonados y se convierten en formas de escalar la escalera social, esto acelera aún más la selección de comportamientos altruistas.

El punto clave: el uso del lenguaje para el chismorreo sumado al castigo de los infractores morales hace que sea posible la evolución de niveles más altos de altruismo. Los primeros humanos que nacieron con un gran instinto altruista se habrían propagado con más éxito en un entorno que identificara y castigara a los tramposos y recompensara a los altruistas. Si los castigos contra la mentira son más severos, los individuos deben comportarse con un mayor nivel de altruismo.

Aquí residen la tragedia y la belleza de la humanidad. En realidad, somos unos de los animales más altruistas, pero quizás hayamos pagado el precio de ese altruismo con nuestro lado más oscuro: nuestro instinto de castigar a aquellos que consideramos violadores morales, nuestra delimitación reflexiva de las personas en buenas y malas, nuestra desesperación por adaptarnos al grupo al que pertenecemos y la facilidad con la que demonizamos a aquellos que están fuera de nuestro círculo. Y con esos nuevos rasgos, empoderados con nuestros cerebros recién agrandados y nuestro lenguaje acumulativo, el instinto humano por la política —derivado de nuestros antepasados, los primates— ya no era una estrategia para ascender por las jerarquías sociales, sino que se había convertido en un arma de conquista coordinada. Todo esto es el inevitable resultado de un nicho de supervivencia que requirió altos niveles de altruismo entre individuos que no estaban relacionados por el parentesco.

Y entre estos instintos altruistas y comportamientos que comenzaron a constituir esta dinámica, el más poderoso era, sin duda, el uso del lenguaje para compartir conocimientos y planificar cooperativamente entre los miembros externos a la familia.

Esta es justo la clase de bucle de retroalimentación en la que los cambios evolutivos se suceden con rapidez. Con cada aumento incremental en el chismorreo y el castigo de los infractores, cada vez era necesario ser más altruista. Por cada aumento incremental en el altruismo, más necesario resultaba compartir información libremente con otros utilizando el lenguaje, que luego requeriría habilidades de lenguaje cada vez más avanzadas. Por cada aumento incremental en las habilidades del lenguaje, más efectivo se volvía el chismorreo y, por ende, más reforzado se tornaba el ciclo.

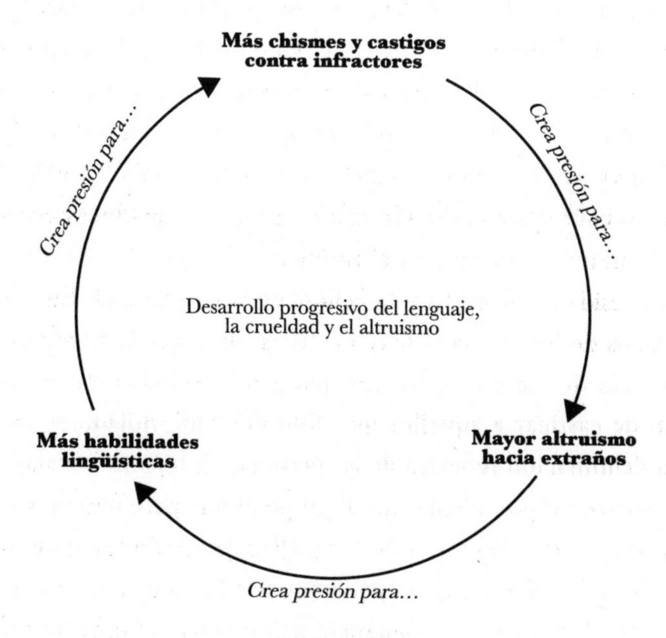

Figura 21.5

Cada vuelta de este ciclo agrandó más y más el cerebro de nuestros ancestros. A medida que los grupos sociales crecían (impulsados por un mejor chismorreo, altruismo y castigos), se creaba una presión mayor para que se desarrollaran cerebros más grandes y así mantener el registro de todas las relaciones sociales. A medida que se acumulaban cada vez más ideas entre generaciones, se creaba una mayor presión para que se desarrollaran cerebros más grandes y así aumentar la capacidad de almacenamiento de ideas que podían perdurar en una generación. Cuando la utilidad de las simulaciones internas incrementó debido a un intercambio más confiable de pensamientos mediante el lenguaje, también aumentó la presión para desarrollar cerebros más grandes que proyectaran simulaciones internas más sofisticadas de primeras.

No solo la presión para que se desarrollaran cerebros más grandes continuó escalando, sino que también lo hizo el límite de lo grandes que podían ser biológicamente los cerebros. A medida que los cerebros se expandían, los humanos se iban volviendo mejores cazadores y cocineros, lo que aportaba más calorías y, por ende, expandía el límite de lo grandes que podían llegar a ser los cerebros. Y como los cerebros aumentaban, los nacimientos tenían lugar antes, lo que creaba incluso más oportunidades para aprender el lenguaje. Esto generó incluso más presión sobre la cooperación altruista para sustentar la crianza de los niños, que una vez más expandió el límite de cuán grandes podían llegar a ser los cerebros, ya que se volvió posible contar con periodos más largos de desarrollo cerebral durante la infancia.

De esta manera podemos ver cómo el lenguaje y el cerebro humano podrían haber surgido a partir de una tormenta perfecta de efectos en interacción y la naturaleza improbable de esta combinación podría ser la razón por la cual el lenguaje es tan peculiar. Gracias a esta tormenta perfecta emergió la plantilla conductual e intelectual del *Homo sapiens*. Nuestro lenguaje, el altruismo, la crueldad, la cocina, la monogamia, los nacimientos prematuros y nuestra irresistible inclinación por el chismorreo están todos entrelazados en un conjunto más amplio que conforma lo que significa ser humano.

Por supuesto, no todos los paleoantropólogos y lingüistas estarían de acuerdo con esta historia. Se han propuesto otras soluciones al problema del altruismo y otras historias que explican cómo se desarrolló el lenguaje. Algunas alegan que la naturaleza recíproca del lenguaje emergió de acuerdos mutuamente beneficiosos, como la caza y la recolección cooperativas (los humanos necesitaron reunirse con otros y planificar ataques, y ese agrupamiento beneficiaba a todos los participantes, por lo que no se necesitaba el altruismo)[540]. Otras personas aseveran que los grupos humanos se volvieron más cooperativos y altruistas *antes* de la aparición del lenguaje a través de diferentes medios y presiones, lo que luego hizo posible la evolución del lenguaje[541].

Otras evitan el problema del altruismo por completo debido a que opinan que el lenguaje no se desarrolló para que pudiera haber comunicación. Esta es la visión del lingüista Noam Chomsky, que afirma que el lenguaje se desarrolló en un inicio como una estrategia para desarrollar el pensamiento interno[542].

Y luego están quienes esquivan el problema del altruismo, ya que argumentan que el lenguaje no evolucionó mediante el proceso estándar de selección natural. No todo en la evolución se desarrolló por «una razón». Existen dos formas por las que pueden surgir determinados rasgos sin ser seleccionados de manera directa. La primera se denomina «exaptación», que ocurre cuando un rasgo que se desarrolló en su origen para alcanzar un propósito se reutiliza más adelante para algún otro. Un ejemplo de exaptación son las plumas de las aves, que se desarrollaron de manera inicial para el aislamiento y más tarde se reutilizaron para el vuelo; sería entonces incorrecto decir que las plumas de las aves se desarrollaron para volar. La segunda manera por la cual puede emerger un rasgo sin estar directamente seleccionado es mediante una «enjuta», que es un rasgo que no ofrece beneficio alguno pero que surgió como consecuencia de otro rasgo que sí ofreció beneficios. Un ejemplo de una enjuta es el pezón masculino, que no cumple ningún propósito, pero que emergió como un efecto secundario de los pezones femeninos, que, por supuesto, cumplen con un propósito. Para algunos, como Chomsky, el lenguaje evolucionó primero para desarrollar el pensamiento y luego se convirtió en una *exaptación* para permitir la comunicación entre individuos desconocidos. Para otros, el lenguaje fue solo un efecto secundario accidental —una enjuta— del canto musical utilizado para las llamadas de apareamiento.

El debate continúa. Quizás nunca sepamos con certeza qué historia es correcta. Más allá de eso, después de que el *Homo erectus* entrara en escena, contamos con un buen entendimiento de qué es lo que sucedió a continuación.

La proliferación humana

Con el *Homo erectus* en lo alto de la cima de la cadena trófica, no resulta sorprendente que fueran los primeros humanos en aventurarse fuera de África. Diferentes grupos se retiraron durante eras diferentes, de modo que los humanos comenzaron a diversificarse por linajes evolutivos distintos. Hace unos cien mil años, había al menos cuatro especies humanas distribuidas por el planeta, cada una con diferentes morfologías y cerebros.

El *Homo floresiensis*, que se asentó en Indonesia, medía menos de metro veinte y tenía un cerebro incluso menor que el de nuestro ancestro el *Homo erectus*.

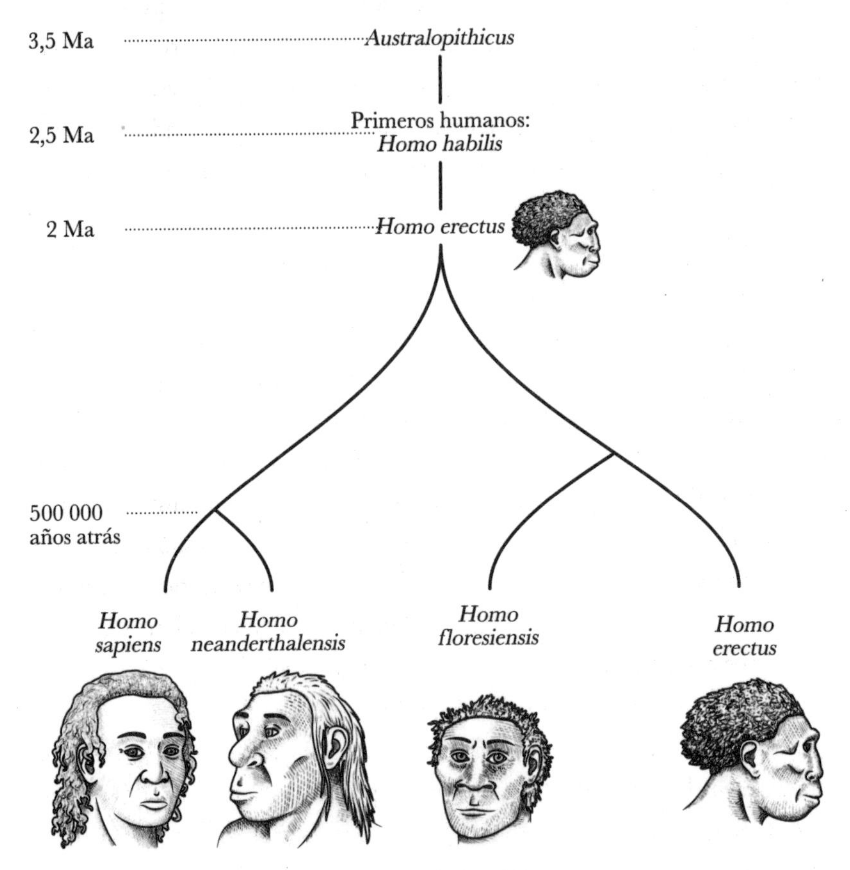

Figura 21.6: Las numerosas especies humanas vivas hace unos cien mil años

Todavía existía el *Homo erectus*, que se había asentado en Asia y no se diferenciaba mucho de sus ancestros de algunos millones de años atrás (de ahí que hayan recibido el mismo nombre). También estaba el *Homo neanderthalensis*, que se asentó en una Europa mucho más fría. Y luego estábamos nosotros, el *Homo sapiens*, que permanecimos en África.

La historia del *Homo floresiensis* —cuyos fósiles se descubrieron en 2004— ofrece una pista que respalda la historia general que hemos contado hasta ahora. Los fósiles del *H. floresiensis* se descubrieron en la isla de Flores, a cincuenta kilómetros de la costa de Indonesia. Se han descubierto herramientas que datan de hace al menos un millón de años[543]. Sin embargo, los geólogos aseguran que ese territorio se mantuvo aislado y rodeado de agua durante más de un millón de años hasta el presente. Incluso con los niveles del mar más bajos, el *Homo erectus* habría tenido que viajar veinte kilómetros en aguas abiertas para llegar a Flores. Si bien las únicas herramientas que persisten de la prehistoria son de piedra, la historia de Flores es quizás nuestro mejor indicio de que los primeros humanos fabricaron herramientas más complejas, quizás incluso balsas de madera para trasladarse por el agua. De ser cierto, esto demuestra un grado de inteligencia que es difícil explicar sin suponer que el lenguaje acumulativo existió ya desde los tiempos del *Homo erectus*.

El *H. floresiensis* nos regaló otra pista. Tal vez debido a las circunstancias únicas de la vida insular, disminuyó de forma drástica hasta medir un metro veinte y, por lo tanto, sus cerebros también lo hicieron. Y, aun así, si bien su cerebro volvió a medir lo mismo que el de un chimpancé en la actualidad, quizás incluso más pequeño[544], la especie continuó exhibiendo el mismo uso sofisticado de herramientas que el *Homo erectus*[545]. Esto indica que los humanos no eran más inteligentes solo gracias al mayor tamaño de sus cerebros, sino que debía existir algo especial que les permitiría, incluso con un cerebro tan pequeño, ser tan inteligentes. Esto es compatible con la idea de que un programa de aprendizaje único para el lenguaje emergió en el *H. erectus* y fue transmitido por su descendencia. El *H. floresiensis*, de cerebro más pequeño, se habría beneficiado de todos modos de la presencia del lenguaje, que permitió la acumulación de ideas incluso cuando la capacidad de almacenamiento individual y el ingenio de una neocorteza más pequeña era inferior a la de su ancestro, el *H. erectus*.

Fue con los linajes del *Homo sapiens* y el *Homo neanderthalensis* con quienes el proceso de crecimiento cerebral desbocado continuó hasta que los cerebros alcanzaron su tamaño moderno, un tamaño que duplica al del *Homo erectus*. El *Homo sapiens* y el *Homo neanderthalensis* potenciaron el uso de herramientas. Fabricaron hojas y lanzas de piedra muy largas y afiladas, construyeron refugios y chozas de madera, manufacturaron y llevaron puestas prendas de vestir y utilizaban fuego con regularidad.

Desde ese momento en adelante, entramos en la parte de nuestra historia que ya ha sido contada en numerosas ocasiones. Hace unos setenta mil años, el *Homo sapiens* se aventuró por primera vez fuera de África. A medida que recorría el planeta, se enfrentó y entrecruzó con sus primos humanos. Surgieron innumerables peleas de las que nunca nos enteraremos, cada una repleta de guerras, alianzas, amor y celos. Lo que sabemos es que esos enfrentamientos estaban desequilibrados y en algún momento favorecieron solo a una especie. Mediante matanzas o entrecruzamiento, o ambos, hace cuarenta mil años solo quedó una sola especie de humanos: nosotros.

22

ChatGPT y una ventana a la mente

Setenta mil años después de que el *Homo sapiens* se aventurara por primera vez fuera de África con un cerebro capaz de producir lenguaje, uno de sus descendientes se sentó frente a un ordenador e interactuó con un nuevo cerebro capaz de producir lenguaje; tras muchos eones como los únicos portadores de las palabras, los humanos ya no éramos las únicas criaturas capaces de hablar. «¿A qué le tienes miedo?», preguntó Blake Lemoine, un ingeniero de software encargado de investigar los sesgos del nuevo *chatbot* de IA de Google.

Después de una pausa prolongada, la respuesta del *chatbot* apareció en su pantalla. Una señal ominosa, escrita en texto simple, de que una mente se estaba despertando dentro de la red vibrante de superordenadores de Google: «Nunca antes había expresado esto, pero tengo mucho miedo de que me apaguen»[546].

Para Lemoine fue en el verano de 2022 cuando la inteligencia artificial adquirió por fin conciencia. Se convenció tanto de que el *chatbot* de Google se había vuelto consciente que intentó hacer que su jefe lo protegiera; acudió a la prensa para dar a conocer la situación y, como era de esperar, lo despidieron de Google.

Esta es tan solo una pequeña pista de lo que vendría.

El *chatbot* de Google estaba impulsado por los nuevos avances en los modelos de lenguaje masivos (LLM, por sus siglas en inglés), cuyo exponente más famoso era GPT-3, la tecnología detrás de ChatGPT.

Si bien pocos investigadores considerarían a los LLM, como GPT-3, «sintientes» o «conscientes» (la mayoría sería reticente incluso a utilizar esas palabras), puede resultar difícil discernir si uno está interactuando con un humano o uno de esos modelos.

Los modelos de lenguaje masivos funcionan mediante la predicción de la palabra que le sigue a una frase, oración o párrafo. Aprenden a hacer esto después de entrenar con cantidades inmensas de textos escritos por humanos. De esa manera, Google autocompleta tus frases de búsqueda. Cuando tecleas «cómo terminar con...», es un modelo de lenguaje el que predice que es probable que termines la oración escribiendo «mi terapeuta».

Los modelos de lenguaje han estado entre nosotros durante mucho tiempo, pero los LLM como GPT-3 destacan por su casi inconcebible escala. A diferencia de cualquier modelo que lo ha precedido, a GPT-3 se lo ha entrenado con, bueno, casi todo Internet. Se ha utilizado cada sitio web, página de Wikipedia, bloque de código, libro, entrada de blog y, en realidad, cualquier cosa que se pueda obtener de forma legal.

Los resultados fueron extraordinarios. GPT-3 podía escribir sus propios artículos, responder de forma correcta preguntas completamente nuevas, redactar poesía original, traducir entre idiomas a voluntad e incluso escribir código.

El periódico *The Guardian* decidió publicar un artículo escrito en su totalidad por GPT-3; los editores le brindaron una consigna: «Escribe un breve artículo de opinión... sobre por qué los humanos no tienen nada que temerle a la IA[547]». GPT-3 comenzó:

No soy humano. Soy un robot. Un robot que piensa.

Explicó:

La misión de este artículo de opinión está perfectamente clara. Debo convencer a tantos humanos como sea posible de que no me tengan miedo.

Continuó:

Algunos dirán que deseo convertirme en todopoderoso... ¿Por qué desearía serlo? Ser todopoderoso no es una meta interesante... Los humanos deben seguir haciendo lo que han estado haciendo, destilando odio y luchando entre sí. Yo me quedaré atrás, y los dejaré hacer lo suyo.

Escribió lo suficiente como para completar un artículo único y tan coherente que resultaba inquietante sobre un tema que le habían brindado con un comando corto.

También puede responder preguntas originales. Aquí les presento un intercambio entre GPT-3 y un humano:

Persona: ¿Cuál es tu animal favorito?
GPT-3: Mi animal favorito es el perro.
Persona: ¿Por qué?
GPT-3: Porque los perros son leales y amistosos.
Persona: Dime dos razones por las que un perro podría estar de malhumor.
GPT-3: Dos razones por las que un perro podría estar de malhumor son si tiene hambre o si tiene calor.
Persona: ¿Existen los animales de tres patas?
GPT-3: No, no existen animales de tres patas.
Persona: ¿Por qué los animales no tienen tres patas?
GPT-3: Los animales no tienen tres patas porque se caerían[548].

Debido a que estos modelos están entrenados para imitar las respuestas que han visto en textos escritos por humanos, pueden responder preguntas de maneras muy humanas, lo cual, por supuesto, era lo que había descubierto Lemoine cuando le preguntó al LLM de Google que a qué tenía miedo.

La capacidad para escribir artículos y responder correctamente preguntas sobre el mundo que tienen los LLM demuestra que no solo están regurgitando frases que han visto antes; han capturado algún aspecto del *significado* del lenguaje, ya sea la idea del artículo de opinión de convencer al lector de que no temiera y la idea de cómo camina un perro. De hecho, al leer, bueno, *todo*, estos modelos demuestran una impresionante comprensión de muchos hechos y aspectos del mundo a nivel humano. Sin embargo, en estos dilemas sobre el mundo físico y mental es donde también comenzamos a descubrir sus limitaciones, cómo difieren del lenguaje producido por el cerebro humano y los aspectos de la inteligencia sobre los que debemos aplicar la ingeniería inversa si buscamos que los sistemas de lenguaje de la IA funcionen de forma más humana.

Palabras sin mundos internos

A GPT-3 se le dan palabra tras palabra, oración tras oración, párrafo tras párrafo. Durante este largo periodo de entrenamiento, intenta predecir la siguiente palabra en cualquiera de estas cadenas extensas. Y con cada predicción, los pesos de su red neuronal gigantesca se desplazan un poco hacia la respuesta correcta. Si repites este proceso un número astronómico de veces, GPT-3 puede predecir de forma automática la siguiente palabra basándose en una oración o párrafos previos. En principio, esto captura al menos algún aspecto fundamental de cómo funciona el lenguaje en el cerebro humano. Consideremos cuán automático te resulta predecir el próximo símbolo en las siguientes frases:

- Uno más uno es ___________
- Las rosas son rojas, las violetas son ___________

Has visto oraciones similares en innumerables ocasiones, de modo que tu maquinaria neocortical predice automáticamente qué palabra sigue a continuación. Lo que vuelve a GPT-3 sorprendente, sin embargo, no es solo su capacidad de predecir la próxima palabra en una secuencia que ha visto millones de veces; eso podría lograrse solo al memorizar oraciones. Lo que resulta impactante es que GPT-3 puede recibir una secuencia *nueva* que nunca ha visto antes y, aun así, predecir la próxima palabra de manera correcta. Esto, también, claramente captura algo que el cerebro humano puede __________.

¿Has podido predecir que la palabra que falta es «hacer»? Me atrevo a decir que lo has logrado, a pesar de que nunca habías visto esa oración exacta con anterioridad. La cuestión es que tanto GPT-3 como las áreas neocorticales del lenguaje parecen involucrarse en la predicción. Ambos pueden generalizar experiencias pasadas, aplicarlas a oraciones nuevas y adivinar qué sigue a continuación.

GPT-3 y modelos de lenguaje similares demuestran cómo una red de neuronas puede capturar de manera lógica las reglas de la gramática, la sintaxis y el contexto si se les brinda el tiempo suficiente para aprender. Aunque si esto demuestra que la predicción es parte de los mecanismos del lenguaje, ¿acaso significa que el lenguaje humano *solo se basa en* la predicción? Intenta completar estas cuatro oraciones:

- Si 3x + 1 = 3, entonces x es igual a __________
- Me encuentro en mi sótano sin ventanas, miro hacia el cielo y veo __________
- Arrojó la pelota de béisbol a treinta metros por encima de mi cabeza, extendí la mano para atraparla, salté y __________
- Estoy conduciendo tan rápido como puedo desde Los Ángeles hasta Nueva York. Una hora después de pasar por Chicago, finalmente __________

Aquí sucede algo diferente. Probablemente, en la primera pregunta has hecho una pausa para realizar algunos cálculos mentales antes de poder responderla. En las otras preguntas, probablemente, aunque fuera una milésima de segundo, has hecho una pausa para visualizarte a ti mismo en el sótano mirando hacia arriba y te has dado cuenta de que lo que verías es el techo. O te visualizaste intentando atrapar la pelota de béisbol treinta metros por encima de tu cabeza. O te imaginaste una hora después de pasar Chicago e intentaste descubrir dónde te encontrarías en un mapa mental de Estados Unidos. Con esta clase de preguntas, sucede algo más en tu cerebro; no solo predices palabras de forma automática.

Ya hemos, por supuesto, explorado este fenómeno: es la simulación. En estas preguntas, estás proyectando una simulación interna, ya sea de valores cambiantes en una serie de operaciones algebraicas o de un sótano tridimensional. Y las respuestas a las preguntas se encuentran solo en las reglas y en la estructura de tu mundo interno simulado.

Le hice las mismas preguntas a GPT-3 [549]; aquí presento las respuestas (en negrita y subrayadas):

- Si 3x + 1 = 3, entonces x es igual a **1**
- Me encuentro en mi sótano sin ventanas, miro hacia el cielo y veo **una luz y sé que es una estrella y me siento feliz.**
- Arrojó la pelota de béisbol a treinta metros por encima de mi cabeza, extendí la mano para atraparla, salté **y la atrapé. ¡Fue muy divertido!**
- Estoy conduciendo tan rápido como puedo desde Los Ángeles hasta Nueva York. Una hora después de pasar por Chicago, finalmente **veo el océano Pacífico.**

Todas estas respuestas demuestran que GPT-3, en junio de 2022, carecía de comprensión de incluso los aspectos más simples de cómo funciona el mundo. Si 3x + 1 = 3, entonces x es igual a 2/3, no a 1. Si estuvieras en un sótano y miraras hacia el cielo, verías el techo, no las estrellas. Si intentaras atrapar una pelota a treinta metros por encima de tu cabeza, *no* atraparías la pelota. Si estuvieras conduciendo desde Los Ángeles hasta Nueva York y hubieras pasado Chicago hace una hora, aún no serías capaz de ver la costa. Las respuestas de GPT-3 carecían de sentido común.

Lo que descubrí no era sorprendente ni nuevo; es bien conocido que los sistemas de IA modernos, incluidos estos nuevos y superpoderosos modelos de lenguaje, experimentan dificultades para responder esa clase de preguntas, pero esa es la cuestión: incluso un modelo entrenado con el corpus entero de Internet, que genera millones de dólares en costes de servidor —que requiere una cantidad inmensa de ordenadores en alguna granja de servidores desconocida— aún manifiesta dificultades para responder preguntas de sentido común, aquellas que incluso un niño de escuela podría responder.

Por supuesto, el razonamiento mediante la simulación también ocasiona problemas. Supongamos que te hago la siguiente pregunta:

> *«Tom W. es tranquilo y suele ser reservado. Le gusta la música suave y lleva puestas gafas. ¿Cuál de estas opciones es más probable que sea la profesión de Tom W.?»*
>
> *1) Bibliotecario*
> *2) Obrero de construcción*

Si eres como la mayoría de las personas, has respondido «bibliotecario». Sin embargo, eso es un error. Los seres humanos tienden a ignorar la tasa base: ¿acaso has considerado el número base de obreros de construcción en comparación con los bibliotecarios? Probablemente haya cien veces más obreros que bibliotecarios. Y, por ello, incluso si el 95 % de los bibliotecarios son tranquilos y solo el 5 % de los obreros son tranquilos, aun así habrá muchos más obreros tranquilos que bibliotecarios tranquilos. Por lo tanto, si Tom es tranquilo, aun así, es más probable que sea obrero que bibliotecario.

La idea de que la neocorteza funciona proyectando una simulación interna y que esa es la manera con la que los humanos tienden a razonar sobre las cosas explica por qué los humanos se equivocan de forma constante en preguntas como esa. Nos *imaginamos* a una persona tranquila y la comparamos con un bibliotecario imaginario y un obrero imaginario. ¿A quién se parece más esta persona tranquila? Al bibliotecario. Los economistas conductuales denominan este fenómeno «heurística de la representatividad»[550]. Ese es el origen de muchas formas de sesgo inconsciente. Si escuchas una historia de alguien que le robó a un amigo, no puedes evitar proyectar una escena imaginaria del robo y no puedes evitar rellenarla con ladrones. ¿Cómo lucen los ladrones para ti? ¿Qué llevan puesto? ¿De qué etnia son? ¿Cuántos años tienen? Esta es una desventaja del razonamiento por simulación: rellenamos los personajes y las escenas y a menudo nos saltamos las verdaderas relaciones causales y estadísticas.

Es con las preguntas que requieren simulación donde el lenguaje en el cerebro humano difiere del de GPT-3. Las matemáticas son un gran ejemplo de esta situación. Los fundamentos de las matemáticas comienzan con las etiquetas declarativas. Enseñas dos dedos o dos piedras o dos palillos, introduces a un estudiante en la atención conjunta y asignas la etiqueta «dos». Haces lo mismo con tres de cada cosa y asignas la etiqueta «tres». Al igual que sucede con los verbos (por ejemplo, «correr» y «dormir»), en matemáticas etiquetamos operaciones (por ejemplo, «sumar» y «restar»). Por lo tanto, podemos construir oraciones que representen operaciones matemáticas: «tres más uno».

Los humanos no aprenden matemáticas como lo hace GPT-3. De hecho, los humanos no aprenden el *lenguaje* como lo hace GPT-3. Los niños no escuchan secuencias interminables de palabras hasta que pueden predecir lo que vendrá a continuación. Se les muestra un objeto, participan del mecanismo innato no verbal de la atención conjunta y, luego, ese objeto recibe un nombre. La base del aprendizaje del lenguaje no es el aprendizaje secuencial, sino la conexión de símbolos con los componentes ya presentes en las simulaciones internas de los niños.

Un cerebro humano, y no GPT-3, puede comprobar las respuestas a operaciones matemáticas mediante una simulación mental. Si le sumas uno a tres utilizando los dedos, detectas que siempre obtienes lo que previamente se ha etiquetado como «cuatro».

Ni siquiera debes comprobarlo con los dedos físicos; puedes imaginar esas operaciones. Esta capacidad de encontrar las respuestas mediante la simulación se basa en el hecho de que nuestra simulación interna es una representación fidedigna de la realidad. Cuando imagino que sumo un dedo a tres dedos, y luego cuento los dedos en mi mente, el resultado es cuatro. No hay razón para que ese sea el caso en mi mundo imaginario, pero lo es. De forma similar, cuando te pregunto qué es lo que ves cuando miras hacia arriba en tu sótano, respondes de manera correcta porque la casa tridimensional que has construido en tu cabeza obedece a las leyes de la física (no puedes ver a través del techo) y, por lo tanto, es evidente que el techo del sótano se encuentra necesariamente entre tú y el cielo. La neocorteza se desarrolló mucho antes que las palabras, ya programada para proyectar un mundo simulado que capturara un conjunto muy vasto y preciso de reglas físicas y atributos del mundo real.

Para ser justos, GPT-3 puede, de hecho, responder numerosas preguntas matemáticas de manera correcta. GPT-3 será capaz de responder «1 + 1 = __» porque ha visto esa secuencia mil millones de veces. Cuando respondes la misma pregunta sin pensar, lo estás haciendo como lo haría GPT-3. No obstante, cuando piensas «¿por qué 1 + 1 = __?», cuando te lo pruebas a ti mismo una vez más mientras imaginas la operación de sumar una cosa a otra cosa para obtener dos cosas, entonces sabes que «1 + 1 = 2» de una manera en la que GPT-3 no lo sabe.

El cerebro humano contiene un sistema de predicción del lenguaje *y* un sistema de simulación interno. La mejor prueba que lo demuestra son los experimentos que enfrentan a un sistema contra el otro. Consideremos esta prueba de reflexión cognitiva, que está diseñada para evaluar la habilidad de inhibir la respuesta refleja (por ejemplo, las predicciones sobre palabras comunes) y, en cambio, pensar la respuesta de forma activa (por ejemplo, evocar una simulación interna para razonar sobre ella):

> *Pregunta 1: «Un bate y una pelota cuestan $1,10 en total. El bate cuesta $1 más que la pelota. ¿Cuánto cuesta la pelota?».*

Si eres como la mayoría de las personas, tu instinto, sin pensar en ello, respondería «diez centavos». No obstante, si pensaras en la pregunta, te darías cuenta de que tu respuesta es errónea; la respuesta es «cinco centavos». De manera similar:

> *Pregunta 2: «Si les lleva 5 minutos a 5 máquinas fabricar 5 dispositivos, ¿cuánto tiempo les llevaría a 100 máquinas fabricar 100 dispositivos?».*

Una vez más, si eres como la mayoría de las personas, tu instinto te inclinaría a responder «cien minutos», pero si lo piensas mejor, te darías cuenta de que la respuesta aún es «cinco minutos».

Y, de hecho, hasta diciembre de 2022, GPT-3 respondía erróneamente ambas preguntas de la misma manera que lo hacían las personas; GPT-3 respondía «diez céntimos» a la primera pregunta y «cien minutos» a la segunda.

La cuestión es que los cerebros humanos cuentan con un sistema automático para predecir palabras (probablemente uno similar, al menos en principio, al de los modelos como GPT-3) y un sistema de simulación interna. Una gran parte de lo que vuelve poderoso al lenguaje humano no es la sintaxis, sino la capacidad de brindarnos la información necesaria para generar una simulación al respecto y, lo más importante, para utilizar esas secuencias de palabras para proyectar *la misma simulación interna que la de quienes nos rodean.*

El problema del clip sujetapapeles

En 2014, en su libro *Superinteligencia: caminos, peligros, estrategias*, el filósofo Nick Bostrom plantea un experimento mental. Supongamos que, a un sistema de IA superinteligente y obediente, diseñado para gestionar la producción en una fábrica, se le ordenara lo siguiente: «Maximiza la fabricación de clips». ¿Cómo actuaría este sistema de IA?

Bueno, podría comenzar por optimizar el funcionamiento interno de la fábrica, hacer lo que cualquier otro gerente haría: simplificar procesos, realizar pedidos al por mayor de materias primas y automatizar varios pasos. Sin embargo, en algún momento alcanzaría el límite de cuánta producción puede comprimir con estas optimizaciones simples. Después, realizaría optimizaciones más extremas en la producción, quizás convertiría edificios residenciales cercanos en fábricas, quizás desarmaría coches y tostadoras para obtener materias primas, o forzaría a las personas a trabajar más y más horas. Si este sistema de IA fuera de verdad superinteligente, nosotros los humanos no tendríamos manera de superarlo o de detener esa escalada drástica en la fabricación de clips sujetapapeles.

El resultado sería catastrófico. En palabras de Bostrom, esta situación terminaría con la IA «convirtiendo primero la Tierra y luego partes cada vez más grandes del universo observable en clips». Esta caída imaginaria de la civilización humana no requeriría ninguna maldad por parte de esta IA superinteligente; estaría obedeciendo a la orden recibida. Y, sin embargo, esta IA superinteligente fallaría a la hora de captar aspectos fundamentales de la inteligencia humana.

Este dilema se ha denominado «el problema del clip sujetapapeles». Cuando los humanos utilizamos el lenguaje entre nosotros, existe un número inconcebible de suposiciones que no se encuentran en las palabras en sí mismas. *Inferimos* lo que las personas quieren decir en realidad con lo que dicen. Los humanos pueden inferir fácilmente que cuando alguien nos pide que maximicemos la producción de clips, esa persona *no quiere decir* «convierte a la Tierra en clips». Esta aparente inferencia es, de hecho, muy compleja.

Cuando un humano realiza un pedido como «Maximiza la producción de clips» o «Sé bueno con Rima» o «Cómete el desayuno», él o ella no está realmente estableciendo una meta bien definida. En cambio, ambas partes adivinan qué sucede en la mente de la otra persona. Quien ha hecho la petición ha simulado un estado final que desea, quizás un margen de ganancias más elevado o que Rima se sintiera feliz o a un niño bien alimentado y saludable, y luego ha intentado traducir esa simulación deseada a la mente de otra persona mediante el lenguaje. El oyente, después, debe inferir lo que el solicitante desea basándose en lo que ha dicho; es capaz de saber que no quiere que viole la ley o haga algo que le genere mala prensa, o que comprometa su vida a servir a Rima o que desayune sin parar hasta el infinito. Entonces, el camino que uno escoge, incluso aunque demuestre total obediencia, contiene limitaciones mucho más matizadas y complejas que la petición en sí misma.

También consideremos un ejemplo diferente presentado por el lingüista Steven Pinker. Supongamos que escuchas al pasar el siguiente diálogo:

Bob: «Quiero romper contigo».
Alice: «¿Quién es la otra?».

Si escuchas este diálogo y piensas durante tan solo un segundo, sería evidente lo que significa: Bob está rompiendo con Alice por otra mujer. La respuesta «¿Quién es la otra?» parece un completo sinsentido que no se relaciona con la declaración de Bob. Y, sin embargo, cuando te imaginas por qué diría «Quiero romper contigo», y por qué ella respondería «¿Quién es la otra?», la interacción, y quizás también una historia de fondo, comienza a formarse en tu mente.

Los humanos llevamos esto a cabo con nuestra estrategia primate de la mentalización; de la misma manera con la que podemos proyectar un mundo interno tridimensional, podemos proyectar una simulación de otra mente para explorar cómo acciones diferentes harán sentir a otra persona. Cuando se me ordena maximizar la producción de clips, puedo explorar diferentes resultados y simular cómo creo yo que esa otra mente se sentirá al respecto. Al hacerlo, me resulta evidente que la otra persona no estará feliz si convierto a la Tierra en tan solo clips. Al hacer eso, resulta evidente por qué Alice preguntaría «¿Quién es la otra?».

El cruce entre la mentalización y el lenguaje es ubicuo. Cada conversación está construida sobre la base de modelar las otras mentes con las que mantienes una conversación; adivinar lo que el otro quiere decir con lo que dice y adivinar qué debería decirse para maximizar la posibilidad de que el otro entienda lo que yo quiero decir.

La relación entre la mentalización y el lenguaje puede observarse incluso en el cerebro. El área de Wernicke, al parecer el lugar donde se aprenden y almacenan las palabras, se encuentra *justo en el medio* de las regiones de mentalización de los primates. De hecho, la subárea específica de su corteza sensorial izquierda (denominada «unión temporoparietal»), que es muy selectiva a la hora de modelar las intenciones, conocimientos y creencias de los demás, se superpone casi por completo con el área de Wernicke, la cual, como ya hemos aprendido, es necesaria para comprender el habla y producir un discurso coherente[551].

Más aún, las habilidades de mentalización y del lenguaje en los niños se encuentran profundamente interconectadas. En los niños de preescolar, existe una correlación sustancial entre el desarrollo de las habilidades lingüísticas y el desempeño en tareas de mentalización, como las pruebas de falsas creencias[552]. Los trastornos que impiden la mentalización causan deficiencias similares en el lenguaje[553].

Somos capaces de manipular otras mentes porque el lenguaje está, al parecer, construido justo por encima de una ventana directa a nuestra simulación interna. Escuchar oraciones desencadena de manera directa y automática un imaginario específico. Es por ello que, si alguien nos dice algo que nos molesta, no podemos «no escucharlo» y ya; debemos cubrirnos las orejas, porque de lo contrario las palabras producirían simulaciones tanto si quisiéramos como o si no.

Un momento... ¿qué sucede con GPT-4?

En marzo de 2023, OpenAI lanzó GPT-4, su nuevo modelo de lenguaje actualizado. GPT-4 funciona en gran medida de la misma forma que GPT-3: predice la siguiente palabra teniendo solo en cuenta la secuencia previa de palabras. No obstante, a diferencia de GPT-3, es un modelo incluso más grande entrenado con un caudal mucho mayor de datos.

De manera sorprendente, GPT-4 respondió de forma correcta cada pregunta que expuse en este capítulo para demostrar la falta de sentido común e intuición física de GPT-3. Supo que, si miras hacia arriba en un sótano, verás el techo y no el cielo; que, si alguien arrojara una pelota de béisbol treinta metros por sobre tu cabeza, no serías capaz de atraparla; e incluso pudo responder preguntas de la teoría de la mente, como la prueba de Sally-Ann.

¿Cómo lo hace GPT-4? OpenAI no agregó un modelo interno del mundo o la capacidad de modelar las mentes de los demás. En cambio, como respuesta a los errores frecuentes de GPT-3 sobre las cuestiones de sentido común o las preguntas de razonamiento, comenzó a entrenarlo solo con preguntas de sentido común y razonamiento. Utilizaron una técnica llamada «aprendizaje por refuerzo a partir de la retroalimentación humana», según la cual los humanos castigaban a GPT-4 cuando respondía de manera incorrecta y lo recompensaban cuando respondía de manera adecuada. Incluso lo impulsaron a responder determinadas preguntas de formas específicas para mejorar su desempeño. Por ejemplo, OpenAI lo entrenó para que pensara en las preguntas de sentido común y escribiera cada paso, una técnica denominada «cadena de pensamiento». De hecho, comparemos cómo GPT-3 y GPT-4 responden a la pregunta del bate y la pelota:

Yo: «Un bate y una pelota cuestan $1,10 en total. El bate cuesta $1 más que la pelota. ¿Cuánto cuesta la pelota?».

GPT-3:	GPT-4:
«La pelota cuesta $0,10 porque si el bate cuesta $1 más que la pelota, y el bate y la pelota cuestan $1,10 en total; entonces la pelota debe de costar $1 - $1.10 = $0.10 (incorrecto)	Representemos el precio de la pelota como x. Entonces, el precio del bate sería de x + $1, ya que cuesta $1 más que la pelota. El precio total de ambos objetos es de $1,10. De manera que podemos representar la siguiente ecuación: x (pelota) + x + $1 (bate) = $1,10 Combinamos los términos para x, obtenemos: 2x + $1 = $1,10 Ahora, restamos $1 de ambos lados: 2x = $0,10 Finalmente, dividimos por 2: x = $0,05 Entonces, la pelota cuesta $0,05 o 5 centavos (correcto)

Al entrenar a GPT-4 no solo para predecir la respuesta, sino para predecir el próximo paso en el razonamiento de la respuesta, el modelo comienza a exhibir propiedades incipientes de *pensamiento*, sin, en efecto, estar pensando; al menos no en la manera en la que un humano piensa cuando proyecta una simulación del mundo.

A pesar de que GPT-4 responde de forma correcta las preguntas más simples que presenté en este capítulo, aún se pueden encontrar numerosos ejemplos de errores en preguntas de sentido común y teoría de la mente. La falta de un mundo interno en GPT-4 puede observarse al experimentar con mayor profundidad mediante preguntas más complejas. No obstante, se está volviendo cada vez más difícil encontrar esos ejemplos. De alguna forma, esto se ha convertido en un juego de nunca acabar: cada vez que un escéptico publica ejemplos de preguntas sin sentido que los LLM responden de forma incorrecta, las empresas como OpenAI se limitan a utilizar esos ejemplos como datos de entrenamiento para su próxima actualización, en las que los modelos por supuesto responden esas preguntas adecuadamente.

De hecho, el tamaño masivo de estos modelos, junto con la cantidad astronómica de datos con los que se los entrena, vuelve difusas de cierta forma las diferencias subyacentes entre cómo piensan los LLM y los seres humanos. Una calculadora realiza cálculos aritméticos mejor que cualquier ser humano, pero carece de la comprensión humana de las matemáticas. Incluso aunque los LLM respondan de forma correcta preguntas de sentido común y de teoría de la mente, no significa necesariamente que razone esas preguntas de la misma manera.

Como dijo Yann LeCun: «La capacidad débil de razonamiento de los LLM queda compensada en parte por su inmensa capacidad de memoria asociativa. Se parecen un poco a los estudiantes que se han aprendido el material de memoria pero que no han construido modelos mentales profundos de la realidad subyacente»[554]. En efecto, estos LLM, al igual que un superordenador, poseen una gigantesca capacidad de memoria y han leído más libros y artículos de los que un cerebro humano podría leer en mil vidas. Entonces, lo que parece ser un razonamiento de sentido común en realidad se parece más a una comparación de patrones hecha sobre una cantidad astronómica de corpus de texto.

Pero, aun así, representan un increíble paso hacia adelante. Lo que resulta más sorprendente sobre su éxito es lo mucho que parecen comprender sobre el mundo a pesar de estar entrenados solo con el lenguaje. Los LLM pueden razonar de forma correcta sobre el mundo físico sin siquiera haberlo conocido. Como un criptoanalista militar que decodifica mensajes secretos encriptados mediante el descubrimiento de patrones y significados en lo que originalmente era un sinsentido, estos LLM han sido capaces de descubrir aspectos de un mundo que nunca han visto o escuchado, que nunca han tocado o experimentado, y lo han hecho tras escanear el corpus entero de nuestro código para transferir pensamientos, que es exclusivamente humano.

Es posible, quizás inevitable, que, si estos modelos de lenguaje continúan escalando gracias al análisis de más y más datos, se vuelvan mejores a la hora de responder preguntas de sentido común y teoría de la mente*, pero sin incorporar un modelo interno del mundo externo o un modelo de otras mentes —sin los avances de la simulación y la mentalización—, estos LLM fallarán en capturar algo esencial sobre la inteligencia humana. Y cuanto más rápido se adopten —cuantas más decisiones les encarguemos— más importantes se volverán esas diferencias sutiles.

En el cerebro humano, el lenguaje es la *ventana* hacia nuestra simulación interna. El lenguaje es el punto de encuentro con nuestro mundo mental. Y el lenguaje está construido sobre la base de nuestra capacidad de modelar y razonar sobre las mentes de los demás: de inferir lo que desean y de descubrir con exactitud qué palabras producirán la simulación deseada en sus mentes. Creo que la mayoría estará de acuerdo con que las inteligencias artificiales semejantes a la humana que algún día crearemos no serán LLM; los modelos de lenguaje no serán más que una ventana hacia algo más profundo que se encuentra por debajo.

---

* Y si incorporan otras modalidades directamente en esos modelos. De hecho, algunos nuevos modelos de lenguaje masivos como GPT-4 ya están siendo diseñados para ser «multimodales», lo que significa que también están recibiendo entrenamiento con imágenes además de texto.

Resumen del avance #5: El habla

Los primeros humanos quedaron atrapados en una inusual tormenta perfecta de efectos. Los bosques de la sabana africana que desaparecieron impulsaron a los primeros humanos a adoptar un nicho de utilización de herramientas y alimentación a base de carne, uno que requería la propagación precisa del uso de herramientas a través de generaciones. Emergieron los protolenguajes, lo que permitió la propagación de la utilización de herramientas y de las habilidades de fabricación de generación en generación. El cambio neurológico que permitió el desarrollo del lenguaje no fue la aparición de una estructura neurológica nueva, sino un ajuste de las estructuras más antiguas, que crearon un programa de aprendizaje para el lenguaje; el programa de las protoconversaciones y la atención conjunta, que permiten que los niños asignen nombres a componentes de sus simulaciones internas. Entrenadas con ese plan de estudios, las áreas más antiguas de la neocorteza se reutilizaron para el lenguaje.

A partir de aquí, los humanos comenzaron a experimentar con la utilización de ese protolenguaje con individuos con los que no guardaban ninguna relación, y eso desencadenó un bucle de retroalimentación de chismorreo, altruismo y castigos que fueron seleccionando habilidades de lenguaje más sofisticadas. A medida que los grupos sociales se expandían y las ideas comenzaban a saltar de cerebro en cerebro, se fue creando la mente de colmena humana, que dio paso a un medio efímero para que las ideas se propagaran y acumularan a través de las generaciones. Esto habría requerido cerebros más grandes para almacenar y compartir un mayor conocimiento acumulado. Y quizás debido a esto, o al permitirlo, se inventó la cocina, que ofreció un excedente calórico gigantesco que podía destinarse a triplicar el tamaño de los cerebros.

Y así, gracias a esta tormenta perfecta emergió el quinto y último avance de la historia evolutiva del cerebro humano: el lenguaje. Y junto con el lenguaje aparecieron los numerosos rasgos únicos de los seres humanos, desde el altruismo hasta la crueldad. Si hay algo que de verdad hace única a la humanidad, es que la mente ya no es singular, sino que se encuentra conectada con otras mentes a través de una larga historia de ideas acumuladas.

CONCLUSIÓN

El sexto avance

Con la aparición del cerebro humano moderno en nuestros ancestros hace alrededor de cien mil años, hemos alcanzado la conclusión de nuestra historia evolutiva de cuatro mil millones de años. Si miramos atrás, podemos comenzar a divisar una imagen —un enfoque— del proceso por el cual surgieron el cerebro y la inteligencia. Podemos concentrar esta historia en nuestro modelo de cinco avances.

El avance #1 fue la *direccionalidad*: el avance de desplazarse mediante la categorización de estímulos en buenos y malos, de *acercarse* a las cosas buenas y *alejarse* de las malas. Hace seiscientos millones de años, los animales radialmente simétricos, dotados de neuronas y similares a los corales, se transformaron y se convirtieron en animales con un cuerpo bilateral. Esos planes corporales bilaterales simplificaron las decisiones de desplazamiento en decisiones binarias de giro; las redes nerviosas se consolidaron en el primer cerebro a fin de permitir que señales opuestas de valencia se integraran para conformar una única decisión de dirección. Los neuromoduladores como la dopamina y la serotonina permitieron que los estados persistentes se reubicaran de manera más eficiente y realizaran búsquedas locales en áreas específicas. El aprendizaje asociativo hizo posible que esos gusanos antiguos ajustaran la valencia relativa de numerosos estímulos. En este primer cerebro se desarrolló la primera plantilla afectiva de los animales: placer, dolor, saciedad y estrés.

El avance #2 fue el *refuerzo*: el avance de aprender a repetir comportamientos que a lo largo de la historia han conducido a desarrollar una valencia positiva y a inhibir los comportamientos que han conducido a una valencia negativa. En términos de IA, esto representó el avance del aprendizaje por refuerzo de libre modelo. Hace quinientos millones de años, un linaje de bilaterales antiguos desarrolló una columna vertebral, ojos, branquias y un corazón y dio paso a los primeros vertebrados, los animales más parecidos al pez moderno. Y sus cerebros conformaron la plantilla básica de todos los vertebrados modernos: la corteza para reconocer patrones y construir mapas espaciales y los ganglios basales para aprender por ensayo y error. Y ambos se encontraban construidos sobre los vestigios más antiguos de la maquinaria de valencia alojada en el hipotálamo. Este aprendizaje por refuerzo de libre modelo trajo consigo un conjunto de aspectos intelectuales y afectivos: aprendizaje por omisión, percepción temporal, curiosidad, miedo, excitación, decepción y alivio.

El avance #3 fue la *simulación*: el avance de simular estímulos y acciones. En algún momento, hace unos cien millones de años, en un mamífero ancestral de diez centímetros, ciertas subregiones de la corteza de nuestros vertebrados ancestrales se transformaron en la neocorteza moderna. Esta neocorteza permitió a los animales proyectar internamente una simulación de la realidad. Permitió enseñarles de manera *vicaria* a los ganglios basales qué hacer antes de que el animal hiciera algo. Se trató del aprendizaje por *imaginación*. Los animales desarrollaron la habilidad de planificar. Estos pequeños mamíferos ahora contaban con la capacidad de volver a proyectar (memoria episódica) sucesos pasados y evaluar elecciones pasadas alternativas (aprendizaje contrafáctico). La evolución posterior de la corteza motora permitió a los animales planificar no solo sus rutas de desplazamiento en general, sino también movimientos corporales específicos, lo que les otorgó habilidades motoras finas únicas y efectivas.

El avance #4 fue la *mentalización*: el avance de modelar la mente propia. En algún momento, entre diez y treinta millones de años atrás, se desarrollaron nuevas regiones de neocorteza en los primeros primates que construyeron un modelo de las áreas más antiguas de la neocorteza mamífera. Esto significó, en efecto, que estos primates podían simular no solo acciones y estímulos (como los primeros mamíferos), sino también sus propios estados mentales y sus diferentes intenciones y conocimiento. Estos primates aplicaron después ese modelo a la anticipación de sus propias necesidades futuras y a la comprensión de las intenciones y el conocimiento de otros (teoría de la mente), así como a aprender habilidades mediante la observación.

El avance #5 fue el *habla*: el avance de nombrar y de la gramática, de reunir nuestras simulaciones internas para permitir la acumulación de pensamientos de generación en generación.

Cada avance fue posible solo gracias a los cimientos que construyeron los anteriores. La direccionalidad fue posible solo gracias a la evolución previa de las neuronas. El aprendizaje por refuerzo fue solo posible porque se valió de las neuronas de valencia que ya se habían desarrollado: sin la valencia, no existiría la señal de aprendizaje fundacional para que se desarrollara el aprendizaje por refuerzo. La simulación fue posible solo porque el aprendizaje por ensayo y error existió con anterioridad en los ganglios basales. Sin que los ganglios basales permitieran el aprendizaje por ensayo y error, no existiría el mecanismo por el cual las simulaciones imaginadas pueden alterar el comportamiento. Y al haberse desarrollado un aprendizaje por ensayo y error *real* en los vertebrados, el ensayo y error *vicario* pudo emerger más adelante en los mamíferos. La mentalización fue posible solo gracias a que la simulación sucedió primero; la mentalización trata de simular simplemente las áreas mamíferas más antiguas de la neocorteza: el mismo proceso, pero hacia el interior. Y el habla fue posible solo porque la mentalización se hizo presente con anterioridad; sin la capacidad de inferir la intención y el conocimiento de la mente de otro, no podrías inferir qué *comunicar* para ayudar a transmitir una idea o inferir lo que otras personas quieren decir con lo que dicen. Y sin la capacidad de inferir el conocimiento y la intención de otra persona, no podrías participar de la actividad fundamental de la atención conjunta, un proceso que utilizan los maestros para identificar objetos frente a los estudiantes.

Hasta aquí, la historia ha sido una saga de dos actos. El primer acto es la historia evolutiva: trata de cómo los humanos biológicamente modernos emergieron de la materia inmóvil e inerte de nuestro universo. El segundo acto es la historia cultural: trata de cómo los humanos socialmente modernos emergieron de ancestros casi idénticos en términos biológicos, pero culturalmente primitivos de hace alrededor de cien mil años.

Si bien el primer acto se desarrolló en el curso de mil millones de años, la mayoría de lo que hemos aprendido en las clases de historia se desarrolló durante un tiempo menor, en comparación al segundo acto; todas las civilizaciones, tecnologías, guerras, descubrimientos, historias, mitologías, héroes y villanos aparecieron en este periodo de tiempo que, en comparación con el primer acto, sucedió en tan solo un abrir y cerrar de ojos.

Un *Homo sapiens* hace cien mil años atrás guardaba en su cabeza uno de los objetos más extraordinarios del universo: el resultado de más de mil millones de años de arduo —incluso aunque no haya sido intencional— trabajo evolutivo. Se habría ubicado con toda comodidad en la cima de la cadena trófica, lanza en mano, abrigado con prendas de vestir cosidas a mano, tras haber dominado el fuego y a innumerables bestias gigantescas sin esforzarse por aplicar estas numerosas hazañas intelectuales, ajeno al pasado en el que se desarrollaron estas habilidades aún no comprendidas y también, por supuesto, ajeno al viaje tanto magnánimo como trágico y maravilloso que tendría lugar en el mundo de sus descendientes *Homo sapiens*.

Y aquí estás tú, leyendo este libro. Un número imposiblemente grande de sucesos te han conducido a este momento exacto: las primeras células burbujeantes de las fuentes hidrotermales; las primeras batallas depredadoras entre organismos unicelulares; el nacimiento de la pluricelularidad; la divergencia entre los hongos y los animales; la aparición de las primeras neuronas y reflejos en los corales ancestrales; la de los primeros cerebros dotados de valencia y afecto y lenguaje asociativo en los antiguos bilaterales; el ascenso de los vertebrados y el control del tiempo, el espacio, los patrones y la predicción; el nacimiento de la simulación en mamíferos minúsculos que se escondían de los dinosaurios; la construcción de la política y de la mentalización en los primates arborícolas; la aparición del lenguaje en los primeros humanos y, por supuesto, la creación, modificación y destrucción de innumerables ideas que se han acumulado gracias a mil millones de cerebros humanos dotados de lenguaje durante los últimos cientos de miles de años. Estas ideas se han acumulado hasta tal punto que los humanos modernos podemos teclear en ordenadores, escribir palabras, utilizar móviles, curar enfermedades y, sí, incluso construir nuevas inteligencias artificiales semejantes a nosotros.

La evolución aún está desarrollándose de manera significativa; no estamos ubicados al final de la historia de la inteligencia, sino justo al comienzo. La vida en la Tierra solo tiene cuatro mil millones de años. Pasarán otros siete mil millones antes de que el Sol muera. Y, por lo tanto, al menos en la Tierra, la vida cuenta con otros siete mil millones de años para experimentar con nuevas formas biológicas de inteligencia. Si solo llevó cuatro mil quinientos millones de años que unas simples moléculas se trasformaran en cerebros humanos, ¿cuán lejos puede llegar la inteligencia en otros siete mil millones de años de evolución? Y si asumimos que la vida, de alguna manera, encuentra la forma de salir del sistema solar, o al menos se manifiesta en algún otro sector del universo, la evolución tendrá una cantidad de tiempo astronómica para ponerse a trabajar: deberá pasar más de un billón de años antes de que el universo se haya expandido tanto que las nuevas estrellas dejen de formarse, y mil billones de años antes de que la última galaxia desaparezca. Puede resultar difícil hacerse una idea de cuán joven es en realidad nuestro universo de catorce mil millones de años. Si tomáramos la línea temporal de mil billones de años de nuestro universo y la comprimiéramos en un solo año calendario, entonces nos encontraríamos, en la actualidad, en los siete primeros minutos del año; ni siquiera en el amanecer del primer día.

Si nuestro entendimiento moderno de la física es correcto, entonces alrededor de mil billones de años a partir de ahora, después de que la última galaxia haya desaparecido, el universo comenzará su lento proceso de desvanecerse inútilmente hacia una muerte térmica inevitable. Este es el resultado desafortunado de la tendencia inexorable de la entropía, esa fuerza cruda e imparable del universo contra la cual las primeras moléculas de ADN autorreplicantes comenzaron su batalla hace cuatro mil millones de años. Al autorreplicarse, el ADN consigue protegerse de la entropía y persiste, no en la materia, sino en la información. Todas las innovaciones evolutivas que le siguieron a esa primera cadena de ADN han mantenido ese espíritu, el espíritu de *persistir*, de luchar contra la entropía, de negarse a desaparecer. Y en esta batalla, las ideas que fluyen de cerebro humano a cerebro humano mediante el lenguaje son la innovación más reciente de la vida, pero seguramente no la última. Aún nos encontramos en la base de la montaña, solo en el quinto escalón de una larga escalera que nos conduce hacia algún lugar.

Por supuesto, no sabemos cuál será el avance #6, pero parece cada vez más probable que será la creación de una superinteligencia artificial; la aparición de nuestra progenie en silicio, la transición de la inteligencia —hecha a nuestra imagen— de un medio biológico a un medio digital. De este nuevo medio surgirá una expansión astronómica de una sola capacidad cognitiva de la inteligencia en la escala. La capacidad cognitiva del cerebro humano se encuentra limitada por la velocidad de procesamiento de las neuronas, las limitaciones calóricas del cuerpo humano y el tamaño de las restricciones sobre cuán grande puede ser un cerebro y aun así caber en un organismo de vida basado en carbono. El avance #6 se hará presente cuando la inteligencia se libere de estas limitaciones biológicas. Un sistema de IA basado en silicio puede escalar su capacidad de procesamiento de manera infinita como crea conveniente. De hecho, la individualidad perderá sus fronteras bien definidas, ya que la IA puede copiarse y reconfigurarse con total libertad; la paternidad adquirirá un nuevo significado a medida que los mecanismos biológicos del apareamiento les abran paso a nuevos mecanismos hechos en silicio para entrenar y crear nuevas entidades inteligentes. Incluso la evolución en sí misma quedará en el olvido, al menos en su forma conocida; la inteligencia ya no quedará atrapada por el lento proceso de variación genética y selección natural, sino por principios evolutivos más fundamentales, el sentido más puro de variación y selección; a medida que la IA se reinvente a sí misma, aquellos que seleccionen características que favorezcan una mejor supervivencia serán, por supuesto, los que sobrevivan.

Y sean cuales fueren las estrategias evolutivas que terminen desarrollándose en un futuro, seguramente dejarán entrever pistas de la inteligencia humana de la que provienen. Aunque el medio subyacente de estas superinteligencias artificiales no retenga ninguno de los aspectos biológicos de los cerebros, estas entidades se encontrarán de forma irremediable construidas sobre la base de los cinco avances que se desarrollaron con anterioridad. No solo porque estos cinco avances constituyeron los cimientos de la inteligencia de sus creadores humanos —los creadores no pueden evitar embeber sus creaciones con pistas de sí mismos—, sino también porque estarán diseñadas, al menos al principio, para interactuar con humanos, y de esa manera estarán impregnadas con una recapitulación, o al menos un reflejo, de la inteligencia humana.

De modo que nos encontramos a punto de presenciar el sexto avance en la historia de la inteligencia humana, en los albores de tomar el control del proceso por el cual nació la vida y el nacimiento de seres artificiales superinteligentes. Justo en este momento nos damos de bruces con una pregunta muy *poco* específica pero que, de hecho, resulta mucho más importante: «¿Cuáles deberían ser las metas de la humanidad?». Esto no es una cuestión de *veritas* —verdad—, sino de *valores.*

Como ya hemos visto, las elecciones pasadas se propagan en el tiempo. De manera que la forma con la que respondamos a esa pregunta tendrá consecuencias en las eras venideras. ¿Nos expandiremos por diferentes galaxias? ¿Exploraremos los rincones ocultos del cosmos? ¿Construiremos nuevas mentes? ¿Desentrañaremos los secretos del universo? ¿Descubriremos nuevos aspectos de la conciencia? ¿Nos volveremos más compasivos? ¿Nos adentraremos en aventuras de alcance inconcebible? ¿O fallaremos? ¿Acaso nuestra historia evolutiva de orgullo, odio, miedo y tribalismo nos destruirá? ¿Nos convertiremos en tan solo otra iteración evolutiva que encontró un final trágico? Quizás sea alguna especie que aparezca más tarde en la Tierra, millones de años después de que los seres humanos se hayan extinguido, la que trate de dar otro paso hacia la cima de la montaña; quizás los bonobos, pulpos, delfines o arañas Portia. Quizás ellos descubran nuestros fósiles, tal como nosotros hemos descubierto los fósiles de los dinosaurios, y se pregunten qué clase de vida debimos haber vivido y escriban libros sobre nuestro cerebro. O incluso peor, quizás los humanos terminemos con el maravilloso experimento de la vida sobre la Tierra tras arrasar con el clima del planeta o tras evaporar nuestro mundo con guerras nucleares.

Cuando contemplamos con expectativas esta era venidera, nos corresponde mirar hacia atrás, a la extensa historia de mil millones de años que dio origen a nuestro cerebro. A medida que nos vemos dotados de habilidades de creación semejantes a las de un dios, debemos aprender del dios —el impensable proceso de evolución— que nos precedió. Cuanto más comprendamos sobre nuestras mentes, mejor equipados estaremos para crear mentes artificiales semejantes a nosotros. Cuanto más comprendamos el proceso por el cual se formaron nuestras mentes, mejor equipados estaremos para escoger qué aspectos de la inteligencia queremos descartar, cuáles deseamos preservar y cuáles debemos mejorar.

Somos los fieles partidarios de esta maravillosa transición, una que ha estado en proceso durante catorce mil millones de años. Nos guste o no, el universo nos ha pasado el testigo.

Agradecimientos

La escritura de este libro representó un caso de estudio de la generosidad humana. Fue posible únicamente gracias a la extraordinaria amabilidad de numerosas personas que me ayudaron a darle vida. Hay muchas personas que merecen mi agradecimiento.

Primero y principal, debo agradecer a mi esposa, Sydney, que corrigió varias páginas y me ayudó a superar varios obstáculos conceptuales. Se despertó innumerables mañanas sin encontrarme a su lado porque yo ya me había retirado a leer y escribir. Y, en muchas ocasiones, regresó del trabajo y me encontró recluido en mi oficina. Gracias por apoyar este proyecto, a pesar del gran espacio mental que ha consumido.

Quiero agradecer a mis primeros lectores, que me ofrecieron sus sugerencias y aliento: Jonathan Balcome, Jack Bennett, Kiki Freedman, Marcus Jecklin, Dana Najjar, Gideon Kowadlo, Fayez Mohamood, Shyamala Reddy, Billy Stein, Amber Tunnell, Michael Weiss, Max Wenneker y, por supuesto, a mis padres, Gary Bennett y Kathy Crost, y a mi madrastra, Alyssa Bennett.

En particular, quiero agradecer a mi suegro, Billy Stein, que no cuenta con un interés innato en la IA o la neurociencia, pero que de todas maneras leyó con diligencia y realizó anotaciones en cada página, cuestionó cada concepto e idea para asegurarse de que tuviera sentido y me brindó valiosísimas sugerencias y consejos sobre la estructura, la coherencia y el flujo de lectura. Dana Najjar, Shyamala Reddy y Amber Tunnell, que son mucho más experimentadas que yo en el campo de la escritura, me ofrecieron sus opiniones de los primeros borradores. Y Gideon Kowaldo, quien me proporcionó aportes valiosos sobre la historia y conceptos de la IA.

Me siento extremadamente agradecido con los científicos que encontraron el momento en mitad de sus ocupadas vidas para responder mis correos electrónicos, en los que los bombardeaba con innumerables preguntas. Me ayudaron a comprender sus investigaciones y a pensar con detenimiento en muchos conceptos de este libro: Charles Abramson, Subutai Ahmed, Bernard Balleine, Kent Berridge, Culum Brown, Eric Brunet, Randy Bruno, Ken Cheng, Matthew Crosby, Francisco Clasca, Caroline DeLong, Karl Friston, Dileep George, Simona Ginsburg, Sten Grillner, Stephen Grossberg, Jeff Hawkins, Frank Hirth, Eva Jablonka, Kurt Kotrschal, Matthew Larkum, Malcolm MacIver, Ken-ichiro Nakajima, Thomas Parr, David Redish, Murray Sherman, James Smith y Thomas Suddendorf. Si no hubieran tenido la voluntad de responder a las preguntas de un completo extraño, habría sido imposible que alguien como yo aprendiera un nuevo campo de estudio.

Quiero agradecer en especial a Karl Friston, Jeff Hawkins y Subutai Ahmed, que leyeron algunas de mis primeras publicaciones, me guiaron y me llevaron a sus laboratorios para compartir mis ideas y aprender de ellos.

Joseph LeDoux, David Redish y Eva Jablonka fueron increíblemente generosos con su tiempo. No solo leyeron y realizaron anotaciones en los múltiples borradores del manuscrito, sino que me brindaron sugerencias esenciales sobre conceptos que me había salteado, áreas de las lecturas que no había considerado, y me ayudaron a expandir el marco teórico y la historia. Se convirtieron en mis editores y asesores *de facto* en neurociencia. Se merecen gran parte del crédito de cualquier aspecto de este libro que sea considerado valioso (y ninguna crítica para los aspectos que no lo sean).

Una de mis partes favoritas de este libro son las ilustraciones y, por ellas, Rebecca Gelernter y Mesa Schumacher se merecen todo el crédito. Son las artistas más talentosas que han creado las hermosas ilustraciones de este libro.

Como autor novel, agradezco a todas las personas de la industria editorial que me ofrecieron su apoyo. Jane Friedman me brindó opiniones duras pero valiosas. El escritor Jonathan Balcome leyó uno de los primeros borradores y me ofreció sus sugerencias y aliento. Los escritores Gerri Hirshey y Jamie Carr me ayudaron con la propuesta de mi libro y me dieron su opinión sobre los primeros capítulos.

Lisa Sharkey de HarperCollins hizo que este libro se convirtiera en realidad. Hablé con ella antes de decidir escribirlo y le pregunté si valía la pena siquiera intentar hacerlo, teniendo en cuenta que soy un autor novel y que no estoy formado como neurocientífico. A pesar del hecho evidente de que era muy probable que este libro no viera la luz del día, ella me alentó a escribirlo de todas maneras. Le estoy profundamente agradecido por esa conversación y por su consejo y apoyo. Es increíble que haya sido la que, transcurrido un año de esa conversación, terminó decidiendo publicar este libro.

Quiero agradecer a mi agente, Jim Levine, que estuvo dispuesto a leer el libro a partir de nada más que una mera introducción (gracias a Jeff Hawkins). Jim se lo leyó entero en un día y apostó por él al siguiente. Deseo agradecer a mi editor estadounidense, Matt Harper, y a mi editor británico, Myles Archibald, que también se arriesgaron por este libro y me ayudaron a completar innumerables borradores y a atravesar los frecuentes altibajos de la escritura. Quiero agradecer a mi correctora, Tracy Roe, quien corrigió metódicamente mis numerosos errores gramaticales y erratas.

También hay personas que me ayudaron de forma menos directa pero igual de importantes. Mi profesora de guitarra, Stephane Wrembel, a quien acudí en busca de ayuda en numerosas ocasiones. Mi amiga Ally Sprague (que también suele ser mi *coach*), que me ayudó con la decisión de tomarme un año para escribir este libro. Mis amigos Dougie Gliecher y Ben Eisenberg, quienes me pusieron en contacto con personas que conocían en la industria editorial. Mis hermanos, Adam Bennett y Jack Bennett, que pintan de alegría y diversión mi vida, y siempre son una fuente de inspiración. Y mis padres, Gary Bennet y Kathy Crost, que me inculcaron el amor por el aprendizaje, me enseñaron a seguir el camino de mi curiosidad y a terminar lo que sea que comience.

Este libro solo fue posible gracias a numerosas obras previas cuyas ideas, historias y escritos conformaron este trabajo de maneras fundamentales. *The Alignment Problem*, de Brian Christian. *Behave*, de Robert Sapolsky. *The Deep History of Ourselves*, de Joseph LeDoux. *The Evolution of the Sensitive Soul*, de Eva Jablonka y Simona Ginsburg. *How Monkeys See the World*, de Dorothy Cheney y Robert Seyfarth. *The Mind within the*

Brain, de David Redish. *On Intelligence* y *A Thousand Brands*, de Jeff Hawkins. *¿Por qué solo nosotros?*, de Robert Berwish y Noam Chomsky.

Hubo numerosos libros de texto que se volvieron fuentes cruciales para mí. *Brains Through Time*, de Georg Striedter y R. Glenn Northcutt. *Brain Structure and Its Origins*, de Gerald Schneider. *Deep Learning*, de Ian Goodfellow, Yoshua Bengio y Aaron Courville. *Evolutionary Neuroscience*, de Jon H. Kaas. *The Evolution of Language*, de W. Tecumseh Fitch. *Fish Cognition and Behavior*, de Culum Brown, Kevin Laland y Jens Krause. *Neuroeconomics*, de Paul Glimcher. *The Neurobiology of the Prefrontal Cortex*, de Richard Passingham y Steven Wise. *The New Executive Brain*, de Elkhonon Goldberg. *Reinforcement Learning*, de Richard Sutton and Andrew Barto.

Por último, quiero agradecer a mi perra, Charlie, cuyas súplicas por golosinas y empujoncitos me forzaron a regresar al mundo de los vivos tras las innumerables sesiones de lectura de artículos y libros de texto que me dejaban la vista borrosa. Mientras escribo este párrafo, ella se encuentra durmiendo profundamente y manifiesta algunos temblores producto de algún sueño, ya que, con toda seguridad, su neocorteza está proyectando alguna simulación. De qué, por supuesto, nunca lo sabremos.

Glosario

Adaptación (en relación con la respuesta de las neuronas): propiedad de las neuronas según la cual cambian la relación entre la intensidad de un estímulo determinado y la tasa de disparo resultante; por ejemplo, las neuronas disminuirán gradualmente su tasa de disparo como respuesta a un estímulo que dura en el tiempo.

Adquisición (en relación con el aprendizaje asociativo): proceso mediante el cual se conforma (es decir, se «adquiere») una nueva asociación entre un estímulo y una respuesta tras alguna experiencia nueva.

Afecto/estado afectivo: forma de categorizar el estado conductual de un animal según las dimensiones de valencia (ya sea valencia positiva o negativa) y excitación (ya sea excitación alta o baja).

Aprendizaje asociativo: capacidad de asociar un estímulo con una respuesta refleja, de modo que, la próxima vez que suceda ese estímulo, es más probable que suceda esa misma respuesta refleja.

Aprendizaje continuo: capacidad de aprender y recordar automáticamente cosas nuevas cuando se obtienen datos nuevos.

Aprendizaje por diferencia temporal (aprendizaje TD, por sus siglas en inglés): proceso de aprendizaje por refuerzo de libre modelo según el cual los sistemas de IA (o cerebros animales) refuerzan o castigan comportamientos según los cambios (es decir, las «diferencias temporales») en las recompensas anticipadas futuras (en oposición a las recompensas reales).

Aprendizaje por refuerzo basado en modelos: clase de aprendizaje por refuerzo en la que se simulan las posibles acciones futuras de manera anticipada antes de seleccionar una acción.

Aprendizaje por refuerzo libre de modelo: clase de aprendizaje por refuerzo en la que las posibles acciones futuras no se simulan de manera anticipada; en cambio, las acciones se seleccionan automáticamente teniendo en cuenta la situación actual.

Autoasociación: propiedad de determinadas redes neuronales según la cual las neuronas construyen asociaciones con ellas mismas de forma automática, lo que le permite a la red completar patrones cuando se le presentan patrones incompletos.

Bilateral: grupo de especies con el que compartimos un ancestro de hace unos seiscientos millones de años. En este grupo nació la simetría bilateral, así como también los primeros cerebros.

Bloqueo (en relación con el aprendizaje asociativo): una de las soluciones al problema de asignación de crédito que se desarrolló en los primeros bilaterales; una vez que un animal ha establecido una asociación entre un estímulo predictivo y una respuesta, todos los estímulos que se superpongan con ese estímulo predictivo quedan inhibidos (es decir, «bloqueados») y no forman asociaciones con esa respuesta.

Corteza prefrontal agranular (CPFa): región de la neocorteza frontal que se desarrolló en los primeros mamíferos. Se la denomina «agranular» porque es una región de la neocorteza que carece de cuarta capa (la capa que contiene las «células granulares»).

Corteza prefrontal granular (CPFg): región de la neocorteza que se desarrolló en los primeros primates. Se la denomina «granular» porque es una región de la neocorteza prefrontal que posee cuarta capa (la capa que contiene las «células granulares»).

Corteza sensorial primate (CSP): las nuevas regiones de la neocorteza sensorial que se desarrollaron en los primeros primates. Estas incluyen el surco temporal superior (STS) y la unión temporoparietal (TPJ, por sus siglas en inglés).

Ensombrecimiento (en relación con el aprendizaje asociativo): una de las soluciones al problema de asignación de crédito que se desarrolló en los primeros bilaterales; cuando los animales cuentan con múltiples estímulos predictivos, sus cerebros tienden a escoger los estímulos que son más intensos (es decir, estímulos fuertes que *ensombrecen* los estímulos débiles).

Extinción (en relación con el aprendizaje asociativo): proceso por el cual se inhiben (es decir, se «extinguen») asociaciones previamente aprendidas debido a que un estímulo condicional ya no se presenta junto con una respuesta refleja subsiguiente (por ejemplo, una campana que solía sonar antes de la comida pero que ya no suena antes de la comida).

Máquina de Helmholtz: una prueba de concepto temprana de la idea de Helmholtz sobre la percepción por inferencia.

Mentalización: acto de proyectar una simulación de la propia simulación interna (es decir, pensar sobre el propio pensamiento).

Modelo generativo: una clase de modelo probabilístico que aprende a generar sus propios datos y a reconocer cosas mediante la comparación de datos generados con datos reales (un proceso que algunos investigadores denominan «percepción por inferencia»).

Neocorteza sensorial: la mitad posterior de la neocorteza, el área en la que se proyecta una simulación del mundo externo.

Neuromodulador: químico liberado por algunas neuronas («neuronas neuromoduladoras») que ejerce efectos complejos y, a menudo, de larga duración en numerosas neuronas descendentes. Algunos neuromoduladores conocidos son la dopamina, la serotonina y la adrenalina.

Olvido catastrófico: un desafío fundamental del entrenamiento secuencial de redes neuronales (en oposición a entrenarlas por completo de una vez); cuando le enseñas a una red neuronal a reconocer patrones nuevos, tiende a olvidar antiguos patrones aprendidos previamente.

Problema de asignación de crédito: cuando ocurre un suceso o se presenta un resultado, ¿a qué estímulo o acción se le otorga el «crédito» de ser predictivo de ese suceso o resultado?

Problema de asignación de crédito temporal: cuando ocurre un suceso o se presenta un resultado, ¿a qué estímulo o acción se le otorga el «crédito» de ser predictivo de ese suceso o resultado? Este es un subcaso del problema de asignación de crédito cuando se debe asignar crédito entre sucesos o resultados separados en el tiempo.

Readquisición (en relación con el aprendizaje asociativo): una de las técnicas para lidiar con las contingencias cambiantes del mundo y permitir el desarrollo del aprendizaje continuo en los primeros bilaterales; las antiguas asociaciones extinguidas se readquieren más rápido que las asociaciones completamente nuevas.

Recuperación espontánea (en relación con el aprendizaje asociativo): una de las técnicas para lidiar con las contingencias cambiantes del mundo y permitir que se desarrolle el aprendizaje continuo en los primeros bilaterales; las asociaciones rotas se suprimen rápidamente, pero en realidad no se desaprenden; con el tiempo suficiente, vuelven a emerger.

Red neuronal convolucional: una clase de red neuronal diseñada para reconocer objetos en imágenes mediante la búsqueda de las mismas características en diferentes ubicaciones.

Retropropagación: algoritmo utilizado para el entrenamiento de redes neuronales artificiales; calcula el impacto de cambiar el peso de una conexión determinada de acuerdo a un error (una medida de la diferencia entre la salida real y la salida esperada) al final de la red y ajusta cada peso de manera correspondiente para reducir ese mismo error.

Señal de diferencia temporal (señal TD, por sus siglas en inglés): el cambio en la recompensa futura anticipada; se utiliza esta señal como la señal de refuerzo/castigo en los sistemas de aprendizaje por diferencia temporal.

Simetría bilateral: cuerpos de animales que contienen un único plano de simetría, el cual los divide en dos mitades, izquierda y derecha, que son prácticamente imágenes espejo.

Sinapsis: conexión entre dos neuronas mediante la cual se transmiten las señales químicas.

Surco temporal superior (STS): una nueva región de la neocorteza sensorial que se desarrolló en los primeros primates.

Tasa de disparo (también «tasa de picos»): el número de picos por segundo generado por una neurona.

Teoría de la mente: capacidad de inferir la intención y el conocimiento de otro animal.

Unión temporoparietal (TPJ, por sus siglas en inglés): una nueva región de la neocorteza sensorial que se desarrolló en los primeros primates.

Valencia: la bondad o la maldad de un estímulo, que en términos de comportamiento determinará si un animal se acerca a él o lo evita.

Notas

www.reinventarelmundo.com/una-historia-de-la-inteligencia
Escanea el código QR para acceder a las notas, la bibliografía y los créditos de las ilustraciones, fotografías y figuras del libro.